木用涂料与涂装技术

MUYONG TULIAO
YU TUZHUANG JISHU

叶汉慈　主编

化学工业出版社
·北京·

内容简介

本书重点介绍了木用涂料中这几年技术进步明显、发展迅速并得到成功应用的新一代品种。其中包括不少实用配方、先进工艺。本书内容全面，涵盖从木材分类到家具功能、从涂料制造到涂装应用整条产业链的重要知识。其中大量的最新涂料配方和最新应用工艺涉及木用 UV 涂料、EB 涂料、水性涂料和粉末涂料之中的最新领域，具有很好的引领和启迪作用。

本书适合木用涂料企业的技术研发、产品应用和质检测试等多种岗位的人员阅读，可作为家具行业从事涂装管理、涂装作业人员的涂料技术培训教材，同时也是木材、家具研发人员和各林学院家具设计专业众师生的必读参考书。

图书在版编目(CIP)数据

木用涂料与涂装技术/叶汉慈主编．—北京：化学工业出版社，2024.9（2025.1 重印）

ISBN 978-7-122-45660-1

Ⅰ.①木…　Ⅱ.①叶…　Ⅲ.①木制品-涂漆　Ⅳ.①TS664.05

中国国家版本馆 CIP 数据核字（2024）第 097607 号

责任编辑：韩霄翠　仇志刚　　　文字编辑：杨凤轩　师明远
责任校对：宋　夏　　　装帧设计：王晓宇

出版发行：化学工业出版社
（北京市东城区青年湖南街 13 号　邮政编码 100011）
印　　装：北京盛通数码印刷有限公司
787mm×1092mm　1/16　印张 18¼　字数 421 千字
2025 年 1 月北京第 1 版第 2 次印刷

购书咨询：010-64518888　　　售后服务：010-64518899
网　　址：http://www.cip.com.cn
凡购买本书，如有缺损质量问题，本社销售中心负责调换。

定　　价：98.00 元　

编写人员名单

（按章署名顺序排序）

李凯夫　彭　亮　朱延安　陈寿生　刘　锋

赖　华　夏正明　杨　玲　谭军辉　刘　敏

叶均明　王新朝　王向科　涂清华　邓益军

刘　红　王崇武　刘志刚　周　巍

序

看到叶汉慈先生主编的《木用涂料与涂装技术》即将出版，心中尤为高兴。作为叶公的好友，在几十年的交往中，深知叶公为行业无私付出和贡献的精神。叶公是一位专家、一位企业家，又是一位诲人不倦的导师。叶公年壮时曾担任原“广东华润涂料有限公司”的技术总监，专长于木用涂料的研究开发、生产制造、售后服务和技术培训。叶公亦在原“先达合成树脂有限公司”工作多年，专门为各种涂料提供基料。这些背景都为此书的撰写奠定了丰富的经验、扎实的理论和实践基础。

众所周知，木用涂料在中国有着悠久的历史和人文基础。我们的先人很早就懂得使用天然大漆和桐油来保护木器。时至今日，中国仍然是世界主要的家具出口国，每年需要大量的优质家具涂料对家具进行装饰和保护。

在我国，木用涂料属于涂料的一个大门类，当然也遵循涂料科学的一般规律，同时底材的特殊结构，又给它带来了独特的技术挑战。书中花了较大的篇幅讨论木材的结构和特性，只有真正懂涂料的行家才会如此重视底材和涂料的关系、重视底材和涂层之间界面作用对涂层性能的影响。随着时代的发展，现在又出现了众多新的木结构材料和木家具的类型，如何应对又是木用涂料技术人员需考虑的问题，这些问题包括性能、外观、艺术风格、色彩等方方面面。

书中还对木用涂料的配方设计和施工工艺作了详尽的分析和介绍，对配方中各组分的功能，以及组分之间的相互作用作了详尽的分析，包括如何克服涂膜缺陷的技术方案，非常实用。

特别应该提出的是，该书紧跟时代的发展和可持续发展的理念，对市场上出现的新技术和新工艺作了较为详细的介绍，如应用于木用领域的各种 UV 固化涂料、新的 EB 固化涂料，水性涂料、粉末涂料等，为木用涂料的可持续发展展示了光明的前景。

全书几乎涵盖了木用涂料所涉及的所有领域，文字严谨，一丝不苟。书中还列举了很多值得参考的配方，很多观点和概念都具有原创性。对于涂料行业的技术人员、市场营销人员或准备献身涂料行业的年轻人来说，它全方位提供了有关木用涂料的知识和信息，为读者解惑答疑，是一本值得阅读和参考、不可多得的好书。

叶公让我为书作序，遂成文于此，权当对叶公的敬意！

中海油常州涂料研究院
原总工程师
2023 年 10 月于常州

前言

按产销量来说，近十几年来，木用涂料在我国涂料行业中属第二、三大门类，在涂料产业构成中举足轻重。经过几十年的壮大，木用涂料产业链整体发展水平与国际先进水平相去不远，在涂料工艺、涂料品种方面颇具竞争力。下游的家具制造、规模化生产和优质化涂装等方面具有了世界一线的先进水平和庞大、成熟的产业队伍。

优胜劣汰的市场规则使木用涂料领域的企业在这十几年里经历了最大的重整过程，市场重组的结果，使得十数个中、大型企业跃升或更牢固地占据行业前列，表观特点大致为：市场占有率大增，各自的产品线之间差异化增大，在市场细分中得益，产业链向上下游有效延伸。由企业自身正规化、规模化而带来的增益非常明显。

2020 年开始的三年疫情，家具行业受打击极大，不仅国内市场萎缩而且出口量锐减。涂料产业链下游的不景气对上游的木用涂料业带来的负面影响显而易见。

但是，木用涂料业界迎难而上，锐意革新，在 2023 年过去的短短半年，就迅速使市场颓势得到扭转，产业链复苏。受技术革新和环保要求带动，大量木用涂料产品升级换代、推陈出新。符合绿色环保方向的配方技术和应用工艺更是日新月异、变革不断。

为了将这些最新科研成果向业界推广，促进这些成果在整条产业链上开花结果，我们组织了一批长期处在涂料研发、涂装应用第一线的技术人员总结撰文，编成本书。

从木材理论到家具概念、从涂料原料到制造工艺、从配方思路到生产控制、从产品终检到产品应用，本书都尽量囊括在内。

感谢各章作者们在本书中分享成果、总结体会，他们在此展示的职业公德令人钦佩！

由于编者能力所限，本书中有任何不足，敬请指出。

叶汉慈
2024 年 1 月

目录

第三章
溶剂型木用涂料常用产品基础配方及原理

/ 037

陈寿生 刘 锋 赖 华

第六章 辐射固化木用涂料

第七章 木用粉末涂料

第一章

木材与家具

木器和木家具是以木材或木质材料为主，采用各种加工方法和各种接合方式所制成的各类产品。制作木器、木家具的木材和木质材料按其用途，一般可分为结构材料、装饰材料和辅助材料等三大类。木材是制作木器和木家具的一种传统材料，至今仍占重要地位。木材是应用范围最广泛、历史最悠久的一种典型的天然材料，集生物材料、能源材料、信息材料以至人工材料于一身。随着科学技术的进步，木材的概念也逐渐演变扩大到木质材料，包括实木、胶合板、纤维板、刨花板、胶合木、单板层积材、集成材等以不同形状的木材组元为主要基本单元的新型材料家族。现代科学技术的发展，在促进高分子材料、复合材料研究和发展的同时，也促进了木材的研究和发展，木材这一古老材料的环境价值也得到重视，木材以其特有的结构和性质成为现代木器、木家具的主要材料，木家具的涂饰技术和使用性能有了很大的提高。

第一节　木材基础知识

一、木材的优缺点

1. 优点

（1）易于加工　木材可经过锯、铣、刨、钻等工序做成各式各样轮廓的零部件，同时可蒸煮后进行弯曲、压缩等加工；结合形式多种多样，如榫结合、钉结合、胶结合、各种金属连接件结合，为家具制作提供了更多方式。

（2）轻而强　木材的强重比比一般金属高。

（3）具有良好的热、电绝缘性　木材的电绝缘性使其可以使用高频胶合技术。

（4）具有装饰性　木材具有天然花纹、光泽和颜色，能起到特殊的装饰效果。木材是人们室内装修的主要材料，人们习惯于用木材装饰室内环境、制作家具等，营造一个温暖、舒适、安全的生活环境。

（5）可调节室内微环境　由木材构成的室内空间，可以调节室内微环境，改善人们的居住质量和居住舒适性。木材的调湿特性是木材的独特性能之一，是木材作为室内装饰材料、家具材料的优点所在，是人们喜爱用木材作为室内装饰材料和家具用材的重要原因之一。

（6）具有独特的触觉特性　用手接触木家具或木制品时，木材给人以良好的触觉感觉，包括冷暖感、粗滑感、干湿感、轻重感、软硬感、舒适感等。

（7）具有良好的声共振性和音响性质　木材的声阻抗比空气高出 10^4 的数量级，入射的声能大部分被反射回来。在要求声学质量的场所，大多用木材和木质材料来改善室内的音响条件。木材的声学特性是其他材料所不能相比的，随着对木材声学性质的研究和发展，在这一领域对它的利用将更加合理，它也将日益深入人们日常生活的各个方面。

（8）调节生物特性　木材可以调节人们的生理和心理，对人体健康有益。木材不仅是一种人们可以利用的天然材料，而且具有其他材料无法比拟的环境学特性。人们喜爱用木材装饰室内，珍爱木材所具有的香、色、质、纹等特性，由木材制品和木质材料所构成的人类生活环境能满足人们对健康、自然和美的追求，充分体现科学家提出的“人＋木＝休”的真正意义。

2. 缺点

（1）易变形开裂　木材含水率在纤维饱和点以下变动时，其尺寸也随之变化。由于木材的各向异性，在木材各个方向上干缩湿胀率存在着差异，易导致木家具或木制品产生开裂、翘曲、变形等缺陷。

（2）易腐朽和虫蛀　木材容易产生腐朽、虫蛀等缺陷，影响木家具与木制品的使用寿命。

（3）易燃　木材容易燃烧。

（4）差异性大　不同树种、不同产地、不同气候、不同部位的木材（心边材、早晚材、幼龄材和成熟材等）均有较大的差异性，给木家具与木制品制造、使用带来很多困难。

（5）存在天然缺陷　木材具有节疤、斜纹、油眼、夹皮、裂纹等，降低了木材的利用率。

二、木材的种类

1. 树木分类学的分类

木材是自然界分布较广的材料之一，是制作木器和木家具的主要原材料。木材种类很多，在树木分类学中将树木分为两大类，即针叶树和阔叶树。在木材学中将这两类树木的木材称为针叶材和阔叶材。在识别木材树种时，对生长轮的观察，针叶材和阔叶材各有所侧重。

（1）针叶材（又称软材）　树干通直而高大，纹理平直，材质均匀，木质轻软，易于加工，强度较高，密度及胀缩变形小，耐腐蚀性强。针叶材要注意观察生长轮的形状、宽窄是否均匀，早、晚材带的大小及所占的比率、颜色，从早材带过渡到晚材带的缓急，晚材带宽窄是否均匀等。常见的针叶材有红松、落叶松、白松、云杉、冷杉、铁杉、柳杉、红豆杉、杉木、柏木、马尾松、华山松、云南松、花旗松、智利松、辐射松等。

针叶材结构分级如下：

① 很细　晚材小，早材至晚材渐变，射线细而不见，材质致密，如柏木、红豆杉等。

② 细　晚材小，早材至晚材渐变，射线细而可见，材质松，如杉木、红杉、竹柏等。

③ 中　晚材小，早材至晚材渐变或突变，射线细而可见，材质疏松，如铁杉、福建柏、黄山松等。

④ 粗　晚材小，早材至晚材突变，树脂道直径较小，如广东松、落叶松等。

⑤ 很粗　晚材带大，早材至晚材突变，树脂道直径大，如湿地松、火炬松等。

(2) 阔叶材（又称硬材）　树干通直部分一般较短，材质较硬，难加工，较重，强度大，胀缩翘曲变形大，易开裂，常用作尺寸较小的构件，有些树种具有美丽的纹理与色泽，适于作家具、室内装修用及胶合板等。由于阔叶材种类繁多，习惯上亦统称为杂木。

常用的阔叶材树种有水曲柳、白蜡木、椴木、榆木、杨木、槭木（色木）、枫香（枫木）、枫杨、桦木（白桦、西南桦）、酸枣、漆树、黄连木、冬青、桤木（冬瓜木）、栗木、槠木、锥木（栲木）、泡桐、鹅掌楸、楸木、黄杨木、榉木、山毛榉（水青冈、麻栎青冈）、青冈栎、柞木（蒙古栎）、麻栎、橡木（栎木）、橡胶木、樱桃木、胡桃木（核桃木、山核桃）、樟木（香樟）、楠木、檫木、柳桉、红柳桉、柚木、桃花心木、阿比东、龙脑香、门格里斯（康巴斯）、塞比利（沙比利）、紫檀、黄檀、酸枝木、香木、花梨木、黑檀（乌木）、鸡翅木、铁力木等。

硬材都含有较多的单宁和树脂。

阔叶材结构分级如下：

① 很细　管孔在肉眼下不见，在十倍放大镜下略见，射线很细或细，如笔木、卫茅等。

② 细　管孔在肉眼下不见，在十倍放大镜下明显，射线细，如冬青、槭木。

③ 中　管孔在肉眼下略见，射线细，如桦木。

④ 粗　管孔在肉眼下明显，射线细，如樟木；管孔在肉眼下不见或可见，射线宽，如水青冈。

⑤ 甚粗　管孔在肉眼下很明显，射线细，如红椎；管孔大，射线宽，如水曲柳、青冈、椆木。

2. 心边材的分类

根据心边材的颜色、立木中心与边材的含水率，又可将木材分为以下三类：

(1) 心材树种　心边材颜色区别明显的树种叫心材树种（显心材树种），如松属、落叶松属、红豆杉属、柏木属、紫杉属等针叶材，楝木、水曲柳、桑树、苦木、檫木、漆树、栎木、蚬木、刺槐、香椿、榉木等阔叶材。在这类木材中，有些心边材颜色区别十分明显，具有明显的分界线，称为心边材急变；有些材色过渡缓慢，称为心边材渐变。

(2) 边材树种　心边材颜色和含水率无明显区别的树种叫边材树种，木材颜色均匀一致，如桦木、椴木、桤木、杨木、鹅耳枥及槭属等阔叶材。

(3) 熟材树种（隐心材树种）　心边材颜色无明显区别，但在立木中心材含水率较低，心材含水率明显低于边材，如云杉属、冷杉属、山杨、水青冈等。

三、木材的切面与各部位名称

木材是由大小、形状和排列各异的细胞组成的。木材的细胞所形成的各种构造特征，可通过木材的三个切面来观察。木材的三个标准切面为横切面、径切面和弦切面。木材的三个切面与各部位名称见图 1-1。

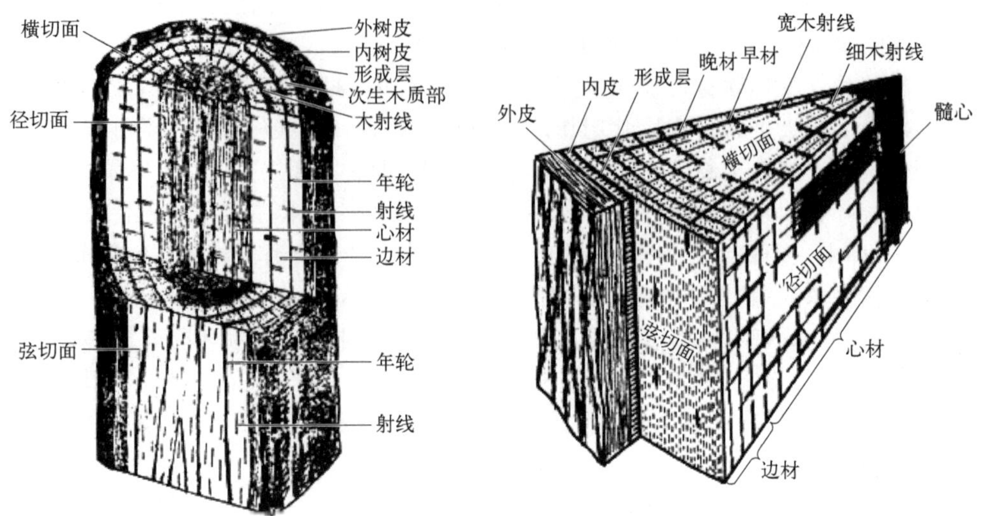

图 1-1　木材的三个切面与各部位名称

1. 横切面

横切面是与树干轴向或木材纹理方向垂直锯切的切面。在这个切面上，年轮呈同心圆状，木材纵向细胞或组织的横断面形态和分布规律以及横向组织木射线的宽度、长度、方向等特征，都能清楚地反映出来。横切面较全面地反映了细胞间的相互联系，是识别木材最重要的切面，也称基准面。

2. 径切面

径切面是与树干轴向相平行，沿树干半径方向（即通过髓心）所锯切的切面。在该切面上，年轮呈平行条状，并能显露纵向细胞的长度方向和横向组织的长度及高度方向。

3. 弦切面

弦切面是与树干轴向相平行，不通过髓心所锯切的切面。在该切面上，年轮呈“V”字形花纹，并能显露纵向细胞的长度方向及横向细胞或组织的高度和宽度方向。

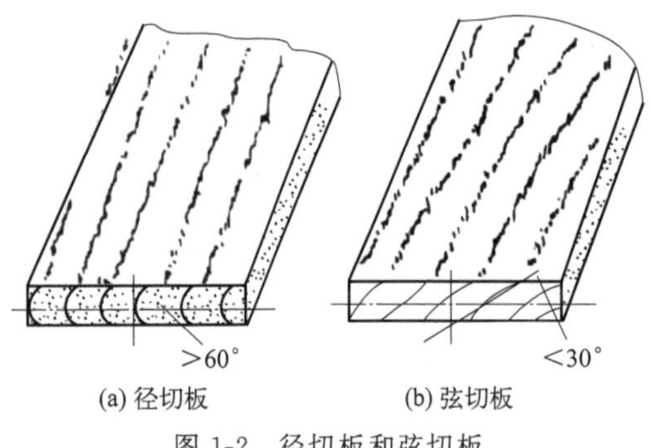

图 1-2　径切板和弦切板

在木制品和家具生产加工中，通常所说的径切板和弦切板，与上述的径切面和弦切面有一定的区别。如图 1-2 所示，在木材生产和流通中，借助横切面，将板厚中心线与生长轮切线之间的夹角在 60°～90°的板材称为径切板，将板厚中心线与生长轮切线之间的夹角在 0°～30°的板材称为弦切板，介于 30°～60°的板材称为普通用材。

4. 边材

在成熟树干的任意高度上，处于树干横切面的边缘靠近树皮一侧的木质部，在生成后最初的数年内，薄壁细胞是有生命的，即活的，除了起机械支持作用外，同时还参与水分输导、矿物质和营养物的运输和贮藏等，这部分木材称为边材。

5. 心材

心材是指髓心与边材之间的木质部。心材的薄壁细胞程序化凋亡，逐渐失去生机，树木随着径向生长的不断增加和木材生理的老化，心材逐渐加宽，在这个变化过程中，伴随着各种木材抽提物形成，使得某些树种木材心材颜色逐渐加深。但是，木材颜色变深并非心材的必备特点，也有些树种木材心材颜色是浅的，与边材颜色相近。

6. 早材与晚材

形成层的活动受季节影响很大，温带和寒带树木在一年的早期形成的木材，或热带树木在雨季形成的木材，由于环境温度高，水分足，细胞分裂速度快，细胞壁薄，形体较大，材质较松软，多数材色浅，称为早材。

到了温带和寒带的秋季或热带的旱季，树木的营养物质流动缓慢，形成层细胞的活动逐渐减弱，细胞分裂速度变慢并逐渐停止，形成的细胞腔小而壁厚，多数材色深，组织较致密，称为晚材。晚材率可以作为衡量木材强度的标志，晚材率大的树种，其木材强度也相应地较高。

7. 年轮

年轮是温带树木在（直径）生长过程中，由于气候交替的明显变化而形成的轮状结构。亦是形成层向内产生的一层次生木质部，围绕着髓心构成的同心圆。在一个生长周期内由早材和晚材共同组成的一轮同心生长层，即为生长轮或年轮。

树木在一个生长周期内生长一层木材称为生长轮。温带、寒带地区树木一年内生长的一层木材称为年轮。在热带或南亚热带地区，树木生长周期仅与雨季和旱季的交替有关，一年内会形成几圈木质层，所以称为生长轮。实质上年轮就是生长轮，但生长轮不能等同于年轮。

年轮的宽窄随树种、树龄和生长条件而异。如泡桐、臭椿的年轮很宽，而黄杨木、紫杉的年轮通常很窄。有些树种在同一横切面上的同一年轮的宽度也有差异。

四、木材的物理特性

1. 木材中的水分

日常生活中，木质门受潮后会关闭不上，盆桶失水后会产生缝隙，实木地板太干时产生的缝隙、太湿时产生的局部隆起，实木家具在使用过程中因失水而导致结合部件松动脱落，木材使用过程中出现的虫蛀和腐朽等问题，都与木材中的水分含量不合理有关系。水分对木材本身性质、木材输运保存、木材使用性能及以木质材料为基材的人造板性能和加工工艺等均有很大的影响。因此，充分理解木材中水分对木材的加工、涂装及利用的影响有着重要意义。

（1）水分存在的状态　木材中的水分按其存在的状态可分为自由水（毛细管水）、吸着水和化合水三类。以游离态存在于木材细胞的胞腔、细胞间隙和纹孔腔这类大毛细管中的水叫自由水，它包括液态水和腔内水蒸气两部分；以吸附状态存在于细胞壁中微毛细管的水称吸着水；与木材细胞壁组成物质呈化学结合的水称化合水。

（2）木材含水率　木材干与湿主要取决于其水分含量的多少，通常用含水率来表示。木材中水分的重量和木材自身重量之比称为木材的含水率。木材含水率分为绝对含水率和相对含水率两种。以全干木材的重量为基准计算的含水率称为绝对含水率，以湿木材的重量为基准计算的含水率称为相对含水率。

木材是一种多孔性的材料，含水率的高低，不仅影响着木器和家具使用过程中的翘曲、开裂和形变，而且对涂装作业的影响也很大，特别是在涂饰单组分硝基涂料（NC）或双组分聚氨酯涂料（PU）时，由于木材含水率高而在涂饰过程中产生大量气泡是很常见的涂膜缺陷，因此含水率是一个重要的质量控制项目。

（3）木材纤维饱和点　木材纤维饱和点是指木材细胞壁处于水饱和状态而细胞腔无自由水时的含水率。它具有非常重要的理论意义和实用价值。木材纤维饱和点因树种、温度以及测定方法的不同而存在差异，其变异范围为23％～33％，但多种木材纤维饱和点平均为30％。因此通常以30％作为各个树种木材纤维饱和点的平均值。

木材纤维饱和点是木材多种材性的转折点，就大多数木材力学性质而言，如木材含水率在纤维饱和点以上，其强度不因含水率的变化而有所增减。当木材含水率低于纤维饱和点时，其强度随含水率的降低而增加，两者成一定的反比例关系，只是韧性和抗劈力不显著。

木材含水率在纤维饱和点以上时，无论含水率增加或减少，除重量有所不同外，木材完全无收缩或膨胀，外形均保持最大尺寸，体积不变。当木材含水率低于纤维饱和点时，随着木材含水率的增减，木材发生膨胀或收缩，木材含水率减少愈多，收缩率愈大，两者成一定线性关系。至绝干时，收缩至最小尺寸。

（4）木材的吸湿性　木材吸湿性是指木材随周围气候状态（温度、相对湿度或水汽压）的变化，由空气中吸收水分或向空气中蒸发水分的性质。当空气中的水蒸气压力大于木材表面水蒸气压力时，木材能从空气中吸收水分，这种现象叫做吸湿；反之木材中水分向空气中蒸发叫做解吸。

（5）平衡含水率　木材长期暴露在一定温度和相对湿度的空气中，最终会达到相对恒定的含水率，即吸湿（木材从空气中吸收水分）与解吸（木材中水分向空气中蒸发）的速度相等，此时木材所具有的含水率称平衡含水率。木材平衡含水率随不同地区、不同季节的大气温度和湿度的不同而异。我国北方地区年平均木材平衡含水率约为12％，南方约为18％，长江流域约为15％。

2. 木材的干缩与湿胀

湿材因干燥而缩减其尺寸与体积的现象称为干缩，干材因吸收水分而增加其尺寸与体积的现象称为湿胀。干缩和湿胀现象主要在木材含水率小于纤维饱和点的情况下发生，当木材含水率在纤维饱和点以上时，其尺寸、体积是不会发生变化的。

木材的干缩和湿胀在不同的方向上是不一样的。木材纵向的干缩率为0.1％～0.3％，径向的为3％～6％，弦向的为6％～12％。可见，横向干缩率（包括径向干缩率和弦向干缩率）较纵向要大几十倍至上百倍，横向干缩率中弦向约为径向的两倍。三个方向干缩率由大到小的顺序为弦向、径向和纵向。

木材的干缩和湿胀随树种、密度以及晚材率的不同而异。针叶材的干缩率较阔叶材要小，软阔叶材的干缩率较硬阔叶材要小，密度大的树种干缩率较大，晚材率越大的木材干缩率也越大。

干缩和湿胀是木材的固有性质，干缩和湿胀会使木制品的外形尺寸变化。干燥后的木材尺寸会随着周围环境湿度、温度的变化而变化，生产和生活中常会见到木制品发生翘曲、变形、开裂等现象，如地板、木门窗湿胀后，不仅会出现地板隆起、门窗关不上等现象，而且还会降低其力学性能。

五、木材的化学特性

1. 木材的化学成分

木材由天然形成的有机物构成，属于高分子化合物。木材细胞的成分可分为主要成分和次要成分两种，主要成分是纤维素、半纤维素和木素；次要成分有树脂、单宁、香精油、色素、生物碱、果胶、蛋白质等。在木材的组织结构中，纤维素的含量约为50%，半纤维素的含量为20%～30%。

2. 木材的抽提物

木材中的抽提物是指用水、酒精、乙醚、苯、丙酮等溶剂浸提出来的物质，这里的抽提物是广义的，指除组成木材细胞壁结构物质以外的所有木材内含物。抽提物的含量随树种、树龄、树干位置以及树木生长的立地条件不同而不同，含量少者约为1%，多者高达10%～40%，一般在5%左右。许多木材抽提物是在边材转化心材过程中形成的，它们不是木材细胞壁的组成部分，但存在于细胞腔和细胞壁的微毛细管或者木材的特殊细胞中。

当用化学药品处理木材的时候，木材中的抽提物对化学药品的反应是不同的。例如，当用不饱和聚酯涂饰花梨木材质的表面时，由于花梨木中含有酚类抽提物，这种酚类抽提物可阻止不饱和聚酯涂料组成中的活性单体苯乙烯的聚合，使不饱和聚酯涂料的干燥性变差。另外，在松木中含有松节油等抽提物，同样也会影响涂饰在其表面上的油性清漆的干燥性。

木材中的抽提物除延长干燥时间外，还可能因为涂料中通常使用酮类、酯类、醇类等强溶剂而溶解木材中的某些色素，使涂膜原有的颜色改变，有时还可影响涂膜层的光泽。因此，在对木材表面进行涂装作业以前，常常需要对木材表面进行必要的漆前处理。

3. 木材的pH值

木材酸碱性质是其重要化学性质之一，它与木材的胶合性能、变色性能、着色性能、涂饰性能以及对金属的腐蚀性等密切相关。研究表明，绝大多数木材呈弱酸性，这是由于木材中含有醋酸、蚁酸、树脂酸以及其他酸性抽提物，木材在贮存过程中，也不断产生酸性物质。有人根据木材的酸碱性质将pH小于6.5的木材称为酸性木材，而把pH大于6.5的木材称为碱性木材，极少数木材或者心材属于碱性木材。木材的pH随树种、树干部位、生长地域、采伐季节、贮存时间、木材含水率以及测试条件和测试方法等因素的变化而有差异。例如，同一株树木不同部位的pH有变化，边材与心材的pH不同。

六、木材的表面特性

为了在木材表面形成良好的漆膜，首先要求涂料和木材充分接触，一般要将木材表面的空气或者水蒸气等气体排出，使涂料和木材良好接触。木材的表面与其内部本体，无论在结构上还是在化学组成上都有明显的差别，这是因为木材内部原子受到周围原子的相互作用是相同的，而处在木材表面的原子所受到的力场却是不平衡的，由此产生了表面能。对于由不同组分构成的木材，组分与组分之间可形成界面，某一组分也可能富集在木材的表面上。木材的表面对涂饰性能具有很大影响。

1. 木材表面润湿性

液相与固相接触时沿着固相表面铺展的现象叫做润湿，其润湿能力叫做润湿性。在木材表面上滴下涂料等液滴时，由于液体与固体所具有的亲和力不同，液体在固体表面上扩展的程度也不同，亲和力越大润湿性越好。液滴的切线和固体表面间所构成的夹角 θ 称为接触角，它是判断润湿性好坏的指标。

润湿是物质间的一种相互作用，相互作用大就说明润湿性好，反之则润湿性不好。润湿现象对涂膜黏结产生两方面的影响：

其一，不完全的润湿会产生界面缺陷，在缺陷周围形成应力集中，进而使黏合键断裂而使材料的力学强度降低。

其二，润湿性好，可增大黏合功。

通常被涂饰木材的润湿性不好时，涂膜附着力也不好。如阿皮栋等高密度木材，含有大量的抽提物，润湿性不好，容易引起涂膜附着阻碍。若采用冷水、碱液、乙醇抽提处理或电晕放电处理，则可改善其附着性能。

2. 表面极性

木材的主要化学组分是纤维素、半纤维素和木质素，均含有极性官能团。在木材内部，这些极性基团相互吸引而达到平衡状态。位于木材表面的分子尚有极性，具有一定的表面自由能，当与极性涂料或其他处理溶剂分子相接触时，就能够彼此相互吸引结合。

3. 比表面积

木材属于多孔性-毛细管-胶体体系。木材细胞壁由微晶、微纤丝和纤丝组成，这些微晶与微晶、微纤丝与微纤丝、纤丝与纤丝之间都有间隙，相互连通，构成了木材的微毛细管系统，平均直径约为 1～10nm，其内表面积巨大。如 $1cm^3$ 密度为 $0.4g/cm^3$ 的木材，其微晶、微纤丝与纤丝的表面积约为 $123.482m^2$。如此庞大的表面积和数目众多的毛细管，有利于涂料的附着与传导。

4. 表面自由能

由于木材是多孔性极性固体，其表面具有自由能。如花旗松、加州铁杉和欧洲栎木木材的表面自由能分别为 $57.8erg/cm^2$、$56.5erg/cm^2$、$40.8erg/cm^2$（$1erg=10^{-7}J$）。树种不同，木材表面自由能不同；同一树种不同部位的木材表面自由能也有差异，如花旗松早材与晚材的表面自由能分别为 $61.0erg/cm^2$、$58.2erg/cm^2$。若提升木材表面自由能，将改善木材的润湿性，有利于涂料涂饰。

5. 耐久性

耐久性是指木材及木质材料长期经受一般破坏因素的作用而能保持其使用性能的能力。木材是由纤维素、半纤维素和木质素复合而成的天然的高分子材料，它具有许多明显的生物特性。比如组织不均匀，材性变异大，容易受虫或细菌侵蚀，木材水分的变化会引起干缩变形、开裂、翘曲等。木材在使用当中最容易遭到虫害或微生物的侵蚀。木材在木腐菌的作用下产生各种腐朽和变形，使木材逐渐失去其使用功能。

因此，在木材的保存和使用过程中，要采取适当的保管措施，常用的木材保护的方法有物理法和化学法两种。木材物理保护方法即通过控制木材的含水量达到对木材的保护作用。采用的物理方法有：干存法、湿存法、水存法。木材化学保护方法即对木材进行防腐处理，这是家具用木材，尤其是室外家具用木材经常使用的方法，它主要是利用各种防腐剂对木材进行处理，使各种化学药品与木材进行物理和化学反应，破坏菌类的生存环境，从而达到提高耐久性的效果。

七、木材的力学特性

木材力学性能就是木材抵抗外力作用的性能。研究木材的力学性能，可以为家具和地板企业在加工过程中提供可靠的数据，正确地解决木材加工过程的安全性与经济性问题，促进木材的合理使用，同时为木材新的加工方法和新的利用建立可靠的理论依据。

1. 抗压强度

压力分为顺纹和横纹压力两种，压力的方向平行于木材纹理称为顺纹压力，压力的方向垂直于木材纹理称为横纹压力。木材在垂直纹理方向抵抗极限荷重的能力称横纹压力极限强度，其值为顺纹压力极限强度的1/10～1/6。木材横纹局部受压则其强度通常比横纹压力极限强度大。抗压强度就是单位面积上所受的压力。木材在顺纹理方向抵抗最大荷重的能力称为顺纹压力极限强度，它分为五级：

甚低：25MPa以下；

低：25.1～35MPa；

中：35.1～56MPa；

高：56.1～84MPa；

甚高：84MPa以上。

2. 抗拉强度

木材拉力也可分为顺纹、横纹两种。拉力施于木材，其力之方向与木材纹理平行者称为顺纹拉力；其力之方向与纹理垂直者称为横纹拉力。给木材施加一定拉力，使木材拉伸受到破坏，在破坏前瞬间木材所产生的最大抵抗力称为抗拉极限强度。研究证明，木材顺纹抗拉强度较大，不同树种的顺纹抗拉强度平均为120～150MPa，约为顺纹抗压强度的2～3倍。木材横纹抗拉强度远小于顺纹抗拉强度（前者为后者的1/40～1/10），它实际上是一种劈裂，因此在使用中应设法加以避免或增加加固措施。

3. 剪切强度

剪力分为剪切和切断两类。剪切又分为顺纹剪切和横纹剪切两种形式。木材顺纹剪切强度甚小，将多次试验数据加以比较，木材顺纹剪切强度平均约为顺纹抗压强度的1/8～1/6。木材横纹抗切断强度比横纹局部挤压强度高得多。在应用中很难遇到净切断，因为受切断作用的木结构经常是由于严重地受到局部挤压而被破坏。研究表明，木材的抗切断强度约为顺纹剪切强度的3倍。木材顺纹剪切极限强度分为五级：

甚低：5MPa以下；

低：5.1～10MPa；

中：10.1～15MPa；

高：15.1～20MPa；

甚高：20MPa以上。

4. 静曲强度

静曲强度是指在短时期内，木材对于缓慢施加的挠曲荷载在木材被破坏前的最大抵抗能力。静力弯曲和顺纹抗压一样，为木材强度中最重要的指标之一，各种木材的静曲强度可分为五级：

甚低：50MPa 以下；

低：50.1～80MPa；

中：80.1～120MPa；

高：120.1～170MPa；

甚高：170MPa 以上。

5. 静曲弹性模量

木材受到外力作用而产生挠曲或变形，当解除外力后木材能恢复原形或大小的性能称为静曲弹性模量。静曲弹性模量是在比例极限之内，应力与相对变形之间的比值，是表示木材抵抗弹性变形的一种能力。木材静曲弹性模量越大，则木材刚性越大；反之，木材的柔软性越好。

木材静曲弹性模量可分为五级：

甚低：9MPa 以下；

低：9.1～12MPa；

中：12.1～15MPa；

高：15.1～19MPa；

甚高：19MPa 以上。

6. 硬度

木材的硬度可衡量木材抗凹能力，也可以表示木材抗磨的性能。木材的抗磨能力有很大的实用意义，如用大板作家具、木砖、滑轮、滑雪板等，抗磨能力为考虑的主要因素。木材的硬度决定于木材的密度，一般来说，木材的密度越大，木材的硬度越大。木材的端面硬度小于侧面硬度。而大多数树种木材的径面硬度与弦面硬度是一致的。木材的硬度对家具的选材有实际意义，家具用材一般要求硬度较大。

木材端面硬度可分为五级：

甚低：30MPa 以下；

低：30.1～50MPa；

中：50.1～70MPa；

高：70.1～100MPa；

甚高：100MPa 以上。

八、木质材料的特性

木器、家具常用的木质材料主要包括各类木材、人造板和木质贴面材料。其中，人造板是将原木或加工剩余物经各种加工方法制成的木质材料。人造板具有幅面大、质地均匀、表面平整、易于加工、利用率高、变形小等优点。其种类很多，目前在家具生产中常用的有胶合板、刨花板、纤维板、细木工板、空心板、单板层积材、集成材、科技木和正交胶合木等。

1. 胶合板

胶合板是原木经旋切或刨切成单板，涂胶后按相邻层木纹方向互相垂直组坯胶合而成的多层（奇数）板材。其主要特性如下：

（1）具有幅面大、厚度小、木纹美丽、表面平整、不易翘曲变形、强度高等优良特性。

（2）可合理使用木材。用原木旋切或刨切成单板生产胶合板代替原木直接锯解成的板材使用，可以提高木材利用率。每 $2.2m^3$ 原木可生产 $1m^3$ 胶合板；生产 $1m^3$ 胶合板，可代替相等使用面积的 $4.3m^3$ 左右原木锯解的板材。

（3）胶合板结构稳定，各向变异性小。胶合板的结构（结构三原则：对称原则、奇数层原则、层厚原则）决定了它的各向物理力学性能比较均匀，克服了木材各向异性大的缺陷。

（4）胶合板可与木材配合使用，适用于木器和家具上大幅面的部件制作。

（5）胶合板的面板旋切或刨切产生较多木毛，涂装之前须打磨处理。

（6）生产胶合板时，胶黏剂常会沾污胶合板板面，从而影响涂装作业时的着色和涂膜的附着力，涂装前必须将沾污的胶黏剂打磨去除。

（7）胶合板在生产过程中，由于上胶不匀，会出现脱胶、表面凹凸不平或分层现象，有碍于木器和家具的生产质量及涂装时的表面平整，因此选材时必须仔细检查。

胶合板分类的方法很多，其中按照胶合板使用的胶黏剂耐水和耐用性能、产品的使用场所，可分为室内型胶合板和室外型胶合板两大类。胶合板性能见国家标准（GB/T 9846—2015《普通胶合板》）。

2. 刨花板

刨花板是利用小径木、木材加工剩余物（板皮、截头、刨花、碎木片、锯屑等）、采伐剩余物和其他植物性材料加工成一定规格和形态的碎料或刨花，并施加胶黏剂后，经铺装和热压制成的板材。刨花板性能见国家标准（GB/T 4897—2015《刨花板》）。

3. 纤维板

纤维板是以木材或其他植物纤维为原料，经过削片、制浆、成型、干燥和热压而制成的板材。其分类方法也较多，按密度可分为：软质纤维板（密度小于 $0.4g/cm^3$）、中密度纤维板（密度为 $0.4 \sim 0.8g/cm^3$）、高密度纤维板（密度一般为 $0.8 \sim 0.9g/cm^3$）。纤维板性能见国家标准（GB/T 11718—2021《中密度纤维板》，GB/T 31765—2015《高密度纤维板》）。

4. 细木工板

细木工板是将厚度相同的木条，同向平行排列拼合成芯板，并在其两面按对称性、奇数层以及相邻层纹理互相垂直的原则各胶贴一层或两层单板而制成的实心覆面板材，细木工板是具有实木板芯的板材。细木工板具有握螺钉力好、强度高、质坚、吸声、绝热等特点，细木工板加工简便，用于家具、门窗及其套、隔断、假墙、暖气罩、窗帘盒等。细木工板的结构稳定，不易变形，加工性能好，强度和握钉力高，是木材本色保持最好的优质板材，广泛用于家具生产和室内装饰，尤其适于制作台面板和座面板部件以及结构承重构件。细木工板主要性能符合国家标准（GB/T 5849—2016）要求。

5. 空心板

空心板是由轻质芯层材料（空心芯板）和覆面材料所组成的空心复合结构板材。家具生产用空心板的芯层材料多由周边木框和空芯填料组成。在家具生产中，通常把在木框和轻质芯层材料的一面或两面使用胶合板、硬质纤维板或装饰板等覆面材料胶贴制成的空心板称为包镶板。其中，一面覆面的为单包镶，两面覆面的为双包镶，空心板的主要结构与特性如下：

（1）芯层材料或空心芯板　多由周边木框和空心填料组成，其主要作用是使板材具有一定的充填厚度和支承强度。周边木框的材料主要有实木板、刨花板、中密度纤维板、多层板、层积材、集成材等。空心填料主要有单板条、纤维板条、胶合板条、牛皮纸等制成的方格形、网格形、波纹形、瓦楞形、蜂窝形、圆盘形等。

（2）覆面材料　在空心板中，覆面材料起两种作用，一种是起结构加固作用，另一种是起表面装饰作用。它是芯层材料纵横向联系起来并固定，使板材有足够的强度和刚度，保证板面平整丰实美观，具有装饰效果。

空心板具有重量轻、变形小、尺寸稳定、板面平整、材色美观等特点，有一定强度，是家具生产和室内装修的良好轻质板状材料。

6. 单板层积材

单板层积材（简称 LVL）是把旋切单板多层按顺纤维方向平行地层积胶合而成的一种高性能产品。其主要特性如下：

（1）可利用小径材、弯曲材、短原木生产，出材率可达 60%～70%（而采用制材方法只有 40%～50%），提高了木材利用率。

（2）由于单板（一般厚度为 2～12mm，常用 2～4mm）可进行纵向接长或横向拼宽，因此可以生产长材、宽材及厚材。

（3）可以实现连续化生产。

（4）由于采用单板拼接和层积胶合，可以去掉缺陷或分散错开，使得强度均匀、尺寸稳定、材性优良。

（5）可方便进行防腐、防火、防虫等处理。

（6）可作板材或方材使用，使用时可垂直于胶层受力或平行于胶层受力。

单板层积材保留了木材的天然特性，强度变异系数小、许用应力大、尺寸稳定性好，是理想的承重结构材料，用作屋顶桁架、门窗横梁、室内高级地板、楼梯踏步板和梯架等。国家标准（GB/T 20241—2021）规定了单板层积材产品的质量要求。

木结构用单板层积材是能作承载构件使用的单板层积材，具有良好的耐水性、耐候性和力学性能，也称为木质工程结构用单板层积材，其性能符合国家标准（GB/T 36408—2018）要求。

7. 集成材

集成材是将木材纹理平行的板材或板条在长度或宽度上分别接长或拼宽（有的还需再在厚度上层积）胶合形成一定规格尺寸和形状的木质结构板材，又称胶合木或指接材。集成材的厚度从 12mm 到 18mm 不等，幅面以 1220mm×2440mm 为主，特殊规格和要求的集成材可以定做。采用的树种主要有落叶松、柞木、楸树、樟松、白松、桦木、水曲柳、榆木、杨木等。集成材能保持木材的天然纹理，强度高、材质好、尺寸稳定性好，能小材大用、劣材优用，构件设计自由，可制成能满足各种尺寸、形状以及特殊要求的木构件，是一种新型功能性结构人造板，广泛应用于建筑、家具、室内装修等。集成材性能符合国家标准（GB/T 26899—2022《结构用集成材》，GB/T 21140—2017《非结构用指接材》）要求。

8. 薄木

薄木是一种具有珍贵树种特色的木质片状薄型饰面或贴面材料。采用薄木贴面工艺历史悠久，能使零部件表面保留木材的优良特性并具有天然木纹和色调的真实感，至今仍是深受欢迎的一种表面装饰方法。薄木是家具制造与室内装修中最常采用的一种高级木质贴面材料，其可以从制造方法、形态、厚度等来进行分类。

（1）按制造方法分

① 锯制薄木　采用锯片或锯条将木方或木板锯解成的片状薄板（根据板方纹理和锯解方向的不同又有径向薄木和弦向薄木之分）。

② 刨切薄木　将原木剖成木方并进行蒸煮软化处理后再在刨切机上刨切成的片状薄木（根据木方剖制纹理和刨切方向的不同又有径向薄木和弦向薄木之分）。

③ 旋切薄木　将原木进行蒸煮软化处理后在精密旋切机上旋切成的连续带状薄木（弦向薄木）。

④ 半圆旋切薄木　在普通精密旋切机上将木方偏心装夹旋切或在专用半圆旋切机上将木方旋切成的片状薄木（根据木方夹持方法的不同可得到径向薄木或弦向薄木），是介于刨切法与旋切法之间的一种旋制薄木。

（2）按薄木形态分

① 天然薄木　由天然珍贵树种的木方直接刨切制得的薄木。

② 人造薄木　由一般树种的旋切单板仿照珍贵树种的色调染色后再按纤维方向胶合成木方后制成的刨切薄木。

③ 集成薄木　由珍贵树种或一般树种（经染色）的小方材或单板按薄木的纹理图案先拼成集成木方后再刨切成的整张拼花薄木。

（3）按薄木厚度分

① 厚薄木　厚度＞0.5mm，一般指 0.5～3mm 厚的薄木。

② 薄型薄木　厚度＜0.5mm，一般指 0.2～0.5mm 厚的薄木。

③ 微薄木　厚度＜0.2mm，一般指 0.05～0.2mm 且背面黏合特种纸的连续卷状薄木或成卷薄木。

（4）按薄木花纹分

① 径切纹薄木　由木材早晚材构成的相互大致平行的条纹薄木。

② 弦切纹薄木　由木材早晚材构成的大致呈山峰状的花纹薄木。

③ 波状纹薄木　由波状或扭曲纹理产生的花纹，又称琴背花纹、影纹，常出现在槭木（枫木）、桦木等树种中。

④ 鸟眼纹薄木　由纤维局部扭曲而形成的似鸟眼状的花纹，常出现在槭木（枫木）、桦木、水曲柳等树种中。

⑤ 树瘤纹薄木　由树瘤等引起的局部纤维方向极不规则而形成的花纹，常出现在核桃木、槭木（枫木）、法桐、栎木等树种中。

⑥ 虎皮纹薄木　由密集的木射线在径切面上形成的片状泛银光的类似虎皮的花纹，木射线在弦切面上呈纺锤形，常出现在栎木、山毛榉等木射线丰富的树种中。

薄木性能符合国家标准等的（GB/T 13010—2020《木材工业用单板》、SB/T 10969—2013《装饰薄木》）要求。

9. 科技木

科技木是以普通木材为原料，采用计算机虚拟与模拟技术设计，经过高科技手段制造出来的仿真甚至优于天然珍贵树种木材的全木质新型表面装饰材料。它既保持了天然木材的属性，又被赋予了新的内涵。一般常将人造薄木和集成薄木等统称为科技木，也称工程木。

科技木既可仿真那些日渐稀少且价格昂贵的天然珍贵树种，又可以创造出各种更具艺术感的美丽花纹和图案。科技木与天然木相比，具有如下特点。

(1) 色泽丰富、品种多样　科技木产品经计算机设计，可产生不同的颜色及纹理，色泽更加光亮，纹理立体感更强，图案充满动感和活力。

(2) 成品利用率高　科技木克服了天然木的自然缺陷，产品没有虫洞、节疤和色变等天然缺陷。科技木产品因其纹理的规律性、一致性，不会产生天然木产品由于原木不同、批次不同而纹理、色泽不同的问题。

(3) 产品发展潜力大　随着国家禁伐措施和天然林保护政策的实施，可利用的珍贵树种日渐减少，使得科技木产品成为珍贵树种装饰材料的替代品。

(4) 装饰幅面尺寸宽大　科技木克服了天然木径级小的局限性，根据不同的需要可加工成不同的幅面尺寸。

(5) 加工处理方便　易于加工及防腐、防蛀、防火（阻燃）、耐潮等处理。

10. 正交胶合木

正交胶合木（cross-laminated timber，CLT）是一种至少由 3 层实木锯材垂直正交层叠组合（典型的层板之间为正交铺设），再使用胶黏剂压制而成的工程木制品。它具有很好的力学性能，主要是因为它在加工技术上充分利用了木材顺纹方向抗拉强度高、横纹方向抗压强度高的性能特点。正交胶合木有如下特点：

(1) 强度高、承载性好、尺寸稳定性高　正交胶合木由于相邻层之间的正交结构，在材料的各向都具有很高的强度，能够阻止连接件劈裂。

(2) 工厂预制，现场装配　正交胶合木能够工厂预制，在现场装配，组装速度快，噪声低，不仅能够加快工程进度，还能保证产品质量，推动了现场专配式木结构建筑的发展。

(3) 木材利用率高　正交胶合木实现了木材的“劣材优用、小材大用”，正交胶合木所用的主要木材包括花旗松、落叶松、云杉、松木、黄杨等，部分速生木材也可以作为正交胶合木用材来使用。

(4) 抗震、隔音、保温效果好　正交胶合木具有优秀的功能性，保温隔音效果突出，在地震频繁发生的地区也有使用。

(5) 绿色环保　正交胶合木使用生物质材料，具有固碳功能，拆卸后可以重新回收利用。

正交胶合木具有出色的力学性能、抗震、阻燃、隔音等功效，还能够应用在高层木结构中，具有广阔的市场前景。

第二节　家具基础知识

一、家具基本概念

家具是人类维持日常生活，从事生产实践和开展社会活动必不可少的物质器具。家具的历史可以说同人类的历史一样悠久，它随着社会的进步而不断发展，反映了不同时代人类的生活和生产力水平，融科学、技术、材料、文化和艺术于一体。家具除了是一种具有实用功能的物品外，更是一种具有丰富文化形态的艺术品。几千年来，家具的设计和建筑、雕塑、绘画等造型艺术的形式与风格的发展同步，成为人类文化艺术的一个重要组成部分。所以，家具的发展进程，不仅反映了人类物质文明的发展，也显示了人类精神文明的进步。

在家具的概念与内涵方面，中西方有着不同的理解，见图 1-3。家具在当代已经被赋予了最宽泛的现代定义——家具，英文为 furniture，来自法文 founiture 和拉丁文 mobilis，即是家具、设备、可移动的装置、陈设品、服饰品等含义。随着社会的进步和人类的发展，现代家具的设计几乎涵盖了所有的环境产品，如城市设施、家庭空间及公共空间产品和工业产品。由于文明与科技的进步，现代家具设计的内涵是永无止境的。家具从木器时代演变到金属时代、塑料时代、生态时代，从建筑到环境，从室内到室外，从家庭到城市，家具的设计与制造都是为了满足人们不断变化的需求，创造更美好、更舒适、更健康的生活、工作、娱乐和休闲方式。人类社会的生活方式在不断地变革，新的家具形态将不断产生，家具设计的创造是具有无限生命力的。

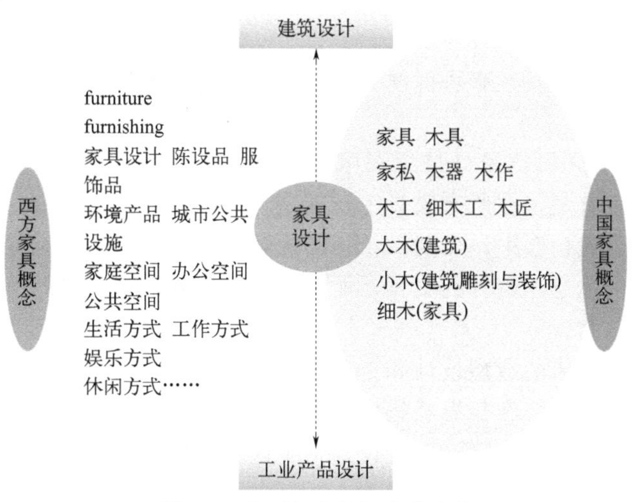

图 1-3 中西方家具概念的比较

二、家具分类

现代家具的材料、结构、使用场合、使用功能的日益多样化，导致了现代家具类型的多样化和造型风格的多元化，因此，很难用一种方法为现代家具分类。这里从多种角度对现代家具进行分类，以便对现代家具系统形成一个完整的概念，作为学习现代家具设计与制造的基础知识之一。

1. 按基本功能分类

这种分类方法是根据人与物、物与物的关系，按照人体工程学的原理进行分类，是一种科学的分类方法。

（1）坐卧类家具 坐卧类家具是家具中最古老最基本的家具类型，家具在历史上经历了由早期席地跪坐的矮型家具到中期的垂足而坐的高型家具的演变过程，这是人类告别动物的基本习惯和生存姿势的一种文明的行为，这也是家具最基本的哲学内涵。

坐卧类家具是与人体接触面最多、使用时间最长、使用功能最多、最广的基本家具类型，造型式样也最多、最丰富，坐卧类家具按照使用功能的不同可分为椅凳、沙发、床榻三大类。

① 椅凳类家具　椅凳属坐类家具，品种最多，造型最丰富，没有哪个家具类型在设计与造型上可以与椅凳类家具相比拟。

椅凳类家具从传统的马扎凳、长条凳、板凳、墩凳、靠背椅、扶手椅子、躺椅、折椅、圈椅，已经发展到了今天的具有高科技和先进工艺技术、用复合材料设计制造的气动办公椅、电动汽车椅、全自动调控航空座椅等。

② 沙发类家具　沙发是西方家具史上坐卧类家具演变发展的重要家具类型，沙发类家具是 18 世纪法国路易十五时期王公贵族上流社会追求更加舒适的生活方式和沙龙聚会的产物。

沙发类家具包括各种形式的单人沙发、双人沙发、长沙发、沙发两用床等。在设计上现代沙发的设计与功能正在把人的坐、躺、卧的不同生活方式进行整合，在材料上从传统的金属弹簧、方木结构，逐步发展到今天的高泡聚酯海绵软垫、不锈钢铝合金活动结构。近年来由于绿色环保意识和家具时装化的流行，沙发逐步从传统的真皮沙发演变为现代布艺沙发。由于现代布艺沙发具有可拆洗、面料多样化、装饰性强等特点，正日益成为现代沙发家具的主流。

③ 床榻类家具　床榻类家具是睡眠用的家具，跟人类关系极为密切。1 天 24 小时，有 1/3 的时间与睡眠有关，在所有家具中，床是与人最亲密的安乐窝，尤其是在一个压力与竞争不断增长的现代社会中，床的设计、结构和含义也在不断发生变化，床榻类家具不再仅仅是给人们提供休息和躺卧的工具，而且意味着恢复紧张失落的情绪，并成为舒适温馨和宁静宜人的安乐窝。

随着社会的发展，床的造型设计和工艺结构、材料都有了很大的变化，除了传统的木床、架子床、双层床之外，席梦思软垫床、多功能组合床、水床、电动按摩床等现代化床榻类家具不断被设计和制造出来，现代设计师不仅仅为人们提供了休息、睡眠的卧床，他们还为人们提供了美好的梦想。

(2) 桌台类家具　桌台类家具是与人类工作方式、学习方式、生活方式直接发生关系的家具，在高低宽窄的造型上必须与坐卧类家具配套设计，有一定的尺寸要求。在使用上可分为桌与几两类，桌类较高，几类较矮。桌类有写字台、抽屉桌、会议桌、课桌、餐台、试验台、电脑桌、游戏桌等，几类有茶几、条几、花几、炕几等。

由于桌子泛指一切离开地面的作业或活动用的平面家具，应有必要的平整度、水平的表面、离开地面的支撑。特别需要注意的是自从电脑问世以来，桌椅的设计有了与以前不同的意义，电子技术已经以日益高效而且小巧的产品与桌、椅的设计联系起来。桌与椅、茶几与沙发必须是统一设计的家具组合，在尺寸上应根据其用途及用户的身材体形来设计，通常的高度一般是以椅子高 46cm、桌台高 75cm 作为基本标准尺寸的。

几类家具发展到现代，茶几成为其中最重要的种类。由于沙发家具在现代家具中的重要地位，茶几随之成为现代家具设计中的一个亮点，茶几日益成为客厅、大堂、接待室等建筑室内开放空间的视觉焦点。今日的茶几设计正在从传统的实用配角，变成观赏、装饰的陈设家具，成为一类独特的具有艺术雕塑美感形式的视觉焦点。在材质方面，除传统的木材外，玻璃、金属、石材、竹藤的综合运用使现代茶几的造型与风格千变万化，异彩纷呈，美不胜收。

(3) 橱柜类家具　橱柜类家具也被称为贮藏家具，在早期家具发展中还有箱类家具也属这一范畴。由于建筑空间和人类生活方式的变化，箱类家具正逐步从现代家具中消失，其贮藏功能被橱柜类家具所取代。贮藏家具虽然不与人体发生直接关系，但在设计上必须在适应人体活动的一定范围内来制定尺寸和造型。在使用上分为橱柜和屏架两大类，在造型上分为封闭式、开放式、综合式三种形式，在类型上分为固定式和移动式两种基本类型。

橱柜家具有衣柜、书柜、五屉柜、餐具柜、床头柜、电视柜、高柜、吊柜等。屏架类有衣帽架、书架、花架、博古陈列架、隔断架、屏风等。在现代建筑室内空间设计中，逐渐地把橱柜类家具与分隔墙壁结合成一个整体。法国建筑大师与家具设计大师勒柯布西埃早在 20 世纪 30 年代就将橱柜类家具放在墙内，美国建筑大师赖特也以整体设计的概念，将贮藏家具设计成建筑的结合部分，可以视为现代贮藏家具设计的典范。

现代住宅的音响电视柜正成为家庭住宅客厅、起居室正立面的主要视觉焦点和装饰立面。同时，工艺精品、花瓶名酒、书籍杂志等不同功能的陈列，正在日益走向组合化，构成现代住宅的多功能组合柜。

现代厨房家具更是逐步向标准化、智能化的整体厨房方向发展，从过去封闭式、杂乱无章的旧式厨房走向开放式的集厨房、餐厅等功能于一体的现代整体厨房。现代整体厨房家具将成为我国现代家具产业中一个新的（产量和销售额的）增长点，具有很大的市场潜力。

屏风与隔断柜是特别富于装饰性的间隔家具，尤其是中国的传统明清家具，屏风、博古架更是独树一帜，以它精巧的工艺和雅致的造型，使建筑室内空间更加丰富通透，空间的分隔和组织更加多样化。屏风与隔断对于现代建筑强调开敞性或多元空间的室内设计来说，兼具有分隔空间和丰富变化空间的作用，随着现代新材料、新工艺的不断出现，屏风与隔断已经从传统的绘画、工艺、雕屏，发展为标准化部件组装的金属、玻璃、塑料、人造板材制造的现代屏风，创造出独特的视觉效果。

2. 按使用时的建筑环境分类

对家具按建筑环境分类，是按不同的建筑使用环境和地点进行分类，家具根据人类活动的不同建筑空间类型可分为住宅建筑家具、公共建筑家具和室外环境家具三种类型。

(1) 住宅建筑家具　住宅建筑家具也就是指民用家具，是人类日常基本生活离不开的家具，也是类型最多、品种复杂、式样丰富的基本家具类型。按照现代住宅建筑的不同空间划分，可以分为客厅与起居室、门厅与玄关、书房与工作室、儿童房与卧室、厨房与餐厅、卫生间与浴室家具等。

① 门厅与玄关家具　在中国传统民居建筑中并没有独立的门厅与玄关的划分。但是，明清民居和私家园林的进入必须经过庭院，庭院中的照壁也就是今天玄关的功能，随着我国人民生活水平的提高和住房建筑面积的改善，二室一厅、三室二厅、四室二厅、跃层复

式住宅、别墅建筑的居家形式正成为现代社会的主要住宅形式，人们生活空间愈分愈细，人们已经意识到入口门厅与玄关家具是现代住宅中非常重要的第一视觉印象和重要组成部分。

门厅与玄关家具主要有迎宾花台桌几、屏风隔断、鞋柜、迎宾椅凳、衣帽架、伞架、化妆台与化妆镜等，可以根据门厅玄关的大小进行配套设计和组合。

② 客厅与起居室家具　客厅与起居室在整个住宅空间布局中处于中心的重要位置，是家人团聚、会客、社交、娱乐、休闲、阅读的开放式动态流动的公用空间，是构成住宅整体装饰风格的主旋律，同时也展示着主人的文化品位和生活水平。

客厅与起居室家具主要有沙发、茶几、躺椅、电视音响组合柜、精品陈列柜、花台花架、咖啡桌、棋牌桌、书架、屏风隔断架等。

③ 书房与工作室家具　书房与工作室是一个家庭住宅的"静态"空间，是知识经济社会与信息时代的家庭住宅新空间，也是现代社会人们生活方式与工作方式的重要变化的主要象征。随着国际互联网的迅速扩展，计算机、传真机、电话通信设备进入家庭并普及，加上终身教育的需要，在家庭住宅空间设立书房与工作室，已从原来的知识阶层逐渐普及到千家万户。数字化社会、智能化建筑直接影响到人们的数字化生活方式，同时传统的书房正在向 SOHO 工作室功能转变，越来越多的白领阶层、上班一族和自由职业者正在变成 SOHO 一族，书房家具，尤其 SOHO 工作室家具正在成为现代家具设计的新空间。

书房与工作室家具主要有写字台、多功能电脑工作台、打印机台、工作椅、躺椅、书架、书柜等。

④ 儿童房家具　儿童房是目前中国家庭最重视和着力设计的住宅空间。绝大部分城市家庭都为自己的孩子准备了一间独立的房间。由于处在成长期，大部分儿童将在一间房间中度过从幼儿园、小学到中学的青少年时光，因此儿童房是子女成长的摇篮，儿童房的家具设计与整体空间的组合设计将对儿童的身心成长、学业成才起着直接和潜移默化的作用。儿童房家具的设计要注意到青少年的几个主要的成长阶段，如幼儿园、小学、中学，在功能上要从早期的娱乐功能、启蒙教育功能到独立的学习生活功能逐级转化，家具应该随着功能的多样性和小孩的成长同步，应该一开始就在设计上预留成长发展空间，特别是在儿童房功能的多样性与成长性的特点上精心设计和布置。

儿童房家具主要有床、衣柜、书柜、玩具柜、书桌和椅子、多功能电脑工作台等。

⑤ 卧室家具　卧室是住宅空间中的私密空间。人一天中大约有 1/3 的时间是在卧室中度过的，卧室家具是制造甜蜜温馨、宁静舒适气氛的重要家具。

卧室家具主要有双人床、床头柜、梳妆凳、安乐椅、躺椅、沙发、大衣柜、贮藏柜、电视柜等。

⑥ 厨房与餐厅家具　厨房是家庭烹饪膳食的工作场所，是人类赖以生存的重要生活空间。由于建筑空间的变化，现代科技的发展特别是厨房设备、家用电器的现代化，厨房烹饪环境越来越整洁，操作越来越方便，因而产生了现代化的整体厨房家具设计，并从封闭式逐渐走向开放式，与餐厅空间的界线日益模糊，有的已经连成一体。

厨房家具主要有橱柜作业台（地柜兼贮藏柜）、吊柜，与工作台相呼应，并争取更大空间利用率和增加贮藏家具，还有便餐台、餐具架、调味品架、工具架、食品架等。

餐厅是家庭成员进餐的空间，中国的饮食文化有着悠久的历史。餐厅是象征一家人“团聚”，举行“庆典”和“祝福”的场所，在现代住宅空间，餐厅与厨房的界线正日益模糊，同时，家庭酒吧的功能也与餐厅融为一体。

餐厅家具主要有餐桌、餐椅、酒柜、酒地柜、餐具柜等。

⑦ 卫生间与浴室家具　卫浴空间应该是家庭住宅中最私密及最经常使用的房间，在现代住宅建筑中，卫浴空间最能反映一个家庭的生活质量，在当今已越来越受到人们的重视。对卫浴空间和家具设施的设计已经到了越来越讲究艺术风格和个性化的时代。人们越来越重视卫浴空间的家具和设施的整体配套，现代家具产业中卫浴家具与整体厨房家具一样，成为家具设计的新空间和家具产业新的增长点。现代卫浴正逐步走向浴、厕分离，一户双卫、一户多卫、多功能浴室，卫浴间与衣帽间、更衣室相连的新趋势，卫浴空间家具设计、设备设施配套设计已成为一门新兴的与最新科技结合的产业，昔日默默无闻、平淡无奇的卫浴空间，已经变得更加舒适，更具效率，更富情趣。

卫浴家具主要有洗面台及地柜、衣帽毛巾架、贮物吊柜、化妆品陈列柜、墙镜、镜前灯架、搁物架、净身器、坐厕器（抽水马桶）、浴缸、冲浪浴缸、整体浴室、桑拿浴室等。

(2) 公共建筑家具　家具是人与建筑、人与环境的一个中介物，家具语言风格总是与建筑语言风格相协调。因为家具设计永远从建筑与环境中汲取灵感，家具与建筑、家具与环境是密不可分的。相对于住宅建筑，公共建筑是一个系统的建筑空间与环境空间，公共建筑的家具设计根据建筑的功能和社会活动内容而定，具有专业性强、类型较少、数量较大的特点。公共建筑家具在类型上主要有办公家具、酒店家具、商业展示家具、学校家具等。

① 办公家具　如果说工厂是 19 世纪的工业革命时代标志性建筑，那么，现代办公建筑是 20 世纪末信息时代标志性建筑。在过去的 100 年里，现代办公建筑位居城市的中心，以富有特色的建筑语言改变了城市的外貌，成为风靡全球的新型建筑。现代办公室也改变了我们的工作方式和生活方式。在现代科技、信息技术迅速发展的今天，信息技术的每一项革新和发明，电话、计算器、传真机、电脑、国际互联网……都与办公建筑和办公家具紧密相连，现代办公家具不仅提高了办公效率，而且也成为现代家具的主要造型形式和典范，是现代家具中的主导性产品。

现代办公家具主要有大班台、办公桌、会议台、隔断、接待台屏风、电脑台、办公椅、文件柜、资料架、低柜、高柜、吊柜等单体家具和标准部件组合的家具，可以按照单体设计、单元设计、组合设计、整体建筑配套设计等方式，构成开放、互动、高效、多功能、自动化、智能化的现代办公空间。

② 酒店家具　旅游观光产业在国民经济中起着举足轻重的作用，是不少国家的支柱产业。我国自 20 世纪 80 年代改革开放以来，旅游业的迅猛发展，直接推动了酒店建设。随着现代酒店功能的不断扩展，酒店家具已经成为现代家具产业中的重要家具类型。现代酒店家具配套设计是酒店设计的重要内容，酒店家具也是公共建筑家具中种类最多的。

按酒店的不同功能划分，酒店家具主要有公共空间的大堂家具，其中有沙发、座椅、茶几；接待台餐饮部分的家具，如餐台、餐椅、（中餐、西餐）吧台、咖啡桌椅等；客房部分的家具，如床、床屏靠板、床头柜、沙发、茶几、行李架、书桌、座椅、化妆台、壁柜、衣柜等。随着酒店星级的不同，对家具档次、造型的要求也不同。尤其是不同国家、地区、民族的传统文化与民俗风情会以文化元素符号的形式在酒店家具设计中表现出来。我国酒店家具市场潜力很大，根据文化和旅游部提供的信息，目前我国有酒店宾馆 10 万多家，涉外宾馆酒店 3000 多家，客房 40 多万套，每 5 年就要更新改造。酒店家具的市场超过 10 亿元人民币，酒店家具市场十分可观。

③ 商业展示家具　当商业文化进入 20 世纪以后，随着工业化进程的加快，公共商业环境渐渐形成了新型商业网。特别是 20 世纪 80 年代信息技术的迅速推进，加快了现代购物中心、超级市场、名牌专卖店、大型博览会、展览中心等公共商业建筑的发展，同时也促进了商业展示家具的设计和制造。商业展示家具是商业展示建筑设计的重要组成部分之一，同时也是现代家具产业中的一个专业化的家具类型。

商业展示家具主要有商品陈列地柜、商品陈列高柜、陈列架、展示台、展示橱窗、展示挂架、收款台、接待台、屏风、展台、展柜板、组合式展示家具等。由于商业展示内容的丰富多彩，商业展示家具的设计与制作也与特定的展示商品和内容相一致，同时工业化标准部件、现场组合是商业展示家具的主要制造工艺，人体工学是商业展示家具在造型尺度、视觉、触觉设计的主要依据。

④ 学校家具　随着现代教育的普及，在公共建筑中，学校建筑占有很大的比重。纵观人的一生，从幼儿园到小学、从中学到大学，整个青少年时代的金色年华是在学校中度过的，学校家具的设计与青少年的成长与成才息息相关。在我国，由于历史和经济发展等方面的原因，学校家具设计一直在低层次的层面上徘徊，是一个非常值得关注的问题。应重新思考的学校家具设计领域，真正做到以人为本、以社会为本、以教育为本、以科技为本、以可持续发展为本，去设计和制造学校家具。

学校家具主要有教学家具和生活家具两大类。教学家具主要有课桌、椅凳、黑板、讲台、电脑台，以及各种专业教学用的专业家具，如阶梯教室家具，图书馆、阅览室家具，音乐教学、美术教学专用家具，手工劳作、各种实验室、生产实习、计算机教学、语言教学专用家具等。生活家具主要是学生宿舍、公寓家具和食堂餐厅家具。学生宿舍、公寓家具在信息化、现代化的今天，由于国际互联网和教学化技术的普及，特别是在大中专学生宿舍、公寓中，正在再现一个把睡眠、学习、阅读、上网、贮藏等多功能用途综合在一起的工作站式的整体单元家具设计，这也是现代家具设计的一个新领域，有着巨大的市场需求和潜力。

（3）室外环境家具　人与环境是 20 世纪最具挑战性的设计主题之一。随着当代人们环境意识的觉醒和强化，环境艺术、城市景观设计被人们日益重视，建筑设计师、室内设计师、家具设计师、产品设计师和美术家正在把精力从室内转向室外，转向城市公共环境空间，扩大他们的工作视野，从而创造出一个更适宜人类生活的公共环境空间。随着工业化和高科技的迅速发展，生活在城市建筑室内空间的人们越来越渴望“回归大自然”，在室外的自然环境中呼吸新鲜的空气，享受大自然的阳光，松弛紧张的神经，悠闲地休息。于是在城市广场、公园、人行道、林荫道上，将设计和配备越来越多的、供人们休闲的室外环境家具。同时，护栏、花架、垃圾箱、候车厅、指示牌、电话亭等室外设施也越来越受到城市管理部门和设计界的重视，成为城市环境景观艺术的重要组成部分。

室外环境家具的主要类型有躺椅、靠椅、长椅、桌、几台、架等。在材料上多用耐腐蚀、防水、防锈、防晒、质地牢固的不锈钢、铝材、铸铁、硬木、竹藤、石材、陶瓷、FRP成型塑料等。在造型上注重艺术设计与环境的协调，在色彩上多用鲜明的颜色，尤其是许多优秀的室外环境家具设计几乎就是一件抽象的户外雕塑，具有观赏和实用两大功能。

在建筑环境家具分类中还有飞机、车、船等交通工具中的家具，这是家具设计中科技含量高的家具类型。一个航空座椅的设计已经成为一个多学科、复杂的系统工程设计，非一个人所能完成。另外现代家具正日益走向多元化和扩大化，随着时代的发展、科技的进步，会出现更多更新的家具设计新领域。

3. 按材料与工艺分类

按材料与工艺对家具进行分类，主要是为了便于我们掌握不同的材料特点与工艺构造。现代家具已经日益趋向于多种材质的组合，传统意义中的单一材质家具已经日益减少，在工艺结构上也正在走向标准化、部件化的生产工艺，早已突破了传统的榫卯框架工艺结构，并开辟了现代家具全新的工艺技术与构造领域。为了便于学习和理解，下面按照每一类家具的主要材料与工艺进行介绍。

（1）木质家具　无论在视觉还是触觉上，木材都是多数材料无法超越的，由于木纹独特的美丽纹理，木材独具的温暖与魅力，木材的易于加工、造型与雕刻，木材一直都是古今中外家具设计与创造的首选材料，即使是现代家具日益趋向新潮与使用复合材料的今天，木材仍然扮演重要的角色。

① 实木家具　实木家具在木质家具类型中是最古老的产品，在家具发展史上从原始的早期家具时代一直到18世纪欧洲工业革命前，实木家具一直扮演着主要角色。

实木家具是把木材通过锯、刨等切削加工，高档实木家具还要经过浮雕、透雕的艺术装饰加工，采用各种榫卯框架结构制成的家具。实木家具最能表现传统家具的匠心独运、精湛工艺和材质肌理美的特色。在中国有明式家具，在欧洲有巴洛克、洛可可风格的家具，它们都是实木家具中的经典，直到今天仍然是家具中的高档产品。

② 曲木家具　曲木家具是利用木材的可弯曲原理，把所要弯曲的实木加热加压，使其弯曲成型后制成的家具。曲木家具是19世纪奥地利工匠索内最早发明的，并大批量生产曲木椅，从此开创了现代家具的先河。曲木家具以椅子为典型，同时在床屏、桌子的腿部、屏风以及藤竹、柳编家具制作上也多采用曲木工艺。

（2）模压胶合板家具　模压胶合板也称之为弯曲胶合板，这是现代家具发展史上工艺制造技术上的重大创造与突破。模压胶合板家具最重要的代表人物是芬兰现代建筑大师和家具设计大师阿尔瓦·阿尔托。他对弯曲胶合板技术进行了深入持久的探索，采用蒸汽弯曲胶合板技术，设计了一批至今都在生产的模压胶合板家具，是现代家具史上少有的成功典范，至今仍对北欧现代家具有重大影响。模压胶合板技术现在从蒸汽热压成型发展到冷压成型，再发展到标准模压部件加工，成为现代家具工艺中的一项主要技术与加工工艺，并与金属、塑料、五金相结合，设计制造出品种繁多的家具造型，成为现代木材家具工艺中的生力军。

（3）传统竹藤编织家具与现代编织家具　竹、藤、草、柳等天然植物编织的家具工艺是有着悠久历史的传统手工艺，也是人类早期文化艺术史中最古老的艺术之一，至今已有7000多年的历史了。人类的早期智慧、手的进化和美的物化都在编织工艺中得到充分的体现。今天，在高科技普遍应用的现代社会，人类并没有摒弃这一古老的艺术，反而将其发扬光大。将现代家具的工艺技术和现代材料结合在一起，更使竹藤编织家具成为绿色家具的典范。纤维编织家具造型轻巧而又独具材料肌理、编织纹理的美，具有其他材料家具所没有的特殊品质，受到当代人们的喜爱，尤其是迎合了现代社会“返璞归真”、回归自然的潮流，因而拥有广阔的市场。

竹藤编织家具主要有竹编家具、藤编家具、柳编家具和草编家具，在品种上以椅子、沙发、茶几、书报架、席子、屏风为多。现代化学工业生产的仿真塑料纤维材料编织的家具，具有防晒、防水的功能，以金属作为基本骨架，新型更加丰富多彩，正在成为编织家具的新潮流。近年来开始把金属钢管、现代布艺、实木与纤维编织相结合，使编织家具更为轻巧、牢固，同时也更具现代美感。

金属家具、塑料家具、玻璃家具、石材家具与陶瓷家具、软体家具，制作过程与木用涂料关系不大，从略。

三、家具设计

1. 家具造型设计

家具造型设计是家具产品研究与开发、设计与制造的首要环节。家具设计主要包含两个方面的内涵：一是外观造型设计，二是生产工艺设计。家具设计尤其是造型设计更多地从属于艺术设计的范畴，所以，我们必须学习和运用艺术设计的一些基本原理和形式美规律，去大胆创新、探索和想象，设计创造出新的家具造型，用新的家具样式不断引导家具消费时尚，开拓新的家具市场，为人们创造更新、更美、更高品质、更合理的生活方式。

家具造型设计是对家具的外观形态、材质肌理、装饰色彩、空间形体等造型要素进行综合分析与研究，并创造性地构成新、美、奇、特而又结构功能合理的家具形象。

家具造型是在特定使用功能要求下，一种自由而富于变化的创造性造物手法，它没有一种固定的模式，但是根据家具的演变风格与时代的流行趋势，现代家具以简练的抽象造型为主流，具象造型多用于陈设性观赏家具或家具的装饰构件。为了便于学习与把握家具造型设计，根据现代美学原理及传统家具风格把家具造型分为抽象理性造型、有机感性造型、传统古典造型三大类。

① 抽象理性造型　抽象理性造型是以现代美学为出发点，采用以纯粹抽象几何形状为主的家具造型构成手法。抽象理性造型手法具有简练的风格、清晰的条理、严谨的秩序和优美的比例。在结构上呈现数理的模块、部件的组合。从时代的特点来看，抽象理性造型手法是现代家具造型的主流，它不仅利于工业标准化大批量生产，产生经济效益具有实用价值，在视觉美感上也表现出理性的现代精神。抽象理性造型是从包豪斯年代后开始流行的国际主义风格，并发展到今天的现代家具造型手法。

② 有机感性造型　有机感性造型是以具有优美曲线的生物形态为依据，采用自由而富于感性意念的三维形体的家具造型设计手法。造型的创意构思是从优美的生物形态风格和现代雕塑形式汲取灵感，结合壳体结构和塑料、橡胶、热压胶合板等新兴材料。有机感性造型涵盖非常广泛的领域，它突破了几何曲线或直线所组成形体的狭窄单调的范围，可以超越抽象表现的范围，将具象造型同时作为造型的媒介，运用现代造型手法和铸造工艺，在满足功能的前提下，灵活地应用在现代家具造型中，具有独特的生动趣味的效果。

在建筑设计中的有机建筑代表作有澳大利亚悉尼歌剧院、美国肯尼迪国际机场候机楼等。最早的有机感性造型家具也是由 20 世纪 40 年代美国建筑与家具大师沙里宁和伊姆斯创作并确立的。

③ 传统古典造型　中外历代传统家具的优秀造型手法和流行风格是全世界各国家具设计的源泉。“古为今用，洋为中用”，通过研究、欣赏、借鉴中外历代优秀古典家具，可以清晰地了解家具造型发展演变的脉络，从中得到启迪，为今天的家具造型设计所用。

同时，高档古典家具的造型款式的精美工艺，在今天仍然受到人们的喜爱并占有一定的市场份额，用计算机仿真制造技术可以大批量复制生产从前只有王公贵族才能享用的古典高档豪华家具，可以满足一部分喜爱古典、豪华、高档家具顾客的需要。

然而，关键问题是要在对传统古典家具的深层次的学习和研究中注入现代家具设计的成分，提炼出中国家具风格的元素，全面借鉴学习古今中外的所有优秀家具文化，最终设计创造出具有中国风格和特色的现代中国家具。

2. 家具美学

（1）家具与文化　首先，家具是一类社会物质产品，作为重要的物质文化形态，表现为直接为人类社会的生产、生活、学习、交际和文化娱乐等活动服务。同时家具又是一门生活艺术，它结合环境艺术、造型艺术和装饰艺术等，直接反映我们创造了什么样的文化，它以自己特有的形象和符号来影响和沟通人的情感，对人的情感和心理产生一定的影响，是人类理解过去、表现今日、规划将来的一种表现形态，有着历史的连续性和对未来的限定性。

因而，家具是一种文化形态。家具文化是物质文化、精神文化和艺术文化的整合。

家具是一种丰富的信息载体与文化形态，其品类数量繁多，风格各异，而且随着社会的发展，这种风格变化和更新浪潮，还将更加迅速和频繁，因而家具文化在发展过程中必然或多或少地反映出地域性和时代性两种特征。

（2）家具与艺术　家具设计是一种艺术活动。家具是科学技术与文化艺术结合的具有实用性的艺术品，两者的比重随不同的家具设计和风格或更多地偏重于科技，或更多地偏重于艺术。随着现代大美术概念的出现，家具与艺术的关系越来越密切，艺术对家具的造型与设计影响极大。无论是西方还是东方的艺术博物馆，不管是古典艺术博物馆，还是现代艺术博物馆，家具都是其中的重要收藏品和研究对象。

从现代家具发展的历史来看，从 19 世纪至今，许多艺术大师与设计大师在抽象艺术、现代绘画、现代雕塑的发展中融会贯通、相互影响，因而创造出许多具有时代美感的家具杰作。

（3）家具与美学　家具设计是一种审美创造。现代家具是一种兼具物质实用功能与精神审美功能的工业产品，又是一种必须通过市场进行流通的商品，家具的实用功能与美学造型直接影响到人们的购买行为。而美学造型式样能最直观地传递美的信息，通过视觉、触觉、嗅觉等知觉要素，激发人们愉快的情感，从而产生购买欲望，使人们在使用中得到美的感受与舒适的享受。

家具设计要顺应生活方式和审美时尚的变迁而进行审美创造。家具的审美要素和审美创造主要表现为功能美、材质美、结构美、工艺美、形态美、装饰美等。

因此，家具美学在现代市场竞争中成为重要的因素。一件好家具，应该是在造型设计的统领下，将使用功能、材料与结构完美统一。

3. 家具色彩

色彩与材质是家具造型设计的构成要素之一。一件家具给人的印象首先是色彩，其次是形态，最后才是材质。色彩与材质具有极强的表现力，在视觉和触觉上给人以心理与生理上的感受与联想。

色彩不能独立存在，它必须依附材料和造型，在光的作用下，才能呈现出来。在一件家具上，材质的不同，会带入不同材质的本色，这些各异的本色，是每件（套）家具最终色彩效果的重要构成因素。如各种木材丰富的天然本色与木质肌理、鲜艳的塑料、透明的玻璃、闪光的金属、染色的皮革、染织的布艺、多彩的涂料等。

（1）木材固有色　在今天，木材仍然是现代家具的主要用材。木材作为一种天然材料，它的固有色是体现天然材质肌理的最好媒介。木材种类繁多，其固有色也十分丰富，有的淡雅、细腻，有的深沉、粗犷，但总体上是呈现温馨宜人的暖色调。在家具应用上常用透明的涂饰以保护木材固有色和天然的纹理。木材固有色与环境、人类自然和谐，给人以亲切、温柔、高雅的情调，是家具恒久不变的主要色彩，永远受到人类的喜爱。

（2）家具表面涂料色　家具表面大多需要涂饰涂料。一方面保护家具以免受大气光照影响，延长其使用寿命；另一方面家具涂料在色彩上起着重要的美化装饰作用。

家具涂饰涂料分两类，一类是透明涂饰；另一类是不透明涂饰，又分亮光和亚光两种。

透明涂饰本身又分两种，一种是显露木材固有色，另一种是经过修色处理改变木材的固有色，但纹理依然清晰可见，使木材的色调更为一致。透明涂饰多用于高档珍贵木材家具。

不透明涂饰是将家具本身材料的固有色完全覆盖，涂料色彩的冷暖、明度、彩度、色相极其丰富，可以根据设计需要任意选择和调色。一般在低档木材家具、金属家具、人造板材家具中使用较多。

（3）人造板贴面装饰色　随着人类环境意识的提高，在现代家具的制造中，大量使用人造板材。因此，人造板材的贴面材料色彩成为现代家具中的重要装饰色彩。人造板贴面材料及其装饰色彩非常丰富，有高级珍贵天然薄木贴面，也有现代激光仿真印刷的纸质贴面，最多的是三聚氰胺防火塑面板贴面。这些人造板贴面对现代家具的色彩及装饰效果起着重要作用，在设计上可供选择和应用的范围很广，也很方便，主要根据设计与装饰的需要选配成品，不需要自己调色。

（4）金属、塑料、玻璃的现代工业色　现代工业标准化大批量生产的金属、塑料、玻璃家具充分体现了现代家具的时代色彩。金属的电镀工艺、不锈钢的抛光工艺、铝合金静电喷涂工艺所产生的独特的金属光泽，塑料的鲜艳色彩，玻璃的晶莹透明，这些现代工业材料已经成为现代家具制造中不可缺少的部件。现代家具是木材、金属、塑料、玻璃等不同材料配件的组合，在材质肌理、装饰色彩上产生相互衬托、交映生辉的艺术效果。

（5）软体家具的皮革、布艺色　软体家具中的沙发、靠垫、床垫在现代室内空间中占有较大面积，因此，软体家具的皮革、布艺等覆面材料的色彩与图案在家具与室内环境中起了非常重要的作用。特别是随着布艺在家具中的逐步流行，为现代软体家具增加了越来越多的时尚流行色彩。

除了上述家具色彩的应用外，家具的色彩设计还必须考虑家具与室内环境的因素。家具的色彩不是孤立的一件或一组成套家具，家具与室内空间环境是一个整体的空间，所以家具色彩应与室内整体的环境色调和谐统一。家具与墙面，家具与地面、地毯，家具与窗帘，家具与空间环境（办公、居家、餐饮、旅馆、商业……）都有密不可分的关系，设计单体或成套家具的色彩时，必须与家具所处的建筑空间环境的色调一起进行综合设计，总之家具的色彩设计必须和室内环境及其使用功能作整体统一考虑。

（6）家具与灯具、室内陈列的色彩因素　现代家具与灯具的设计正在走向整合，特别是家具的内嵌灯光设计已经成为家具设计的一个组成部分。家具几乎都是在室内陈设使用的，室内灯光的设计对家具的色彩与造型有着极其重要的渲染烘托作用，灯具的造型、色彩、光源、投射方向与家具的造型、色彩应作统一的设计与考虑。

家具与室内陈列的因素也是影响家具色彩的因素之一，挂画、工艺品、装饰小品、酒具、餐具、书籍、电器等的陈列和布置，与家具是一个整体，在设计家具色彩时也应一起考虑。

（7）家具与流行色的因素　现代家具与现代服装、工业产品一样，正在走向“时装化”的流行时尚趋势。所以要时刻关注当代家具设计、时装设计、建筑设计、工业设计的最新专业资讯，广泛收集国外国内市场的流行趋势信息，特别是国外国内大型设计博览会的家具设计信息，同时关注当代最新科技成果对家具设计与制造的影响，向服装设计、汽车设计、建筑设计、家电设计学习借鉴，把最新的设计潮流应用到家具设计中，不断设计创造，推陈出新，设计出具有时代色彩、引导消费潮流的现代家具新产品。

4. 家具表面的材质肌理

（1）材质机理的概念　材质肌理是家具材料表面的三维结构产生的一种质感，是物体表面的肌理。材质肌理的质感有触觉肌理（粗与细、凹与凸、软与硬以及冷与热）和视觉肌理（有光与无光、细腻与粗糙以及有纹理与无纹理）。材质肌理是构成家具工艺美感的重要因素与表现形式。

材质肌理既是触觉的，又是视觉的。天然木纹的美丽与温暖，金属的坚硬与冰冷，皮革、布艺的柔软，玻璃的晶莹，竹藤的编织纹理……材质肌理不仅给人生理上的触觉感受，也给人视觉上的心理感受，引起冷、暖、软、硬、粗、细、轻、重等各种感觉。尤其是家具与人的接触机会最多，触觉是人类最重要的感觉系统之一，因此家具材质肌理美感的触觉设计在家具设计中占据重要地位。

不同的材料有不同的材质肌理，即使同一种材料，由于加工方法的不同也会产生不同的质感。为了在家具造型设计中获得不同的艺术效果，可以将不同的材质配合使用，或采用不同的加工方法，显出不同材质的肌理美，丰富家具造型，达到工精质美的艺术效果。

（2）材质肌理的应用　现代家具材料越来越丰富，科学技术的进步又为家具提供了日新月异的新材料和新工艺，为丰富现代家具的表现力创造了新的条件。

家具材质肌理处理，一般从两方面来考虑：一是材料本身所具有的天然质感，如木材、石材、金属、竹藤、玻璃、塑料、皮革、布艺等，由于其材质本质的不同，人们可以根据材质的不同，如长度、强度、品性、肌理，在家具设计中组合设计，搭配应用。二是指同一种材料的不同加工处理，可以得到不同的肌理质感。如对木材采用不同的切削加工，可以得到不同的木纹肌理效果；对玻璃的不同加工，可以得到镜面玻璃、喷砂玻璃、刻花玻璃、彩色玻璃等不同艺术效果。又如竹藤采用不同的穿插经纬编织工艺，可以得到千变万化的编织图案。根据上述两方面的材质肌理的处理方法，在家具造型设计中，充分发挥材质肌理的天然美和凸显强化材质肌理的工艺美是现代家具设计的重要手法，尤其是要恰如其分地运用不同材质肌理的配合，通过组合应用和对比的手法获得丰富生动的家具艺术造型效果。

5. 家具表面最终的色彩效果

使用涂料并运用各种涂装工艺，与家具原有材质本色去结合后加的涂料色彩，从而构成或传统或现代、或鲜艳或沉稳、或单色或几色、或冷色或暖色的色调，使家具呈现出风格各异、丰富多彩的最终色彩效果，满足终端市场的不同需要。

6. “家具设计和木工制作”应为涂装提供的前提条件

使用各种木材、木质人造板和木质贴面材料，通过产品设计、小样试验、大样开料、贴面拼合、表面处理等程序，制作一件合格的“白坯”，就可以进入最后的涂料涂装的工序了。木制品制作的前一阶段统称为“木工制作”，后一阶段称为“涂料涂装”。两个阶段都完成了，木制品才可以作为一件合格产品进入市场。

“家具设计和木工制作”为“涂料涂装”这个后工序提供的前提条件，主要体现在以下几个方面。

（1）提供有利于涂装的几何结构　包括白坯的几何形状、几何尺寸都要有利于涂料的涂布与附着。

（2）提供有利于涂装的漆前处理的被涂面　包括白坯的被涂面的平整度、光滑度及清洁度。

（3）提供有利于涂装的工业化进程的白坯　白坯在涂装过程中，既要满足单件产品在手工涂装时容易搬运、容易转动、容易放置的要求，又要满足大批量生产时产品能上自动生产线，能进行自动涂装、自动打磨的条件，最终实现涂装的自动化和成本优化。

（4）提供有利于家具与涂料的“表里合一”的条件　家具设计与制造中应当具备在涂装之后能强化产品功能的基础，应当秉承与涂料结合之后能充分展示产品风格的内在理念。

（李凯夫　彭　亮）

第二章

木用涂料的品种与分类

第一节　木用涂料的常用品种

木用涂料常用的品种有：硝基涂料（NC）、聚氨酯（PU）涂料、不饱和聚酯（UPE）涂料、酸催化固化（AC）涂料、紫外光（UV）固化涂料、水性（W）涂料六种，其中前三种按成膜物质来命名，酸催化固化涂料和紫外光固化涂料依据其固化条件来命名，水性涂料因用水作为溶剂或稀释介质，有别于所有使用有机溶剂的“溶剂型涂料”，而被命名为“水性涂料”。

溶剂型木用涂料根据成膜物质的不同，又可分为硝基涂料、聚氨酯涂料、不饱和聚酯涂料，根据包装形式可以分为单组分涂料和双组分涂料，根据固化形式可以分为自干涂料、紫外光固化涂料、酸催化固化涂料。其中硝基涂料为自干型单组分涂料，聚氨酯涂料多为自干型双组分涂料，不饱和聚酯涂料为自干型多组分涂料。

一、硝基涂料

硝基涂料，又称硝化纤维素涂料，是以硝化纤维素（硝化棉）为主要成膜物质，添加部分合成树脂、增韧剂、溶剂、颜填料、助剂等物理混合制成的。还没被制成硝化棉液的硝化纤维素在运输时需用增塑剂而不是乙醇或异丙醇加湿。

硝基涂料具有以下优点。一是表干速度快：硝基涂料属于挥发自干型涂料，随着溶剂的挥发，树脂溶液沉积固化成膜，溶剂挥发完全，漆膜就实干了。在一般环境条件下1～10分钟即可表干，可以大大缩短重涂时间。二是涂膜易修复：硝基涂料是可逆性涂料，因此，完全实干的涂膜仍能被原溶剂溶解。当漆膜受到损伤时极易修复得和原来基本一致，看不出修补痕迹。三是装饰性能优良：涂膜色浅、透明度高、坚硬耐磨，有较好的机械强度和一定的耐水性及耐腐蚀性。广泛应用于高级家具、高级乐器、工艺品等的涂装。四是施工极为方便：可刷涂，亦可喷涂、淋涂、浸涂，且涂料可使用时间较长，不易变质报废，如密封保存得好可多次使用。

硝基涂料的缺点是涂膜的耐热、耐寒、耐光、耐碱性较差，在使用过程中易受损伤，由于涂料本身固体分低，施工后有大量有害气体挥发而污染环境，这些不利因素都会制约其发展。在家具领域，硝基涂料目前主要用于美式涂装系列产品，也是家装涂料的一个重要品种。随着国家环保政策法规趋严，硝基涂料将会逐渐退出应用市场。

二、聚氨酯涂料

聚氨酯涂料是指涂料成膜后漆膜分子中含有相当数量的氨酯键（—NHCOO—）的涂料，亦称 PU 涂料。可以分为双组分聚氨酯涂料和单组分聚氨酯涂料。双组分聚氨酯涂料一般由含有异氰酸酯基团（—NCO）的多异氰酸酯加成物和含有羟基（—OH）的多元醇树脂两部分组成，通常称为固化剂组分和主剂组分。大部分聚氨酯涂料都是双组分体系，异氰酸酯组分和多元醇组分分别包装，在施工之前混合。一个组分里面含有多元醇树脂（或者其它共反应物）、颜料、溶剂、催化剂和助剂，另一个组分含有多异氰酸酯和无水溶剂。

有很多市售的合适的含羟基共反应物，最常见的有端羟基聚酯树脂和羟基丙烯酸树脂。除了聚酯多元醇和丙烯酸多元醇以外，其他树脂也可以用于双组分聚氨酯涂料。低油度和中油度的醇酸树脂中含有羟基，施工之前加入多异氰酸酯可以加快干燥速率（简称干速），例如添加 IPDI 三聚体。硝化纤维素可以和异氰酸酯一起用作交联型木用涂料。双酚 A 环氧树脂中的羟基可以和异氰酸酯发生交联反应。

根据异氰酸酯的不同，固化剂可以分为芳香族固化剂、脂肪族固化剂。常用的芳香族固化剂有 TDI 和 MDI，由于分子中含有苯环，漆膜具有很高的硬度，同时苯环的存在，导致漆膜受紫外光照射后容易黄变和失光。脂肪族固化剂有 HDI 和 IPDI，此类异氰酸酯分子中的柔性脂肪烃链使得漆膜具有良好的耐黄变性和保光保色性，IPDI 分子中含有刚性脂肪环，使得该类固化剂具有很好的硬度。

根据异氰酸酯的不同反应固化剂可以分为加成物类固化剂和三聚体类固化剂。通常的加成物类固化剂为 TDI 与 TMP 的加成物。三聚体类固化剂有 TDI 三聚体、HDI 三聚体和 IPDI 三聚体固化剂。TDI 三聚体具有高的硬度和快干速度。上述固化剂都可以单独与多元醇树脂配合使用，但很多时候，涂料厂家会将上述各类固化剂按不同比例进行混合复配，生产出各种“混合固化剂”，再与多元醇树脂配合使用，以获得理想的施工性能、均衡的干膜物化指标和合适的成本。

双组分聚氨酯涂料是目前我国木用涂料市场上最主要的品种，其固化成膜机理是在溶剂挥发的同时，固化剂中的异氰酸酯基团（—NCO）与主剂中的羟基（—OH）发生化学交联反应，形成交联度高的涂膜。使用时，主剂和固化剂按涂料制造厂家要求的比例（重量比）混合，再加入适量的稀释剂调整施工黏度，即可进行涂装。

单组分聚氨酯涂料主要有氨酯油涂料、湿固化聚氨酯涂料、封闭型聚氨酯涂料等品种。单组分湿固化聚氨酯涂料的固化成膜机理是涂料分子中的—NCO 在施工后与空气中的水汽发生交联反应，形成交联度高的涂膜。

由于聚氨酯涂料干燥成膜时发生了化学反应，因而具有一些普通挥发型涂料无法相比的优良性能。一是力学性能好：对各种木质基材表面有优良的附着力，漆膜坚韧、硬度高、有相当好的柔韧性，因而具有极高的耐摩擦和耐冲击性。二是化学性能好：漆膜固化后不易被溶剂再溶解，耐化学药品、抗污染性极好。漆膜受热不容易软化，漆膜耐候性、持久性能好。三是装饰性能好：漆膜透明度、丰满度、保光保色性优异。当然，与其他涂料相比，聚氨酯涂料的涂膜质量受施工条件和施工环境影响较大，主要表现在：主剂和固化剂的配比有严格要求，如果配比不当，会明显影响漆膜最终性能；喷涂施工过程中较易起泡；使用芳香族固化剂时，干膜易泛黄；重涂时要注意层间间隔时间，重涂前要均匀打磨，否则会影响层间附着力；另外，涂料中微量的游离异氰酸酯（TDI）对人体有害，会一定程度上污染涂装环境，从而影响施工人员的身体健康。

三、不饱和聚酯涂料

不饱和聚酯涂料，亦称 UPE 涂料，是由不饱和聚酯树脂溶于可共聚的单体（苯乙烯或烯丙基醚）中而制成的涂料。涂料中所用稀释剂是不饱和单体，又称活性稀释剂，它既能作为溶剂溶解不饱和聚酯树脂，作为稀释剂调整涂料的黏度，还能在成膜时作为反应单体与不饱和聚酯发生反应，固化成膜。由于不饱和聚酯涂料中基本不含挥发性溶剂，成膜过程中挥发物极少，因此不饱和聚酯（UPE）涂料是一种无溶剂涂料。它可以一次性厚涂形成厚膜，具有非常好的填充性和高的硬度，能使面漆表现出良好的丰满度，特别适合作为木用涂料的底漆。正是由于这些优点，UPE 涂料在木用领域中曾有过较大的发展。

不饱和聚酯涂料属于多组分涂料，市售 UPE 涂料包括涂料主剂（不饱和聚酯树脂为主）、引发剂（俗称白水）、促进剂（俗称蓝水）及稀释剂（活性稀释剂）。主剂是含有一定数量的不饱和二元酸的聚酯树脂与某些特殊单体（如苯乙烯、烯丙基醚等）的混合物；引发剂通常是指各种过氧化物和过氧化氢混合物溶液，它们能够分解生成自由基从而引发自由基链式反应；促进剂的种类也很多，通常是一些环烷酸盐和异辛酸盐等。不饱和聚酯涂料固化的基本原理是引发剂与促进剂反应后先分解生成自由基，再引发不饱和聚酯树脂中的双键发生自由基反应，最终交联固化成膜。促进剂的作用是加速引发剂的分解，加快反应速率。

不饱和聚酯涂料具有许多优异的性能，表现在：UPE 涂料一般不含惰性挥发性有机溶剂，不释放大量有毒有害气体，不污染环境，可进行一次性厚涂；可在常温条件下干燥；漆膜丰满度好、硬度高、光泽高等。不足之处是不饱和聚酯涂料成膜时收缩较大，成膜后涂膜一般较脆，易开裂；使用 UPE 涂料时，木质基材涂装前的表面处理要求很严格，例如一定要先用封闭漆封闭，干后轻磨，然后才能喷涂 UPE 底漆，被涂面要无油污无水，否则都会影响成膜和附着力；用多组分材料混合调配好的 UPE 涂料可使用时间较短；特别要强调的是，引发剂与促进剂大量直接接触非常危险，易引起爆炸和火灾，因此引发剂与促进剂一定要分开存放，并按要求正确使用。

四、酸催化固化涂料

酸催化固化（AC）涂料，也叫酸固化涂料，简称 AC 涂料。一般用氨基树脂与醇酸树脂混合而成主剂，使用时加入有机酸（如对甲苯磺酸）作为催化剂，使其能在室温或低温烘烤下反应干燥成膜。酸催化固化涂料具有一系列优异的物化性能，干燥快，其涂膜经修整后平滑丰满，透明度和光泽度高，硬度高，坚韧耐磨，附着力强，机械强度高，并有一定的耐热、耐寒、耐水、耐油、耐化学品性能。其缺点是涂料中含有游离甲醛，味道大，强烈刺激作业者眼鼻（已有很大改进），同时涂料呈酸性，易腐蚀金属工具和基材。

目前，酸固化涂料在对美国和北欧出口的橱柜涂装上应用最多。

由于美国对中国橱柜的反倾销，原本在中国生产的出口橱柜的订单大多已转移到了东南亚，主要在越南和马来西亚。应用量不少，底漆和面漆都有。由于氨基树脂质量的提高，酸固化涂料中游离甲醛的含量大为降低，刺激性气味得到改善。美国橱柜协会有一套完善的测试方法，确保酸固化涂料在橱柜上的质量指标符合各种要求，所以酸固化涂料在橱柜类产品上的应用仍会延续。

但由于此类橱柜产品已极少在中国生产，市场容量很小，酸固化涂料在中国面临着被淘汰的问题，被淘汰是因为市场，与酸固化涂料本身无关。

五、辐射固化涂料

辐射固化涂料包括紫外光（UV）固化涂料和电子束（EB）固化涂料。

紫外光（UV）固化涂料的固化成膜机理是涂料中的光引发剂在波长为 200～450nm 的 UV 的照射下，由活性物种（自由基或阳离子）引发低聚物或稀释剂分子中的活性基团开链，进而发生聚合或交联反应而使体系固化成膜。UV 固化涂料主要由三个不可或缺的成分组成：光敏低聚物、活性稀释剂、光引发剂。在实际应用中，通常需要加入少量助剂来提高涂膜性能。涂料的性能主要受低聚物、活性稀释剂的影响，同时与 UV 强度以及波长、颜填料等因素息息相关。其中，光引发剂的引发效率决定了光固化体系能否迅速完成从液态到固态的转变。光敏低聚物作为主体树脂，在 UV 固化涂料配方中占比最大，其自身的理化性能对涂膜的综合性能具有举足轻重的影响。多官能团活性单体主要调节光固化体系的聚合度，提高涂料施工性能，降低黏度。

低聚物是光固化体系中作为主要成膜物质的感光性树脂，一般含有如碳碳不饱和双键或环氧基团等可以进行 UV 固化反应的官能团。目前占据市场主导地位的光固化产品中，可供选择的低聚物主要是丙烯酸酯类树脂，如丙烯酸酯化聚丙烯酸酯、聚酯丙烯酸酯、环氧丙烯酸酯、聚醚丙烯酸酯和聚氨酯丙烯酸酯等，实际应用最多的是环氧丙烯酸酯和聚氨酯丙烯酸酯。

UV 固化涂料种类主要有传统 UV 固化涂料、UV 固化粉末涂料、UV 固化水性涂料。传统 UV 固化涂料，常用丙烯酸酯体系作为低聚物，丙烯酸酯具有较高的反应活性、优良的水解稳定性和光稳定性，而且容易进行分子结构设计以满足不同的性能要求。但丙烯酸酯树脂气味难闻，会刺激皮肤，由于氧阻聚的原因会影响固化效果。UV 固化粉末涂料是光固化技术与粉末涂料结合的新型涂料，兼具光固化涂料和粉末涂料的优势，无溶剂、零污染、熔融温度低，适用于热敏基材，而且树脂分子量高，对活性稀释剂依赖小，过喷粉末易于回收。UV 固化水性涂料是以水为稀释剂的 UV 固化涂料，可以实现无活性稀释剂的配方，零 VOC 排放。

传统 UV 固化涂料适合辊涂、淋涂，在添加部分惰性溶剂的情况下，也可以实现喷涂（包括静电喷涂）。UV 固化粉末涂料和 UV 固化水性涂料可以实现自动喷涂。传统 UV 固化光源采用汞灯、镓灯。但由于汞会对环境产生污染，目前正大力发展 LED 光源，也称冷光源，即开即用，不需要预热，且使用功率比传统汞灯大大降低，最低可降至 1/10，当然 LED 蓝光涂料也有其缺点及局限性。

UV 固化涂料固体分接近 100%，含有机溶剂极少，对环境污染小；干燥迅速，便于大批量生产，且涂料使用时浪费损耗极低；漆膜硬度高，具有优良的耐溶剂性、耐药品性、耐摩擦性等。但 UV 固化涂料对人体会有刺激，长期接受紫外光的照射也会影响涂装人员的身体健康，要加强安全防护措施。

六、水性涂料

水性涂料是指以水作为分散介质，并且能用水稀释的涂料。

水性木用涂料一般可以分为：水性丙烯酸涂料、水性聚氨酯涂料、水性聚氨酯丙烯酸酯涂料、水性醇酸树脂涂料、水性 UV 固化涂料。根据组成形式可以分为水性单组分体系（1K）、水性的“补强体系”（1K）、水性双组分体系（2K）。

1. 水性涂料的优点

① VOC 和 HAP（hazardous air pollutant，有害空气污染物，比 VOC 包含内容更广）排放量低；

② 毒性和气味低，提高了工人工作时的安全性和舒适度；

③ 产品配套合理，价格可接受；

④ 干膜物化性能越来越好，包括光泽、耐磨性、耐黄变性等；

⑤ 可以使用传统的涂装设备进行涂装；

⑥ 改进后的水性涂装、干燥设备、自动生产线日益成熟；

⑦ 单组分水性涂料可回收和重复使用，提高了利用率；

⑧ 一些干燥后的水性涂料废弃物可作为非危险性垃圾进行填埋处理。

2. 水性涂料的缺点

① 干膜物化性能与传统溶剂型涂料相比仍有差距；

② 涨筋、封闭问题仍没得到真正解决；

③ 价格仍算偏高；

④ 涂装和干燥过程中对环境温度，特别是对环境湿度非常敏感；

⑤ 干燥过程中对强制干燥设备及自动干燥线依赖程度较高；

⑥ 涂装及干燥线比溶剂型的同类设备复杂且造价高；

⑦ 能耗高；

⑧ 生产及涂装过程产生的废弃物、废水，依然存在污染地下水体的威胁；

⑨ 仓储和运输过程须合理保温、防止冻融。

第二节　木用涂料的其它品种

木用涂料的其它品种有大漆、木蜡油，而粉末涂料很可能成为木用涂料的一个新的品种。

一、大漆

大漆，俗称“生漆”，又称“国漆”，它是从漆树上采割的一种乳白色纯天然液体，接触空气发生氧化后逐步变为褐色，4 小时左右表面干涸硬化而生成漆膜。大漆具有耐腐蚀、耐磨、耐酸、耐溶剂、耐热、隔水和绝缘性好、光泽柔和等特性，是军工、工业设备、农业机械、基本建设、手工艺品和高端家具等的优质涂料。漆树上割出的漆液成分有漆酚、树胶质、含氮物质、水分及微量的挥发酸等，其中近 80%的成分是漆酚。而且漆酚的含量越多，大漆的质量就越好。其中含氮物质中的酵素，能促进漆酚的氧化，大漆略带酸味的独特气味，就是这样散发出来的。漆酚的分子结构含有芳香烃又含有脂肪族长侧链，因此漆酚具有芳香族和脂肪族的双重特性，在漆酶的催化氧化作用下形成漆酚多聚体，再加上长侧链的氧化聚合反应，而形成网状立体结构，因此具有优良的物理性能和化学性能。

大漆主要用于红木等实木家具，施工方式主要是擦涂。湿热的环境（温度为 40℃、湿度为 80%）有利于漆酚的氧化干燥成膜。

有些人接触甚至只接近大漆，就会产生程度不同的过敏症，主要是大漆中的漆酚和多种挥发物致敏所致。经过治疗后可痊愈，不会留下任何痕迹。

二、木蜡油

木蜡油是一种从天然植物中提取的擦拭剂，主要由梓油、亚麻油、苏子油、松油、棕榈蜡、植物树脂等融合而成。主要用于各类木材（包括软木和硬木）的表面上油、上蜡、抛光和修复。木蜡油中的“油”能渗透进木材内部滋润养护木材，蜡能与木材纤维紧密结合，增强表面硬度，提高防水防污、耐磨耐擦的性能，给木材提供出色的养护和装饰性。由于木蜡油并无遮盖力和填充性，因此表面呈开放纹理效果，可以局部修复和翻新，不留痕迹，施工简便。

三、低温固化粉末木用涂料

粉末涂料是由于自身在涂布前为粉末状态，有别于其它液态涂料品种而得名。

粉末涂料以固体树脂为主要成膜物质，与普通液态涂料需要使用溶剂稀释不同，粉末涂料无溶剂，100%固体分。粉末涂料有热塑性和热固性两类。木用粉末涂料主要是热固性粉末涂料，即粉末状的热固性合成树脂成膜物质在烘烤的过程中先熔融再经流平和化学交联固化而形成平整坚硬的涂膜。该种涂料形成的漆膜硬度高、力学性能好。热固性粉末涂料由热固性树脂、固化剂、颜料、填料和助剂等组成。热固性树脂包括环氧树脂、环氧-聚酯树脂、聚酯树脂、聚氨酯树脂、丙烯酸树脂等。粉末涂料的优点是无害、高效、节省资源和环保，VOC 零排放。缺点是边角的粉末有时会涂布不均匀，固化后涂膜如有缺陷则难以修复。

木用粉末涂料适用于普通的 MDF（中密度纤维板），如使用由酚醛胶制的耐高温 MDF 则更好一些，也适用于静电喷涂，过喷粉末可以 100%回收再利用。

第三节　木用涂料产品分类

木用涂料按照使用功能分为主要产品和辅助产品。

一、主要产品

1. 封闭底漆

封闭底漆是底漆的一种，在木用涂装中亦称头道底漆。常用的有虫胶漆、NC 封闭底漆、PU 封闭底漆、UV 封闭底漆及水性封闭底漆。

封闭底漆主要作用：作为头道底漆使用可直接涂布于基材白坯上，亦可涂布于腻子及二道底漆上进行再封闭，干后轻磨再进行后续涂装，它能提高基材强度，有效清除木刺；阻隔木材中的水分及挥发性物质向表层扩散，减缓木材的吸湿、散湿，防止起泡，减缓木材变形，保持木材造型；封闭底漆可改善后续涂层的流平、光泽、丰满度、硬度等涂装效果，保证干燥过程的正常进行；可防止上层涂料向木材或底层渗入而导致干膜产生下陷，既可节约后续涂层的涂布量又提高产品的涂装合格率，降低涂装成本；如采用专用于柚木及红木等硬木封闭的防油封闭底漆，能有效阻隔木材中挥发油类物质的向上迁移，从而保证漆膜在多油脂的硬木上具有良好的附着力；当贴纸家具贴纸后，先喷封闭底漆，可避免涂料向纸内渗透，增强涂料的附着力，提高面漆丰满度。封闭底漆的涂布方式有喷、刷、浸或擦涂。

2. 底漆

底漆是指介于基材、腻子、着色剂与面漆之间的一个重要产品，为位于涂膜面漆以下，封闭底漆以上的涂层，又称中涂底漆。木用涂料中底漆的品种很多，一般分为透明底漆和实色底漆。底漆的作用是填平，支撑面漆，保障面漆的丰满度。

对底漆性能的评估包括：底漆与基材的附着力、对基材及腻子的填平性和辅助填充性、自身流平性、漆膜的强度、漆膜透明度（清底漆）、漆膜遮盖力（有色底漆）、抗发白性、黄变性、底漆与面漆配套性、施工性能、干燥速率、打磨性能等。

3. 面漆

面漆是涂布于基材最上层的产品，是涂膜中最外层的涂层，对木制品主要起装饰和保护作用。

面漆一般可分为透明清面漆、透明有色面漆和实色面漆。根据漆膜表面光泽度高低不同，又可分为高光面漆、亮光面漆、半光（亚光）面漆、无光面漆等。在涂装上又分为全封闭、半封闭、全开放等，以体现多角度、全面的装饰效果。

漆膜的性能指标，如硬度、光泽、色彩、色牢度、手感、透明度、丰满度、平整度、耐擦伤、耐黄变和耐老化性能等都主要从面漆上体现出来。面漆品质及涂装质量直接影响整个涂装效果。

4. 固化剂

固化剂是用于反应型涂料进行交联的重要产品，在干燥过程中按规定比例添加于主剂中，与主剂发生化学反应而使漆膜干燥固化，最终使漆膜具有优异的物化性能。

木用涂料中，双组分聚氨酯涂料的固化剂种类较多，可分为：

① 采用 TDI 单体为原料的固化剂，常见的品种是 TDI 与三羟甲基丙烷的加成物，多用于聚氨酯普通底漆及面漆，应用广泛，耐黄变性一般，而它的预聚物泛黄严重，应用不多。

② 采用 HDI 单体为原料的脂肪族加成物，如 N-75，由于性能好，常用于高档聚氨酯涂料和耐黄变清漆、白漆等。

③ 以 IPDI 单体为原料的固化剂，由于 IPDI 是一种脂肪环族异氰酸酯，因其耐候性能优良，通常用于高档聚氨酯漆，固化速率要比 HDI 固化剂快一些。

④ 混合固化剂，市售固化剂有很多是涂料厂自行调配的“混合固化剂”，是用各种固化剂产品按不同组合、不同比例调配而成。混合固化剂调配的形式主要有：国产的与进口的混合，加成物与三聚体混合，甚至以上几种产品的全混合。厂家用这种方法去调整漆膜

的耐黄变性、干燥速率、可使用时间、游离 TDI 含量、—NCO 含量、固体分等，当然也借此调整产品的成本。混合固化剂在通用涂装用固化剂中的用量最大，适用性最好。

二、辅助产品

1. 腻子

腻子是一种厚浆型、黏稠状的涂料，主要由大量体质颜料与树脂等黏结材料混合调制而成。腻子专门用来填充白坯表面的缝隙、凹陷等，使白坯平整，以利于下一步涂装。

木用腻子的主要作用就是填孔，辅助填平，弥补底材的缺陷，改善涂装质量。木用涂料中腻子分为两类：嵌补腻子和填孔腻子。嵌补腻子的作用主要是填大孔，如木材本身的缺陷、钉眼等，因此嵌补腻子要稠、厚，对较大的缝隙、缺陷能有效地填充；嵌补腻子同时对木材有较好的附着力，不易脱落。填孔腻子，也叫填充剂，主要是对木材的表面管孔进行填充，防止底漆的渗陷，减少底漆的用量，降低涂装成本，改善涂装效果。因此，填孔腻子黏度不能太大及干燥速度不能太快，要容易刮涂。

木材涂装常用腻子有猪血灰腻子、硝基腻子、不饱和聚酯腻子、水性腻子等，相对而言，不饱和聚酯腻子和水性腻子应用较广，而猪血灰腻子则多在中低档家具涂装中使用。

猪血灰腻子是用猪血、水、填充粉料混合搅拌后制得的，靠猪血里面的血红蛋白氧化干结获得较好的硬度和打磨性，具有附着力好、施工方便、配制容易等特点，是一种资源易得、成本较低的腻子。缺点是干固后易吸潮，如一次性厚刮，则干后易开裂、脱落。另外，由于腻子层厚，刮涂量、打磨量大，材料损耗多，影响其综合成本。

硝基腻子是由硝化纤维素、合成树脂、增塑剂、颜填料和有机溶剂混合制得的。硝基腻子具有干燥快、易刮涂、易打磨的特点，适于木材表面作填平细孔和嵌缝用，可反复多次刮涂，浪费较少也很安全，但硬度和附着力一般，用于硝基底面配套体系较合适。

不饱和聚酯腻子又称原子灰，是由不饱和聚酯树脂、粉料、苯乙烯等材料制成的，是由主体灰和引发剂组成的双组分填充材料。具有常温固化、干燥速率快、附着力强、易打磨、定型后平整、干硬、牢固等特点，广泛使用于汽车、机车、机床等工业品涂装，也大量用于家具如实色漆的基材填充处理，以及用于地板、室内外装修。

水性腻子所用的稀释剂是水，无毒、无刺激性气味，安全、环保，施工简便，打磨性和附着力也很好，价廉，但干燥较慢。水性腻子的主要品种是水性乳液腻子（俗称水灰），是木用腻子中应用较广泛的一种。

2. 着色剂

在透明涂装中，分别有本色涂装、底着色、中层修色及面着色等方法。在以上方法的涂装中，大多是现场着色，专供现场着色使用的各种着色剂，也就成为重要的配套产品。与涂料厂生产有色涂料时所用的各种着色材料不同，木用涂装中用于调整色彩效果的着色材料统称为着色剂。前者只用于涂料的着色，而后者则用于底材的着色，也可在涂装现场加入涂料中用于修色。色彩的调整是木用涂装中一项复杂而又非常重要的工作，尤其是透明涂装，需要进行基材着色来突现木材特有的木纹，增加美感，有时甚至通过多层、多次着色，来表现色调的丰富程度和层次感，获取整体的色感效果，提高涂装后产品的附加值。

涂料厂提供给用户的着色剂一般分为两类。

一类是色精，属染料型着色剂，是将染料溶解于溶剂中再与其他材料调配而成。色精有很好的着色力和透明度，主要用在透明涂装的基材着色或加入清漆中作修色用。染料型着色剂色彩鲜艳、亮丽，但有些品种的耐候性较差。

另一类是色浆，属颜料型着色剂，除了用于透明涂装的底着色之外，也可以用于遮盖木材造成不透明着色或半透明效果。和染料型着色剂相比，颜料型着色剂耐候性要好得多，色调丰富，使用无机颜料的着色剂耐候性更好，但色泽鲜艳度较低。

着色过程操作很复杂，要根据客户的色样由专业人员反复试色，合理使用着色材料，用多种方法、手法去“造色”；除此之外，必须根据白坯原生底色及木质特性对基材颜色加以调整、处理；涂装着色所用各类涂料和着色剂，最好为同一厂家配套产品，以保证附着力和配套性。

3. 擦色剂

擦色剂，也叫格丽斯，是一种半透明至透明的颜料型着色剂，由树脂溶解于油脂性（亚麻仁油等）溶剂，添加颜填料、助剂等混合而成。主要有红色、黄色、黑色、红棕色、黑棕色等颜色。主要施工方式为擦涂或刷涂。可将擦色剂填入木材的管孔内，并且能够通过擦拭调整颜色的明暗深浅，增加涂膜颜色的层次感与木纹的清晰度，是美式涂装不可缺少的着色产品。主要应用于实木、贴木皮等各种木材家具产品的擦涂着色，也应用于密度板封边时的假木纹拉花等。

4. 引发剂和促进剂

不饱和聚酯涂料中含有不饱和双键，使用时需加入强氧化剂——过氧化物作为引发剂，因其呈水白色而俗称“白水”。引发剂能生成自由基，引发涂料中不饱和键发生链式反应，直至干燥成膜。常用的引发剂有过氧化甲乙酮等。

在不饱和聚酯涂料涂装时，为了获得理想的反应速率，除上述引发剂外，还要加入强还原剂作为促进剂，用以提高反应速率。目前常用的还原剂有环烷酸盐类的环烷酸钴和异辛酸盐类的异辛酸钴等，因其外观呈蓝紫色而俗称“蓝水”。

在不饱和聚酯涂料涂装时，一般按产品说明书或施工需要将主剂和稀释剂先混合均匀，然后分成相等的两份于两个容器中，再分别加入需要量的促进剂或引发剂，各自充分搅拌均匀。喷涂时按 1∶1 比例分别取两种混合液混合调匀后施工，即混即用。混合后的涂料，必须在规定的时间内使用完，否则会因涂料胶化而造成浪费。

另外，在使用促进剂、引发剂时还要特别注意安全。大量的促进剂和引发剂直接接触会发生剧烈化学反应，甚至起火、爆炸，因此在保管、贮存或远距离运输时，要特别注意不能将两者堆放在一起，必须分开放置。

5. 催干剂

催干剂是涂料工业的主要助剂。一般来说，某些木用涂料在制造时已视需要加入了一定量的催干剂，施工时不需要再加，只有在气温较低的环境下或有特殊要求时，才可由家具厂按需要适当补加催干剂，以加速涂层干燥速率。但催干剂用量不能过多，否则会导致干膜过脆、附着力不良、失光、龟裂等漆病。

6. 稀释剂

稀释剂是木用涂料中最重要的配套产品，稀释剂可降低木用涂料的黏度，使之能适合不同的生产方法和施工方法。稀释剂不单影响涂料涂装后的干燥速度，还影响整个成膜过程，尤其是当环境温、湿度发生变化时对涂装最终效果的影响更加明显。因此木用涂料厂家除提供涂料主剂外，还会同时提供配套稀释剂。木用涂料配套稀释剂，除了通用型的产品之外，还有专门的夏用稀释剂（施工环境温度高于 30℃时使用，挥发速率较慢）和冬用稀释剂（施工环境温度低于 15℃或 20℃时使用，挥发速率稍快），以满足不同施工环境的需要。

7. 慢干剂

在木用涂料的涂装中，如果湿膜干速过快，会产生很多问题，如气泡、橘皮、针孔、失光、发白、附着力不好等，严重影响涂装效果。为了预防上述漆病的发生，配套的夏用稀释剂挥发速率较慢，一般情况下并不需要加入慢干剂。为家具厂的涂装现场配备慢干剂，是为了突发酷热天气导致涂装环境异常，需要减慢湿膜干速时使用。慢干剂一般是由沸点高于 150℃的高沸点酮、醇酯、醇醚类溶剂混合而成，挥发速率较慢。可适当调整涂料的干燥速率，预防发生不良漆病，注意不可多加。

8. 防发白水

在高温、高湿环境下施工，漆膜表面有时会出现霜状白点，严重时成片，干固后透明漆膜变得不透明，实色漆膜变色失光。为了解决这个问题，如遇高温高湿环境，可以在调配涂料时，按规定加入一定量的防发白水，搅拌均匀后再喷涂，就可有效防止发白现象的发生。防发白水一般由醇醚类、醚酯类、酮类和酯类等溶剂混合而成。

加入防发白水时，最好的方法是先将防发白水按比例等量取代部分稀释剂，比如用 10％的防发白水取代 10％的稀释剂，再将这种混合稀释剂按正常量加入漆料中，以保证喷涂黏度不会大幅波动。

防发白水不能过量使用，对 NC 涂料而言，把原来稀释剂的 25％用防发白水来取代，这是极限量。如果用 25％的防发白水代替稀释剂，仍然发白，就应停止施工，否则，加入过量防发白水，虽然不发白了，但会使漆膜不干、粘连。一次性喷涂太厚的湿膜，虽然温度、湿度不高，也会泛白，这时应把湿膜厚度减薄，单纯依靠防发白水，不一定能解决所有问题。

（朱延安）

第三章

溶剂型木用涂料常用产品基础配方及原理

第一节　腻子

腻子是一种厚浆型、黏稠状的涂料，主要由大量体质颜料与树脂等黏结材料混合调制而成。常用腻子有：猪血灰腻子、硝基腻子、不饱和聚酯腻子、UV 腻子、水性腻子等品种。

一、猪血灰腻子

1. 基础配方

猪血灰腻子是用猪血、水、填充粉料混合搅拌后制得的，作为嵌补腻子使用。在 20 世纪 90 年代初，我国家具制造业刚起步的时候，使用非常广泛，主要用于贴纸家具贴纸之前或实色底漆的底材处理。猪血灰腻子附着力好、硬度高、干燥快、易打磨、成本低。

随着技术的进步，木质底材的质量得到了较大的提高，猪血灰腻子的用量越来越少。但是，在古迹修复等工程中，仍然会使用到。猪血灰腻子配方及生产工艺见表 3-1。

表 3-1　猪血灰腻子配方及生产工艺

原料及规格	质量份	生产工艺
新鲜猪血	100	100 目滤网过滤除去杂质
生石灰(氧化钙)	2～3	生石灰加入水中，水尽量少，搅拌，熟化，100 目滤网过滤； 将熟化后的生石灰溶液，边搅拌边加入滤过的猪血中，待猪血由鲜红色变为咖啡色，停止加入石灰水，备用
滑石粉	100～150	使用前，将滑石粉加入处理好的猪血中，边加入边手工搅拌，至黏度合适

2. 配方调整

（1）原料选择　猪血必须是新鲜猪血，采集回来应立即处理，腐败变质后不能使用。填料一般需用 400～800 目的滑石粉。氧化钙必须现场加水配制使用，生石灰（CaO）转化为石灰水［$Ca(OH)_2$ 溶液］。放置时间过长，有效的石灰水［$Ca(OH)_2$ 溶液］会与空气中的 CO_2 发生反应，变成无效的 $CaCO_3$ 溶液。$Ca(OH)_2$ 溶液在制备时浓度要尽量高，因此处理生石灰（CaO）时水量要适当。

（2）配方调整　如果作为嵌补腻子使用，需要多加滑石粉等填料，做得稠厚一些；如果作为填孔腻子使用，填料可适当少加，做得稀薄一些，便于刮涂施工。

（3）技术难点　猪血和石灰水的比例是关键点。石灰水比例高，则腻子硬度高；石灰水比例低，则腻子硬度低。好的猪血灰腻子，加入滑石粉后，应该是青绿色的。太绿，说明加入的石灰水太多，硬度高，难打磨，容易离层；色太浅，说明加入的石灰水少，则硬度不够。

二、硝基腻子

硝基腻子是由硝化纤维素、合成树脂、增塑剂、颜填料和有机溶剂混合制得的。

1. 基础配方

硝基透明腻子的配方及生产工艺、性能指标和改性树脂的溶解及工艺见表 3-2、表 3-3 和表 3-4。

表 3-2　硝基透明腻子配方及生产工艺

原料及规格	质量分数/%	生产工艺
硝化棉(1/2s)溶液(醋酸丁酯：丁醇：二甲苯：硝化棉=45：10：10：35)	40	投入分散缸,开动搅拌机,中速搅拌,溶解完全
醇酸树脂(65%)	15	中速搅拌状态下加入
422 马来酸酐树脂溶液(60%)	6	
增塑剂(ATBC)	2	
硬脂酸锌(PLB)	2	缓慢加入,分散均匀
滑石粉(800 目)	35	缓慢加入,分散均匀;高速分散 10～15min,温度控制在 50℃以下,至细度合格,40 目滤布过滤包装

表 3-3　硝基透明腻子性能指标

项目	性能指标	项目	性能指标
外观	乳状半透明黏稠液体	实干时间/h	≤1
细度/μm	≤100	刮涂性	易刮涂
固含量/%	62	有机挥发物含量	符合 GB 18581—2020
表干时间/min	≤10	重金属含量	符合 GB 18581—2020

表 3-4　改性树脂的溶解及工艺

原料及规格	质量分数/%	生产工艺
二甲苯	40	称量,投入分散缸
422 马来酸酐树脂	60	加入,搅拌 15～20min,使其溶解完全,200 目滤网过滤,备用

2. 配方调整

（1）原料选择　硝基透明腻子由硝化棉溶液、短油度豆油醇酸树脂、422 马来酸酐树脂、硬脂酸锌、填料组成。滑石粉可以选择800目或更粗的产品，有良好的填充性和透明度。硝化纤维素一般选择1/2s或几种规格搭配使用，预先溶解成35%的溶液。增塑剂以前大部分使用的是邻苯二甲酸盐，如邻苯二甲酸二丁酯（DBP）、邻苯二甲酸二辛酯（DOP）。随着环保标准的提高，此类增塑剂逐渐被限制应用或禁用，GB 18581—2020标准中邻苯二甲酸酯总含量限量为≤0.2%，可以使用乙酰柠檬酸三正丁酯（ATBC）或环氧大豆油等环保型增塑剂代替。粉料的含水量要控制，最好在0.2%以下。

（2）配比调整　硝化纤维素和树脂是主要的成膜物质。其比例决定了腻子的技术指标和施工性能。硝化纤维素和醇酸树脂的比例（按固含量比）为1∶（0.8～1）较为合适。加入422马来酸酐树脂是为了降低腻子的黏度，提高施工时固含量，同时改善腻子的刮涂性能。硝化棉多，硬度好；硝化棉少，硬度低。但硝化棉过少，上层底漆施工后容易“咬底”。加入滑石粉，可以提高腻子的填充性，但会影响腻子的透明度，应根据腻子的用途决定添加量。增塑剂的作用是调节漆膜的柔韧性，过多或过少都会影响漆膜的性能。硬脂酸锌最好选用酸性较低的产品，好的硬脂酸锌应该溶解于二甲苯。加入硬脂酸锌仅仅是为了改善打磨性，加入量要根据不同的配方试验确定，过多会严重影响漆膜的性能，如附着力、透明度、储存稳定性等。可加入配方量1%～1.5%的膨润土，既可以防止滑石粉的沉降，也可以提高腻子的刮涂性，改善物料沉降和贮存稳定性。

（3）技术难点　配方的关键是硝化棉与其他树脂的比例，合适的比例（固含量）是硝化棉∶树脂=1∶（0.8～1），比例过低则涂膜的硬度不够，耐干热性不好；过高则涂膜的刮涂性不好，容易卷边。加入马来酸酐树脂可以降低黏度，改善施工性能，但是加入量要合适，如过量会影响涂膜的黄变性、贮存稳定性和耐干热性。

3. 生产注意事项

硝基腻子在生产过程中，最好采用夹套缸生产，物料温度控制在50℃以下，否则，贮存过程中容易变黄、发黑、锈桶。投料时，最好边分散边投入物料，否则容易起粗颗粒。

4. 施工注意事项

硝基腻子一般采用刮涂施工。不可一次性厚涂。干后打磨时一定要将木径上的腻子打磨干净，以免喷涂底漆特别是PU底漆时咬底。

三、不饱和聚酯腻子

1. 基础配方

不饱和聚酯（UPE）腻子分为两种：一种为实色腻子；另一种为透明腻子。实色腻子又叫原子灰，历来都由汽车涂料厂或专业厂家研制。木用涂料厂只生产UPE透明腻子，应用时加入配套膏状引发剂。不饱和聚酯透明腻子的配方、生产工艺及性能指标见表3-5和表3-6。

表3-5　不饱和聚酯透明腻子配方及生产工艺

原料及规格	质量分数/%	工艺
气干型UPE树脂(75%)	43	按序投入,中速分散均匀
防绿化剂	0.3	

续表

原料及规格	质量分数/%	工艺
苯乙烯	5.3	按序投入，中速分散均匀
阻聚剂（对苯二酚，10%的醋酸乙酯溶液）	0.1	
分散剂	0.5	
促进剂（蓝水）（6%异辛酸钴）	0.6	
防沉剂（M-5，气相二氧化硅）	2.2	
滑石粉（800目）	45	高速分散15～20min，检测细度，用40目滤网过滤
硬脂酸锌（PLB）	3	

表3-6 不饱和聚酯透明腻子性能指标

项目	性能指标	项目	性能指标
原漆外观	搅拌均匀，无硬块	刮涂性	易刮涂，不拖刀
漆膜外观	打磨后无缺陷	可打磨时间/h	≤4
黏度/mPa·s	30000～60000	抗下陷性	干后不下陷、不收缩

2. 配方调整

（1）原料选择　市售的UPE树脂因吸氧单体的不同分为两类：烯丙基醚类和双环戊二烯类。前者表干性能好，易打磨，硬度略低；后者表干性能略差，硬度较前者高。两者都可以作UPE透明腻子。苯乙烯作为活性稀释剂，既可以降低黏度，又可以参与最后交联形成漆膜。阻聚剂用于提高产品生产和贮存稳定性，延缓或防止胶化。防沉剂选用SiO_2，防沉稳定性较好。苯乙烯使用前要进行含水量和是否自聚的测试，以保持腻子的贮存稳定性。滑石粉一般选用400目或800目。

（2）配方调整　树脂的表面干燥程度决定腻子的打磨性。硬脂酸锌的加入也会改善漆膜的打磨性。滑石粉的量增加可以改善打磨性，但过多影响透明腻子的透明度。与透明底漆不同，腻子的滑石粉可以选择较粗细度，如400目或800目。

（3）技术难点　UPE透明腻子的贮存稳定性主要取决于树脂和苯乙烯的稳定性。因此，在生产UPE透明腻子的时候要添加阻聚剂（如对苯二酚或与其他复配），改善贮存稳定性。

3. 生产过程注意的问题

生产UPE透明腻子最好采用捏合机，避免物料温度过高。使用高速分散机时，要使用夹套缸，用7℃或12℃水循环冷却，注意监控物料温度不能超过50℃，否则会严重影响产品的贮存稳定性。苯乙烯的光学稳定性较差，生产UPE透明腻子时应该避免光线直射。

第二节　封闭底漆

封闭底漆又称封固底漆、头度底漆。封闭底漆的主要品种：虫胶漆、PU普通封闭底漆、PU封油用封闭底漆、PU透明有色封闭底漆、UV封闭底漆及用于封闭水性涂料的各种封闭底漆。

一、虫胶漆

虫胶又叫紫胶、紫胶茸、雪纳（shellac 的音译）、泡力水（polish 的音译），是一种很好的封闭性物质，能起到封闭和隔离作用，它具有封闭性好、干燥快、施工方便、可刷、可喷的特点。虫胶的溶解方法：取虫胶片 1 份，加入 4 份工业酒精中，溶解后，使其固含量保持在 20%～25%。虫胶漆的使用：在家具涂饰工艺中，虫胶漆常作为 NC 涂料的封闭隔离底漆和着色、修色的黏合料来使用，一般采用刷涂施工。乐器行业仍然使用虫胶漆来制作小提琴，特别是高档的小提琴，工艺代代传承，代代创新，其天然色泽非合成材料能比。

二、PU 普通封闭底漆

1. 基础配方

PU 普通封闭底漆配方、生产工艺和性能指标见表 3-7、表 3-8 和表 3-9。

表 3-7 PU 普通封闭底漆配方及生产工艺

原料及规格	质量分数/%	原料及规格	质量分数/%
醇酸树脂(70%)	75	醋酸乙酯	9.5
醋酸丁酯	10.3	有机铋催干剂(10%)	0.2
丙二醇甲醚醋酸酯	5		

注：生产工艺为依次投入，低速搅拌均匀，用 200 目滤布过滤包装。固化剂的选择见下文，主剂∶固化剂＝1∶(0.5～1)。

表 3-8 有机铋催化剂（10%）的配方

原料及规格	质量分数/%	原料及规格	质量分数/%
有机铋	10	醋酸丁酯	90

注：生产工艺为依次加入，搅拌均匀。

表 3-9 PU 普通封闭底漆性能指标

项目	性能指标	项目	性能指标
外观	水白色至浅黄色透明液体	表干时间/min	≤30
黏度(涂-4# 杯)/s	9～15	实干时间/h	≤4
细度/μm	0～10	固含量/%	52

2. 配方调整

（1）原料选择　常用的树脂有短油度椰子油醇酸树脂、短油度豆油醇酸树脂、合成脂肪酸醇酸树脂、羟基丙烯酸树脂。PU 封闭底漆选用的溶剂一般为中等挥发速率的溶剂，挥发速率太快会影响涂料的施工和封闭效果，太慢会溶出底材中的一些酚类物质，影响封闭底漆的干燥。选用的溶剂分子量要较小，有利于较快速地渗透入基材中。固化剂选用 TDI 加成物和三聚体。助剂选用消泡剂或少量底材润湿剂。在干燥温度为 15℃ 以下的条件下，配方中需要添加催干剂，加速干燥。由于环保原因，催干剂选择有机锌、有机铋等环保型催干剂，比如 Borchchi 的 Kat 系列催干剂等，催干剂不能稀释到 10%以下，以免影响催干剂的稳定性。

（2）配方调整　PU 封闭底漆的施工固含量一般控制在 20％以下，—NCO 与—OH 的比值控制在 1.0 以上，配比控制在主剂∶固化剂＝1∶(0.5～1)。施工黏度一般控制在盐田 2# 杯 7～9 秒，视封闭的要求也可以用稀释剂稀释后喷涂、刷涂。

（3）技术难点　丙烯酸树脂的封闭性好于醇酸树脂，但是施工不方便且需要搭配相容性好的固化剂。短油度豆油醇酸树脂虽然较短油度椰子油醇酸树脂、合成脂肪酸醇酸树脂干燥快，但如果固化剂选用得好，后者的封闭性更好。加成物固化剂的交联度比三聚体高，封闭性更好。如果要提高实际施工过程中的干燥速率，固化剂也可拼用一部分 TDI 三聚体固化剂。

3. 使用的注意事项

PU 封闭底漆与固化剂混合后，最好在 4 小时内用完。如果混合物黏度超过原始黏度的两倍，则不宜再使用。固化剂最好配套使用，以免影响使用效果。

三、PU 封油用封闭底漆

PU 封油用封闭底漆一般选用单组分的 TDI/MDI 聚合物，适用于油性木如红木、柚木等。一般市售的有聚醚和 TDI 的加成物、MDI 的聚合物，也有 TDI 和 TMP 的加成物。由于这类化合物可以与底材里的酚类等含羟基化合物反应，从而有效地封闭底材并防止油脂向外渗出，有效地加强底材与上面涂层的附着力。PU 封油用封闭底漆对水较为敏感，分装时最好加入脱水剂及充氮，市售产品可以直接分装出售，使用时用配套稀释剂调稀后擦涂、刷涂、喷涂均可。

PU 封油用封闭底漆属湿固化类产品，常用的 MDI 的产品是单组分室温固化型，封闭效果很好。使用时要用硝基天那水进行稀释，否则稠度太高不利于施工与封闭，稀释时可加入两到三倍的天那水，可喷可刷。

四、PU 透明有色封闭底漆

1. 基础配方

PU 透明有色封闭底漆即含有染料的封闭底漆。

PU 透明有色封闭底漆一般直接喷涂于底材上，兼具封闭底漆和着色的作用。结合后续的修色可以使天然的但外观不是很好的木皮变得美观，提升着色效果。PU 透明有色封闭底漆配方、生产工艺及性能见表 3-10 和表 3-11。

表 3-10　PU 透明有色封闭底漆配方（黄棕色）及生产工艺

原料及规格	质量分数/％	原料及规格	质量分数/％
醇酸树脂(70％)	25	胺催干剂(二甲基乙醇胺)	0.2
甲乙酮	5	黑色染料	0.3
醋酸丁酯	50	黄色染料	0.7
醋酸乙酯	12.1	棕色染料	0.7
PMA	6		

注：生产工艺为按序投入，中速搅拌均匀。固化剂的选择与表 3-7 相同，主剂∶固化剂＝1∶(0.5～1)。

表 3-11　PU 透明有色封闭底漆性能指标

项目	性能指标	项目	性能指标
外观	透明有色液体，符合标准	固含量/%	13～17
		密度(25℃)/(g/cm^3)	0.8～1.0
细度/μm	10		

2. 配方调整

树脂一般选用醇酸树脂，加入染料溶液调色。

PU 透明有色封闭底漆的施工固含量一般控制在 20%以下，—NCO 与—OH 的比值控制在 1.0 以上，配比控制在主剂∶固化剂＝1∶(0.5～1)。施工黏度一般控制在盐田 2$^{\#}$ 杯 7～9s，视封闭的要求也可以用稀释剂稀释后喷涂、刷涂。

五、醇溶性封闭底漆

1. 基础配方

醇溶性封闭底漆搭配水性木用涂料使用，喷涂于底材上，具有一定的封闭底材、防涨筋作用。自身透明度好，在提供封闭性的同时，还能展现木材的天然纹理，提高装饰性。醇溶性封闭底漆配方、生产工艺及性能见表 3-12 和表 3-13。

表 3-12　醇溶性封闭底漆配方及生产工艺

原料及规格	质量分数/%	原料及规格	质量分数/%
纯丙树脂(40%)	50	二甲基乙醇胺	0.5
无水乙醇	39	消泡剂	0.3
丙二醇甲醚	10	润湿剂	0.2

注：生产工艺为按序投入，中速搅拌均匀。

表 3-13　醇溶性封闭底漆性能指标

项目	性能指标	项目	性能指标
外观	透明有色液体	固含量/%	19～21
细度/μm	10	pH 值	8.0～9.0

2. 配方调整

成膜物质以固体丙烯酸树脂为最佳，为保证封闭性和防涨筋的效果，一般不选用水溶性的，而是选用醇溶或 PM 溶解的。

第三节　底漆

木用涂料的六大品种都有底漆，而且各自都有透明底漆和实色底漆。与前述的各种封闭底漆不同，此处所指的底漆是真正意义上的“中涂底漆”。其中硝基、双组分聚氨酯、水性、不饱和聚酯、酸固化底漆多用于喷涂，紫外光固化底漆主要用于辊涂、淋涂和喷涂。另外，六大类底漆都可以用于静电喷涂。

此处只叙述硝基、双组分聚氨酯、不饱和聚酯和酸固化类的底漆，UV 固化类和水性类底漆在后面另有专论。

一、硝基底漆

硝基底漆主要由硝化棉、醇酸树脂、马来酸酐树脂、增塑剂、混合溶剂和颜填料等组成。其主要优点为漆膜干燥快，施工后 15min 左右可表干，2h 可砂磨，4h 左右可叠放；干漆膜易被溶剂溶解，易修复。其缺点是固含量低，一次涂饰的涂膜薄，为达到一定厚度，需多道涂装，费工时；施工环境湿度的影响大，潮湿天气时漆膜易发白。

1. 基础配方

三种硝基底漆基础配方和性能指标见表 3-14。

表 3-14　硝基底漆基础配方和性能指标

原料及规格		质量分数/%		
		硝基透明底漆	硝基白底漆	硝基黑底漆
硝化棉(1/4s)		18	14	14
马来酸酐树脂(1303)		5	—	—
醇酸树脂(11-70D)		18	14	14
增塑剂(ATBC)		4	3	2
稀释剂(甲苯)		10	10	10
助溶剂(异丁醇)		5	3	5
真溶剂(乙二醇单丁醚)		2	2	2
真溶剂(醋酸丁酯)		19.1	10.6	12.6
真溶剂(醋酸乙酯)		10	5	10
防沉剂(A-630X)		0.3	0.5	0.5
消泡剂(BYK141)		0.3	0.3	0.3
润湿分散剂(BYK103)		0.2	0.5	0.5
钛白粉(R-706)		—	10	—
炭黑(MP-100)		—	—	2
硬脂酸锌(PLB)		2	2	2
滑石粉(1250 目)		6	25	25
流平剂(BYK306)		0.1	0.1	0.1
合计		100.00	100.00	100.00
性能指标	黏度(25℃)/(10^{-3}Pa·s)	1300	9800	4200
	固含量/%	44.0	62.7	56.0
	表干时间/min	7	8	9
	指压干时间/min	19	17	17
	可打磨时间/min	31	28	28
	附着力/级	1	1	1
	硬度	B	B	B

2. 配方调整

（1）原材料的选择和底漆主要性能指标的调控 在硝基底漆中，常用的硝化棉主要有1/8s、1/4s、1/2s、30s，其黏度由低到高，柔韧性由差到好，硬度和打磨性由高到低，耐候性由差到好。1/4s、1/2s常单独使用，也可与1/8s、30s搭配使用以满足不同的性能要求。马来酸酐树脂在硝基底漆中作为硬树脂可提供好的光泽和打磨抛光性、较高的硬度，增加不挥发固体分，但其缺点是耐候性差、耐寒性差、柔韧性差并易开裂。醇酸树脂主要使用不干性短油度醇酸树脂，它能改善硝基底漆的附着力、柔韧性、耐候性、光泽和丰满度，但硬度和打磨性则相应下降。硬脂酸锌的加入会明显改善底漆的打磨性，但添加量过大会影响层间附着力。颜料、填料的加入量对底漆的遮盖力、透明度和填充性有很大影响。

（2）技术难点 在硝基底漆中，硝化棉、硬树脂、醇酸树脂三者之间的比例是配方调整的关键。它决定了底漆的干燥速率、附着力、硬度、柔韧性、耐冲击强度和耐温变性。另外，配方中溶剂的选择也是难点。选用溶剂时需考虑其溶解力、挥发速率和挥发平衡。快、中、慢速的组分用量要平衡，真溶剂、助溶剂与稀释剂之间的平衡也很重要。否则，易引起气泡、橘皮、慢干、发白等缺点。

3. 产品制备

硝基底漆的生产通常分四个工序进行：硝化棉及硬树脂的溶解、颜填料的研磨分散、调漆及配色、过滤包装。

二、双组分聚氨酯底漆

双组分聚氨酯底漆主要包括由醇酸树脂或丙烯酸树脂、颜料、填料、混合溶剂、涂料助剂等组成的主剂和由异氰酸酯等组成的固化剂。施工时主剂与固化剂按2∶1比例（质量比）混合，用配套稀释剂调整施工黏度。其主要优点为固含量高，填充性好，漆膜硬度高，耐化学品污染；其缺点是部分固化剂中有游离异氰酸酯单体，有毒性，价格偏高。

1. 基础配方

三种双组分聚氨酯底漆基础配方和性能指标见表3-15。

表3-15 双组分聚氨酯底漆基础配方和性能指标

原料及规格	质量分数/%		
	PU透明底漆	PU白底漆	PU黑底漆
A组分			
醇酸树脂(3120A-X-70)	75	40	45
润湿分散剂(BYK103)	0.2	0.5	0.5
防沉剂(P820)	0.5	0.5	0.5
消泡剂(BYK052)	0.3	0.3	0.3
钛白粉(R-706)	—	18	—
炭黑(MP-100)	—	—	2
硬脂酸锌(PLB)	2	2	2
滑石粉(1250目)	13	28	38

续表

原料及规格		质量分数/%		
		PU透明底漆	PU白底漆	PU黑底漆
流平剂(BYK306)		0.2	0.2	0.2
稀释剂(二甲苯)		3.8	5.5	6.5
真溶剂(醋酸丁酯)		5	5	5
合计		100.00	100.00	100.00
B组分				
TDI加成物(L-75)		20	20	20
TDI三聚体(HRB)		10	5	5
溶剂(醋酸丁酯)		12.25	14.75	14.75
稀释剂(二甲苯)		7.5	10	10
脱水剂(BF-5)		0.25	0.25	0.25
合计		50.00	50.00	50.00
性能指标	黏度(25℃)/(mPa·s)	2000	5500	6800
	固含量/%	60.0	72.1	69.1
	表干时间/min	25	10	15
	指压干时间/h	1.5	1.0	1.0
	可打磨时间/h	3	2	2
	附着力/级	1	1	1

注：固化剂的选择见下文，所有底漆均按主剂：固化剂=1：0.5配比。

2. 配方调整

（1）原材料的选择和主要性能指标的调控　在双组分聚氨酯底漆中，常用的树脂主要有不干性短油度的大豆油醇酸树脂或椰子油醇酸树脂，高档的也会使用羟基丙烯酸树脂，其耐候性由差到好，色泽由深到浅。双组分聚氨酯底漆的干燥速率和耐候性除与树脂本身性能有关外，还取决于固化剂的种类。分散剂、防沉剂、消泡剂、流平剂等助剂的选择原则是除其本身应起的作用外，应与体系有较好的相容性，不影响涂料的层间附着力。硬脂酸锌的加入会明显改善底漆的打磨性但会使得体系稳泡，并且添加量过大会影响层间附着力。颜填料的加入量对底漆的遮盖力、透明度和填充性有很大影响。

（2）技术难点　在双组分聚氨酯底漆中，干燥速率与附着力、柔韧性、耐候性、耐温变性之间的关系和平衡是配方调整的难点，还有干燥后漆膜的气味也是一个难点。双组分聚氨酯底漆的干燥速率主要取决于配方所用的树脂和固化剂，调节底漆干燥速率的方法有许多种，如固化剂中增加TDI三聚体的含量，主剂中加入有机锡或胺类催化剂均可以提高底漆的干燥速率。有机锡类通常催化OH-NCO反应体系，还能避免羟基副反应的发生。叔胺作催化剂主要催化异氰酸酯和水反应生成二氧化碳。在湿固化型聚氨酯体系中，用有机胺类催化剂是比较合适的，但在普通PU涂料中副作用比较明显，主要是有化学性气泡产生导致涂膜暗泡，容易迁移导致涂膜白化，影响涂膜耐水性能。许多家具厂对底漆均要求快干，但干燥速率并非越快越好，干得越快，涂料交联反应时所产生的内应力积聚越大，如没有很好释放，则漆膜会变脆，附着力、柔韧性、耐温变性变差，严重的会出现漆膜脱层和开裂现象。另外，加入有机胺类催干剂会使漆膜严重变黄，从而影响耐黄变性。有机锡催干剂虽不影响耐黄变性，但环保法规中已禁用。漆膜实干后的气味主要从两方面去解决：一是提高体系的溶剂释放性，减少溶剂的残留；二是从树脂着手减少漆膜本身的气味。

3. 产品制备

双组分聚氨酯底漆的生产通常分三个工序进行：颜料、填料的研磨分散，调漆及配色，过滤包装。常用的生产设备为高速分散机，颜料的研磨分散需使用球磨机、砂磨机和三辊机。调配好的产品用 120～150 目的滤网过滤包装。

三、不饱和聚酯底漆

气干型不饱和聚酯底漆主要由不饱和聚酯树脂、颜料、填料、苯乙烯、涂料助剂等组成，施工时加入引发剂和促进剂后使用。其主要优点为固含量高，丰满度好，硬度高，可一次性厚涂；其缺点是操作较麻烦，适用期较短。引发剂和促进剂的使用、贮存要非常注意安全，且引发剂和促进剂的比例或质量不好会引起漆膜颜色变化，整个湿膜的干燥过程极易受环境的温度和湿度的影响。

1. 基础配方

三种不饱和聚酯底漆基础配方和性能指标见表 3-16。

表 3-16 不饱和聚酯底漆基础配方和性能指标

原料及规格		质量分数/%		
		UPE 透明底漆	UPE 白底漆	UPE 黑底漆
气干型不饱和聚酯树脂(2307)		70	45	45
分散剂(BYK163)		0.2	0.2	0.2
防沉剂(SD-1)		0.5	0.5	0.5
消泡剂(BYK057)		0.3	0.3	0.3
钛白粉(R-706)		—	8	—
炭黑(MP-100)		—	—	2
硬脂酸锌(PLB)		2	2	2
滑石粉(800 目)		10	28	28
透明粉(1250 目)		5	—	—
碳酸钙(1000 目)		—	10	10
活性稀释剂(苯乙烯)		10.2	3.7	9.7
流平剂(BYK354)		0.3	0.3	0.3
阻聚剂/缓聚剂(对苯二酚,1%HQ)		1.5	2.0	2.0
合计		100.00	100.00	100.00
性能指标	黏度(25℃)/(10^{-3}Pa·s)	1100	6500	4800
	固含量/%	70.6	82.75	77.53
	胶化时间(25℃)/min	19	45	67

续表

原料及规格		质量分数/%		
		UPE 透明底漆	UPE 白底漆	UPE 黑底漆
性能指标	表干时间/min	27	26	34
	可打磨时间/h	5.5	3.0	3.4
	贮存稳定性(70℃,3d)	无沉淀结块	无沉淀结块	无沉淀结块

2. 配方调整

（1）原材料的选择和涂料主要性能指标的调控　在不饱和聚酯底漆中，主要采用双环戊二烯合成的气干型树脂，主要原因是降成本，在低温环境下可添加烯丙基醚气干型树脂改善干燥性能。分散剂、防沉剂、消泡剂、流平剂等助剂的选择原则是除其本身应起的作用外，应与体系有较好的相容性，不影响涂料的干燥速率、层间附着力和贮存稳定性。硬脂酸锌的加入会明显改善底漆的打磨性但会使得体系稳泡，并且添加量过大会影响层间附着力。颜料、填料的加入量对底漆的遮盖力、透明度和填充性有很大影响。透明粉是目前市场中 UPE、UV 固化等涂料产品的新型填充料。其折射率与大部分树脂的折射率接近，因此用透明粉作填充料，比传统填充料滑石粉，使得涂料产品的透明度明显提高。在不饱和聚酯底漆中加入透明粉，主要是为了获得更好的透明度，同时又有很好的填充性，成本更优。阻聚剂或缓聚剂的加入主要是使底漆有良好的贮存稳定性，同时在施工时提供合适的可使用时间，避免反应太快从而造成浪费和出现橘皮及针孔现象。

（2）技术难点　在不饱和聚酯底漆中，阻聚剂或缓聚剂的选用与干燥速率、贮存稳定性之间的关系是配方调整的难点。因不饱和聚酯底漆的贮存稳定性受温度影响较大，其本身又可能会发生自聚反应，所以配方中必须加入一些阻聚剂或缓聚剂，但阻聚剂或缓聚剂的加入又会影响涂料的干燥速率，如何平衡成了配方调整的关键。夏天温度高，不饱和聚酯底漆易胶凝，可适当增加阻聚剂或缓聚剂的加入量，并将其置于阴凉处贮存。此时环境温度高，虽增加用量，但不会减慢干燥速率。冬天温度低，可适当减少阻聚剂或缓聚剂的加入量，能提高不饱和聚酯底漆的干燥速率。虽减少用量，但不明显影响贮存稳定性。

3. 产品制备

不饱和聚酯底漆的生产通常分三个工序进行：颜填料的研磨分散，调漆及配色，过滤包装。常用的生产设备为双轴高速分散机，不饱和聚酯底漆的整个生产过程必须控制好漆液的温度，需使用带夹套的缸，用循环冷却水将物料温度控制在 50℃左右，温度太高会影响涂料的贮存稳定性甚至使底漆胶凝。如使用双环戊二烯改性的不饱和聚酯树脂，则在本环节中的热稳定性表现会较好。其它颜色的产品可用醛酮类树脂制成通用色浆后配漆，调配好的产品用 100～150 目的滤网过滤包装。

四、酸固化底漆

酸固化底漆主要由丁醚化脲醛树脂、醇酸树脂、颜料、填料、混合溶剂、涂料助剂等组成，使用时再按比例加入酸催化剂和稀释剂。其主要优点为操作容易，干燥快，固含量高，丰满度好，耐化学污染，耐磨性、耐黄变性优良。其缺点是气味大，氨基树脂中会含有残存的甲醛，树脂在进行缩聚反应固化成膜时也有甲醛释放；抗裂性差、易开裂；酸催化剂有一定的腐蚀性。

1. 基础配方

两种酸固化底漆基础配方和性能指标见表3-17。

表3-17 酸固化底漆基础配方和性能指标

原料及规格		质量分数/%	
		AC透明底漆	AC白底漆
主剂			
醇酸树脂(3370D)		36	30
丁醚化脲醛树脂(582-60)		42	35
防沉剂(A-630X)		1	1
分散剂(BYK103)		0.3	0.5
消泡剂(BYK141)		0.2	0.3
钛白粉(R706)		—	15
滑石粉(800目)		10	10
稀释剂(甲苯)		4	3
稀释剂(异丁醇)		6.3	5
流平剂(BYK306)		0.2	0.2
合计		100.00	100.00
酸催化剂			
对甲苯磺酸(PTSA)		5	5
溶剂(甲醇)		5	5
合计		10	10
性能指标	黏度/(mPa·s)	3000	20000
	固含量/%	60.5	67
	表干时间/min	25	20
	可打磨时间/h	4	3.5

2. 配方调整

(1) 原材料的选择和涂料主要性能指标的调控 在酸固化底漆中，脲醛树脂和醇酸树脂的配合相当重要，其配合得当与否对漆膜的质量有很大影响。脲醛树脂和醇酸树脂的配合中要注意两种树脂的混溶性，混溶性不好直接影响漆膜的光泽和透明度。在酸固化底漆中，颜料、填料的选择也很关键，与酸能反应的颜料、填料不能选用，否则会与作为催化剂的酸反应造成慢干或不干现象。锌粉对附着力有一定影响，须慎重。在酸固化底漆配方中，丁醇或异丁醇要保持一定的比例，一般控制在5%以上，否则氨基树脂本身会继续缩聚，黏度上升，从而影响产品的贮存稳定性。

(2) 技术难点 在酸固化底漆中，脲醛树脂和醇酸树脂的选择及配比是配方调整的关键，它决定产品的基本性能。酸的加入量应适当，如果加入过多，干燥虽然变快，但漆膜也很易变脆，日后有开裂的危险；如加入过少，则干燥较慢。

3. 产品制备

酸固化底漆的生产设备和要求与双组分聚氨酯底漆基本一致。颜料、填料的分散需注意漆料的黏度，黏度太稀可能会导致分散不均匀而有颗粒。另外，因酸对金属具有一定的腐蚀性，生产和包装必须使用塑料工具和容器。

第四节　面漆

目前，木器涂装主要使用的面漆有硝基类、聚氨酯类、AC 类、UV 固化类和水性类等品种。其中硝基（NC）、双组分聚氨酯（PU）、水性（W）和酸固化（AC）面漆多用于喷涂，紫外光（UV）固化面漆主要用于辊涂、淋涂和喷涂。

此处只叙述硝基、聚氨酯和酸固化类面漆，UV 固化类和水性类面漆在后面另有专论。

一、硝基面漆

硝基面漆可以分为硝基清面漆和硝基实色面漆。

1. 硝基清面漆

按光泽分类，分为硝基亮光清面漆和硝基亚光清面漆。

（1）硝基亮光清面漆

① 基础配方　硝基亮光清面漆配方、生产工艺及性能指标见表 3-18、表 3-19 和表 3-20。

表 3-18　硝基亮光清面漆配方及生产工艺

原料及规格	质量分数/%	生产工艺
422 马来酸酐树脂溶液(60%)	12	按序投入，中速分散 8～10min，搅拌均匀
硝化棉(1/2s)溶液(醋酸丁酯∶丁醇∶二甲苯∶硝化棉=45∶10∶10∶35)	49.3	
乙酰柠檬酸三正丁酯(ATBC)增塑剂	4	
短油度豆油醇酸树脂(70%)	15	
混合溶剂(二甲苯∶醋酸丁酯∶丁醇=20∶50∶30)	18.2	
流平剂	0.3	按序加入，高速分散均匀
消泡剂	0.2	
醋酸丁酯	1	调整黏度

表 3-19　422 马来酸酐树脂的溶解及生产工艺

原料及规格	质量分数/%	生产工艺
二甲苯	40	称量，投入分散缸
422 马来酸酐树脂	60	加入，中速搅拌 15～20min，待溶解完全，200 目过滤，备用

表 3-20 硝基亮光清面漆性能指标

项目	指标	项目	指标
原漆外观	搅拌均匀,无硬块	耐热性	无异常
旋转黏度/(mPa·s)	500～1200	挥发性有机化合物/(g/L)	≤700
细度/μm	≤10	苯含量/(g/L)	≤0.1
表干时间/min	≤10	三苯含量/%	≤20
实干时间/h	≤1	耐碱性	无异常
回黏性/级	≤2	耐污染性	无异常
铅笔硬度	HB	耐水性	无异常
光泽/%	≥80		

② 配方调整

a. 原料选择　硝基亮光清面漆一般采用豆油脂肪酸树脂、硝化棉、增塑剂、混合溶剂、助剂等制成。一般使用 1/4s 或高黏度的硝化棉，预先制成 30%～40%的溶液。树脂一般选用短油度豆油醇酸树脂，也有使用蓖麻油树脂、椰子油醇酸树脂、羟基丙烯酸树脂的，光泽度会更高；如果对耐黄变要求不高，加入一部分马来酸酐树脂或醛酮树脂，可以降低涂料的黏度，提高漆膜的丰满度，马来酸酐树脂和醛酮树脂可以用二甲苯溶解成 60%的溶液备用。添加增塑剂是为了提高漆膜的韧性，过去一般采用邻苯二甲酸二丁酯或邻苯二甲酸二辛酯，随着环保要求的提高，目前可采用乙酰柠檬酸三正丁酯（ATBC）或环氧大豆油等环保增塑剂替代。

b. 指标调整　硝化纤维素和醇酸树脂是主要成膜物质，其比例决定漆膜的性能。醇酸树脂多、填料多，则填充性好，但是漆膜偏软，漆膜的耐热性能不好。配方中加入马来酸酐树脂是为了降低黏度，提高施工固含，达到提高丰满度、改善施工性能的目的。加入马来酸酐树脂之后最大的副作用是漆膜的耐黄变性变差。

硝基面漆是挥发干燥型产品，因此尽量选用挥发性适中的溶剂，如醋酸丁酯和丁醇，应加入适量的慢干溶剂如 BCS、丙二醇甲醚、丙二醇乙醚等。

③ 生产注意事项　醇酸树脂和硝化棉溶液混合时要边搅拌边慢慢加入，加入溶剂时，最好将几种溶剂预先混合后再加入；如果分开加，最好先加入真溶剂（能够溶解硝化棉的溶剂），再加入其他溶剂（单独不能溶解硝化棉的溶剂），以免硝化棉析出。硝化棉的溶剂极性较高，选用触变剂的时候，应做稳定性试验，一般选用二氧化硅，稳定性较好。

(2) 硝基亚光清面漆

① 基础配方　硝基亚光清面漆配方、生产工艺及性能指标见表 3-21 和表 3-22。

表 3-21 硝基亚光清面漆配方及生产工艺

组分	质量分数/%	生产工艺
硝化棉(1/2s)溶液,(醋酸丁酯：丁醇：二甲苯：硝化棉=45：10：10：35)	40	依次加入,中速搅拌均匀
乙酰柠檬酸三正丁酯(ATBC)增塑剂	2	
短油度豆油醇酸树脂(70%)	24	

续表

组分	质量分数/%	生产工艺
422 马来酸酐树脂溶液(60%)	10	依次加入,中速搅拌均匀
分散剂	0.1	
混合溶剂(二甲苯∶醋酸丁酯∶丁醇=20∶50∶30)	22	
消光粉	0.8	缓慢加入,高速分散 15～18min
聚乙烯蜡	1	
流平剂	0.1	加入,中速搅拌均匀

表 3-22 硝基亚光清面漆性能指标

项目	指标	项目	指标
原漆外观	搅拌均匀,无硬块	耐热性	无异常
旋转黏度/(mPa·s)	500～1200	挥发性有机化合物/(g/L)	≤700
细度/μm	≤30	苯含量/%	≤0.1
表干时间/min	≤10	三苯含量/%	≤20
实干时间/h	≤1	耐碱性	无异常
回黏性/级	≤2	耐污染性	无异常
铅笔硬度	HB	耐水性	无异常
光泽/%	商定		

② 配方调整 一般选用 1/2s 或更高黏度的硝化棉预制成 35%的溶液。硝基面漆可以使用国产消光粉。硝基面漆的溶剂一般采用酯类、醇类、醇酯类、芳香烃类溶剂，一般不使用酮类，特别是环已酮等沸点较高的强溶剂，以免产生“咬底”等弊病。随着环保标准的提高，邻苯二甲酸盐类增塑剂的使用有了限制，可用乙酰柠檬酸三正丁酯（ATBC）或环氧大豆油等环保增塑剂替代。

③ 生产注意事项

a. 物料应该慢慢加入、混合。

b. 硝化棉的分散温度不能过高，否则会使产品贮存稳定性变差。

2. 硝基实色面漆

按光泽分：硝基亚光实色面漆、硝基亮光实色面漆。按颜色分：硝基白面漆、硝基黑面漆、硝基其他色面漆等。

(1) 硝基亚光白面漆

① 基础配方 硝基亚光白面漆配方、生产工艺和性能指标见表 3-23、表 3-24 和表 3-25。

表 3-23 硝基亚光白面漆配方及生产工艺

原料及规格	质量分数/%	生产工艺
硝化棉(1/2s)溶液(醋酸丁酯∶丁醇∶二甲苯∶硝化棉=45∶10∶10∶35)	52	依次加入,中速搅拌均匀
乙酰柠檬酸三正丁酯(ATBC)增塑剂	3	
短油度豆油醇酸树脂(70%)	10.2	

续表

原料及规格	质量分数/%	生产工艺
422 马来酸酐树脂溶液(60%)	4	依次加入，中速搅拌均匀
钛白色浆(60%)	24.2	
流平剂	0.2	
消泡剂	0.3	
混合溶剂(二甲苯：醋酸丁酯：丁醇=20：50：30)	4.5	
消光粉	0.6	缓慢加入，高速分散 15～18min，至细度合格

表 3-24　钛白色浆的研磨配方及生产工艺

原料及规格	质量分数/%	生产工艺
醇酸树脂	31.5	按序加入，开动分散机搅拌 5～8min，搅拌均匀
PMA	2.7	
二甲苯	4.0	
分散剂	1.8	
钛白粉	60	慢慢加入，分散均匀，研磨至细度合格

表 3-25　硝基亚光白面漆性能指标

项目	指标	项目	指标
原漆外观	搅拌均匀，无硬块	光泽/%	商定
旋转黏度/(mPa·s)	500～1200	耐热性	无异常
细度/μm	≤30	挥发性有机化合物/(g/L)	≤700
表干时间/min	≤10	苯含量/%	≤0.1
实干时间/h	≤1	三苯含量/%	≤20
回黏性/级	≤2	耐碱性	无异常
遮盖力/(g/m^2)	≤100	耐污染性	无异常
铅笔硬度	HB	耐水性	无异常

② 配方调整　树脂可以选择豆油醇酸树脂，也可以选择椰子油醇酸树脂。钛白粉一般选用金红石型钛白粉。有时为了突出配方的耐黄变性，422 马来酸酐树脂可以改用醛酮树脂。

(2) 硝基亮光白面漆

① 基础配方　硝基亮光白面漆配方及性能指标见表 3-26 和表 3-27。

表 3-26　硝基亮光白面漆配方

原料及规格	质量分数/%	原料及规格	质量分数/%
钛白色浆(60%)	21	甲苯	3.87
短油度豆油醇酸树脂(70%)	14	硝化棉(1/2s)溶液(醋酸丁酯：丁醇：二甲苯：硝化棉=45：10：10：35)	44
乙酰柠檬酸三正丁酯(ATBC)增塑剂	3		

续表

原料及规格	质量分数/%	原料及规格	质量分数/%
422 马来酸酐树脂溶液(60%)	12	消泡剂	0.13
丁醇	2		

表 3-27 硝基亮光白面漆性能指标

项目	指标	项目	指标
原漆外观	搅拌均匀,无硬块	光泽/%	70～100
旋转黏度/(mPa·s)	500～1200	耐热性	无异常
细度/μm	≤30	挥发性有机化合物/(g/L)	≤700
表干时间/min	≤10	苯含量/%	≤0.1
实干时间/h	≤1	三苯含量/%	≤20
回黏性/级	≤2	耐碱性	无异常
遮盖力/(g/m^2)	≤100	耐污染性	无异常
铅笔硬度	HB	耐水性	无异常

② 配方调整　硝基亮光白面漆一般选用短油度椰子油醇酸树脂、丙烯酸树脂等色泽较浅的树脂制备，产品的白度较好，耐黄变性也好。钛白粉一般选用金红石型钛白粉，遮盖力好。改性树脂，一般选用醛酮树脂而不是马来酸酐树脂，以保证耐黄变性。

③ 生产工艺　按序加入，中速搅拌均匀，200 目过滤包装。

(3) 硝基亮光黑面漆

① 基础配方　硝基亮光黑面漆配方、生产工艺及性能见表 3-28、表 3-29 和表 3-30。

表 3-28 硝基亮光黑面漆及生产工艺

原料及规格	质量分数/%	原料及规格	质量分数/%
422 马来酸酐树脂溶液(60%)	18	炭黑浆(16.5%)	18
乙酰柠檬酸三正丁酯(ATBC)增塑剂	2	硝化棉(1/2s)溶液(醋酸丁酯：丁醇：二甲苯：硝化棉＝45：10：10：35)	58
甲苯	1.2		
醋酸丁酯	1.6	消泡剂	0.2
正丁醇	1		

注：生产工艺为按序加入，中速分散均匀，200 目过滤包装。

表 3-29 炭黑浆的研磨配方及生产工艺

原料及规格	质量分数/%	生产工艺
聚酯树脂	46	按序加入,开动分散机搅拌 5～8min,搅拌均匀
PMA	12.3	
二甲苯	12.3	
分散剂	12.9	
炭黑	16.5	慢慢加入,分散均匀,研磨至细度合格

表 3-30 硝基亮光黑面漆性能指标

项目	指标	项目	指标
原漆外观	黑色黏稠液、无机械杂质，搅拌均匀，无硬块	光泽/%	70～100
旋转黏度/(mPa·s)	800～2500	耐热性	无异常
固含量/%	≥35	挥发性有机化合物/(g/L)	≤700
细度/μm	≤30	苯含量/%	≤0.1
表干时间/min	≤10	三苯含量/%	≤20
实干时间/h	≤1	耐碱性	无异常
回黏性/级	≤2	耐污染性	无异常
遮盖力/(g/m^2)	≤50	耐水性	无异常
铅笔硬度	HB		

② 配方调整 硝基黑色亮光面漆可以选用短油度豆油醇酸树脂、短油度蓖麻油醇酸树脂、短油度椰子油醇酸树脂等制备。炭黑一般选用高色素炭黑，遮盖力强。

二、聚氨酯面漆

聚氨酯面漆可以分为 PU 透明清面漆、PU 透明有色面漆、PU 实色面漆，按光泽可分为 PU 亮光面漆、PU 亚光面漆。

1. PU 亮光面漆

PU 亮光面漆可以分为 PU 亮光清面漆、PU 亮光实色面漆。

(1) PU 亮光清面漆

① 基础配方 PU 亮光清面漆配方、生产工艺及性能指标见表 3-31 和表 3-32。

表 3-31 PU 亮光清面漆配方及生产工艺

原料及规格	质量分数/%	生产工艺
合成脂肪酸醇酸树脂(80%)	66	按序投入，中速分散 5～10min
丙二醇甲醚丙酸酯	1	
醋酸丁酯	2	
二甲苯	3	
丙烯酸酯流平剂	0.3	按序投入，中速分散 15～25min
聚硅氧烷流平剂	0.3	
消泡剂	0.5	
有机铋	0.3	
羟基丙烯酸树脂(60%)	26.6	加入，搅拌均匀，300 目过滤包装

注：固化剂的选择见下文。配比为主剂：固化剂＝1：1。

表 3-32 PU 亮光清面漆性能指标

检验项目	性能指标	检验项目	性能指标
外观	水白色至浅黄色透明黏稠液体，无机械杂质	细度/μm	≤10
		固含量/%	68±2

续表

检验项目	性能指标	检验项目	性能指标
表干时间/min	≤60	耐酸性	无异常
实干时间/h	≤24	耐碱性	无异常
附着力/级	1	耐醇性	无异常
光泽/%	95	耐醋污染性	无异常
铅笔硬度/H	≥1	耐茶污染性	无异常
耐干热性/级	≤2	有害物质限量	符合 GB 18581

② 配方调整

a. 原料选择　PU 亮光清面漆选用的树脂通常为 C_8～C_9 的合成脂肪酸醇酸树脂、丙烯酸树脂单独使用或搭配使用，也有选用蓖麻油或蓖麻油酸醇酸树脂、短油度豆油醇酸树脂、短油度椰子油醇酸树脂等。

b. 指标调整　主剂选用两种混溶性好的树脂搭配，如合成脂肪酸醇酸树脂和羟基丙烯酸树脂，丙烯酸树脂提供良好的施工性能、干燥速率和光泽，合成脂肪酸醇酸树脂提供良好的丰满度；也可以选择饱和聚酯树脂，丰满度和干燥性俱佳，只是成本较高。流平剂建议选用高分子聚合物流平剂和有机硅流平剂搭配，既可以有良好的短波流平，也可以有较好的长波流平。加入催干剂是为了更好地提高反应速率，加入量要合适，过多则容易产生针孔等漆膜弊病，过少起不到加速干燥的作用。固化剂和树脂的比例以异氰酸酯基（—NCO）和羟基（—OH）的比例确定，一般以异氰酸酯基∶羟基＝(1～1.2)∶1(质量比）为宜。耐黄变的亮光面漆一般采用丙烯酸树脂或者合成脂肪酸醇酸树脂搭配羟基丙烯酸树脂体系，配套不黄变的 HDI、IPDI 固化剂制备。

c. 技术难点　针孔和暗泡的产生的原因基本一致，但解决的方式不同：夏季出现针孔和暗泡，最直接的解决方法是施工时加入挥发较慢的溶剂或适量的消泡剂，同时配套的固化剂也很重要；在低温环境时出现暗泡，最有效的方法是使用较为快干的固化剂。不同表面张力的助剂可以改善溶剂的挥发，减少上述弊病的发生。生产亮光清面漆时，分散时间一定要充足，否则容易造成物料分散不均匀而引起漆病。

(2) PU 亮光实色面漆

① PU 亮光白面漆

a. 基础配方　PU 亮光白面漆配方、生产工艺及性能指标见表 3-33 和表 3-34。

表 3-33　PU 亮光白面漆配方及生产工艺

原料及规格	质量分数/%	原料及规格	质量分数/%
白色浆(60%)	63.0	醋酸丁酯	2.3
羟基丙烯酸树脂(65%)	30	消泡剂	0.3
PMA	4.1	流平剂	0.3

注：1. 生产工艺为按序投入，高速分散 15～20min，300 目过滤，检验包装。

2. 固化剂的选择见下文。配比为主剂∶固化剂＝1∶0.5。

表 3-34　PU 亮光白面漆性能指标

项目	指标	项目	指标
光泽(60°)/%	95～100	游离甲苯二异氰酸酯(TDI)/%	≤0.7
漆膜外观	平整光滑	总铅/(mg/L)	≤90
在容器中状态	搅拌后均匀,无硬块	可溶性镉/(mg/L)	≤75
细度/μm	≤20	可溶性铬/(mg/L)	≤60
旋转黏度/(mPa·s)	500～1500	可溶性汞/(mg/L)	≤60
固含量/%	≥65	耐干热性/级	≤2
遮盖力/(g/m^2)	≤80	耐磨性/g	≤0.035
表干时间/min	≤60	耐水性	24h 无异常
实干时间/h	≤24	耐碱性	无异常
附着力/级	≤1	耐醇性	无异常
铅笔硬度(擦伤)	≥H	耐醋污染性	无异常
甲苯和二甲苯总含量/%	≤20	耐茶污染性	无异常
挥发性有机化合物含量/(g/L)	≤600	贮存稳定性	无异常
苯含量/%	≤0.5	耐黄变性 ΔE^*(如标识耐黄变)	≤3

b. 配方调整

(a) 原料选择　亮光白面漆用树脂一般选用短油度椰子油醇酸树脂、合成脂肪酸醇酸树脂、羟基丙烯酸树脂、饱和聚酯树脂等色泽较浅的材料。固化剂可以选择 TDI 加成物、TDI 三聚体、HL 三聚体、HDI 三聚体及它们的混合物。

(b) 指标调整　固化剂选择视主剂所用树脂而定。如果选用短油度椰子油或蓖麻油醇酸树脂，固化剂应选用 TDI 加成物，否则丰满度不好；如果选用合成脂肪酸醇酸树脂或饱和聚酯树脂，可以选择 TDI 三聚体和 TDI 加成物混合固化剂。耐黄变体系一般主剂选用合成脂肪酸醇酸树脂或饱和聚酯树脂，采用 TDI 三聚体和 HDI 三聚体的混合固化剂；也可以选择 HL 型的固化剂搭配 HDI 三聚体固化剂，耐黄变性更好。

(c) 技术难点　针孔和暗泡是亮光白漆较易出现的弊病。针孔通过调整干燥速度解决，暗泡需通过较好的干燥平衡的配方解决。

② PU 亮光黑面漆

a. 基础配方　PU 亮光黑面漆配方、生产工艺及性能指标见表 3-35 和表 3-36。

表 3-35　PU 亮光黑面漆配方及生产工艺

原料及规格	质量分数/%	生产工艺
短油度蓖麻油醇酸树脂(50%)	54.4	按序加入,中速搅拌均匀,200 目过滤包装
流平剂	0.2	
消泡剂	0.2	
有机铋	0.2	
炭黑浆(16.5%)	45	

注：固化剂的选择见下文。配比为主剂：固化剂＝1：1。

表 3-36　PU 亮光黑面漆性能指标

检验项目	性能指标	检验项目	性能指标
旋转黏度(25℃)/(mPa·s)	100～150	游离甲苯二异氰酸酯(TDI)含量/%	≤0.7
在容器中状态	搅拌后均匀无硬块	可溶性铅/(mg/L)	90
细度/μm	0～20	可溶性镉/(mg/L)	75
漆膜外观	平滑,柔和	可溶性铬/(mg/L)	60
固含量/%	≥50	可溶性汞/(mg/L)	60
遮盖力/(g/m²)	≤30	耐干热性/级	≤2
表干干燥时间/min	≤30	耐磨性/g	≤0.05
实干干燥时间/h	≤24	耐水性	无异常
附着力/级	≤1	耐碱性	无异常
铅笔硬度(擦伤)	≥F	耐醇性	无异常
光泽(60°)/%	90～100	耐醋污染性	无异常
挥发性有机化合物含量/(g/L)	≤600	耐茶污染性	无异常
苯含量/%	≤0.5	贮存稳定性	无异常
甲苯和二甲苯总含量/%	≤40		

b. 配方调整　PU 亮光黑面漆用树脂一般选用短油度蓖麻油醇酸树脂、短油度豆油醇酸树脂或几种树脂拼用；如果要求丰满度更高，可以选用合成脂肪酸醇酸树脂、热固性丙烯酸树脂或两种树脂拼用。固化剂可以选择 TDI 加成物或 TDI 加成物与三聚体拼用，提高干燥速度。炭黑一般选用高色素炭黑，遮盖力强。

2. PU 亚光面漆

PU 亚光面漆分为 PU 亚光透明清面漆和 PU 亚光实色面漆。

一般来说，称五分光泽以上的面漆为亚光面漆，三分至五分光泽的面漆为半光面漆，三分光泽以下的面漆为无光面漆。以下配方均以五分光泽为例说明。

(1) PU 亚光透明清面漆

① 基础配方　PU 亚光透明清面漆配方、生产工艺、固化剂及各项指标见表 3-37、表 3-38、表 3-39 和表 3-40。

表 3-37　PU 亚光透明清面漆配方及生产工艺

原料及规格	质量分数/%	生产工艺
短油度豆油醇酸树脂(65%)	65	按序投入,中速搅拌均匀
PMA	5	
醋酸丁酯	10	
分散剂	0.3	
消泡剂	0.2	慢慢加入,中速搅拌 5min 至均匀
聚乙烯蜡	1	慢慢加入,高速分散 15～20min,至细度≤25μm
消光粉	4	
聚酰胺蜡浆(20%)	5	投入,高速分散 5～10min

续表

原料及规格	质量分数/%	生产工艺
流平剂	0.3	投入，中速搅拌均匀。抽样检验后200目过滤包装
二甲苯	8.2	
醋酸丁酯	2	

注：固化剂的选择见下文。配比为主剂∶固化剂=1∶0.5。

② 配方调整

a. 原料选择　树脂一般选用短油度豆油醇酸树脂、短油度椰子油醇酸树脂、饱和聚酯树脂。改性树脂主要是硝化棉、氯醋树脂、醛酮树脂、醋酸丁酸纤维素（CAB）。消光粉一般选择GRACE的消光粉，如ED系列、C803/C805、7000或DEGUSSA的OK系列。国产的消光粉也可使用。蜡粉一般选择聚乙烯蜡或氟改性的蜡。溶剂一般选用二甲苯、醋酸丁酯、PMA等。功能性填料选用玻璃粉。固化剂选用三聚体和加成物的混合物，增加消光能力，减少消光粉用量，提高产品的透明度。

b. 配比调整　PU亚光透明清面漆用树脂一般选用豆油或短油度豆油醇酸树脂、椰子油醇酸树脂或饱和聚酯树脂。椰子油醇酸树脂一般用于耐黄变体系。硝化棉、氯醋树脂的加入可以改善体系的溶剂释放性，提高消光能力，改善漆膜性能。加入蜡粉改善漆膜的手感和滑度，提高漆膜的抗刮伤能力，同时提高漆膜的防水性能，但加入量过大会影响漆膜的透明性，一般加入量为0.5%～2%。防沉剂的作用有两个：一是改善产品的贮存稳定性，防止填料的沉降；二是改善产品施工时的立面喷涂性能，加入量一般为1%～3%，多则平面流平性变差，少则立面喷涂容易流挂。固化剂和涂料的配比一般设定为0.5∶1，要保证当量比异氰酸酯基∶羟基=(0.8～1)∶1，需通过调整固化剂的固含来满足。耐黄变的亚光清面漆主要使用在浅色底材上。对涂料的要求不仅有耐黄变性能较好，而且涂料本身的颜色也要浅。一般采用丙烯酸体系制备，采用HDI系列固化剂。

c. 技术难点　树脂的选择最关键，对体系的消光性、透明性，尤其是漆膜的气味影响很大；消光粉的选择也很关键，用不同表面处理方法制取的消光粉折射率不同，表现出来的透明度不同、手感也不同。固化剂的选择和混合比例直接影响产品的施工性能及装饰性能。亚光清面漆低温“发花”实际上是一种局部的起皱现象。因为起皱，所以亮亚光不匀形成“发花”。可以换用挥发较快的稀释剂，也可以通过调整配方，拼用TDI三聚体等较为快干的固化剂解决。当然解决“发花”的最有效方法是使用低温烘烤设备，使漆膜干燥条件变得可控及一致。

③ 施工注意事项　PU亚光透明清面漆一般以喷涂施工为主。如果要刷涂，则需使用较为慢干的稀释剂。涂膜厚度要适中，一般干膜厚度控制在20～30μm。有些家具厂一味想通过厚涂面漆改善涂装效果，不仅不能达到目的，还可能会引起如成本上升、附着力变差、开裂等弊病，实在是得不偿失。施工时，尽量均匀一致，否则容易亮亚不匀，影响涂装效果。

表3-38　PU亚光透明清面漆性能指标

项目	性能指标	项目	性能指标
原漆状态	搅拌后均匀无硬块	苯含量/%	≤0.05

续表

项目	性能指标	项目	性能指标
细度/μm	≤35	甲苯和二甲苯总含量/%	≤20
光泽/%	45～55	游离甲苯二异氰酸酯(TDI)/%	≤0.4
漆膜外观	平滑、柔和	耐干热性	24h无异常
固含量/%	≥55	耐碱性	无异常
表干时间/min	≤30	耐醇性	无异常
实干时间/h	≤24	耐醋污染性	2h无异常
附着力/级	≤1	耐茶污染性	2h无异常
铅笔硬度(擦伤)	≥F	贮存稳定性	无异常
挥发性有机化合物含量/(g/L)	≤650		

表 3-39 PU 亚光透明清面漆固化剂

原料及规格	质量分数/%	原料及规格	质量分数/%
TDI加成物(60%)	62.4	醋酸丁酯	9.6
TDI三聚体(50%)	22	二甲苯	6

注：生产工艺为加入，通 N_2，中速搅拌均匀，300 目过滤包装。

表 3-40 PU 亚光透明清面漆固化剂性能指标

项目	性能指标	项目	性能指标
外观(目测)	透明液体、无机械杂质	NCO含量/%	7～8
色泽(Pt-Co)/号	≤150	不挥发物含量/%	50±2
黏度(涂-4#杯)/s	10～30	游离TDI含量/%	≤0.7

(2) PU 亚光实色面漆

PU 亚光实色面漆分为白色、黑色和其他彩色。

① PU 亚光白面漆

a. 基础配方　PU 亚光白面漆配方、生产工艺、固化剂及性能指标见表 3-41、表 3-42、表 3-43 和表 3-44。

表 3-41 PU 亚光白面漆配方及生产工艺

原料及规格	质量分数/%	生产工艺
钛白浆(65%)	45	按序加入，中速分散 8～10min，使其均匀
短油度椰子油醇酸树脂(70%)	35	
二甲苯	4	
醋酸丁酯	3	
消泡剂	0.3	
聚乙烯蜡	1	缓慢加入，边搅边加，高速分散 15～20min
消光粉	8	
流平剂 BYK310	0.3	加入，中速搅匀，过滤包装
有机铋	0.3	

注：固化剂的选择见下文。配比为主剂：固化剂＝1：0.5。

表 3-42 PU 亚光白面漆的性能指标

检验项目	性能指标	检验项目	性能指标
外观	水白至浅黄色透明黏稠液体，无机械杂质	铅笔硬度/H	≥1
		耐干热性/级	≤2
细度/μm	≤30	耐酸性	无异常
固含量/%	70±2	耐碱性	无异常
表干时间/min	≤30	耐醇性	无异常
实干时间/h	≤24	耐醋污染性	无异常
附着力(划格法)/级	≤1	耐茶污染性	无异常
光泽/%	商定	有害物质限量	符合 GB 18581

表 3-43 PU 亚光白面漆固化剂配方及生产工艺

原料及规格	质量分数/%	原料及规格	质量分数/%
TDI 三聚体(50%)	20	醋酸丁酯	26.4
TDI 加成物(75%)	53.3	脱水剂	0.3

注：生产工艺为按序加入分散缸，通 N_2，中速搅拌均匀。

表 3-44 PU 亚光白面漆固化剂性能指标

检验项目	性能指标	检验项目	性能指标
外观	水白至浅黄色透明黏稠液体，无机械杂质	固含量/%	50±2
细度/μm	≤10	F-NCO/%	≤1.8
NCO/%	7～8		

b. 配方调整

(a) 原料选择　树脂一般选用短油度豆油醇酸树脂、短油度椰子油醇酸树脂或饱和聚酯树脂、羟基丙烯酸树脂。改性树脂一般选用氯醋树脂、CAB。钛白粉一般选用金红石型钛白粉，如杜邦的 R706、R900 等。消光粉可以选用国产消光粉或进口消光粉。助剂选用有机硅消泡剂、流平剂和有机铋催干剂。固化剂可以选择 TDI 加成物或 TDI 加成物与 TDI 三聚体的混合物。

(b) 配比调整　豆油酸树脂耐黄变性一般，颜色深，一般用于不耐黄变体系；椰子油醇酸树脂、饱和聚酯、丙烯酸树脂颜色浅、耐黄变性好，一般用于要求耐黄变如白色体系。普通的亚光实色面漆，固化剂用 TDI 加成物或 TDI 加成物与三聚体的混合物可以满足需要。浅色亚光面漆一般采用耐黄变体系，固化剂选用 TDI 三聚体与 HDI 加成物或三聚体的混合物，达到耐黄变的要求。与 PU 亚光清面漆类似，配方中加入一定的聚乙烯等蜡粉可以改善漆膜的耐刮伤性和手感。

(c) 技术难点　色浆的制备和稳定性是色漆与调色的难点。

② PU 亚光黑面漆

a. 基础配方　PU 亚光黑面漆配方、生产工艺及性能指标见表 3-45 和表 3-46。

表 3-45 PU 亚光黑面漆配方及生产工艺

原料及规格	质量分数/%	生产工艺
醇酸树脂(60%)	39.2	按序加入,中速搅拌均匀
二甲苯	5.5	
醋酸丁酯	3.2	
流平剂	0.3	
消泡剂	0.2	
分散剂	0.2	
聚乙烯蜡	0.8	加入,高速分散 15～20min
消光粉	4	
醋酸丁酯	0.6	加入,中速搅拌均匀
炭黑浆(16.5%)	34	
硝化棉(1/2s)溶液(醋酸丁酯：丁醇：二甲苯：硝化棉＝44：11：11：34)	9	
醋酸丁酯	3	

注：固化剂的选择见下文。配比为主剂：固化剂＝1：0.5。

b. 配方调整 PU 亚光黑面漆一般选用豆油酸醇酸树脂，改性树脂可以采用硝化纤维素、氯醋树脂等。炭黑一般选用高色素炭黑经研磨成色浆备用，色浆的树脂与涂料的主体树脂相容性要好，尽量选用同一种树脂，效果最好。固化剂用 TDI 加成物或 TDI 加成物与三聚体的混合物可以满足需要。

表 3-46 PU 亚光黑面漆性能指标

项目	性能指标	项目	性能指标
旋转黏度(25℃)/(mPa・s)	1000～3000	甲苯和二甲苯总含量/%	≤40
在容器中状态	搅拌后均匀无硬块	游离甲苯二异氰酸酯(TDI)/%	≤0.7
细度/μm	0～40	可溶性铅/(mg/L)	≤90
漆膜外观	平滑,柔和	可溶性镉/(mg/L)	≤75
光泽(60°)/%	40～60	可溶性铬/(mg/L)	≤60
固含量/%	≥40	可溶性汞/(mg/L)	≤60
遮盖力/(g/m²)	≤30	耐干热性/级	≤2 级
表干时间/min	≤30	耐磨性/g	≤0.05
实干时间/h	≤24	耐水性	无异常
附着力/级	≤1	耐碱性	无异常
铅笔硬度(擦伤)	≥F	耐醇性	无异常
光泽(60°)	商定	耐醋污染性	无异常
挥发性有机化合物含量/(g/L)	≤600	耐茶污染性	无异常
苯含量/%	≤0.5	贮存稳定性	无异常

三、酸固化面漆

酸固化面漆主要由醇酸树脂、氨基树脂、助剂和颜料组成，由于该面漆多用于出口橱柜，要重点考虑耐化学品、耐污性能，硬度与柔韧性要平衡好，还要兼顾目标客户的特定要求。

1. 基础配方

两种酸固化面漆配方见表3-47。

表3-47　酸固化面漆配方

原料及规格		AC透明面漆/%	AC白面漆/%
主剂			
醇酸树脂(3370D)		40	30
丁醚化脲醛树脂(Etermino 9122-60)		15	12
丁醚化或甲醚化三聚氰胺树脂(Cymel 1156)		5	3
防沉剂(A-630X)		1	1
分散剂(BYK103)		0.3	0.5
消泡剂(BYK141)		0.2	0.3
钛白粉(R706)		—	25
亚光粉(OK-412)		1.5	1
稀释剂(甲苯)		10	7
稀释剂(丁酯)		12.5	12
稀释剂(异丁醇)		14.3	8
流平剂(BYK306)		0.2	0.2
合计		100	100
酸催化剂			
对甲苯磺酸(PTSA)		2	2
溶剂(异丁醇)		3	3
溶剂(甲醇)		5	5
合计		10	10
稀释剂			
溶剂(异丁醇)		5	5
溶剂(丁酯)		7	7
溶剂(二甲苯)		8	8
合计		20	20
性能指标	黏度/(mPa·s)	3000	20000
	固含量/%	47	56
	表干时间(25℃)/min	25	20
	实干时间(50℃)/min	60	60
	附着力(在底漆上)	1级	1级

2. 配方调整

(1) 原材料的选择和涂料主要性能指标的调控　在酸固化面漆中，脲醛树脂、三聚氰胺树脂和醇酸树脂的配合会对漆膜的质量带来很大影响。脲醛树脂、三聚氰胺树脂和醇酸树脂的配合中要注意树脂的混溶性和比例，混溶性不好直接影响漆膜的光泽和透明度。在酸固化面漆中，颜料、填料的选择也很关键，与酸能反应的颜料、填料不能选用，否则会与作为催化剂的酸反应造成慢干或不干现象。

(2) 技术难点　在酸固化面漆中，脲醛树脂、三聚氰胺树脂和醇酸树脂的选择及配比是配方调整的关键，它决定产品的基本性能。另外，酸的加入量应适当，如果加入过多，干燥虽会变快，但黏度很快升高，漆膜易变脆，日后可能有析出现象；加入过少则干燥会变慢。

3. 产品制备

酸固化面漆的生产设备和要求与双组分聚氨酯底漆基本一致。颜料、填料的分散需注意漆料的黏度，黏度太小可能会导致分散不均匀而有颗粒。另外，酸固化面漆含有酸，对金属具有一定的腐蚀性，生产必须使用塑料工具和容器，催化剂要用胶桶包装。

第五节　固化剂

一、概述

固化剂用于反应型涂料进行交联，在干燥过程中按规定比例添加于主剂中，与主剂发生化学反应而使漆膜干燥硬化，最终使漆膜具有优异的物化性能。

双组分聚氨酯涂料分为甲乙两组分，分别包装贮存。甲组分是异氰酸酯的聚合物，种类很多，但都含有不同数量的异氰酸酯基团（—NCO)，统称为固化剂，例如 TDI 的加成物或 HDI 的三聚体等。乙组分则含有不同数量的羟基（—OH)，称为主剂，以各种醇酸树脂和丙烯酸树脂为主。使用时将甲乙组分按比例混合均匀，涂布后交联成膜，形成大分子的聚氨酯高聚物——装饰性、功能性俱佳的干膜。

在我国的木用涂料发展之初，所用固化剂产品主要来自德国、意大利、日本、韩国等国家及我国台湾地区。后来随着双组分聚氨酯涂料的发展，我国也开始自主生产固化剂。开始只能生产低端的、游离单体含量很高的 TDI 固化剂，逐步发展到现在，不仅能生产游离单体含量低的各种高端 TDI 类固化剂，也能生产 HDI 类固化剂。

二、木用涂料用聚氨酯固化剂的分类方法

1. 按照原材料异氰酸酯类单体的不同分类

按照原材料异氰酸酯类单体的不同，可以分为 TDI 固化剂、HDI 固化剂、IPDI 固化剂和混合固化剂，例如 TDI 和 HDI 的混合固化剂等。单体种类不同，固化剂性能特点各异。

2. 按照生产过程中采用的聚合方法不同分类

按照生产过程中采用的聚合方法不同，可以分为预聚物、加成物、三聚体和缩二脲。预聚物是醇酸树脂、油的醇解物等分子量较大的含羟基组分与异氰酸酯单体通过加成反应

合成的。加成物由二异氰酸酯单体与小分子多元醇通过加成反应合成而得，是以氨酯键连接的多异氰酸酯。三聚体是三个二异氰酸酯单体自聚而成，成为含异氰脲酸酯的多异氰酸酯。缩二脲的典型工业产品是由 3mol 的 HDI 单体和 1mol 的水反应生成的具有三官能度的多异氰酸酯。

3. 按照固化剂的物化性能的不同分类

按照固化剂的物化性能分类，有耐黄变固化剂、快干固化剂、高相容性固化剂、环保固化剂等。

三、木用涂料用聚氨酯固化剂的合成与性能特点

TDI 固化剂主要有加成物和三聚体两种，随着科思创 TDI 加成物合成技术专利的公开以及国内固化剂合成技术的进步，国产 TDI 加成物与进口 TDI 加成物性能差距日渐缩小。以下从 TDI 加成物和 TDI 三聚体固化剂的合成进行论述。

1. TDI 加成物固化剂

TDI 加成物合成的化学反应示意图如图 3-1 所示。

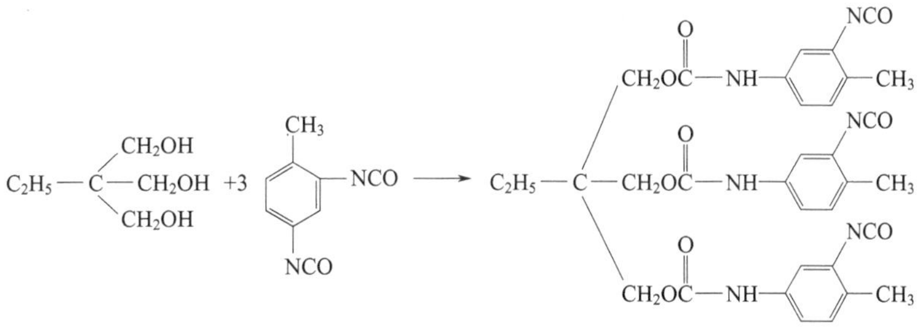

$$C_2H_5—C(CH_2OH)_3 + 3\ CH_3C_6H_3(NCO)_2 \longrightarrow C_2H_5—C[CH_2OC(=O)—NH—C_6H_3(CH_3)(NCO)]_3$$

图 3-1　TMP 与 TDI 的加成反应示意图

TDI 加成物固化剂是 3mol TDI 和 1mol TMP 的加成产物，含有三个可参与交联的 NCO 基团。但是因为 TDI 是同分异构体且苯环上不同位置的 NCO 基团的反应选择性不同，以及反应温度、催化剂和副反应等的影响，所以 TDI 加成物固化剂是由一系列具有不同分子量的物质组成的混合物，其特点是具有一定宽度的分子量分布。为了调节产品性能、控制成本以及生产工艺，配方中通常会加入其他二元醇，例如新戊二醇、丙二醇、1，4-丁二醇和 1,3-丁二醇等，这也导致产品分子量分布更宽，GPC 图上甚至会出现多峰分布。

薄膜蒸发法合成 TDI 加成物固化剂采用 TDI 过量的方法，降低了扩链反应发生的可能性，使产品的分子结构更接近理想结构。虽然固化剂分子量分布在理想范围内的组分含量很高，但也还有少量组分的分子量超出了这个范围，其原因是薄膜蒸发时的高温处理导致副反应，从而导致链的支化或扩展，如图 3-2 所示。

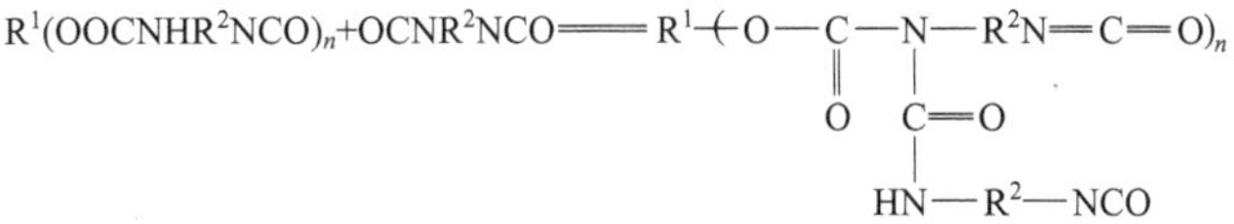

$$R^1(OOCNHR^2NCO)_n + OCNR^2NCO = R^1\!\left(O—C(=O)—N(—C(=O)—HN—R^2—NCO)—R^2N=C=O\right)_n$$

图 3-2　氨基甲酸酯和 NCO 基团的副反应

TDI 加成物固化剂还可采用后三聚法去降低游离 TDI 含量。后三聚法也称三聚法，是在 TDI 与羟基组分的加成反应完成后，再加入三聚催化剂对残留单体进行三聚反应，达到降低游离 TDI 含量的目的。尤其是涂料生产厂家自产的加成物固化剂，大多是采用三聚法合成的。随着技术进步，三聚法也可以将游离 TDI 含量降低到 0.5%以下。

二者合成的 TDI 加成物相比较，薄膜蒸发法生产的固化剂 NCO 值高、分子量低、与硝化纤维素的相容性更好、漆膜丰满度更优，三聚法合成的固化剂消光性、干燥性更好。

2. TDI 三聚体固化剂

TDI 三聚体的理想分子结构如图 3-3 所示。

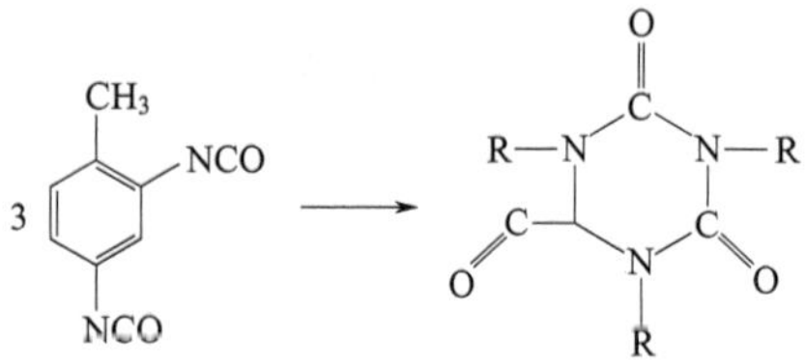

图 3-3　TDI 三聚体理想结构图

R 是 TDI 的分子结构，并带一个 NCO 基团

三个 TDI 分子以异氰脲酸酯键相连接，形成一个新的六元环结构。实际反应条件下，体系中会生成其他副产物，如五聚体、七聚体等。TDI 的三聚反应是一个亲核反应，路易斯碱、离子型试剂均可作为反应的催化剂。选择催化剂的一个重要原则就是适宜的聚合速率，聚合速率不能太快，否则反应无法控制；聚合速率太慢，则影响生产效率。使用的催化剂在反应完毕后应该可以通过适当的方法去除或失活，提高产品的贮存稳定性。为了提高三聚体的相容性、透明性等，会对三聚体进行改性。改性的方法可以是在三聚体合成的最后阶段加入部分的醇，以提高三聚体的相容性和柔韧性；也可以先让 TDI 与醇反应，然后进行三聚反应。

TDI 三聚体固化剂的性能特点为：固化剂的玻璃化转变温度高、硬度高；又由于存在五聚体、七聚体等更高形式的聚合物，固化剂的平均官能度提高，固化剂干燥快，固化后漆膜的交联密度高；六元环中的位阻效应会阻止异氰脲酸酯的氧化，漆膜的耐黄变性比加成物好。但如果单独使用三聚体作为固化剂，漆膜太脆，因此三聚体固化剂通常与加成物配合使用，改善 TDI 加成物的硬度、干燥与消光性能等。

四、使用聚氨酯固化剂时的选择原则

1. 根据相容性去选择

根据与双组分聚氨酯主剂中树脂的相容性去选择，比如丙烯酸树脂要选择高相容性的 TDI 三聚体固化剂、TDI 加成物与 HDI 类固化剂，而使用 TDI 与 HDI 混合的三聚体就会有相容性问题；醇酸树脂一般情况下与各类固化剂都相容。

2. 根据用途去选择

双组分聚氨酯涂料中的固化剂，按用途又可以分为底漆用固化剂、亚光用固化剂及亮光用固化剂。如相容性没问题，就可按照上述不同用途去选择固化剂。底漆用固化剂多考虑干燥性能与力学性能的平衡，亚光用固化剂多考虑体系的消光性及透明性的要求，亮光用固化剂应选择分子量较小、干燥稍慢的固化剂，确保体系的丰满度与光泽。

3. 根据耐黄变性能去选择

用于要求耐黄变的浅色和白色体系时，要选择具有耐黄变性能的固化剂。

4. 其它

选择木用涂料固化剂的其它注意事项：要选择合适的固化剂，使得可使用时间满足需求；要注意固化剂中 TDI 三聚体的含量不能太高，以免漆膜开裂；要注意复配后的固化剂的甲苯容忍度，一般要求甲苯容忍性≥1，数值越大表明固化剂对溶解力要求小，如果数值小于 1 会影响漆膜的透明性；要注意固化剂中使用的溶剂，太快干漆膜容易起痱子，或者流平不好，根据产品体系选择合适的溶剂，一般底漆用固化剂与亚光用固化剂选择乙酸丁酯，亮光用固化剂选择 PMA 或者 PMP 慢干溶剂。

第六节　稀释剂

木用涂料六大类产品中，每一类都有自己特定的、对应的稀释剂，要配套使用。

一、稀释剂的作用

稀释剂在涂料应用中主要起溶解和稀释涂料的作用，调节涂料的黏度使之便于施工，同时也辅助真溶剂，进一步提高其溶解、稀释涂料的能力。在木用涂装中，由于是室温干燥或低温烘烤，稀释剂在涂膜干燥过程中会影响涂膜形成时的流动特性，如流平性、抗流挂性等，也影响涂膜最终的物化性能。在木用涂料涂装中，还经常用到一类成本低廉的稀释剂，主要用来洗枪用，俗称洗枪水。

二、配方机理

1. 基础配方

四种稀释剂的基础配方和质量指标见表 3-48 和表 3-49。

表 3-48　NC、PU 稀释剂基础配方

原料名称	规格	NC 夏用稀释剂/%	NC 冬用稀释剂/%	PU 夏用稀释剂/%	PU 冬用稀释剂/%
稀释剂	甲苯		25		20
稀释剂	二甲苯	35	10	30	10
真溶剂	醋酸丁酯	42	32	35	45
真溶剂	醋酸乙酯		10		10
助溶剂	正丁醇	10	10		
真溶剂	防白水	5	5		
真溶剂	MIBK	8	8		
真溶剂	PMA	—		35	15
合计		100.00	100.00	100.00	100.00

表 3-49　NC、PU 稀释剂质量指标

项目	NC 夏用稀释剂	NC 冬用稀释剂	PU 夏用稀释剂	PU 冬用稀释剂
外观	清晰、透明、无机械杂质	清晰、透明、无机械杂质	清晰、透明、无机械杂质	清晰、透明、无机械杂质
水分	不显浑浊	不显浑浊	不显浑浊	不显浑浊
颜色(Pt-Co)/号	15	15	15	15

续表

项目	NC夏用稀释剂	NC冬用稀释剂	PU夏用稀释剂	PU冬用稀释剂
酸值(以KOH计)/(mg/g)	0.04	0.06	0.06	0.05
白化性	漆膜不发白	漆膜不发白	—	—
胶凝数	23.0	22.0	—	—

2. 配方调整

（1）原材料的选择和稀释剂主要性能指标的调控　在木用涂料稀释剂中，常用的溶剂主要有芳香烃、醇类、酮类、酯类、醇醚及醚酯类溶剂。在设计配方时，首先应十分重视溶剂的气味、对人体的毒性、空气污染限制和安全性，对于具有令人不愉快气味的溶剂、对人体毒性大的溶剂、易燃易爆的溶剂和不符合空气污染限制的溶剂应尽量不选用。其次应充分考虑各组分溶剂的溶解力、黏度、挥发速率、表面张力和电阻率。

（2）技术难点　在木用涂料稀释剂中，将各种挥发速率不同、溶解力不同的溶剂混合平衡是配方调整的难点。涂膜的干燥和成膜是在溶剂挥发过程中形成的。如果挥发太快，涂膜流平性差，对底材没有充分地润湿，从而影响附着力，有时会使漆膜发白。如果挥发太慢，则干燥时间延长，立面喷涂时容易流挂。

溶剂平衡是指涂料在成膜过程中，混合溶剂的各组分相对挥发速率要与溶剂组成保持对应。换言之，从涂膜中挥发出的混合溶剂蒸气的组成与混合溶剂的组成要大体保持一致。如果溶解力强的溶剂组分比其他组分挥发得快，则在干燥后期树脂中某些成分可能析出，涂膜表面产生颗粒或起霜，相反溶解力强的组分如挥发得太慢，又因树脂有阻止与其结构相似的溶剂挥发的特性，溶剂释放性差，就会增加该溶剂在涂膜中的残留量。

在日常应用中，NC和PU稀释剂又会根据天气的变化分为夏用和冬用稀释剂两种来供应。夏天温度高，溶剂挥发快，配方中慢干溶剂可适当增加，使漆膜有足够的时间保证流平；冬天温度低，溶剂挥发慢，配方中快干溶剂可适当增加，以提高干燥速率。

3. 产品制备

稀释剂的生产一般采用可调速的搅拌机，容器最好采用密闭的，以避免生产过程中溶剂的挥发。生产过程中确保各组分搅拌均匀，调配好的产品用120～150目的滤网过滤包装。

第七节　引发剂和促进剂

引发剂（白水）和促进剂（蓝水）为不饱和聚酯涂料的配套产品。在木用不饱和聚酯涂料中，常用的引发剂（白水）主要有过氧化环己酮（CHP）和过氧化甲乙酮（MEKP），促进剂（蓝水）主要有环烷酸钴和异辛酸钴。

一、引发剂和促进剂的作用

1. 引发剂的主要作用

引发剂（白水）的主要作用是通过氧化还原反应而产生活性高的自由基，自由基攻击聚酯分子链中的不饱和双键和交联单体（如苯乙烯），从而发生交联反应。

2. 促进剂的主要作用

促进剂（蓝水）的主要作用除了通过氧化还原反应产生自由基之外，还能加速氧化还原反应的进行，使交联反应进行得比较彻底。环烷酸钴与过氧化氢化合物产生自由基的反应见式(3-1)。

$$ROOH+Co^{2+}\longrightarrow RO\cdot+Co^{3+}+OH^{-} \tag{3-1}$$

接着在下一步反应中，重新生成环烷酸钴，其反应见式(3-2)。

$$Co^{3+}+ROOH\longrightarrow Co^{2+}+ROO\cdot+H^{+} \tag{3-2}$$

此反应循环重复进行，直到过氧化氢化合物完全分解。

二、配方机理

1. 引发剂的选用

引发剂能分解产生自由基以引发交联固化过程。表征引发剂活性大小的指标主要有半衰期、临界温度和活性氧含量。

在选用引发剂时首先要使引发剂的特性和不饱和树脂的反应性相配合。树脂反应性强，就要采用活性较高的引发剂使树脂固化周期缩短，树脂反应性弱就要选用活性较低的引发剂相配合，以免自由基产生过快，在树脂固化过程中不能充分生效，而到后期又缺少引发剂。其次要考虑涂料的可使用时间（适用期或胶凝时间）。

因木用不饱和聚酯涂料属常温固化型，所以必须配以活性较高并能与促进剂发生氧化还原反应释放出自由基的引发剂。两种应用最广的常温固化用引发剂为过氧化甲乙酮（MEKP）和过氧化环己酮（CHP）。两种引发剂名为过氧化物，实为氢过氧化物，而且是多种氢过氧化物的混合物。随制造工艺不同，其成分与性能也常有变化。过氧化甲乙酮常以邻苯二甲酸二甲酯的溶液提供，过氧化环己酮常混合于邻苯二甲酸二丁酯或磷酸三甲酯中，以 50%（质量分数）浓度的糊状物提供。过氧化环己酮的适用温度为 0～25℃，其优点是放热峰温度较低，对固化温度的敏感性弱，固化应力小，在透明板材中颜色稳定。过氧化甲乙酮的最佳固化温度范围是 15～25℃，其优点是价格低、性能好、使用方便及和树脂容易混溶。

在相同促进剂用量下，增加引发剂用量，就可提高放热峰温度，减少固化时间。相反，减少引发剂用量，就可降低放热峰温度，延长固化时间。引发剂用通量不变，但环境温度改变，会显著影响固化时间。引发剂的通常用量为 1%～2%（质量分数）。由于过氧化甲乙酮性质不稳定，即使在液态室温下也会缓慢分解放出气体，有着火危险，故在运输中需注意安全。

2. 促进剂的选用

促进剂是指在聚酯固化过程中能单独使用以促进引发剂分解的活化剂。常用的促进剂有金属化合物促进剂和叔胺促进剂。金属化合物，特别是异辛酸钴和环烷酸钴，是当前应用最广的优良促进剂，主要用于氢过氧化物与混合过氧化物引发剂。采用钴促进剂对加速树脂的固化反应的效果很显著，但可使用时间明显缩短。如恒定引发剂用量，随着钴促进剂的用量增加，活化点增多，放热峰温度升高，固化时间缩短；反之，放热峰温度降低，固化时间延长。叔胺促进剂用于促进过氧化物引发剂，能在常温下固化。最常用的是二甲基苯胺、二乙基苯胺、二甲基对甲苯胺。对于不饱和聚酯树脂，用叔胺促进过氧化物引发系统时，固化后会逐渐变黄，也常会产生微细裂纹；钴-氢氧化物引发系统则对反应条件的适应范围较宽，反应固化不足时，以后还能继续固化。所以在木用不饱和聚酯涂料中，一般采用钴-氢氧化物引发系统。

3. 引发剂和促进剂与主剂的配比和原则

UPE 透明底漆相对 UPE 实色底漆来说，树脂含量较多，相应于调漆时引发剂和促进剂的加入量要大些。引发剂（白水）、促进剂（蓝水）的使用量随气温而变，夏季气温高，引发剂和促进剂的用量可酌情减少；而冬季气温低，固化慢，可酌情增加引发剂和促进剂的用量，但促进剂用量增加会使漆膜颜色变深，不利于浅色透明涂饰。表 3-50 中列举了不同温度下引发剂（白水）、促进剂（蓝水）的加入量。

表 3-50　不同温度下引发剂（白水）、促进剂（蓝水）的加入量

加入量	涂装环境温度/℃					
	5～10	10～15	15～20	20～25	25～30	30～35
UPE 主剂/g	100	100	100	100	100	100
促进剂(蓝水)/g	2.8～3.2	2.4～2.8	2.0～2.4	1.6～2.0	1.2～1.6	0.8～1.2
引发剂(白水)/g	3.0～3.5	2.6～3.0	2.2～2.6	1.8～2.2	1.4～1.8	1.0～1.4
UPE 稀释剂/g	30～50	30～50	30～50	30～50	30～50	30～50

4. 配方调整

引发剂和促进剂的用量主要取决于树脂的反应性、可使用时间、环境温湿度和固化速率。促进剂用量不变，增加引发剂用量，可使用时间缩短，固化速率加快。引发剂用量不变，增加促进剂用量，同样可使用时间缩短，固化速率加快。在低温时，为加快固化速率，主要增加引发剂用量；在湿度高时，为加快固化速率，主要增加促进剂用量。是否反应完全可根据漆膜的颜色来判定。反应完成得好，漆膜应呈浅粉红色；反应完成得不好，漆膜会呈浅绿色。引发剂和促进剂的实际用量需根据施工时的环境条件而定。

三、引发剂和促进剂使用注意事项

1. 混合时的注意事项

在使用引发剂和促进剂时，两者绝不能直接混合，否则会造成激烈反应，甚至爆炸。引发剂和促进剂必须隔离放置。使用时可以往漆中先加入促进剂，混合好后，再加入引发剂。实际应用时常见的调漆方法为：将 UPE 底漆分成相同重量的两份，分别置于两个调漆桶中，一个桶加入促进剂（蓝水），另一个桶加入引发剂（白水），分别加入等量的 UPE 稀释剂搅拌均匀；也可以先用稀释剂将涂料均匀调稀，再按上法分别加入引发剂和促进剂，更易分散均匀。喷涂时两桶取相同量，混匀喷涂。UPE 底漆分开加入引发剂和促进剂后在一定的存放时间内可连续使用：UPE 底漆加促进剂≤12h，UPE 底漆加引发剂≤4h。

2. 贮存

引发剂应与促进剂分开房间贮存，应贮存于阴冷干燥处，保存在原贮存容器中，与其他材料隔开。不能直接接触细分散的有机材料及金属粉末。

3. 人体接触

人体不要直接接触引发剂和促进剂，必须十分小心防止引发剂进入眼中。在操作中使用引发剂时，应戴眼镜。一旦误入眼睛，千万不要揉搓眼睛，要立即用大量清水冲洗，再用药物处理。皮肤接触后，要立即用水冲洗，再用保护油脂涂覆。

4. 清洁物处理

清洁用的碎布及沾有引发剂的纸、木屑等要放在外面，在严密监视下烧掉。绝不要放在废物箱中，或随便丢弃，否则有自燃危险。

5. 泄漏处理

引发剂泄漏时，要用无机吸收物如沙子、硅藻土等擦去，并立即移出室外。不能用碎布、纸、锯末等可燃物吸走，否则易起火。如不得已而用锯屑时，要立即移出室外处理。

第八节　助剂

在涂料生产过程中已经加入各种助剂解决配方、施工中可能发生的问题。而这里所指的“助剂”，是涂料厂另外配制、作为产品出售给家具厂的另一类用途的“助剂”，提供的指导配方及使用方法，专供家具厂在涂装中发生异常情况时现场使用，以便家具厂更直接、更方便地解决问题。

一、慢干剂

高温时，由于溶剂的挥发速率加快，漆膜表干太快，会造成漆膜流平不好、起针孔和气泡等弊病，加入由挥发速率稍慢的溶剂制成的慢干剂，可以有效地缓解和解决问题，慢干剂的加入量一般不要太多，过多会造成漆膜太慢干、附着力不好、气味大等弊病。慢干剂的溶解力要适中，太强容易咬底；太弱，对涂料的溶解性不好。一般选用醇酯类溶剂如PMA、PMP，俗称慢干水。

二、防发白水

漆膜发白的原因是涂料在高温、高湿的环境下施工，由于溶剂的挥发过快，漆膜表面温度瞬间下降，当漆膜表面温度低于露点3℃时，造成空气中的水分凝结于漆膜，水与涂料不相容，造成视觉上的发白。

防发白水的作用就是减慢挥发速率，它的作用和使用时的注意事项有如下几点：

(1) 防冷凝　防止水分冷凝在漆膜上。

(2) 复原　有时漆膜发生轻微发白，漆膜浑浊，使用防发白水之后能恢复透明，原因是漆膜中有些溶剂与水相溶，挥发时把水带走，但是发白严重时不可能复原。

(3) 材料　防发白水应使用高沸点、与水相溶的溶剂，如乙二醇丁醚、丙二醇甲醚、丙二醇乙醚。

(4) 替代　防发白水使用时等量代替稀释剂，极限量为稀释剂的25%。防发白水的挥发速率要比慢干剂更慢一些。

三、流平剂

流平剂的作用主要有两个：①解决高温情况下的漆膜流平不好的问题；②解决由于环境因素引起的缩孔等问题。应选用较强的降低表面张力的有机硅助剂，如 TEGO 的 450、410 等。为方便使用，将醋酸丁酯稀释成 10%的溶液。加入量要适当，以能解决问题的最低量为合适。

四、消泡剂

消泡剂的作用主要是解决高温施工时漆膜出现的起泡等弊病，选用消泡能力较强的有机硅消泡剂，如 BYK057、BYK066N 等。使用时，为避免因分散不充分造成消泡剂局部浓度过高，需先将消泡剂稀释成 5%～10%的溶液再加入涂料中。当然，如加入慢干水或防发白水，因为减缓了溶剂的挥发速率，同样能减轻起泡现象的发生。

五、催干剂

催干剂一般用于 PU 体系，为有机锡（如二月桂酸二丁基锡、辛酸亚锡）或胺类化合物（如二甲基乙醇胺），现在由于环保原因，推荐使用有机锌、有机铋类催干剂。常用的催干剂，用醋酸丁酯稀释成 10%的溶液使用，使用时注意催干剂对漆膜性能的影响。另外环保型催干剂不能稀释到 10%以下，以免影响催干剂的稳定性。

第九节　木用涂料及涂装的着色材料

木制品在外形设计相同的前提下，还可以适合不同消费群体的需求，这在很大程度上取决于表面色彩的效果，不同的表面色彩效果可以获得不同人群的喜爱。色彩是一种心理感觉，就木用涂料色彩而言，青年人多喜欢浅色，因为浅色有明快的感觉；老年人多喜欢深色，深色表达其内里的稳重。因此，青年人多青睐本色、浅柚木色木器，老年人多喜欢深柚木色、仿红木色木器。

木材是一种多孔性结构的天然高分子化合物，具有特殊的外观花纹，在木材表面进行彩色透明涂饰，就是为了更好地显示木材表面的这种天然花纹。在现代木器生产中，表面涂饰仍以能显露木材原始花纹的涂饰为主，就是大量采用中密度纤维板为基材的家具生产中，表面也贴有原木薄皮或仿木纹的木纹纸，然后进行彩色透明涂饰；不透明彩色涂饰，即实色涂装，在黑、白木制品中，以及在儿童家具、橱柜产品中具有一定的市场，但总量不多。木用涂料的着色材料，要适应被着色底材的千差万别，要能满足千变万化的着色方法，要表现出千姿百态的最终着色效果，因而衍生出一系列特点各异的着色产品。

一、木用着色材料的作用

着色是木制品涂装的关键，它对木制品的装饰质量起着重要作用。木制品透明着色涂饰由管孔着色、材面着色和涂膜修色三部分组成，在操作工艺上，管孔着色、材面着色和涂膜修色常分步完成，特别是在使用具有美丽花纹的大孔径木材时，通过分步着色更能获得色调丰富、有层次的色彩效果。

1. 木材着色的作用

木材着色包括材面着色和管孔着色，统称为基础着色（底着色）。材面着色是为了统一木材表面的色彩；管孔着色是为了突出木材导管、管孔的美丽花纹。管孔色通过填孔着色形成，因此管孔着色剂既需要填充性、遮盖力，又要有着色力，色泽深于涂膜色，这样管孔色就与涂膜色形成了一定的反差，使材面的花纹更加突出，以表现木制品表面色彩的活泼性。在要求不太高的场合，材面着色常在管孔填孔着色时同时完成，因为在擦涂填孔着色剂时对材面也有一定的着色作用。而在要求高的场合，材面着色则是先于填孔着色完成，材面色一般较浅。

2. 涂膜修色的作用

涂膜修色是根据需要在涂装现场把不同类型的着色材料加入清漆中，薄喷后使涂膜带上浅而均匀的色泽。涂膜色是木制品表面色彩的主色调，通常在表层清漆的下层。它与木材表面的着色和管孔色交相辉映，既突出了木材表面的天然花纹，又给木制品悦目的色彩，因此涂膜修色常在填孔着色和材面着色后完成。

二、着色材料的主要品种及其配方

1. 颜料类着色材料及其配方

将颜料分散在树脂中制成色浆，加入根据施工及层间附着性能要求所配制的基料，经过充分地混合制成颜料类着色剂。与染料类着色剂相比，其鲜艳度、透明度稍差，但耐光性、耐候性好，不易发生色迁移。如采用透明或半透明颜料，其鲜艳度、透明度则会大大提高。颜料类着色剂按功能可分为格丽斯、木纹宝以及普通色浆。

（1）格丽斯着色剂　格丽斯是一种半透明着色剂，又称仿古釉彩，业内俗称格丽斯(glaze)。它是美式涂装中最重要的着色剂，可使家具变得陈旧，又可显现木材纹理，除整体着色外，还可以制作假木纹。常用格丽斯有大红、红棕、咖啡、梨黄、黑棕、黑、咖啡、透明黄、金黄、柠檬黄、白等多种颜色。

常用的低气味格丽斯色浆配方见表3-51。常用的低气味透明格丽斯配方见表3-52。

表3-51　常用的低气味格丽斯色浆配方

类别	620	630	640	650	660	670	Van Dyke Byown	AT97 骨黑	PR170 F5RK 红	PY83 透明黄
长兴1210超长油度醇酸树脂	30	30	30	30	30	30	30	30	30	30
D60异构烷烃	14	14	14	14	14	14	16	28	25	26
200[#]溶剂汽油	10.2	10.2	10.2	10.2	10.2	10.2	12.7	22.1	19.6	19.6
Better BD-8051分散剂(100%)	4.8	4.8	4.8	4.8	4.8	4.8	5.3	4.5	5	
Disperbyk-161分散剂(30%)										9
防结皮剂(甲乙酮肟)	0.3	0.3	0.3	0.3	0.3	0.3	0.3	0.3	0.3	0.3
防霉剂	0.1	0.1	0.1	0.1	0.1	0.1	0.1	0.1	0.1	0.1
A200气硅	0.6	0.6	0.6	0.6	0.6	0.6	0.6			

续表

类别	620	630	640	650	660	670	Van Dyke Byown	AT97 骨黑	PR170 F5RK 红	PY83 透明黄
620 安巴粉	40									
630 安巴粉		40								
640 安巴粉			40							
650 安巴粉				40						
660 安巴粉					40					
670 安巴粉						40				
Van Dyke Byown							35			
AT97 骨黑								15		
PR170 F5RK 红									20	
PY83 透明黄										15

表 3-52　常用低气味透明格丽斯配方

名称	用量/%	名称	用量/%
长兴 1210 超长油度醇酸树脂	12	防结皮剂(甲乙酮肟)	0.2
环氧豆油	8	有机膨润土 SD-1	1
D60 异构烷烃	22	滑石粉	20
200# 溶剂汽油	16.2	透明粉	20
Disperbyk-AT-203 分散剂(50%)	0.5	防霉剂	0.1

格丽斯配方原理：格丽斯由专用色浆、滑石粉、透明粉、异构烷烃、200# 溶剂汽油和防沉剂、防霉剂及防结皮剂等组成。早期的格丽斯专用色浆是在吹制亚麻仁油或氧化干燥型超长油度醇酸树脂中加入适量的防沉剂、催干剂、防结皮剂、安巴色粉及氧化铁系颜料研磨而成，如客户要求颜色艳丽一些，可专配少许色泽艳丽的有机颜料色浆，如有机红、有机黄等。格丽斯之所以采用吹制亚麻仁油和超长油度醇酸树脂，是因为它们对颜料的润湿性好、干燥慢、容易擦涂，所用溶剂也不会溶解下层的底漆；但这类基料的层间附着力差，要精心选择擦色树脂和填料及生产工艺，达到擦涂性能和层间附着力的平衡。

一般在透明格丽斯中加入 40%～50% 的格丽斯色浆并调至需要的颜色，再按格丽斯：稀释剂＝1：(0.2～0.4) 比例加入格丽斯稀释剂，搅拌均匀后进行施工。通常采用擦涂或刷涂，通过控制格丽斯残留量来达到颜色有深有浅的效果。为了着色均匀，在施工格丽斯之前，可先喷一道头道底漆。由于格丽斯干燥很慢，可用画圈式的擦涂方法将其推入木材的导管中去，然后顺着木纹的方向擦拭，亦可用鬃毛刷顺木纹方向来回反复刷涂，刷匀残留的格丽斯，获得所希望的颜色并透露出木材的天然纹理。刷涂法均采用“干刷”，所谓干刷，就是采用干燥的鬃毛刷，用毛尖蘸取格丽斯直接刷涂，为了避免鬃毛刷蘸色太多，也可以在格丽斯的表面上蒙一层纱布，把它做成印泥状。有时它会与画明暗的工艺相结合，使颜色形成深浅不同的层次。格丽斯一般要待干 1～2h 后再喷涂二道底漆，以避免出现霉点。

不含着色颜料的透明格丽斯，又称为格丽斯透明主剂，用它封闭木材端面和素材较易着色处，再涂布格丽斯着色剂，可使着色一致；还可用它来调整和配制格丽斯着色剂。

（2）木纹宝着色剂 木纹宝着色剂就是木材管孔着色剂，业内俗称木纹宝。在木制品管孔着色中突出木材导管、管孔的美丽花纹，需要通过填孔着色完成，这种着色剂既需要有遮盖力，又要有着色力，使用各种颜料，利用颜料的遮盖力、良好的耐光及耐候性、不渗色等性质可以制成这种木材管孔着色剂。常用木纹宝着色剂配方见表 3-53。

表 3-53 常用木纹宝着色剂配方

名称	用量/%	名称	用量/%
短油度醇酸树脂(60%)	2～10	滑石粉、透明粉	10～50
溶剂(二甲苯、200# 汽油、PMA、DBE)	82～42	色浆或染料液(或拼用)	5
Disperbyk-AT-203 分散剂	1～3		

木纹宝配方原理：填料和颜料具有强烈的填充性，加入少量的色浆或染料液后又具备了一定的着色性能，利用此可以制成能强烈突出木材导管、管孔花纹的木材管孔着色剂木纹宝。它用于底着色时，展色剂带着颜料一起填入到木材的导管中去，由于其中有一些透明填料，又具有强烈的填充作用。该着色剂的透明度在染料与颜料之间，同时具有有机染料的鲜艳度和颜料的耐光、耐候性，一般采用擦涂法施工，可根据展色剂选择稀释剂，通常为醚类、酯类、溶剂汽油等，也可用 NC 或 PU 稀释剂。

（3）溶剂型色浆 将颜料分散在溶剂、助剂及木用树脂组成的系统中，通过研磨分散制成体系稳定的合格色浆，用于配制木用色漆，适合儿童家具、玩具、橱柜等木制品的彩色不透明（实色）涂饰。通常选择色迁移低、符合木用涂饰环保要求的颜料，考虑企业产品结构的特点，应用和本企业核心产品良好相容的木用树脂为颜料载体树脂，可以兼顾企业主要产品的实色配色使用。

木用涂料中，透明色木纹涂装应用增长很快，彩色实色漆应用不多，其销量只占木用涂料的百分之几，彩色色浆需求量不大。因此在木用涂料厂中，色浆配方的制定，可以打破“各自为政”的旧方法，而统一由一个部门制备色浆供各工艺工程师选用，以利于色浆稳定和降低成本。

木用涂料色浆配方见表 3-54。

表 3-54 木用涂料色浆配方 单位：%（质量分数）

颜料指数	颜料	颜料含量	75%含量木用醇酸树脂	52%有效成分分散剂	颜料衍生物 1	颜料衍生物 2	防沉剂	溶剂含量	相对密度
PW6	钛白	65	17	3.1			0.4	11.5	1.98
PBK7	炭黑	18	40	14				28	1.10
PB15：2	酞菁蓝	18	29	7.6	0.4			45	1.06
PG7	酞菁绿	24	40	16.2	0.5			19.3	1.16
PR101	氧化铁红	55	20	10.6			0.9	13.5	1.85

续表

颜料指数	颜料	颜料含量	75%含量木用醇酸树脂	52%有效成分分散剂	颜料衍生物1	颜料衍生物2	防沉剂	溶剂含量	相对密度
PY42	氧化铁黄	50	18	7			0.8	24.2	1.60
PV23	二噁嗪紫	10	68	4.5				17.5	1.09
PR146	永固桃红	16	38	9.2		1.0		35.8	1.07
PR170	偶氮红	25	30	14.5				30.5	1.09
PY12	联苯胺黄	15	30	11		1.1		42.9	1.04
PY139	异吲哚啉黄	27	38	10.4				24.6	1.15
PO16	联苯胺橙	21	44	12.5		1.4		21.1	1.09
PR122	喹吖啶酮红	15	44	9.6				45.5	1.05

2. 染料类着色材料及其配方

在木制品的透明涂饰工艺中，材面着色和涂膜修色使用的透明着色剂不能对基材有遮盖力，需要均匀、透明又清晰地表现材面的木材花纹，但同时要求与木孔色有较大的反差，能更好突出材面花纹，这只能使用具有着色力而无遮盖力的透明着色剂，有机染料具备了这一特性。染料型着色剂俗称色精，是用染料溶解在溶剂中制成。根据所用溶剂可分为溶剂型、醇溶性及水溶性染料着色剂。

配方原理：配制有机染料透明着色剂时，应根据有机染料的溶解特点，选择其在某溶剂中溶解度的70%～80%用量，分别溶解在有机溶剂（环己酮、丙二醇甲醚醋酸酯、丙二醇甲醚、醋酸丁酯、乙醇等）或水中，过滤后配制成一定染料含量（10%～30%）的生产调色用的原色色精或供销售用的色精产品。

染料的溶解和染料的化学成分、溶剂性质以及温度等因素紧密相关，溶解染料时要仔细选择染料和溶剂，还应当考虑贮存温度的变化以及区域使用温度的变化对染料溶解度的影响，实际配制的染料液浓度一般要低于溶解度。

色精使用时一般加入3%～5%至透明底漆中配成某材面色的有色透明底漆，或加入3%～5%至清面漆中配成某涂膜色的有色透明清漆，然后用喷涂或刷涂施工。也可以不用漆料，只将着色剂配成材面色后用较多的稀释剂稀释，均匀地快速喷涂或刷涂于材面上进行基础着色，或常将着色剂加在稀薄的硝基漆或PU清面漆中，喷涂在经砂光的底漆面上进行涂膜修色。

用于透明着色剂的有机染料必须满足如下要求：耐光性好、透明度高、易溶解、染色力强、着色均匀和对上层涂膜不渗色。

用于木材透明涂饰的常用染料类着色剂有如下几类。

(1) 溶剂型染料着色剂　溶剂型染料着色剂是将染料溶解于有机溶剂中的一类着色剂，涂饰木面不起毛、不膨胀、富于渗透性，可直接获得艳丽的色彩。在溶解好的染料溶液中有时可加入少量的油性树脂或具有黏结力的材料，使其既适用于基础着色又适用于涂膜修色，这样的溶剂型染料着色剂具有对基材附着力强、不易脱落又封闭好的特点。

溶剂型染料着色剂的有机染料主要是油溶性染料着色剂和分散性染料着色剂。

① 油溶性染料着色剂 常用的油溶性金属络合染料着色剂配方见表3-55。

表3-55 常用的油溶性金属络合染料着色剂配方 单位:%

染料名称	红色精	黄色精	黑色精	橙色精	蓝色精	绿色精
Vali Fast 红	40					
Zapon 黄		20				
Savinyl 黑			8			
Zapon 橙				20		
Zapon 蓝					10	
Zapon 绿						10
环己酮	60	80	92	80	90	90

有机染料能溶解于油脂、蜡或其他有机溶剂而不溶于水，具有色彩鲜艳、高透明度、着色力强的特点。用于木制品透明涂饰工艺的染料主要是金属络合类的红、黄、黑、橙、蓝和绿，这是目前应用最为普遍的油性染料着色剂。

a. 制造工艺 在溶剂中投入染料，低速分散30min后静置过夜，检测细度合格（小于10μm）后用400目滤网过滤包装。

b. 特点 由经过筛选的此类金属络合染料制成的色精，易溶解、杂质少，颜色饱和度高，具有较好的耐光性能。

制造油溶性染料着色剂时，应精心选择染料，经过细致的试验，确认所选择的染料具有良好的溶解性，在贮存过程中颜色安定，使用中耐候性好，才能保证颜色的稳定性。

② 分散性染料着色剂 常用的分散性染料着色剂配方见表3-56。

表3-56 常用的分散性染料着色剂配方 单位:%

材料名称	分散红着色剂	分散黄着色剂	材料名称	分散红着色剂	分散黄着色剂
N,*N*-二甲基酰胺	26.09	29.85	硝基清漆	4.35	5.97
环己酮	34.78	35.82	分散红3B	4.35	
醋酸丁酯	30.41	23.88	分散黄RGFL		4.48

使用不溶于水，经分散性助剂作用后才溶解于水，才能对纤维性物质进行染色的分散性染料，由于色彩鲜艳、色牢度强、透明度高而不易褪色，多用于涂膜修色，但价格高。

(2) 醇溶性染料着色剂 醇溶性染料着色剂配方见表3-57。

表3-57 醇溶性染料着色剂配方

名称	用量/%	名称	用量/%
醇溶性染料	0.1～3	脱色虫胶	30
乙醇(甲醇)	1000		

醇溶性染料着色剂是一类能溶于醇类溶剂而不溶于水的有机染料，这类有机染料多为

碱性染料、偶氮染料和磺酰胺化染料。

醇溶性染料着色剂使用乙醇为溶剂，由于乙醇和木材的亲和力好，故其着色力高、渗透性能强、色彩鲜艳。由于乙醇快速挥发，故多采用喷涂；但乙醇中含有一定量的水分，易使木纤维竖立，出现木毛现象；乙醇挥发迅速、干燥快，又容易造成着色发花，若刷涂，要求快速操作。为了增加醇溶性染料着色剂对木材的粘接强度，常用虫胶液作着色黏合剂。配制醇溶性染料着色剂时，先将有机染料溶解于乙醇中，然后加入虫胶液，如用于配制浅色着色剂，需使用脱色虫胶液。

醇溶性染料着色剂也有向颜料型方向的发展，一般选用醇溶性丙烯酸树脂和可溶解于醇类溶剂的分散剂，配合以高透明的颜料，制备出高透明醇溶性擦色剂。

(3) 水溶性染料着色剂　水溶性染料着色剂是以水为溶剂，配以能溶于水的酸性染料或直接染料组成。水溶性着色剂具有不易燃烧、价格低廉的特点，使用水溶性着色剂的缺点是会增加木材的水分，使木材表面的纤维因吸水膨胀而起毛，在涂装成膜时易产生气孔、颗粒、漆膜发白等缺陷。

水溶性着色剂主要用于底着色，大多使用在热水中容易溶解的酸性染料和直接染料，其溶解温度多在80℃以下，这类染料易在50～60℃的温度下溶解。

常用的酸性染料品种有：酸性橙、酸性棕 RH、酸性大红 GR、酸性黑 10B、弱酸性黑等。

一般水溶性着色剂配成染料浓度为 10～20g/L 的液体使用。使用水溶性着色剂时最大的缺陷是涂饰时容易发花、起毛，这主要是由于木材表面含有油污、木材材面组织结构不均匀、木材表面不光洁、涂饰不均匀等因素造成的。可采用喷涂法进行水性着色，色彩较均匀，或少蘸多刷进行刷涂；也可以在着色剂中加入 15%左右醇类溶剂，以帮助着色剂均匀扩散。

三、木材着色的着色工艺和涂膜修色的修色工艺

1. 木材着色的着色工艺

在木制品的透明涂饰中，为了使涂饰色彩更加艳丽，涂饰效果具有立体感和活泼性，一般会使用着色材料对基材进行着色。着色方法主要是在底部着色，从下向上，辅以修色的办法，叫底着色。底着色方法由管孔着色和材面着色两部分组成，管孔着色采用刮涂和擦涂的方法，材面着色则可采用擦涂、喷涂、刷涂和辊涂等多种方法。

管孔着色是为了突出管孔的色彩，增强管孔色彩与表面层色彩的反差和立体感，突出花纹，增加涂饰的美观性，在着色的同时还可以填充木孔。

材面着色主要注重着色均匀，可采取擦涂的方法，施工时最好一次完成着色，反复擦拭容易造成着色不均。

而在复合板材的透明涂饰中，或对一些低价产品，会采用面着色的方法，在清面漆中加入油性色精调色，即在面漆中加入透明色料直接进行着色（底部及底漆均不着色）。此方法的缺点是漆膜的厚薄差异会导致着色的不均匀，面层的色料还可能会污染衣物，目前已极少应用。下面列出一些常见着色工艺供参考。

实木底着色开放透明涂装着色工艺见表 3-58，实木底着色全封闭透明涂装着色工艺见表 3-59，仿古涂装着色工艺见表 3-60。

表 3-58　实木底着色开放透明涂装着色工艺

工艺流程		实木→封闭→打磨→着色→底漆		
施工条件		底材：实木；涂料：PU、NC 或 UPE；施工温度：25℃；湿度：75%以下		
序号	工序	材料	施工方法	施工要点
1	白坯	砂纸	手磨、机磨	去污迹，将白坯打磨平整
2	封闭	PU 封闭底漆	刷涂、喷涂	对底材进行封闭，3～4 小时后可打磨
3	打磨	砂纸	手磨	轻磨，去除木毛
4	着色	格丽斯等着色材料	擦涂	可加适量慢干水，也可以采用喷涂方式着色
5	底漆	透明底漆	喷涂	根据开放效果定底漆量，如要加一道底漆的话，在中间需要打磨，5～8 小时后手磨

表 3-59　实木底着色全封闭透明涂装着色工艺

工艺流程		实木→腻子→封闭(可选择)→底着色→封闭(可选择)→PU/UPE 透明底漆		
施工条件		底材：实木；涂料：PU、NC 或 UPE；施工温度：25℃；湿度：75%以下		
序号	工序	材料	施工方法	施工要点
1	白坯	砂纸	手磨、机磨	去污迹，将白坯打磨平整
2	腻子	各种透明腻子	刮涂	打磨时木眼里腻子要填实，外边的腻子要打磨干净
3	打磨	砂纸	手磨	轻磨，去除木毛
4	封闭(可选择)	PU 封闭底漆	刷涂、喷涂	去木毛，防渗陷，增加附着力
5	底着色	按照需要选择使用有色水灰、有色士那、木纹宝、格丽斯等着色材料	刮涂、擦涂、喷涂	着色均匀，颜色主要残留在木眼里面，木径部分残留要少
6	封闭(可选择)	PU 透明底漆	刷涂、喷涂	对底材、颜色进行有效封闭，保护底色，增加附着力，3～4 小时后可打磨
7	打磨	砂纸	手磨	轻磨，打磨平整
8	底漆	PU/UPE 透明底漆	喷涂、可湿碰湿	彻底打磨平整

表 3-60　仿古涂装着色工艺

工艺流程		实木→杜洛斯着色剂→NC 透明底漆→NC 格丽斯→NC 透明底漆→打干刷、刷边→NC 透明底漆→布印、马尾、喷点→NC 透明底漆		
施工条件		底材：实木；涂料：NC；施工温度：25℃；湿度：75%以下		
序号	工序	材料	施工方法	施工要点
1	白坯打磨	砂纸	手磨、机磨	去污迹，将白坯打磨平整
2	杜洛斯着色剂	调色	喷涂	参照色板一次性喷湿，也可采用不起毛着色剂着色

续表

序号	工序	材料	施工方法	施工要点
3	NC 透明底漆	底漆加天那水	喷涂	均匀喷涂，根据底材及需要的着色效果调整喷涂黏度
4	打磨	砂纸	手磨	轻磨，注意不要磨穿
5	NC 格丽斯	格丽斯＋稀释剂	擦拭	擦到中等干净，毛刷整理用钢丝绒抓明暗
6	打磨	砂纸	手磨、机磨	打磨平整
7	NC 透明底漆	底漆加天那水	喷涂	均匀喷涂

2. 涂膜修色的修色工艺

在木材的透明涂饰中，为了使木纹更有立体感、层次感、颜色更加独特，常使用修色材料（修色剂、着色剂、色精等）进行修色，修色常在中间涂层进行，也可以在面层涂膜中进行，一般在现场将修色剂加入底漆或面漆中涂饰。修色的材料可根据要求选用，颜色的深浅用加入的着色材料量来调节，也可以由修色涂膜的厚度调节（但修色涂膜的厚度要与正常涂饰的漆膜厚度相符合，不能太厚）。

在进行修色涂饰时需要注意：①所修颜色与底层颜色要和谐，选用与底色相同或者相近的颜色；②涂饰修色涂层要薄涂多遍控制颜色；③面层修色后最好再罩一层无色清面漆，以突出颜色的层次感、立体感，容易达到要求的光泽并且不掉色。

在颜色调整过程中，一方面，颜色色相的差异、着色浓度的深浅，会影响所调配的效果；另一方面，木材纹理的清晰度、透明性、颜色立体感、深浅度等均可通过不同的着色材料和不同的着色方法来调整。

下面列出两种常见修色工艺进行说明，实木底着色开放透明涂装修色工艺见表 3-61，仿古涂装修色工艺见表 3-62。

表 3-61　实木底着色开放透明涂装修色工艺

工艺流程		对完成底着色的基材→打磨→修色→打磨→面漆		
施工条件		底材：实木；涂料：PU、NC 或 UPE；施工温度：25℃；湿度：75％以下		
序号	工序	材料	施工方法	施工要点
1	对完成底着色的基材进行打磨	砂纸	手磨，机磨	彻底打磨平整，切忌打穿
2	修色	清面漆加色精	喷涂	可适当用稀释剂调稀
3	打磨	砂纸	手磨	轻磨除颗粒，切忌打穿，也可省去此工序
4	面漆	清面漆	喷涂	均匀喷涂

表 3-62　仿古涂装修色工艺

工艺流程	对完成底着色的基材进行打磨→NC 透明底漆→打干刷、刷边→NC 透明底漆→布印、马尾、喷点→NC 透明底漆→面漆

续表

施工条件	底材：实木；涂料：NC；施工温度：25℃；湿度：75%以下			
序号	工序	材料	施工方法	施工要点
1	对完成底着色的基材进行打磨	砂纸	手磨、机磨	打磨平整
2	打干刷、刷边	格丽斯＋稀释剂	毛刷、人工	轻干刷效果，突出明暗对比，用钢丝绒整理，简单轻微刷边
3	NC透明底漆	底漆加天那水	喷涂	均匀喷涂
4	打磨	砂纸	手磨、机磨	打磨平整
5	布印	调色	人工	用棉布全面拍打并用钢丝绒整理
6	马尾	格丽斯调色	人工	
7	喷点	天那水加稀释剂	喷涂	
8	NC透明面漆	面漆加天那水	喷涂	喷涂均匀
9	打磨	砂纸	手磨、机磨	打磨平整
10	NC透明面漆	面漆加天那水	喷涂	喷涂均匀

四、木用涂料着色剂的质量控制

1. 木用涂料着色剂原材料的质量控制

木用涂料着色剂的着色材料要根据具体的着色要求精心选择，通常选择高透明度、高色牢度、低色迁移的染料配制染料型着色剂，一般选择中等耐光及耐候性、高遮盖力、高着色力、无色迁移的颜料配制颜料型着色剂，而有特殊耐光性能要求时，也可以使用高耐光性颜料配制着色剂，这样从着色材料上保证了木用涂料着色剂的质量。

2. 木用涂料着色剂的常规性能质量控制

细度：15～40μm（底着色剂）；15～20μm（修色剂、面调色）。贮存稳定性能：6～12月。附着力：保证层间附着，不脱落。

3. 木用着色材料颜色（色差）质量控制

木用色漆分为浅色域、中色域和深色域，而色漆的颜色质量需要进行全面检查和控制各个色域的色差：一般浅色域用配色白漆和单色浆混匀后进行指研，色差控制小于0.3；中色域用配色清漆加白浆和2～3种色浆混匀后进行指研，色差控制小于0.4；深色域用配色清漆加微量白浆和2～3种色浆混匀后进行指研，色差控制小于0.6。

鉴于指研色差操作会存在一定的误差，也可以将所配制的色漆分为两份，一份常温密闭保存，另一份在50℃温度下密闭保存一周，检查常温样品和高温存储后样品间的颜色变化和指研色差（模拟高温情况下颜料粒子运动速度加快后配色性能的变化），如果所检查的常温样品和高温存储后样品间的色差在所要求的色差控制范围内，即为配色性能良好的色漆。

（陈寿生　刘　锋　赖　华）

第四章

溶剂型木用涂料产品的涂装应用

第一节　现场调配

对终端产品如家具而言，木用涂料只是半成品，要针对不同涂装效果和需求做好涂装前的各项准备，尤其是对涂料的检查和调配，使其顺利进入后续的涂装生产。

一、涂料使用前的检查

木用涂料施工前的检查非常重要。检查主要包括仔细阅读涂料厂家提供的产品说明书；检查涂料名称、编号、批号、生产日期，看产品是否配套及有无过期和异常现象等；按涂料厂提供的技术参数检查技术指标是否正常；阅读施工注意事项及特殊操作要求；必要时可模拟批量生产要求，做小板测试涂料的施工性能及重要漆膜性能，以便完善批量施工工艺参数与注意事项。此外，根据涂料品种的性能，准备好施工中需要采取的必要的安全措施。

二、调配与静置

将涂料贮存一段时间后，有时会分层，漆中的颜料、填料及其他粉料容易发生沉淀、浮色，所以施工前要充分搅拌均匀。对于多组分的涂料，要严格按照操作规程或产品说明书上规定的比例进行调配，充分搅拌。如果涂料一次性调配的量较大，可采用机械搅拌装置。无论调漆量多少，调配好的涂料在搅拌之后都应该静置一段时间再使用，主要目的是消泡，双组分涂料配漆后静置时间至少要 15min。调配好的涂料在使用过程中，如不能一次用完，备用涂料里的颜料、填料或亚粉受重力影响会再次下沉，因此每次取用都要先行搅拌均匀。

三、调整涂料黏度

黏度是木用涂料施工的一个关键指标。不同的涂料、不同的施工工艺、不同的涂装设备、不同的环境温湿度等，要求的施工黏度均可能不同，也就是说加入稀释剂的量并非恒定，需因不同情况而改变。稀释剂要求同厂产品、同种产品配套使用。气候、环境变化，有时需往稀释剂中添加部分发白水或慢干水来调节干燥速率。

调配好的交联反应型涂料必须在可使用时间内用完。如果涂装中有较长时间的停顿，要重新检测黏度及搅拌。为了保证涂料的性能和不造成浪费，少量多次、确保在可使用时间内用完是调配的原则。

四、过滤涂料除去杂质

木用涂料在使用时，首先充分搅拌，加入各组分配漆，再搅拌，调整黏度，最后必须用过滤方法滤去杂质。过滤底漆的滤网规格为80～150目，过滤免磨底漆、面漆和清漆的滤网规格为200～300目。小批量施工时，通常用手工方式过滤，使用大批量涂料时可用机械方式过滤。

五、涂料颜色调整

在涂装时，有时需要在现场对原有色漆、清漆进行调色处理，此时，用于调色的各种材料，最好用与被调产品同一厂家、同一品种的产品。必要时应少量调试甚至喷板对色，确认没问题后再进行批量调色。调色时同样要充分搅拌均匀并静置。

木用涂料现场调配的主要技术参数见表4-1。

表 4-1　木用涂料现场调配主要技术参数

品种	配比(质量比)	施工固含量/%	可使用时间/h	适宜温度/℃	适宜湿度/%	施工方式
NC	漆∶稀[1∶(1～1.5)]	15～30	不限制	15～35	35～85	浸涂、刷涂、喷涂(包括静电喷涂、手工喷涂、机械喷涂)、辊涂、淋涂
PU(漆∶固∶稀)	封闭底漆[1∶(0.25～1)∶(1～2)]	<10	2～4	15～35	35～85	刷涂、喷涂(手工喷涂、机械喷涂)、辊涂(底漆,不常用)、淋涂(底漆、面漆)
	底漆[1∶0.5∶(0.5～8)]	35～70				
	面漆[1∶(0.5～1.0)∶(0.6～1.2)]	35～70				
UPE	漆∶引发剂∶促进剂∶稀[100∶(0.8～1.8)∶(0.5～1.2)∶(20～30)]	70～100	0.5以内	15～35	35～85	手工喷涂、淋涂
UV固化	漆∶稀[1∶(0.3～0.5)]	70～100	不限制(避光,有效期内)	15～35	35～85	喷涂UV底漆、喷涂UV面漆
AC	漆∶酸∶稀[1∶(0.05～0.1)∶(0.3～0.7)]	30～50	24	15～35	35～85	喷涂
W	单组分 漆∶水[1∶(0～0.2)]	15～35	不限制(单组分,有效期内);2～4(双组分)	15～35	35～85	擦涂、刷涂、浸涂、喷涂
	双组分 漆∶固∶水[1∶0.15∶(0.1～0.2)]					

注：调漆工具为漆桶、搅棒、台秤、秒表、黏度杯、温湿度计。漆——涂料；稀——稀释剂；固——固化剂；酸——酸催化剂。

第二节　涂料产品底面漆配套

一、配套原理

正确选择涂料体系、正确进行底面漆的搭配，对涂装效果和涂膜性能有重大影响，也会影响涂装质量、施工效率及施工成本。

涂料封闭底漆主要是封锁基材的油分、水分，阻止其向外渗出，防止涂料中的树脂、乳胶等被基材吸收，以免影响附着力或者涂膜开裂，防止漆膜下陷等弊病。封闭底漆黏度较低，对基材有良好的渗透性。封闭底漆还可胶固基材木纤维，打磨去除木毛后便可得到平滑的表面。

底漆是漆膜的重要组成部分，因各种底漆的特点、配套性、施工性都有很大的差异，所以采用不同底漆就会有不同的涂装效果。面漆是涂装的最后工序。由于面漆实际上是在底漆上的重涂，很讲究层间附着力及施工操作，因而底、面漆搭配显得尤其重要。搭配合理，面漆才能发挥出最好的效果。在不同体系涂料的搭配使用方面，要特别注意各种涂料的性能特点，合理配套，否则，容易出现诸如咬底、脱层、龟裂等问题。如用 NC 底漆，就不宜用其他类型的面漆，只能配 NC 面漆或水性面漆。

二、配套选择

底、面漆配套选择及评价见表 4-2。

表 4-2　底、面漆配套选择及评价

底漆	面漆	评价	涂膜效果
NC	NC	③	宜做开放效果，属于高 VOC 排放型产品
PU	NC	特	用 PU 底漆封闭后配 NC 面漆是很典型的配套，极大提高 NC 面漆丰满度，减少 NC 面漆道数。也适用于易损坏的木制品（如木门）及要保持 NC 面漆风格的木制品
AC	AC	③	主要用于出口橱柜产品涂装
AC	PU	③	主要用于出口橱柜产品涂装
PU	PU	②	漆膜丰满度、光泽和手感都好，最普遍采用的配套
UPE	PU	②	好底漆加好面漆的经典配套
UV	UV	①	效率好、环保，应用广泛，是未来发展趋势
UV	PU	①	好底漆加好面漆的经典配套
UV	W	①	效率好、环保，应用广泛，是未来发展趋势，最新“经典配套”
W	W	①	环保，应用广泛，是未来发展趋势
PU	W	特	视工艺需要选择
W	PU、NC	特	视工艺需要选择

注：①表示最好；②表示好；③表示可用；特表示特殊情况下使用。

评价是最好的有 UV 底漆/UV 面漆、UV 底漆/W 面漆、W 底漆/W 面漆、UV 底漆/PU 面漆这四种配套，除了本身性能、效果、配套均无问题外，环保因素是其被力荐的又一个重要原因。特别是 UV 底漆/W 面漆，综合了两种环保涂料的优点，是最新“经典配套”；UV 底漆/PU 面漆，主要是发挥 PU 面漆的高装饰性效果以及 UV 底漆的高生产效率，综合 PU 漆和 UV 漆各自的优点，是目前市场占比最大的涂装工艺。

评价是好的有 UPE 底漆/PU 面漆、PU 底漆/PU 面漆，它们是以前比较流行的涂装方式，UPE 底漆可一次性厚涂，PU 底漆打磨性好，PU 作面漆，仍然是因为其不可替代的、自然味道的装饰性（与打磨、抛光后的效果不同）。最好的底漆，配最好的面漆，配套性也没有问题，评价自然是最经典、最好。随着环保要求的逐步提高，这两种工艺逐步被 UV 底漆/PU 面漆替代。

评价是可用的有 NC 底漆/NC 面漆，相同体系，且底、面漆的干燥速率、施工容易的特点统一，以前应用非常广泛，特别是用于美式涂装及家居装修中，现在由于环保原因，市场占比在急剧下滑；有 AC 底漆/AC 面漆，这个配套也很普遍；还有 AC 底漆/PU 面漆，既发挥了 AC 底漆快干的优点，又通过 PU 面漆提高装饰性。目前与 AC 漆相关的工艺已基本退出中国涂装市场。

特殊情况下，使用 PU 底漆/NC 面漆，这种工艺主要是在 UPE 底漆和 UV 底漆普及使用之前，为降低涂装现场环境不良的影响使用，使用 NC 面漆，可降低落尘等涂装弊病的出现。如选用 PU 底漆/W 面漆，一定要注意 PU 底漆的待干燥时间要足够长，即要保证层间间隔时间足够长，否则 W 面漆易出现附着力差、泛白的弊病。

表 4-2 是指导性的，要根据实际情况灵活运用。

第三节　木用涂装常用涂装工艺

一、木器制品常见涂装效果分类

木器制品的涂装效果，主要受漆膜厚度、漆膜光泽和漆膜颜色的影响。

1. 透明涂装

透明涂装，以表面开放程度分类，可分为以下几种：

（1）开放式涂装（开孔涂装）　木材导管孔呈开口状态的薄膜涂装。涂装沿着木材导管孔的内壁形成一层薄的涂膜，涂装中一般不将导管孔填实，涂装后的表面管孔仍然显露，强化木质天然质感。

（2）全封闭涂装（闭孔涂装）　涂装中用填孔剂与涂料将木材导管孔全部填满填实填牢，上面涂膜做厚，如经研磨抛光可获得丰满、厚实、高光的镜面效果。

（3）半开放涂装　介于开孔与闭孔涂装的中间型涂装，即在涂装中使用填孔剂，适当填孔，又不完全填满，表面呈现半开孔状，管孔内部涂膜较开孔涂装厚，其防污、防湿及防水的效果较好。此法有利于显现各树种的木纹。

（4）天然植物油涂装　北欧部分国家流行选用易渗透的涂料（多为油性漆）涂装实木家具，涂料施工后充分渗透至木材内部，而木材表面仅有极薄的膜或几乎没有涂膜，此时最能显现木材特有的天然质感。但是由于几乎没有膜，故其保护作用较差，制品表面极易受污染与损伤。

以漆膜表面光泽分类，可分为三类：

（1）亮光涂装　如镜面效果，涂膜丰满厚实，由于光线的全反射而具极高光泽，涂面光芒四射，使制品显得豪华高贵，充分显现涂膜的厚实感。

（2）半光（亚光）涂装　如五分光至七分光等。使用不同光泽的面漆，并结合相应材质、颜色、被涂物的形状、涂装膜厚等因素，可形成各具特色的、不同风格的装饰效果。

（3）无光涂装　三分光以下的漆膜因光线的散射而呈现无光泽的沉稳感，如无光的开孔或半开孔涂装，涂膜相对较薄，虽有涂装，但表现的是轻快、高雅的感觉，其涂装过程与常规涂装无异，仅仅是面漆不同。也可以不使用头道及二道底漆，而直接以消光面漆涂装，涂层干后，打磨后再上一次无光面漆，此法多用于美式仿古家具。

2. 实色涂装

与透明涂装相比，实色涂装的特点是基材选择更广泛，丰满度高，同样可用高光泽、半光（亚光）或无光表现出不同品位。其中中性色黑白灰多用于办公及商业用品，彩色则多用于橱柜中。除此之外尚有多种美术涂装效果用于家具的局部点缀及家装中。可根据不同需要选用不同的涂料，用不同的涂装工艺获得不同的涂膜效果，展示不同的涂装风格。

二、实用涂装工艺

1. 实用工艺一

中纤板→腻子→封闭→底漆（PU或UPE）→实色面漆（亮光或亚光）。

中纤板实色涂装工艺（PU或UPE底漆/PU面漆）见表4-3。

表4-3　中纤板PU实色涂装工艺

施工条件		底材：中纤板；涂料：PU或UPE实色漆；施工温度：25℃；湿度：75%以下		
序号	工序	材料	施工方法	施工要点
1	中纤板	砂纸	手磨、机磨	将白坯打磨平整，去污痕
2	腻子	各种腻子	刮涂	刮涂平整，宜薄刮
3	打磨	砂纸	手磨、机磨	打磨平整
4	封闭	PU封闭底漆	刷涂、喷涂、擦涂	对底材进行有效封闭，干后轻磨
5	实色底漆	PU或UPE底漆	喷涂，可湿碰湿	底漆与面漆的颜色最好接近，对提高遮盖力有很大帮助；注意湿碰湿第一遍施工时宜薄涂
6	实色面漆(亮光或亚光)	PU实色面漆	喷涂	均匀平整
7	检测包装			

注：

（1）中纤板　清除板上的油污和胶印。

（2）腻子　用水灰或其他腻子刮涂1～2次，将基材填平，干透后打磨干净，不宜厚涂。

(3) 封闭 用PU封闭底漆，喷涂、擦涂、刷涂均可，其目的是对底材进行封闭，增加底漆对基材的附着力，防止漆膜下陷，干后轻磨。

(4) 底漆 可选用PU或UPE实色底漆，按标准配比施工，均匀喷涂，需要时PU漆可选用湿碰湿工艺。

(5) 面漆 可选用PU实色面漆，按标准配比调到12s的施工黏度喷涂。

2. 实用工艺二

中纤板→PU封闭→底漆（PU或UPE)→PU修色→PU面漆（亮光或亚光）。

中纤板贴木皮半开放透明涂装工艺（PU或UPE底漆/PU面漆）见表4-4。

表4-4 中纤板贴木皮半开放透明涂装工艺

施工条件		底材:中纤板贴皮;涂料:PU或UPE;施工温度:25℃;湿度:75%以下		
序号	工序	材料	施工方法	施工要点
1	中纤板	砂纸	手磨、机磨	将白坯打磨平整,去污痕
2	贴木皮	各种木皮,胶水	手贴、机贴	贴平整,待干时间要足够
3	基材处理	180～240#砂纸	打磨	对底材进行定厚砂光、去毛刺
4	封闭	PU封闭底漆	刷涂、喷涂、擦涂	对底材进行有效封闭,干后轻磨
5	打磨	180～240#砂纸	打磨	去毛刺
6	底漆	PU或UPE底漆	喷涂,可湿碰湿	注意湿碰湿第一遍施工时宜薄涂
7	修色	用PU面漆加色修色	喷涂	由浅入深均匀着色
8	罩光(亮光或亚光)	PU清面漆	喷涂	均匀平整
9	检测包装			

注：

(1) 中纤板 清除中纤板油污和胶印，对高档板式家具还需进行定厚砂光，才能进行贴木皮。

(2) 贴木皮 要贴平整，以机器贴为主，一些边角可以人工贴或者用实木线条来取代。

(3) 基材处理 定厚、去毛刺、除尘。

(4) 封闭 用PU封闭底漆，喷涂、擦涂、刷涂均可，其目的是对底材进行封闭，增加底漆对基材的附着力，防止漆膜下陷，干后轻磨。

(5) 底漆 用PU或UPE透明底漆，按标准配比施工，均匀喷涂，需要时PU漆可选用湿碰湿工艺。

(6) 修色 按色板，往PU面漆里加色，均匀喷涂修色。

(7) 面漆 用PU面漆，按标准配比调到12s的施工黏度喷涂。

3. 实用工艺三

中纤板→贴木皮→UV底漆→PU修色→PU面漆（亮光或亚光）。

中纤板贴木皮的全封闭透明涂装工艺（UV底漆/PU面漆）见表4-5。

表 4-5 中纤板贴木皮的全封闭透明涂装工艺

施工条件		底材:中纤板贴木皮;涂料:UV、PU;施工温度:25℃;湿度:75%以下		
序号	工序	材料	施工方法	施工要点
1	中纤板	砂纸	手磨、机磨	去污迹、白坯打磨平整
2	贴木皮	各种木皮,胶水	手贴、机贴	贴平整,待干时间要足够
3	基材处理	180～240# 砂纸	打磨	对底材进行定厚砂光、去毛刺
4	底着色	水性 UV 底着色基料、水性色精、水性色浆	辊涂	着色均匀,颜色主要留在木眼里面,木径部分残留要少
5	腻子	UV 透明腻子	辊涂	汞灯,半固化;对底材导管进行填充
6	底漆	UV 透明底漆	辊涂	汞灯,半固化;对底材进行封闭填充
7	底漆	UV 透明底漆	辊涂	汞灯,全固化;对底材进行封闭填充
8	砂光	320～400# 砂纸	机磨	平整、光滑、无亮点
根据不同基材以及填充性要求,可重复第 5～8 项工艺				
9	修色	PU 修色,用面漆加色	喷涂	由浅入深均匀着色
10	面漆	PU 清面漆(亚光或亮光)	喷涂	均匀喷涂
11	检测包装			

注:

(1) 中纤板　清除中纤板油污和胶印，对高档板式家具还需进行定厚砂光，才能进行贴木皮。

(2) 贴木皮　将木皮贴平整，以机器贴为主，一些边角可以人工贴或者用实木线条来取代。

(3) 基材处理　定厚、去毛刺、除尘。

(4) 底着色　按照需要选用水性 UV 底着色基料、水性色精、水性色浆等着色材料，采用辊涂加毛刷的施工方式，颜色要均匀，增强附着力。

(5) 腻子　再用 UV 透明腻子对基材导管进行封闭，扫平均匀，其目的是对底色进行保护，还能增加附着力，防止下陷。半固化能量：汞灯，60～100MJ/cm^2。

(6) 底漆　辊涂 UV 透明底漆，对底材进行封闭填充。半固化能量：汞灯，60～100MJ/cm^2；全固化能量：汞灯，180～250MJ/cm^2。

(7) 修色　参照色板来修色，原则是先里面后外面、先难后易、由浅入深均匀着色。

(8) 面漆　用 PU 面漆，按标准配比调到 12s 施工黏度喷涂。

4. 实用工艺四

中纤板贴木皮全封闭透明涂装工艺（UV 底漆/水性 UV 面漆）见表 4-6。

表 4-6 中纤板贴木皮全封闭透明涂装工艺

施工条件		底材:中纤板贴木皮;涂料:UV、PU;施工温度:25℃;湿度:75%以下		
序号	工序	材料	施工方法	施工要点
1	中纤板	砂纸	手磨、机磨	去污迹,将白坯打磨平整
2	贴木皮	各种木皮,胶水	手贴、机贴	贴平整,待干时间要足够

续表

序号	工序	材料	施工方法	施工要点
3	基材处理	180～240# 砂纸	打磨	对底材进行定厚砂光、去毛刺
4	底着色	水性UV底着色基料、水性色精、水性色浆	喷涂	着色均匀
5	底漆	UV无溶剂透明底漆	往复式喷涂	汞灯，全固化；对底材导管进行填充
6	砂光	320～400# 砂纸	机磨	平整、光滑、无亮点
根据不同基材以及填充性要求，可重复第4～6项工艺				
7	修色	修色，用面漆加色	喷涂	由浅入深均匀着色
8	面漆	水性UV亚光清面漆	喷涂	均匀喷涂

注：

(1) 中纤板　清除中纤板油污和胶印，对高档板式家具还需进行定厚砂光，才能进行贴木皮。

(2) 贴木皮　要贴平整，以机器贴为主，一些边角可以人工贴或者用实木线条来取代。

(3) 基材处理　定厚、去毛刺、除尘。

(4) 底着色　按照需要选用水性UV底着色基料、水性色精、水性色浆等着色材料，采用喷涂的施工方式，颜色要均匀，增强附着力。

(5) 底漆　喷涂UV无溶剂透明底漆，对底材进行封闭填充，汞灯全固化能量≥250MJ/cm^2。

(6) 修色　参照色板来修色，原则是先里面后外面、先难后易、由浅入深均匀着色。

(7) 面漆　用水性UV亚光清面漆，施工黏度（涂-4# 杯）：70～80秒，涂布量为120～130g/m^2，流平区条件：流平线10分钟，流平温度5～35℃，流平湿度40%～80%；强制干燥区条件：40℃/30分钟，50～60℃/30分钟，汞灯全固化能量≥350MJ/cm^2。

5. 实用工艺五

实木地板辊涂半开放底着色透明涂装工艺（水性底着色/UV底漆/UV面漆）见表4-7。

表4-7　实木地板辊涂半开放底着色透明涂装工艺

施工条件		底材：实木地板；涂料：UV；施工温度：25℃；湿度：75%以下		
序号	工序	材料	施工方法	施工要点
1	基材处理	80→120→150→180→240# 砂纸	打磨	对底材进行定厚砂光、去毛刺
2	底着色	水性UV底着色基料、水性色精、水性色浆	辊涂	着色均匀，颜色主要留在木眼里面，木径部分残留要少
3	底漆	UV亚光底漆	辊涂	汞灯，半固化；对底材进行封闭填充、降低光泽
4	底漆	UV砂光底漆	辊涂	汞灯，全固化；对底材进行封闭填充

续表

序号	工序	材料	施工方法	施工要点
5	砂光	320# 砂纸	机磨	轻砂
6	面漆	用 UV 面漆加色后修色	辊涂	汞灯，半固化；均匀修色
7	面漆	UV 亚光罩光面漆	辊涂	汞灯，全固化
8	检测包装			

注：

（1）基材处理　定厚、去毛刺、除尘。

（2）底着色　按照需要选用水性 UV 底着色基料、水性色精、水性色浆等着色材料，采用辊涂加毛刷的施工方式，颜色要均匀，增强附着力。

（3）UV 亚光底漆　对基材导管进行封闭，辅助面漆消光。半固化能量：汞灯，60～100MJ/cm^2。

（4）UV 砂光底漆　对底材进行封闭填充，全固化能量：汞灯，180～250MJ/cm^2。

（5）UV 亚光面漆　提供漆膜光泽、手感，耐刮擦等性能，加色。半固化能量：汞灯，120～180MJ/cm^2；全固化能量：汞灯，280～450MJ/cm^2。

6. 实用工艺六

实木地板透明底着色全封闭涂装工艺（UV 底漆/UV 面漆）见表 4-8。

表 4-8　实木地板透明底着色全封闭涂装工艺

施工条件		底材：实木/复合地板；涂料：UV；施工温度：25℃；湿度：75%以下		
序号	工序	材料	施工方法	施工要点
1	基材处理	80→120→150→180→240# 砂纸	打磨	对底材进行定厚砂光、去毛刺
2	底着色	水性 UV 底着色基料、水性色精、水性色浆	辊涂	着色均匀，颜色主要留在木眼里面，木径部分残留要少
3	底漆	UV 附着力底漆	辊涂	汞灯，半固化；对底材进行封闭填充
4	腻子	UV 加硬腻子	辊涂	汞灯，半固化；对底材导管进行填充
5	砂光	240# 砂纸	机磨	轻砂
6	底漆	UV 加硬底漆	辊涂	汞灯，半固化；对底材进行封闭填充
7	底漆	UV 砂光底漆	辊涂	汞灯，全固化；对底材进行封闭填充
8	砂光	240# 砂纸	机磨	轻砂
9	底漆	UV 透明底漆	辊涂	汞灯，半固化；对底材进行封闭填充
10	底漆	UV 耐磨底漆	辊涂	汞灯，半固化；对底材进行封闭填充
11	底漆	UV 透明底漆	辊涂	汞灯，全固化；对底材进行封闭填充
12	砂光	320～400# 砂纸	机磨	轻砂
13	面漆	用 UV 面漆加色后修色	辊涂	汞灯，半固化；均匀修色
14	面漆	UV 耐刮擦面漆（亚光或高光）	辊涂	汞灯，全固化
15	检测包装			

注：

（1）基材处理　定厚、去毛刺、除尘。

（2）底着色　按照需要选用水性UV底着色基料、水性色精、水性色浆等着色材料，采用辊涂加毛刷的施工方式，颜色要均匀，增强附着力。

（3）UV附着力底漆　对基材导管进行封闭，增强附着力。半固化能量：汞灯，60～100MJ/cm²。

（4）UV加硬腻子　对基材导管进行封闭，扫平均匀，其目的是对底色进行保护，还能增加硬度，防止下陷。半固化能量：汞灯，60～100MJ/cm²。

（5）UV加硬底漆　对底材进行封闭填充，还能增加硬度。半固化能量：汞灯，60～100MJ/cm²。

（6）UV砂光底漆　对底材进行封闭填充，全固化能量：汞灯，180～250MJ/cm²。

（7）UV透明底漆　对底材进行封闭填充，提供更加平整的漆膜。半固化能量：汞灯，60～100MJ/cm²。

（8）UV耐磨底漆　对底材进行封闭填充，提供耐磨性能，还能提高硬度。半固化能量：汞灯，60～100MJ/cm²。

（9）UV耐刮擦面漆　提供漆膜光泽、手感、耐刮擦等性能。半固化能量：汞灯，60～100MJ/cm²；全固化能量：汞灯，280～450MJ/cm²。

7. 实用工艺七

UV往复式喷涂白色底漆→PU水性白面漆或UV白面漆

中纤板木门实色全封闭涂装工艺（UV底漆/PU水性面漆或UV底漆/UV面漆）见表4-9。

表4-9　中纤板木门实色全封闭涂装工艺

施工条件		底材：中纤板；涂料：UV、PU；施工温度：25℃；湿度：75%以下		
序号	工序	材料	施工方法	施工要点
1	基材处理	180～240#砂纸	打磨	对底材进行定厚砂光、去污迹，将白坯打磨平整
2	底漆	UV白色底漆	往复式喷涂	红外流平；镓灯＋汞灯，全固化；对底材进行填充遮盖
3	砂光	320～400#砂纸	机磨/人工检砂	平整、光滑、无亮点
根据对遮盖力和填充性的要求，可重复第2～3项工艺				
4	面漆	PU水性白面漆/UV白面漆（亚光或亮光）	喷涂	均匀喷涂，PU水性白面漆或UV白面漆。UV白面漆：红外流平；镓灯＋汞灯，全固化
5	检测包装			

注：

（1）基材处理　对底材进行定厚砂光、去污迹，将白坯打磨平整。

（2）底漆　喷涂UV白色底漆，对底材进行封闭填充、遮盖。红外温度为30～45℃，红外时间为6～10分钟；镓灯＋汞灯，全固化能量≥550MJ/cm²，峰值为900～

2000MW/cm^2；

（3）面漆　采用PU水性白面漆或UV白面漆，用往复式喷涂UV白面漆，提供漆膜颜色、光泽、手感、耐刮擦等性能；红外温度为30～45℃，红外时间为8～10分钟；镓灯+汞灯，全固化能量≥750MJ/cm^2，峰值为900～2000MW/cm^2。

8. 实用工艺八

工艺流程：UV往复式喷涂透明底漆/PU或UV面漆

中纤板贴木皮全封闭底着色透明涂装工艺（UV底漆/PU面漆，UV底漆/UV面漆）见表4-10。

表4-10　中纤板贴木皮全封闭底着色透明涂装工艺

施工条件		底材：中纤板贴木皮；涂料：UV、PU/W；施工温度：25℃；湿度：75%以下		
序号	工序	材料	施工方法	施工要点
1	中纤板	砂纸	手磨、机磨	去污迹，将白坯打磨平整
2	贴木皮	各种木皮，胶水	手贴、机贴	贴平整，待干时间要足够
3	基材处理	180～240$^{\#}$砂纸	打磨	对底材进行定厚砂光、去毛刺
4	底着色	水性UV底着色基料、水性色精、水性色浆	喷涂	着色均匀
5	底漆	UV透明底漆	往复式喷涂	红外流平；汞灯，全固化；对底材导管进行填充
6	砂光	320～400$^{\#}$砂纸	机磨	平整、光滑、无亮点
根据不同基材以及填充性要求，可重复第4～6项工艺				
7	修色	PU/NC漆修色，用面漆加色	喷涂	由浅入深均匀着色
8	面漆	PU或UV清面漆（亚光或亮光）	喷涂	均匀喷涂

注：

（1）中纤板　清除中纤板油污和胶印，对高档板式家具还需进行定厚砂光，才能进行贴木皮。

（2）贴木皮　将木皮贴平整，以机器贴为主，一些边角可以人工贴或者用实木线条来取代。

（3）基材处理　定厚、去毛刺、除尘。

（4）底着色　按照需要选用水性UV底着色基料、水性色精、水性色浆等着色材料，采用喷涂的施工方式，颜色要均匀，增强附着力。

（5）底漆　喷涂UV透明底漆，对底材进行封闭填充；红外温度为30～45℃，红外时间为6～10分钟；汞灯全固化能量≥250MJ/cm^2。

（6）修色　参照色板来修色，原则是先里面后外面、先难后易、由浅入深均匀着色。UV底漆修色后，需先用红外干燥，温度为30～45℃，时间为6～10分钟；然后半固化，能量：镓灯，250～400MJ/cm^2。

（7）面漆　采用 PU 或 UV 清面漆，按标准配比调到 12s 施工黏度喷涂。喷涂 UV 透明面漆；红外温度为 30～45℃，红外时间为 8～10 分钟；汞灯，全固化能量≥350MJ/cm^2。

9. 实用工艺九

中纤板全封闭实色涂装工艺（UV 底漆/水性面漆）见表 4-11。

表 4-11　中纤板全封闭实色涂装工艺

施工条件		底材：中纤板；涂料：UV、W；施工温度：25℃；湿度：75%以下		
序号	工序	材料	施工方法	施工要点
1	基材处理	180～240# 砂纸	打磨	对底材进行定厚砂光、去污迹，将白坯打磨平整
2	底漆	UV 白色底漆	往复式喷涂	红外流平；镓灯＋汞灯，全固化；对底材进行填充遮盖
3	砂光	320～400# 砂纸	机磨/人工检砂	平整、光滑、无亮点
根据对遮盖力和填充性的要求，可重复第 2～3 项工艺				
4	面漆	水性透明面漆	喷涂	均匀喷涂，无流挂，自然流平
5	干燥	烘房、干燥塔	升温烘烤	温度：45～55℃；时间：90～120 分钟 内有循环风 之后需室温存放≥24 小时

注：

（1）基材处理　对底材进行定厚砂光、去污迹，将白坯打磨平整。

（2）底漆　喷涂 UV 白色底漆，对底材进行封闭填充、遮盖；红外温度为 30～45℃，红外时间为 6～10 分钟；镓灯＋汞灯，全固化能量≥550MJ/cm^2，峰值为 900～2000MW/cm^2。

（3）面漆　工件恢复至室温后，方可进行堆叠。为防止堆叠时出现粘连，需根据实际情况延长干燥时间或在工件间增加垫层。

10. 实用工艺十

实木橱柜实色涂装工艺（水性底漆/水性面漆）见表 4-12。

表 4-12　实木橱柜实色涂装工艺

施工条件		底材：实木；涂料：水性实色漆；施工温度：25℃；湿度：75%以下		
序号	工序	材料	施工方法	施工要点
1	砂光/除尘	320# 砂纸	手磨、机磨	将白坯打磨平整，去毛刺
2	封闭	水性封闭底漆	喷涂、浸泡	均匀喷涂，无流挂，自然流平
3	干燥	烘房、干燥塔	升温烘烤	温度：45～55℃；时间：90～120 分钟 内有循环风
4	砂光/除尘	400# 砂纸	手磨、机磨	轻砂，表面无灰尘
5	底漆	水性白色底漆	喷涂	均匀喷涂，无流挂，自然流平
6	干燥	烘房、干燥塔	升温烘烤	温度：45～55℃；时间：90～120 分钟 内有循环风

续表

序号	工序	材料	施工方法	施工要点
7	砂光/除尘	400# 砂纸	手磨、机磨	打磨平整，表面无灰尘
8	底漆	水性白色底漆	喷涂	均匀喷涂，无流挂，自然流平
9	干燥	烘房、干燥塔	升温烘烤	温度：45～55℃；时间：90～120 分钟 内有循环风
10	砂光/除尘	400# 砂纸	手磨、机磨	打磨平整，表面无灰尘
11	面漆	水性实色面漆	喷涂	均匀喷涂，无流挂，自然流平
12	干燥	烘房、干燥塔	升温烘烤	温度：45～55℃；时间：90～120 分钟 内有循环风
13	面漆	水性透明面漆	喷涂	均匀喷涂，无流挂，自然流平
14	干燥	烘房、干燥塔	升温烘烤	温度：45～55℃；时间：90～120 分钟 内有循环风 之后需室温存放≥24 小时

注：

（1）打磨　使底材平整光滑。出现凹陷、疤节、裂痕等瑕疵时，需先用腻子刮填平整。

（2）砂光/除尘　应配备排风吸尘设备，避免粉尘影响环境和其他工序的施工。砂光/除尘区域经常性洒水会有利于粉尘的沉降。

（3）堆叠　工件恢复至室温后，方可进行堆叠。为防止堆叠时出现粘连，需根据实际情况延长干燥时间或在工件间增加垫层。

（4）清洗　工艺过程中与涂料接触的仪器或设备需及时清洗。

（5）层间间隔　两层涂料之间涂装的时间间隔不少于 1 小时。

11. 实用工艺十一

中纤板闪光漆涂装工艺（PU 或 UPE 腻子和底漆/PU 面漆）见表 4-13。

表 4-13　中纤板闪光漆涂装工艺

施工条件		底材：中纤板；涂料：PU、UPE；施工温度：25℃；湿度：75%以下		
序号	工序	材料	施工方法	施工要点
1	白坯处理	砂纸	手工或机磨	去污渍、毛刺，打磨平整
2	封闭	PU 封闭底漆	刷涂、喷涂	对底材有效封闭，2h 后打磨
3	打磨	砂纸	手工或机磨	去毛刺、打磨平整
4	刮腻子	PU 或 UPE 腻子	刮涂	填平截面、钉眼、导管
5	打磨	砂纸	手工或机磨	去毛刺，腻子干透后再打磨平整，木径上面要打磨干净
6	实色底漆	PU 或 UPE 实色底漆	喷涂	按标准比例调配，喷涂均匀
7	打磨	砂纸	手工或机磨	打磨均匀、平整，切勿磨穿

续表

序号	工序	材料	施工方法	施工要点
8	闪光漆	PU 闪光漆	喷涂	按标准比例调配，漆膜表干后喷清面漆
9	清面漆	PU 清面漆	喷涂	按标准配比调到合适黏度(通常为 12s)施工，待闪光漆表干后，再喷涂清面漆

注：

（1）白坯处理　要平整光洁，棱角圆滑。

（2）封闭底漆　有利于除毛刺，有效封闭基材，增加层间附着力。

（3）刮腻子　主要是满刮填平截面及木材导管，干后打磨平整。

（4）实色底漆　采用 PU 或 UPE 实色底漆，根据面漆颜色效果配套选用实色底漆，按标准配比施工，干后打磨光滑，切勿磨穿。

（5）闪光漆　采用 PU 闪光漆，按标准比例调配施工，表干后喷涂清面漆，注意在喷涂清面漆之前不能打磨。

（6）清面漆　采用 PU 亮光或亚光清面漆，按标准配比调到合适黏度（通常是 12s）进行施工，待闪光漆表干后均匀喷涂，浅色效果最好选用耐黄变清面漆。

12. 实用工艺十二

竹木透明涂装工艺（水性底漆/水性面漆）见表 4-14。

表 4-14　竹木透明涂装工艺（水性底漆/水性面漆）

施工条件		底材：竹木；涂料：水性 PU 清面漆；施工温度：25℃；湿度：75%以下		
序号	工序	材料	施工方法	施工要点
1	砂光/除尘	240# 砂纸	手磨、机磨	将白坯打磨平整，去毛刺
2	封闭	水性封闭底漆	喷涂、浸泡	均匀喷涂/浸泡，无流挂，自然流平
3	干燥	烘房	升温烘烤	温度：45～55℃；时间：90～120 分钟 内有循环风
4	砂光/除尘	320# 砂纸	手磨、机磨	轻砂，表面无灰尘
5	底漆	水性透明底漆	喷涂、静电喷涂	均匀喷涂，无流挂，自然流平
6	干燥	烘房	升温烘烤	温度：45～55℃；时间：90～120 分钟 内有循环风
7	砂光/除尘	400# 砂纸	手磨、机磨	打磨平整，表面无灰尘
8	面漆	水性透明面漆	喷涂、静电喷涂	均匀喷涂，无流挂，自然流平
9	干燥	烘房	升温烘烤	温度：45～55℃；时间：90～120 分钟 内有循环风 之后需室温存放≥24 小时

注：

（1）打磨　使底材平整光滑。出现凹陷、疤节、裂痕等瑕疵时，需用腻子刮填平整。

（2）砂光/除尘　应配备排风吸尘设备，避免粉尘影响环境和其他工序的施工。砂光/除尘区域经常性洒水会有利于粉尘的沉降。

（3）堆叠　工件恢复至室温后，方可进行堆叠。为防止堆叠时出现粘连，需根据实际情况延长干燥时间或在工件间增加垫层。

（4）清洗　工艺过程中与涂料接触的仪器或设备需及时清洗。

（5）层间间隔　两层涂料之间涂装的时间间隔不少于1小时。

13. 实用工艺十三

藤制家具常用透明涂装工艺见表4-15。

表4-15　藤制家具常用透明涂装工艺

施工条件		底材：藤质基材；涂料：PU、NC；施工温度：25℃；湿度：75%以下		
序号	工序	材料	施工方法	施工要点
1	白坯前处理	硫黄、漂白水	烟熏、浸泡	硫黄烟熏主要防虫蛀；对色质及质量差的藤皮、藤芯还须进行漂白处理，防霉、防裂处理，并除去青皮；经过高温杀菌消毒处理后，再用机器把藤条拉成一定长短和粗细规格的藤
2	白坯干燥	烘干设备	日光或烘干	藤条清洁干净后经日晒或烘烤干燥
3	染色	酸性染料或油溶性染料	喷涂	用酸性染料或油溶性染料涂装1～2遍，染色均匀一致，颜色要淡雅
4	封闭	PU封闭底漆	喷涂	对底材进行封闭，漆要尽可能调稀一些，可视需要多做一遍封闭
5	打磨	砂纸	手磨	轻磨、消除木毛
6	上面漆	清面漆	喷涂	均匀喷涂施工，涂料要尽可能调稀一些，可视需要多做一两遍面漆

注：

（1）清洗处理　藤条在干燥前必须清洗干净，藤条材料比较容易长虫、生霉，故必须用硫黄、漂白水等处理。

（2）染色　藤材颜色一般不太均匀，故染色是藤家具涂装非常重要的一道工序，染色时颜色不能太深，要求染后颜色均匀一致。

（3）稠度　藤制家具上漆时要注意，涂料要尽可能调稀一些，宁愿薄涂多遍。

（4）工艺　藤制家具也采用浸涂工艺，但所用涂料及工艺过程有不同。

14. 实用工艺十四

红木家具纯生漆涂装工艺见表4-16。

表4-16　红木家具纯生漆涂装工艺

施工条件		底材：红木；涂料：生漆；施工温度：25℃；湿度：80%左右		
序号	工序	材料	施工方法	施工要点
1	白坯	砂纸	手磨、机磨	清除木毛、木刺
2	刮腻子	生漆灰（生漆、填充料、适量水的混合物）	刮涂	填平、填实木眼

续表

序号	工序	材料	施工方法	施工要点
3	打磨	砂纸	手磨	除净木径上的灰迹,使木纹纹理清晰
4	上色	PU 修色剂	擦涂(2～3 道)	使颜色基本一致
5	补色	PU 修色剂	擦涂(1～2 道)	使颜色基本一致
6	上底漆	稍稠的加有粉料的生漆	刷、擦涂 8～10 道	表面均匀一致
7	打磨	砂纸	手磨	打磨平整、光滑
8	上面漆	生漆	揩、擦涂 8～10 道	按要求

注：

(1) 刮灰　生漆遇铁会变黑，因此刮灰用的刮子以塑料、铜、不锈钢等材质较好，最好用牛角刮子。

(2) 面漆　上面漆应用纯棉质纱线，不能用化纤或含化纤的纱线。

15. 实用工艺十五

红木家具封闭加生漆涂装工艺见表 4-17。

表 4-17　红木家具封闭加生漆涂装工艺

施工条件		底材:红木;涂料:PU、大漆;施工温度:25℃;湿度:80%左右		
序号	工序	材料	施工方法	施工要点
1	红木	砂纸	手磨、机磨	去污迹,顺木纹打磨平整、光滑
2	补色	PU 修色剂	擦涂	使白坯的颜色基本一致
3	封油士那	封油士那	刷涂或揩涂	用天那水调稀封油士那进行封闭,可视基材含油量的多少,适当增加 1～2 遍封油士那,封油士那∶天那水=1∶(1～2)
4	腻子(有色底灰)	有色木灰	刮涂	刮有色木灰两遍,3h 后打磨
5	打磨	砂纸	手磨	除木毛、木刺,光滑无亮点
6	着色	有色士那着色	擦涂	均匀着色
7	封油士那(可选择)	封油士那	刷涂或揩涂	用天那水将封油士那调稀后进行封闭
8	打磨	砂纸	手磨	平整、光滑
9	修色	PU 修色剂	喷涂	颜色均匀一致
10	底漆	PU 透明底漆	喷涂	湿碰湿一次,第一道涂膜要薄,待干时间要足够
11	打磨	砂纸	手磨	平整、光滑
12	面漆	大漆	喷涂,揩、擦涂 4～8 遍	均匀涂布,使膜面光泽一致,手感细腻

注：

(1) 红木　用砂纸顺木纹打磨平整、光滑，清除污迹。

(2) 补色　使白坯的颜色基本一致。

(3) 封油士那　对底材进行封闭，避免树脂、单宁等物质渗出而影响涂装效果。确保大漆不往下陷，确保附着力，封油士那：天那水=1：(1～2)。

(4) 有色底灰　填平木眼、毛孔，彻底打磨平整，只留木眼，不留木径；若一遍没有填平，还可以多刮几次有色底灰；注意一定要把木径表面打磨干净并彻底清理余灰。

(5) 打磨　除木毛、木刺，光滑无亮点。打磨平整、光滑。

(6) 封油士那　二次封闭，对底材、有色底灰进行二次封闭，增加底漆对基材的附着力，有助于防止漆膜下陷。此工序根据实际情况可省去。封油士那有别于普通士那，专用于油性木。

(7) 打磨　打磨平整、光滑。

(8) 修色　颜色均匀一致。

(9) 底漆　按标准配比施工，喷涂均匀。

(10) 打磨　打磨平整、光滑。

(11) 面漆　生漆一般采取的施工方式是揩涂，一般需4～8次，方可达到质量要求。

16. 实用工艺十六

实木火烧工艺见表4-18。

表4-18　实木火烧工艺

施工条件		底材：各类实木；涂料：封闭底漆、PU涂料、水性涂料；施工温度：25℃；湿度：75%以下		
序号	工序	材料	施工方法	施工要点
1	白坯处理	砂纸	喷灯	用喷灯进行火烧，将表面木孔烧深，达到火烧的原始效果
2	打磨	砂纸	手磨	磨掉较厚的碳素，让木材展现较自然的火烧痕，大部分仍显露木材本色
3	封闭	PU封闭底漆	刷、喷涂	对底材的碳渍有效封闭，3～4h后打磨
4	打磨	砂纸	手工或机磨	将表面浮尘磨平滑
5	底漆	PU透明底漆	刷、喷涂（湿碰湿）	按涂料厂要求调配并施工，湿碰湿第一遍要薄喷，底漆施工后要待干8～10h后打磨
6	打磨	砂纸	手工或机磨	顺木纹凹凸面进行打磨，切勿磨穿
7	面漆	PU清面漆、水性漆	喷涂	按标准配比调到合适施工黏度(通常为12s)喷涂

注：

(1) 安全　进行实木火烧工艺时，一般要在专用区域进行，注意防火安全。

(2) 火烧程度　根据效果要求来控制火烧程度，火烧后如有较厚的炭层必须打磨掉。

(3) 打磨　涂料层间打磨时切勿磨穿。

17. 实用工艺十七

(1) 几种美式涂装工艺

① 常见涂装工艺　常见美式涂装工艺见表4-19。

表 4-19　常见美式涂装工艺

施工条件	基材:樱桃木、橡木、松木、桦木、柞木、水曲柳等实木底材;涂料:NC;温度:25℃;湿度:75%				
序号	工序名称	材料	施工方式	摘要	干燥时间
1	白坯打磨	砂纸	机磨、手磨	去污迹,将白坯打磨平整	
2	破坏处理		人工	虫孔、敲打、锉边等,用 240# 砂纸打磨	
3	底色调整	红水、绿水	喷涂	局部喷涂	5min
4	调色	不起毛着色剂	喷涂	均匀喷涂,中湿	5min
5	调色	杜洛斯着色剂	喷涂	均匀喷涂,重湿	20min
6	封固底漆	底漆＋天那水	喷涂	均匀喷涂,根据底材及需要的着色效果调整喷涂黏度	30min
7	打磨	砂纸	人工	轻磨,注意不要磨穿	
8	格丽斯调色	NC 格丽斯	擦拭	擦成中等干净,用毛刷整理并用 0000# 钢丝绒抓明暗	1～2h
9	NC 透明底漆	底漆＋天那水	喷涂	14～16s 底漆,均匀喷涂	1～2h
10	打磨	砂纸	人工	打磨平整	
11	刷金粉	金粉漆的金粉	毛刷	刷在雕刻处	10min
12	乙烯基类透明底漆		喷涂	16s,只喷涂于刷金部位	30min
13	NC 透明底漆	底漆＋天那水	喷涂	14～16s 底漆,均匀喷涂	1～2h
14	打磨	砂纸	人工	打磨平整	
15	打干刷	格丽斯调色	毛刷	做效果	30min
16	NC 透明底漆	底漆＋天那水	喷涂	14～16s 底漆,均匀喷涂	1～2h
17	打磨	砂纸	人工	打磨平整	
18	布印	调色	人工	用棉布全面拍打并用 0000# 钢丝绒整理	10min
19	马尾	格丽斯调色	人工		10min
20	喷点	天那水＋调色剂	喷涂		10min
21	NC 透明面漆	底漆＋天那水	喷涂	12～14s,喷涂均匀	1～2h
22	灰尘漆	灰尘漆	喷涂	除破坏与沟槽处留适量外,其余的擦拭干净	

② 仿古白工艺　中纤板仿古白美式涂装工艺见表 4-20。

表 4-20　中纤板仿古白美式涂装工艺

施工条件	基材:中纤板;温度:25℃;湿度:75%				
序号	工序名称	材料	施工方式	摘要	干燥时间
1	白坯打磨	砂纸	机磨、手磨	去污迹、白坯打磨平整	

续表

序号	工序名称	材料	施工方式	摘要	干燥时间
2	破坏处理		人工	虫孔、敲打、锉边等，用 240# 砂纸打磨	
3	NC 白底漆	底漆＋天那水	喷涂	14～16s，喷涂均匀	1～2h
4	打磨	砂纸	人工	打磨平整	
5	NC 白底漆	底漆＋天那水	喷涂	12～14s，均匀喷涂	1～2h
6	裂纹漆	裂纹漆＋天那水	喷涂	局部不规则喷涂	30min
7	打磨	砂纸	人工	对裂纹漆处打磨	
8	底漆	NC 透明底漆	喷涂	10～12s，先喷涂裂纹漆处，然后全面均匀喷湿	1h
9	格丽斯调色	NC 格丽斯	擦拭	擦至中等干净，毛刷整理	1～2h
10	乙烯基类透明底漆	乙烯基类底漆	喷涂	16s，全部均匀喷湿	30min
11	打磨	砂纸	人工	打磨平整	
12	刷金粉	金粉漆＋金粉	毛刷	刷在雕刻处	10min
13	乙烯基类透明底漆	乙烯基类底漆	喷涂	16s，只喷涂于刷金粉部位	30min
14	打磨	砂纸	人工	打磨平整	
15	布印	调色剂	人工	用棉布全部拍打并抓明暗	10min
16	打干刷	格丽斯调色	毛刷		30min
17	NC 透明面漆	底漆＋天那水	喷涂	14s，均匀喷涂	1～2h
18	喷点	调色剂	喷涂		10min
19	NC 透明面漆	面漆＋天那水	喷涂	12～14s，喷涂均匀	1～2h
20	灰尘漆	灰尘漆	喷涂	除破坏与沟槽处留适量外，其余的擦拭干净	

③ 新美仿古涂装工艺　新美仿古涂装工艺见表 4-21。

表 4-21　新美仿古涂装工艺

施工条件	基材：中纤板贴木皮、实木；温度：25℃；湿度：75%				
序号	工序名称	材料	施工方式	摘要	干燥时间
1	白坯打磨	砂纸	机磨、手磨	去污迹，将白坯打磨平整	
2	调色	杜洛斯着色剂	喷涂	参照色板一次性喷湿，亦可采用 NGR(不起毛着色剂)着色	20min
3	NC 透明底漆	底漆＋天那水	喷涂	均匀喷涂，根据底材及需要的着色效果调整喷涂黏度	30min
4	打磨	砂纸	人工	轻磨，注意不要砂穿	
5	NC 格丽斯	格丽斯＋稀释剂	擦拭	擦至中等干净，用毛刷整理并用 0000# 钢丝绒抓明暗	1～2h

续表

序号	工序名称	材料	施工方式	摘要	干燥时间
6	NC透明底漆	底漆＋天那水	喷涂	14～16s底漆，均匀喷涂	1～2h
7	打磨	砂纸	人工	打磨平整	
8	打干刷、刷边	格丽斯＋稀释剂	毛刷、人工	轻干刷效果，突出明暗对比，用0000# 钢丝绒整理，简单轻微刷边	30min
9	NC透明底漆	底漆＋天那水	喷涂	14～16s底漆，均匀喷涂	1～2h
10	打磨	砂纸	人工	打磨平整	
11	布印	调色剂	人工	用棉布全面拍打并用0000# 钢丝绒整理	10min
12	马尾	格丽斯调色	人工		10min
13	喷点	天那水＋调色剂	喷涂		10min
14	NC透明面漆	底漆＋天那水	喷涂	13～14s，喷涂均匀	1～2h
15	打磨	砂纸	人工	打磨平整	
16	NC透明面漆	底漆＋天那水	喷涂	12～13s，喷涂均匀	1～2h

（2）美式涂装主要工序　此处提到的很多材料名称，施工的技术名词，都是遵循家具行业内多年的习惯用法，多源于中国台湾家具界。

a. 破坏处理（physical distress）　破坏处理主要是模仿产品在长期使用或存放过程中出现的风蚀、风化、虫蛀、碰损以及人为破坏等留下的痕迹，是美式涂装中增加工件仿古效果的一道重要的加工工序。

常见的破坏处理包括：用锉刀在产品边缘锉出锉刀痕；用钉子或螺丝钉钉在木制把手上，敲打木材表面形成类似虫蛀小孔的效果；用铁丝串好的螺丝串、螺帽、螺杆、铁锤、锉刀柄等工具对木材表面敲打或划伤；用雕刻刀做出挖槽、虫线等效果；对工件的角、棱等凸起的地方进行倒角、倒边，模仿风蚀、风化或被人经常触摸留下的光滑无棱的效果。

进行破坏处理时要注意：尽量避开产品有疤节或较为坚硬的地方，尽量避开产品的拼接处，大破坏要首先考虑产品有缺陷的地方，要注意顺木纹方向，破坏效果要自然、协调、逼真。

b. 素材调整（blending of substrates）　在家具的制作过程中，经常会将不同颜色或不同树种的木材搭配于同一家具中，造成了家具自身素材的颜色差异。而通过涂装工艺把素材的不同颜色调整为相对统一的颜色的过程就叫做素材调整。

绿水（equalizer）是用于素材调整的一种浅绿色或黄绿色的修色剂，如喷涂于红色木材部分，木材显现出棕色或淡灰白的中性颜色。红水（sapstain）是用于素材调整的一种浅红色或红棕色的修色剂，如喷涂于白色、浅白色、青色或黑色木材部分，木材显现出浅红或红棕色。

进行素材调整时要注意：红、绿水可以根据底材颜色要求进行局部喷涂或局部加重喷涂；以较大面积的底色为准，调整小面积的颜色至接近。

c. 底材着色　有三种材料可选用：

不起毛着色剂（NGR stain），用各色染料和稀释剂加到不起毛着色剂的主剂中调配而成，多有酒精性质，常用于美式涂装的底层色喷涂。其性能特点是不膨胀木毛，可渗入木材表层、内部而显现出非常好的透明度。使用不起毛着色剂时要注意：一是大面积喷涂要均匀；二是通常喷涂方式可分为轻湿、中湿和重湿，喷湿程度的不同对色彩渗透程度和最后的颜色效果有一定影响；三是注意不要喷得太湿，以免产生底色开花现象。

杜洛斯底色漆（Duro stain），是由杜洛斯主剂加入染料或颜料调配而成，是一种较为常用的底色漆，可以单独对底材进行底着色，喷涂施工，也可以和不起毛着色剂相结合，用于不起毛着色剂之后喷涂。其性能特点是，染料型杜洛斯颜色渗透性强、透明度高，能更好地展现木材纹理。颜料型杜洛斯具有柔和的透明底色格调，可掩饰一些木材颜色差异的变化，涂装效果较朦胧。使用时要注意：均匀喷涂；喷湿程度的不同以及杜洛斯主剂的干燥速率，对色彩渗透程度和最后的颜色效果有一定影响；注意不要喷得太湿，以免产生底色开花现象；颜料型杜洛斯底色漆使用前注意搅拌均匀；如需要，喷涂前可加入少量的NC漆调配，以便于对色。

渗透性着色剂（penetrating stain）是用渗透性溶剂加入专用色浆和少量仿古漆颜料色浆调配而成，可以单独对底材进行底着色，也可以和不起毛着色剂相结合，用于不起毛着色剂之后的喷涂。其性能特点是可使木材导管突显金黄色或青棕色，让导管颜色更为突出。主要用于提高木材纹理的清晰性，增加层次，常用于深木眼底材。使用时，要注意：全面均匀喷涂；喷湿程度的不同对色彩渗透程度和最后的颜色效果有一定影响；注意不要喷得太湿，以免产生底色开花现象；注意不可以用于底漆或有色底漆之上，否则会导致附着力不良；使用前注意搅拌均匀。

d. 封固底漆（washcoat） 封固底漆又叫头度底漆、洗涤底漆，施工现场常常采用NC透明底漆与天那水按一定的比例稀释、调配而成，黏度通常在9～12s。其作用：一是起到“封固”作用，保护底色；二是用封闭程度来控制仿古漆的残留量。

使用时，要注意：均匀喷涂，要让底材充分湿润；采用黏度较低的胶固底漆可以得到较脏的仿古漆颜色效果，采用黏度较高的胶固底漆得到的仿古漆颜色效果则显得干净；使用的胶固底漆黏度太高时，会阻碍仿古漆渗入木材导管，致使颜色看起来较呆板、无层次感。

e. 擦NC格丽斯（glaze） 格丽斯又叫仿古漆，是一种半透明的颜料着色剂，通常作为美式涂装的中层色。其性能特点：一是本身具有半透明性，增强漆膜颜色的层次感；二是具有强烈的仿古效果，使家具更具古典韵味；三是易于施工，可擦涂、刷涂、喷涂、打毛刷、抓明暗；四是可用来制作其他各种仿古效果，如假木纹、牛尾、刷边等。

使用时，要注意：格丽斯擦涂之后不要抹得太干净，通常会根据需要而残留一部分，并可以通过抓明暗、打干刷等方法以加强色彩的明暗、层次对比和仿古效果；格丽斯通常用于胶固底漆之后，一般不直接用于白坯，以免产生附着力不良和着色不匀的现象；格丽斯也不宜残留过多，并且要完全干燥后才能上喷底漆，以避免产生发白或附着力不良现象；为避免家具木材端头吸入过量格丽斯而发黑，可在擦涂格丽斯前先擦涂透明格丽斯或刷涂一遍NC透明底漆。各种格丽斯成品色可满足绝大多数色彩需要，格丽斯色浆主要用于颜色微调。

f. 抓明暗（hili） 抓明暗是“层次”的意思，是在产品着色过程中用钢丝绒（通常用0000#）按一定的规律抓出一些颜色较浅的部分，使产品颜色呈现出明暗对比的层次感。

注意：抓明暗通常在格丽斯或布印之后，针对颜色浅或木纹间隙大的地方顺木纹方向抓；抓明暗时要做到“两头轻中间重”，不能穿越拼接线；抓明暗可以用毛刷进行整理，使抓明暗边缘更加柔和。

g. 刷金、刷银　刷金、刷银指的是通过小毛刷把调配好的金粉漆或银粉漆刷涂于家具雕花、饰条等部位，以突出艺术修饰，使之更具有价值和引人注目。金、银粉各有多种不同的色相及粗细规格，注意：金、银粉的粗细、色调的准确，刷金、刷银后需要在刷金、刷银部位喷涂一遍乙烯基树脂类透明底漆以保证附着力，用乙烯基树脂类透明底漆调配的金、银粉漆刷涂后不易擦掉。

h. 打干刷（drybrush）　打干刷指的是通过毛刷用格丽斯在家具产品表面的边缘、拐角处或雕花处做出阴影、刷边等特有的效果，以加强产品的层次、艺术感，强化仿古效果。

打干刷时，要注意：格丽斯黏度要调整适当；毛刷上不要一次性黏附太多的格丽斯；干刷部位要求颜色过渡自然；刷边多在家具的破坏、突起、边缘等地方，并且呈一定的倾斜方向。

i. 牛尾（cowtail）　牛尾主要模仿马或牛的尾巴扫过家具后留下的痕迹，以加强产品的仿古效果和艺术性。常见的“抹油马尾”是用小毛刷或钢丝绒绳蘸上适量格丽斯“刷”或“甩”出来。

牛尾操作时要注意：工具大小、长短要适用，格丽斯色彩深浅适中，避开产品有疤节的地方，牛尾的长短、粗细要自然。

j. 布印修色（padding stain）　布印属于美式涂装中的面层色，通常用布印稀释剂调配酒精性色精，通过棉布拍打、擦拭或喷涂而加深产品的颜色、增强产品的层次感及仿古效果。

注意：布印可以通过棉布拍打、擦拭达到局部着色的效果，也可以通过喷枪喷涂达到全面着色的效果；喷枪喷涂布印只适合较浅的上色，色深了会影响到产品的色彩层次感；布印通过棉布拍打后需要用0000#钢丝绒整理，使之色彩过渡自然；喷枪喷涂布印后可以通过0000#钢丝绒把抓明暗重新整理出来。

k. 喷点（spatter）　喷点通常是一种深色着色剂，多为黑色、深咖啡色，用来模仿“苍蝇”的痕迹，以增强产品的仿古效果。酒精点多为布印点，特点是较大的点中间色浅，四周色深；天那水点多为面漆加色浆或染料加天那水调配而成，特点是喷上工件后干了不易擦掉，所以喷这一类的点需要很小心。

喷点时要注意喷枪的调节：需用上壶枪，枪摆幅度合适、气量最小，油量根据点的大小调节。注意点的大小、颜色、疏密控制，注意点的变形。

l. 灰尘漆（dustywax）　灰尘漆也叫发霉漆，通常用于产品的沟槽、破坏等处，以模仿产品使用时间久远，沟槽里聚积灰尘或发霉的效果。

灰尘漆可局部、全部，刷涂或喷涂，并要将多余的部分擦干净；灰尘漆喷涂或刷涂时，前一遍面漆一定要确保干透，否则灰尘漆会无法擦干净；涂布灰尘漆后可上涂面漆，也可不上涂面漆，两者效果各异；灰尘漆上涂面漆后色相会有所变化；灰尘漆后一般不要修色或多次喷漆，否则会影响到仿古效果。

m. 裂纹漆　在美式涂装中，通常会通过使用局部的、不规则的裂纹漆效果来模仿产品经过漫长的时间或风化日蚀所产生的自然裂纹。

注意：裂纹的大小可以通过裂纹漆喷涂的厚度来调整；为了增强仿古效果，通常需要对裂纹漆进行部分磨穿，并通过后期的格丽斯加深颜色对比。

第四节　木用涂装常见问题的现象、原因及处理

影响木用涂料涂装质量的因素很多，包括涂料本身品质、涂料特点、工艺配套、底材状况、涂装环境、涂装设备、涂装技术、现场管理等，下面分别加以讨论。

一、涂料涂装前常见漆病的预防及处理

1. 黏度

涂装前对涂料的黏度调整是非常重要的，黏度过高会造成湿膜太厚，干后涂膜起皱、流平不好、起泡，黏度过低会造成涂膜流挂、涂膜太薄等。要遵守厂家提供的调配比标准和施工黏度，另外应根据冬夏温、湿度变化进行调整，最好每次施工前，对准备施工的漆或者调好的漆进行黏度测试，这样才可保证每次喷涂黏度的统一。

2. 适用期

适用期是指反应型涂料在分别加入固化剂、引发剂、促进剂等并调配好之后，适合施工且不影响涂膜性能的时间段，不同的温、湿度条件下适用期是有变化的。调配好的涂料，一定要在适用期内用完，否则会影响涂装效果或胶化。涂装前，首先了解涂料的最佳适用期，然后根据涂料的使用量，最后才决定每次调配多少涂料，特别是 UPE 涂料的适用期非常短，还有一些特殊的快干型涂料，适用期也短。配漆的原则是少量多次。

3. 返粗

已制作好的涂料放置一段时间后，内含的颜料、填料又重新聚集形成大颗粒，致使涂料细度变大或者涂膜表面有许许多多粗颗粒。返粗一般是涂料自身的问题，由涂料本身体系的稳定性差、生产工艺不合理或使用不合格的原材料等所致。在涂装过程中，发现涂膜表面有粗颗粒的现象，应立即停止喷涂，检查涂料的细度或者环境。但要注意，不要在涂膜表面一发现粗颗粒，就立即断言“返粗”。

4. 结块

涂料中结块现象，一般是因为涂料已发生了部分反应或涂料中大量粉质凝结成块或超过贮存期或生产过程出问题等原因而形成的。在开罐检查、涂装时，如果涂料有结块现象就应立即停止操作，找出原因及解决办法后再决定是否继续使用；沉淀物可手动或机械对已结块涂料进行再次搅拌，将块状物重新分散均匀，经过滤、检测、试喷均合格后，可正式使用。

5. 沉淀

沉淀是指涂料生产后在储存过程中，颜填料由于重力原因沉降，形成一层沉淀物，一般分为软沉淀与硬沉淀。软沉淀根据厂家在包装桶上的提示，使用前正确搅拌均匀即可；硬沉淀很难搅拌均匀或根本搅不动，硬沉淀涂料有点类似结块，不能使用。沉淀的本质是由于体系中各物质密度不一样导致出现沉淀，产生这种现象的原因有很多，如原料选择、生产工艺、分散时间或者涂料配方防沉有缺陷等，超过贮存期的产品更易产生此问题。一

般来说，任何涂料都会出现沉淀现象，只是沉淀程度和发生时间不一样而已。

6. 分层

分层一般也有几种现象：一种就是沉淀，颜填料全沉底，上面是成膜物和分散介质，此时和解决沉淀方法一样，经搅拌、过滤、试喷，能用的才用；另一种是实色涂料内各颜色分层，此时也是由于各色颜料密度不一样所致，密度相差越大，越易分层。一般来说通过较好的搅拌，就可再用。有时调配好的备用漆低黏度时也容易分层，所以每次使用前先要把涂料搅拌均匀，不然会涂装出有各种缺陷的涂膜来。

7. 浮色

涂装前的涂料浮色一般是由于各色颜料粒子分散状态有差异、密度相差较大所致，密度很小的颜料粉或染料直接浮在涂料上面，属于颜料或染料在垂直方向发生分离的现象。但是有些时候，浅色系列色漆也会出现浮白的现象，也就是钛白粉上浮，主要是色浆的稳定性或者搭配的问题，这些问题通过充分搅拌一般都可解决。但浮色严重时在干膜上也会有反映，谨慎使用。

8. 清漆色差

一般来说，对清漆而言，不更换原材料和改变制造工艺，不同批次产品在外观色泽上即使出现差异，也不会太明显。当批次间色差明显时，会影响到漆膜颜色，尤其是在浅色涂装时，影响较大。导致不同批次产品色差的通常是涂料制造过程中树脂、乳胶色泽不同或储存过程中变色、生产过程不洁、包装物不洁，因此必须严格控制涂料的制造工艺。但有些涂料在储存过程中颜色也会变深，这是正常现象。

9. 清漆浑浊

清漆浑浊主要是指高光溶剂型涂料或者不含粉体的溶剂型涂料，外观出现浑浊或不清透的现象。如果是产品开罐时外观浑浊，主要从涂料本身去找原因，注意产品贮存条件或包装罐等是否存在异常；如果产品主剂正常，发生浑浊是在涂料调配后，则多从辅助材料或施工工具、施工环境上去寻找原因。

二、涂料涂装过程中常见漆病的预防及处理

在涂装过程中，常常会发生各种漆病，使家具生产效率低下、不合格率升高、返工量大。

1. 漆膜泛白（或发白）

(1) 异常现象　涂料在干燥过程中或干燥后漆膜呈现出乳白色或木纹、底材底色不清晰的现象，严重时甚至会无光、发浑。

(2) 产生原因　在高温高湿环境下施工；涂料或稀料中含有水分；施工中油水分离器出现故障，水分带入涂料中；格丽斯未干；手汗沾污工件或水磨后工件未干；一次性过分厚涂；基材含水率过高；打磨后放置时间过长，水分吸附在漆膜表面；含粉量偏高的底漆厚涂于深色板材上；漆膜与基材的附着力差或者漆膜层间附着力不好等。

(3) 预防或处理措施　尽量避免在高温高湿环境下施工；控制基材含水率，必须充分干燥后才能进行涂装；涂料或稀料在贮藏和涂装施工过程中要避免带入水分；定期检查并清除油水分离器中的水分；格丽斯未干不进行下一阶段涂装；热天施工时要防止操作员手汗沾污工件；如水磨，则要等工件完全干透后再进行涂装；尽量避免一次

性厚涂；层间打磨后放置时间不应太长，以免水分吸附在漆膜表面，应尽快进行下一工序的喷涂；含粉量高的底漆避免厚涂于深色板材上；将基材封闭好，解决好层间附着力不好的问题。

如喷涂后发现泛白（或发白），可在调漆时加入防发白水，用一定量的防发白水代替原稀释剂，比例从少到多，如果添加少量能解决问题，就不要过量，防发白水的极限用量是原稀释剂的25%。正确方法是调漆前先把防发白水与稀释剂按需要量调配，搅匀，再加入涂料中。

2. 起泡或针孔

（1）异常现象　起泡是涂层在施工过程中漆膜表面呈现圆形的凸起形变或针尖状气孔，一般产生于被涂面与漆膜之间，或两层漆膜之间，或涂膜中间；针孔是一种在涂膜中存在类似于用针刺成的细孔的病态，涂料在涂装过程和涂膜干燥过程中气泡破裂但又不能最终流平，则形成针孔。

（2）产生原因　木材含水率高，没有封闭或封闭不好；木眼过深，油性或水性腻子未完全干燥或底层涂料未干时就涂饰面层涂料；稀释剂选用不合理，挥发太快；涂料中带入水分；涂料触变性太强，施工气泡不能及时消除；一次涂装过厚；施工黏度偏高；固化剂添加量过多；施工温度过高，表干过快；对流强烈造成表干过快；喷枪操作不当。

（3）预防或处理措施　控制木材的含水率小于12%；尽可能使用封闭底漆，对于深木眼板材更要进行封闭；应在腻子、底层涂料充分干燥后，再施工面层涂料；添加慢干水，调整挥发速率；严格避免涂料里带入水分；调整涂料的流变性与消泡之间的平衡；薄涂多次，尤其是底漆和亮光面漆；适量调低施工黏度；按比例添加固化剂；避免在35℃以上施工，如不可避免，则可加入适量慢干水；改造喷房通风环境；加强喷涂人员操作培训等。

3. 缩孔或跑油

（1）异常现象　漆膜流平干燥后存在若干大小不等、不规则分布的圆形小坑（火山口）的现象，有些甚至露出基材。

（2）产生原因　涂层表面被油、蜡、手汗等污染；有油水被空气带入涂料中；环境被污染；涂料本身被污染；喷涂的压缩空气含油或水；被涂面过于光滑或被污染；双组分涂料有时配调不均，也会出现收缩现象；涂料不配套。

（3）预防或处理措施　避免涂层表面被油、蜡、手汗等污染；定期处理好油水分离器，放掉空压机内的水；切断污染源；更换涂料；表面进行打磨预处理；配漆后充分调匀静置后，再进行涂装；涂料配套要符合原则。

4. 咬底

（1）异常现象　漆膜在干燥过程中或干燥后出现上层涂料溶胀下层涂料，使下层涂料脱离底层产生凸起、起皱、变形甚至剥落的现象。

（2）产生原因　上下层涂料不配套，下层涂料一次性喷涂太厚，下层未干透就施工上层涂料，上层涂料中含太多强溶剂，涂膜表面被污染。

（3）预防或处理措施　要根据涂装需要选好合适的涂料品种，并注意上下层涂料配套性能；下层涂料不能一次性喷涂太厚，以免底层干燥时间过长或不干；下层涂料要充分干燥，才能进行下步涂装工艺；一般上层涂料的稀释剂中，强溶剂不能过多，以免造成对下层漆膜的损伤；漆膜表面有污染物应清除干净后再施工等。

5. 慢干或不干

（1）异常现象　涂料施工后干燥速率异常，出现慢干或不干。

（2）产生原因　PU涂料固化剂未加或加入量不够；施工时温度太低或湿度太高；处理发白或者快干时，防发白水或慢干水添加过量；板材有油污或油脂含量高；涂料不配套；一次性喷涂太厚；层间间隔时间太短；面漆表干太快，面干底不干。

（3）预防或处理措施　按配比添加固化剂；提高室内施工温度或延长干燥时间；防发白水或慢干水的添加量要合适；当板材油污或油脂含量较高时，用溶剂清洗后再用封闭底漆进行封闭处理；涂料要配套使用；涂装时不能一次性喷涂太厚，并保证足够的层间干燥时间；调整好面漆的干燥时间，避免面干底不干。

6. 颗粒

（1）异常现象　干膜表面颗粒较多，颗粒形同痱子般的凸起，手感粗糙、不光滑。

（2）产生原因　涂料本身有粗颗粒；涂料未经过滤即使用；调漆后放置太久；涂料稀释剂溶解力差，涂料施工黏度太高；施工工具不洁；打磨时灰尘处理不干净；除尘系统不好，作业环境较差；喷枪气量、油量未调好或者喷涂一面时漆雾飞溅到另一面。

（3）预防或处理措施　选用合格的涂料产品；调好的涂料使用前必须经过滤后再用，且控制调漆量，以免放置时间过长；稀释剂溶解力及加入量要合适；施工工具必须清洁干净，并保持好喷房环境卫生；打磨工序要注意除尘，保证系统的除尘效果，正确操作喷枪；喷好面漆的一面做好保护，如果同时喷涂将涂料表干时间延长。

7. 失光

（1）异常现象　失光是指涂料在固化成漆膜后没有光泽，或光泽变低、不均匀的现象。

（2）产生原因　高温高湿天气容易引起失光；喷涂气压太大，油量太小；施工黏度太低，稀释剂添加太多；稀释剂挥发速率太快导致失光；配错固化剂；亚光漆未搅拌均匀即喷涂；涂膜太薄，流平不好。

（3）预防或处理措施　加入适量慢干水，控制涂布量，恶劣天气停止施工或者控制施工现场的温湿度；控制好喷涂气压、油量；将稀释剂的添加量控制在厂家提供的范围内；选用慢干稀释剂或添加慢干水；使用配套固化剂；亚光漆配漆前要搅拌均匀；保证漆膜厚度足够。

8. 流挂

（1）异常现象　涂料施涂于垂直面上时，由于重力作用而使湿漆膜向下移动，表面出现下滴、下垂，立面漆膜下厚上薄的现象。

（2）产生原因　涂料的防流挂性能不能满足施工要求；被涂物表面过于光滑；涂料施工黏度过低；一次性喷涂的涂层过厚；喷涂距离太近，喷枪移动速度太慢；凹凸不平或物体的棱角、转角、线角的凹槽处，容易造成涂刷不均、厚薄不一，较厚处就要流淌；施工环境温度过低，漆膜干得慢；物体基层表面有油、水等污物与涂料不相容，影响粘接，造成漆膜下垂；涂料中含重质颜料过多，部分涂料下垂。

（3）预防或处理措施　提高涂料的防流挂性；施工黏度保持正常；严禁一次性厚涂；调

整施工环境温度；物体表面应处理平整、光洁，清除表面油、水等污物；选择合适涂料。

9. 橘皮

（1）异常现象　涂膜表面呈现出许多半圆形突起，形似橘皮状斑纹。

（2）产生原因　喷涂黏度太高；每次喷漆太多太厚，重喷时间不当；施工环境温度过高或过低；物面不平、不洁，基材形状复杂及表面含有油水；施工操作不当。

（3）预防或处理措施　调整到合适的喷涂黏度；如需较厚涂膜应多次薄喷，每次间隔以表干为宜，每道涂膜不宜过厚；环境温度过高或过低时不宜施工；处理好喷涂表面，不得有水和油；正确施工等。

10. 色分离

（1）异常现象　色漆施工后漆膜出现色泽不均匀、深浅不一或不规则的现象。

（2）产生原因　下层色漆未干透即涂上层漆，稀释剂溶解力不够，施工前搅拌不充分，涂料颜料选择不当或分散不良，漆料本身质量差。

（3）预防或处理措施　提升操作技能；控制漆膜厚度，下层充分干透后再涂上层漆；选用合格稀释剂；施工前充分搅拌；选用质量优良的涂料。

11. 起皱

（1）异常现象　在施工第二道涂料或涂料干燥时，漆膜表面收缩，形成皱纹现象。

（2）产生原因　涂料干燥速率过快，涂膜干燥不均匀；一次性厚涂，表里干燥不一致；施工环境温度过高；底漆未干透即施工面漆；固化剂使用不当或异常；底层漆打磨不均匀。

（3）预防或处理措施　调整涂料干燥速率，控制涂膜均匀一致，控制好环境的温度，底层漆充分干燥后再涂面漆，选择正确固化剂，底层漆打磨均匀。

12. 干膜砂痕重

（1）异常现象　面漆涂装完成后，能清晰地看到底层漆打磨过的砂痕或基材着色打磨过的砂痕。

（2）产生原因　基材被逆向打磨；砂纸太粗；底层漆未完全干透就打磨；底层漆被打穿；打磨后未清洁干净，影响上层漆的润湿。

（3）预防或处理措施　基材打磨时一定要顺木纹方向打磨；选用合适砂纸，先用粗砂纸打磨，再换细砂纸；正确使用封闭漆，底层漆必须完全干透后再打磨，并除去漆粉灰尘；严防打穿漆膜；如底层漆膜厚度不够，可再加一遍底漆；定期检查并更换打磨砂纸。

13. 发汗

（1）异常现象　漆膜表面析出一种或多种液态组分的现象，渗出液呈油状且发黏称为发汗或渗出。

（2）产生原因　素材表面处理不好，基材含蜡、矿物油或其他油类；涂膜未干就涂装下一道或进行打磨；漆膜经加热强制干燥，但通风不良。

（3）预防或处理措施　喷涂前要处理好素材表面；涂料颜基比要合适，漆膜避免放在潮湿与气温高的环境；涂膜干透后再涂装下一道或进行打磨；加热强制干燥时，通风要好。

三、涂料涂装之后常见漆病的预防及处理

1. 黄变

（1）异常现象　涂膜干燥后，经过一定时间（有时时间很短）会出现变黄的现象，尤

其以透明本色漆涂在浅色板材和白色漆之上最为明显，有均匀黄变，也有斑状黄变。

（2）产生原因 涂料本身不耐黄变；耐黄变涂料错配不耐黄变固化剂；板材被漂白处理过，残留表面的氧化物导致漆膜迅速黄变；阳光直射或存放在高温下，漆膜黄变加快。

（3）预防或处理措施 根据涂装需要选用耐黄变涂料并保证配套使用耐黄变固化剂；经过漂白处理的板材要清洗干净，干燥并进行封闭处理，再进行下道涂装工序；尽量避免阳光直射或存放在高温环境下等。

2. 漆膜下陷

（1）异常现象 涂料在涂装成型后涂膜逐渐出现凹陷不平整的现象。

（2）产生原因 白坯刮涂腻子时，填充不良或基材含水量过高；封闭底漆未用或未用好；底漆厚度不够；底漆未充分干燥就打磨；配漆比例不对，一次性喷涂太厚；漆膜收缩率太大等。

（3）预防或处理措施 基材含水率一定控制在适宜范围才能进行涂装；选用填充性能好的腻子，尤其是深木眼板材，腻子要多次刮涂—干燥—打磨；一定要做好基材的封闭；底漆涂膜厚度应足够，必要时可多做一遍底漆；底漆必须充分干燥；层间干燥时间足够才进行打磨；PU主剂和固化剂要配套且固化剂用量要足够；调整好漆膜的收缩率等。

3. 泛白（后期）

（1）异常现象 涂料施工时未见异常，放置一定时间后，漆膜慢慢由透明转向不透明、浑浊，进而漆膜出现泛白（后期），这种现象在家装木家具涂装中经常发生。

（2）产生原因 基材含水率偏高，水性腻子未干透就进行下道工序，打磨后被汗手或带污渍的清洁布污染，水磨未干透就进行下道工序，涂料本身配方原因。

（3）预防或处理措施 严格控制基材含水率；水性腻子一定要干透；涂装操作打磨后要用干净布料清洁板面，并戴手套操作，避免被油渍、水、蜡或其他的有机物质污染；水磨后要充分干燥；换另外一种涂料做对比试验。

4. 光泽不均匀

（1）异常现象 漆膜表面光泽不均匀，或有亮点。

（2）产生原因 喷涂操作不当，压枪搭接部分过多或偏少；出漆量不平稳，有堵枪现象；高温高湿环境施工；晾干房条件不佳，通风条件差；涂料本身质劣；搅拌不均匀。

（3）预防或处理措施 培训提升操作技能，正确使用喷枪；施工前检查喷涂设备是否正常，进行必要的清洗；控制好施工环境的温湿度；改善喷房或晾干房条件，增加通风设施；选择质量稳定的涂料产品。

5. 回黏

（1）异常现象 漆膜干燥后，部分或全部漆膜一段时间后发生软化、粘手、不干的现象，打磨时粘砂纸，影响下一道工序，不能码堆。

（2）产生原因 涂料慢干，慢干溶剂含量过多，施工后未能充分挥发出来；反应性涂料固化剂用量不足；漆膜表面可能被污染；晾干房通风不良；高湿环境施工；底层漆未干透即涂面漆；漆膜厚涂，未干透包装；涂料本身质量问题。

（3）预防或处理措施 控制涂料慢干溶剂的加入量；涂料固化剂按施工比例添加；改善晾干房通风条件；控制施工环境的温湿度；底层漆干透后才上面漆；严禁一次性厚涂，漆膜必须充分干透再包装；选择合格涂料。

6. 漆膜脱落或附着力不良

(1) 异常现象　漆膜出现脱落、剥落、鼓包、起皮等病态现象。

(2) 产生原因　底漆、面漆不配套，造成层间附着力欠佳；没有使用封闭底漆，底材、底层过于光滑或不干净；漆膜层间未打磨或打磨不彻底；实色漆刮涂腻子过厚；所用的擦色剂（如木纹宝等）附着力不好；面漆修色停留时间过长或者修色层漆膜太脆；漆膜太薄；一次性喷涂太厚；干燥时间过快。

(3) 预防或处理措施　选择配套的底漆、面漆；底材要打磨至一定的粗糙度，基材用封闭底漆做好封闭；层间打磨至表面毛玻璃状；薄刮腻子，表面打磨彻底，腻子只填木眼，不填木径；选用附着力好的擦色剂，且着色后最好进行封闭；面漆修色时，间隔时间不要过长，选用合适的修色面漆，色精添加量符合厂家要求；底层要处理好。

7. 开裂

(1) 异常现象　漆膜表面出现深浅大小各不相同的裂纹，甚至从裂纹处能看到下层表面，则称为“开裂”；如漆膜呈现龟背花纹样的细小裂纹，则称为“龟裂”。

(2) 产生原因　漆膜干燥太快；一次性厚涂；固化剂加入过多；底材自身开裂，导致漆膜开裂；腻子刮涂过厚，打磨不彻底；施工环境不好，昼夜温差过大；涂料本身耐候性差，涂膜太脆，成膜性不好；未经封闭的软木类底材，喷上快干涂料（如 NC），漆膜也会发生开裂。

(3) 预防或处理措施　固化剂按比例添加并搅拌均匀；先处理底材开裂问题再处理涂料；薄刮腻子，打磨彻底，使腻子只填木眼，不填木径；保持温度平衡，避免温差过大；注意涂料的适用范围，换用合格涂料，做好封闭。

8. 起霜

(1) 异常现象　涂膜干燥后，表面呈现许多冷霜状或烟雾状细小颗粒的现象，称为起霜或起雾，一般是在喷涂后 1～2 天或数周后，整个或局部的漆膜上罩上一层类似梅子成熟时的雾状的细颗粒，而且擦去后会重现。

(2) 产生原因　喷涂时湿度大、风大，施工环境中有污染性气体，而潮气是主要原因；往往抗水的漆膜会把大气中吸收的水分积聚在表面形成起雾。其他原因还有喷涂时室温变化太大；固化剂加入量太多；快干溶剂用量太多；涂料本身问题，如涂料中某些小分子物质在成膜过程中析出，此问题基本与涂装过程无关。

(3) 预防或处理措施　喷涂应在理想环境中进行，喷涂后也要注意防潮、防烟、防煤气等；要注意保持室温恒定；固化剂不要加得过多；用相对慢干的溶剂等；调整涂料配方。

在家具涂装生产工序中，为了减少涂装事故发生，可重点关注以下工序：基材含水率控制、基材先封闭、填木眼腻子类产品选择及干透打净、重视打磨/水磨/砂纸型号、要按正确比例配漆、配漆时一定要搅拌均匀、配漆后要放置 15～20min、配漆后要过滤、施工黏度要适当、注意稀释剂（冬夏）选用、注意涂料的可使用时间、控制漆膜厚度、漆膜打磨后控制好重涂间隔时间、未用完涂料盖严、施工环境温湿度的控制、涂膜彻底干透/实干后才包装等，只要能做到这些，许多常见的漆病就可避免。

四、涂装缺陷的现象及其原因

涂装缺陷的现象及其原因一览见表 4-22。

表 4-22 涂装缺陷的现象及其原因一览

发生阶段	漆病	涂料本身原因	基材					涂装工艺与施工操作											设备环境					
			含水率	含油脂	材质	形状	清洁	调漆搅拌	调漆静置	调漆过滤	工具清洁	操作熟练	做封闭底	干燥速率	涂膜厚度	层间打磨	底面配套	涂装方法	通风	空气清洁	温度	湿度	气候变化	设备
涂装前	黏度偏高或低	★						☆	☆			☆												
	适用期短	★						☆				☆									☆		☆	
	返粗	★								☆	☆									☆	☆			
	结块	★						☆		☆										☆	☆			
	沉淀	★						★	★			☆												☆
	分层	★						★	★			☆												☆
	浮色	★						★	★			☆						☆						☆
	色差	★									☆													☆
	浑浊	★																						
涂装中	发白（泛白）	★	★	★								☆		☆	★		☆	☆	☆		☆	★	☆	☆
	起泡或针孔	★	★		☆	☆		☆	☆			☆		★	☆			☆			★	☆		☆
	缩孔及跑油	★	★	★			★				★					★	☆			★				
	咬底	☆												★	★	☆	★					☆		
	慢干或不干	★	☆	☆										★	★		★		★		★	★	☆	
	颗粒	★					★			★	★					☆	★	☆	★					
	失光	★	★	★								★					★		☆		☆	☆	★	
	流挂	★		☆		★		☆	☆			★				★		★	☆		☆			
	橘皮	☆	☆									★			★		★		★		★			
	色分离	★						★	☆					☆	☆		☆							

续表

发生阶段	漆病	涂料本身原因	基材					涂装工艺与施工操作											设备环境					
			含水率	含油脂	材质	形状	清洁	调漆搅拌	调漆静置	调漆过滤	工具清洁	操作熟练	做封闭底	干燥速率	涂膜厚度	层间打磨	底面配套	涂装方法	通风	空气清洁	温度	湿度	气候变化	设备
涂装中	起皱	☆	★									★		★	★		★	☆	★		☆	★		
	砂痕重									☆	☆	★		☆		★		★						☆
	发汗	★		★			★					☆		★		★	☆	☆	★		★	★		
	起霜	★	★				☆					☆	☆					☆	☆			★	★	
涂装后	黄变	★	★	★	★		☆						☆				★						★	
	漆膜下陷	★	★	★	★			☆				☆	★	★	★		★	☆				☆		
	泛白(后期)	★	★	★	★							☆			☆		☆	☆			★	★		
	光泽不均匀	★	★		★		☆	★				☆		☆	☆		★	☆	☆		☆	★		☆
	回黏	★	☆	☆			☆					☆			★			☆	☆		★	★	☆	
	脱落或附着力不良	★	★	★		★	☆	☆			☆	☆	★	★	★	★	★							
	开裂	☆	★	★								☆	☆	☆	☆	★	★	☆					☆	

注：★表示主要原因，☆表示次要原因。

第五节　木用涂料涂装管理与涂装难题

一、涂装管理

涂装中存在的各种问题，需在涂装生产管理中加以克服和解决。

涂装五要素包括涂装材料、涂装设备、涂装环境、涂装工艺和涂装管理。涂装材料是指涂装生产过程中使用的化工材料及辅料，包括各种涂料产品，如封闭漆、底面漆、固化剂、助剂、促进剂（蓝水）、引发剂（白水）、稀释剂等，以及砂纸、黏合剂、砂布等辅料；涂装设备是指涂装生产过程中使用的设备及工具，包括打磨设备、喷涂设备、洁净吸尘设备、涂装运输设备、试验仪器设备等；涂装环境是指涂装设备内部以外的空间环境，从空间上讲应该包括涂装车间（厂房）内部和涂装车间（厂房）外部的空间；涂装工艺包括工艺方法、工序、工艺过程等；涂装管理包括人员管理、生产（经营）管理、技术及质量管理、设备管理、材料管理、现场管理等。

涂装管理“十条”指的是在涂装生产管理中，着重从功能设计、效果设计、品种选定、施工工艺、操作设备、厂房布置、环保处理、质量检验、人员培训及经济核算十个方面综合去考虑，从而保证在不同的环境条件下，合理地整合涂装资源，并达到既定的涂装目标。

二、涂装难题

除了“三分涂料，七分木工”之外，笔者还赞成这句话：“三分涂料，七分涂装”。在木用涂装中，尤其如此。

由于基材是木制品，木用涂装产生的独特问题很多。受温度、湿度、粉尘等的影响，施工难度加大，但对表面装饰性的要求却越来越高。低温烘烤是解决以上问题的理想方法，如果有些产品由于各种原因无法进行强制干燥，就会使湿膜的整个干燥过程不能在理想的掌控之中。

在以上条件下，漆膜从湿膜至实干的漫长过程中，产生的如气泡、泛白、暗泡、渗陷、离层等现象，几乎成为“顽疾”。人为过分地要求提高漆膜的干燥速率，是导致各种漆病趋于严重的另一重要原因。而因为要返工、重涂，处理问题产品和不合格品，会导致成本升高、工时损耗、延迟交货、质量下降、诚信受损等严重后果，但很多人对此并无足够的认识。因此，有效地防止漆病的出现，才是最主要的。这是涂料行业和家具企业面临的共同课题。

（刘　锋）

第五章

水性木用涂料

第一节　概述

一、水性木用涂料的特点

水性木用涂料在中国已有二十多年的发展历史，与传统溶剂型木用涂料相比，具有环保、可持续发展、安全等特点。水性木用涂料以水为分散介质，极大地降低了挥发性有机化合物（VOC）的排放，减少了大气污染和不可再生资源的浪费；在生产、使用过程中气味低，不含甲醛、苯以及卤代烃等有害物质，对接触人员的身体危害小。水性木用涂料不属于危险化学品，不燃不爆炸，运输、储存和使用过程中安全性高，在《国家危险废物名录（2021年版）》中，水性涂料在生产和使用过程中产生的废物已不被列为危险废物，但并不意味着这些废物不会对环境产生污染。

1. 水性木用涂料的优点

（1）降低VOC和HAP（hazardous air pollutant，有害空气污染物，比VOC包含内容更广）排放；

（2）在生产、使用过程中气味低，不含甲醛、苯以及卤代烃等有害物质，减小了毒性和气味，提高了工人工作时的安全性和舒适度；

（3）产品配套合理，价格可接受；

（4）干膜物化性能越来越好，包括光泽、耐磨性、耐黄变性等；

（5）可以使用传统的涂装设备进行涂装；

（6）改进后的水性涂装、干燥设备、自动生产线日益成熟；

（7）单组分水性涂料可回收和重复使用，提高利用率；

（8）一些干燥后的水性涂料废弃物可作为非危险性垃圾进行填埋处理。

2. 水性木用涂料的缺点

（1）干膜物化性能与传统溶剂型涂料相比仍有差距；

（2）涨筋、封闭问题仍没得到真正解决；

（3）目前价格仍偏高；

（4）涂装和干燥过程中对环境温度，特别是对湿度非常敏感；

（5）干燥过程中对干燥设备或自动干燥线依赖程度较高；

（6）涂装及干燥线比溶剂型的同类设备复杂且造价高；

（7）能耗高；

（8）生产及涂装过程产生的废弃物、废水，依然存在污染地下水体的威胁；

（9）仓储和运输过程须合理保温、防止冻融，这方面与溶剂型涂料相比又增加了成本。

二、水性木用涂料的产品状况

水性木用涂料可以分为：水性丙烯酸涂料、水性聚氨酯涂料、水性聚氨酯丙烯酸酯涂料、水性醇酸树脂涂料、水性 UV 固化涂料。根据组成形式可以分为水性单组分体系（1K）、水性的“补强体系”（1K）、水性双组分体系（2K）。

水性木用涂料产品按其固化和使用方式可以分为水性单组分木用涂料和水性双组分木用涂料，把水性 UV 固化木用涂料划分到紫外光固化木用涂料范畴里去叙述。水性单组分木用涂料主要靠物理与自交联反应干燥成膜。最常用的成膜物质有水性丙烯酸乳胶或分散体、水性聚氨酯分散体、水性聚氨酯丙烯酸酯分散体和水性醇酸树脂等。水性双组分木用涂料包含主剂和固化剂两组分，使用时将两组分以一定比例混合后进行涂装，漆膜通过化学反应交联固化成膜。目前主流的水性双组分木用涂料为水性双组分聚氨酯涂料。另外，氮丙啶、碳化二亚胺等作为交联剂也常应用于水性木用涂料的“补强体系”中，其主要作用是提高交联密度以增强涂膜的耐性。

水性木用涂料产品目前面临的主要问题有：一是涂膜在硬度、丰满度、耐化学品性、防涨筋等性能上与溶剂型木用涂料相比仍有差距；二是水性木用涂料以水作为分散介质，干燥过程对环境的温度，特别是湿度敏感，因此涂装时对环境的温、湿度要求高，需要配置专用的涂装、干燥设备，成膜过程与溶剂型木用涂料相比能耗较高；三是在生产、涂装过程中产生的废水、废渣，如处理不好会对环境（地下水体）产生污染。

得益于产业链上下游的协同发展，特别是原材料和涂装技术的不断突破，上述问题正逐步得到解决，促使水性木用涂料正在各细分领域中越来越多地替代传统溶剂型涂料。除了能满足基本的涂膜物化性能之外，水性木用涂料正朝着功能化、个性化方向发展，例如，高光涂料、超亚触感涂料、抗刮涂料、抗菌涂料、自修复涂料、生物基涂料等新品的研发均获得良好进展。

三、水性木用涂料的市场状况

水性木用涂料在近几年的发展中，带动并促使其上下游的供求关系发生了颠覆性的巨变。上游从天价进口原料难觅转变至亲民国产原料遍地开花，下游从被动观望转变为主动配合转型。水性木用涂料在原料种类、原料品质、配方研发、生产技术、涂装工艺、涂装设备、干燥控制、环保措施等方面均有突破性的发展，同时，位于产业链中后段的各种适用于水性木用涂料的涂装、干燥设备也在市场巨大的推动力下不断提升、进步，其中最典型的莫如往复式喷涂机、静电旋碟喷涂机、静电旋杯喷涂机、机械臂＋静电旋杯喷涂机等。更环保的无溶剂粉末涂料在快速调整自身之后，成功地用于木用涂装并展示出强大的发展潜力。

但是，水性木用涂料仍存在问题：与溶剂型同类产品比较，硬度、丰满度仍需提高；高光产品前景不错但难度不低；业界对水性木用涂料涂装中封闭的重要性认识不足，而且还没能真正解决封闭问题；水性木用涂料的涂装过程特别是干燥成膜过程，仍有很多问题，制约了它的市场表现；水性木用涂料自身存在的对污染废水的处理、高能耗等环保问题也并未引起各方的足够重视。

水性木用涂料在技术和市场上正处于发展期。2020 年，水性木用涂料在国内木用涂料的市场占比约为 8%，至 2022 年，此数据已增长为 10%。随着人们对健康生活的关注、环保法规的推动以及下游木器制造企业的环保升级，水性木用涂料的市场需求会持续增长。

水性单组分木用涂料主要应用于板式家具、松木家具、儿童玩具、木门、美式家具、竹制品、工艺品等细分领域。由于施工方便、性价比高，单组分应用市场目前大于双组分。水性双组分木用涂料可以用于对性能要求较高的场合，比如欧式家具、办公家具等。水性双组分木用涂料目前市场占比稍低，但因其性能优越而发展迅速，相信再过两三年，双组分应用市场一定会超过单组分，成为水性木用涂料的主流产品！

水性木用涂料如今已经成为木用涂料这个大门类中最快的增长点，已成为木用涂料产业链中不可或缺的重要一环。

四、水性木用涂料的生产状况

2020 年，水性木用涂料在中国销量约 10 万吨，2021 年略有增长，而到了 2022 年，受疫情影响，此数据有所缩减。

生产企业在华南、华东、华北、西南等区域均有布局，产能多半集中在华南和华东区域。在华南区域，主要包括顺德、东莞、深圳、江门、广州等。华东区域则主要集中在上海、江苏、浙江及福建。华北区域则集中在天津、山东、辽宁等。西南区域则主要集中在四川成都。

近年来，我国对化工企业的环保要求越来越高，各地对不符合环保要求的化工企业实行关停并转。涂料生产企业也深受影响，一些中小型涂料生产企业因为环保不达标而限产关停。另外，随着工业化进程的加快，我国涂料制造业正朝着智能制造转型，从厂房建造到设备装置，均向着自动化、高质量、高效率方向发展，目标是去除落后产能、提高生产力、降低能耗、实现绿色生产。

五、水性木用涂料的应用状况

水性木用涂料的应用领域分为两大类：一类是民用家装领域，其特点是环保、无异味，满足消费者对快速入住及家居健康的需求，特别是在工厂预制的家装零部件及全屋订制领域，水性木用涂料已占主导地位；另一类是工业大批量涂装领域，其特点是要适应工厂机械化流水线涂装，满足高效率、性能优异的需求。

在民用家装领域，产品主要是水性单组分底漆、水性单组分面漆，其施工方式是刷涂或喷涂。

在工业涂装领域，产品既有水性单组分，也有水性双组分；产品涂装底面配套多样化，比如水性单组分底漆配水性单组分面漆、水性单组分底漆配水性双组分面漆、水性双组分底漆配水性双组分面漆、UV 底漆配水性面漆等。涂装工艺根据涂装效果的不同和被涂件的区别可有多种组合。涂装方式以喷涂为主，常见的有人工喷涂、往复式喷涂、静电喷涂、机械臂喷涂等，另外还有真空喷涂、浸涂、辊涂、淋涂、擦涂等施工方式。

第二节 水性木用涂料用原材料

一、水性木用涂料用树脂

水性树脂的种类很多，常用于木用涂料的包括水性丙烯酸树脂、水性聚氨酯树脂、水性聚氨酯丙烯酸酯树脂、水性醇酸树脂和水性紫外光固化树脂等。

1. 水性丙烯酸树脂

水性丙烯酸树脂是由丙烯酸酯类、甲基丙烯酸酯类、丙烯酸与甲基丙烯酸等含有双键的单体通过自由基加聚反应制备而成的。水性丙烯酸树脂具有优异的耐候性、光泽度和打磨性等诸多优点，在木用涂料领域有着不可替代的地位。

(1) 根据单体组成分类　根据水性丙烯酸树脂单体组成的不同，可分为纯丙树脂、苯丙树脂和醋丙树脂等。在合成时可以选择不同比例的软硬单体去调节树脂的玻璃化转变温度和最低成膜温度，从而实现对产品硬度及其他性能的控制。

纯丙树脂主要是由丙烯酸酯类、甲基丙烯酸酯类、丙烯酸以及甲基丙烯酸共聚而成，具有优异的耐候性、附着力以及优异的耐液体介质性能，具有广泛的适用性。苯丙树脂是苯乙烯和丙烯酸酯共聚而得到的一种混合树脂形式，具有成本低、玻璃化转变温度高和硬度高等特点，多用作打磨底漆，也用作要求不高的装饰性面漆。苯丙树脂的耐水性和耐碱性优于纯丙树脂，而纯丙树脂的耐候性更强。

(2) 根据合成工艺分类　根据水性丙烯酸树脂合成工艺的不同，可分为一级分散体和二级分散体。

广义来说，分散体是指由至少两个互不相容的组分组成的非均相混合体系，其中至少一个组分（非连续相）均匀分布在另一个组分（连续相）中。水性树脂（乳胶除外）都属于分散体的范畴，水就是连续相，而分布其中的树脂就是非连续相。

一级分散体在合成时先将单体分散在水中，通过乳液聚合一步得到高分子的乳胶树脂体系。一级分散体生产工艺简单，无需引入溶剂，成本较低。得到的产品通常分子量较高，物理干燥较快，但可能带来流平或光泽上的缺陷。一级分散体通常具有优良的耐候性和耐污性，但其残留的单体和表面活性剂可能会影响涂膜外观以及耐水性。

二级分散体的合成至少需要两步。第一步经聚合得到高分子聚合物（通常需要溶剂协助，之后可将溶剂除去或留在产品中），第二步在高分子聚合物上植入少量适当的亲水基团并将其分散在水中。二级分散体的生产工艺和装置都较为复杂，而且需要使用溶剂，对生产设备有防爆要求，成本也较高。得到的产品一般分子量较低且分布更窄，流平性、光泽和耐化学品性一般也比一级分散体更好。

因为一级分散体采用乳液聚合制备，有人将一级分散体称为“乳胶”，而“分散体”特指二级分散体。

(3) 根据使用方式分类　根据水性丙烯酸树脂使用方式的不同，可分为单组分用树脂和双组分用树脂。其中单组分用树脂一般不含活性基团且分子量较大，无需加入交联剂就可直接使用，赋予施工极大的便利性。成膜过程以物理干燥为主，漆膜的交联密度和致密度很低，所以耐化学品性一般。双组分用树脂通常是指引入羟基基团的产品，使用时通过加入异氰酸酯等固化剂进行化学交联反应，漆膜的交联密度和致密度较高，所以漆膜具有优异的耐化学品性。交联反应生成的聚氨酯结构也赋予漆膜优异的韧性。

值得注意的是，引入羟基基团时，丙烯酸一级分散体由于分子量大（可以达到几十万或几百万的级别）、粒径大，一部分羟基基团被包裹在乳胶粒子内部，有效羟基含量难以达到理论羟基含量。另外，带羟基基团的（甲基）丙烯酸类单体亲水性较强，与疏水的（甲基）丙烯酸类单体在乳液聚合时不易均匀共聚。这两种原因导致高羟值的丙烯酸一级分散体制备较难实现。而水性丙烯酸二级分散体则通过溶液聚合制备，粒径更小，分子量可控，羟基可以充分地暴露在乳胶粒子表面，有效羟基含量更接近理论羟基含量，也更适合于双组分体系的应用。因为更小的粒子堆积得更加紧密，使得漆膜的致密度更高，而更高的有效羟基含量，与异氰酸酯类固化剂的反应更加充分，再加上制备的涂料中不含乳液聚合所需的乳化剂，形成的漆膜具有更高的丰满度、硬度、附着力、耐水性和耐化学品性等。

(4) 其他改性产品　虽然水性丙烯酸树脂具有诸多优点，但由于其为热塑性树脂，乳胶中含有大量乳化剂、分散剂等亲水性物质，存在热黏冷脆、附着力差、耐水性不佳和机械强度差等缺陷。随着技术的发展成熟和多样化，市场上出现了诸多改性方式，如自交联技术、核壳聚合、聚氨酯改性、环氧改性、有机硅氧烷改性和有机氟改性等。通过改变树脂的粒子结构、改善工艺或添加少量功能性单体进而提高水性丙烯酸树脂的性能。

自交联技术是把带有双键的功能单体引入到丙烯酸树脂中，利用功能单体上特殊官能基团的较强反应活性，在乳液合成后期加入一些能与之反应的交联单体。随着乳胶成膜过程中水分的蒸发、体系 pH 值的变化二者进行交联，从而提高丙烯酸树脂的性能。例如羰基-氨基的交联体系，是由分子链带有活性羰基（如双丙酮丙烯酰胺 DAAM）的丙烯酸乳胶与多元酰肼类物质（如己二酸二酰肼 ADH）在室温下脱水形成交联的腙，使得原来的热塑性涂料改性为室温自交联的热固性涂料。

核壳型乳液聚合可认为是种子乳液聚合的发展。种子乳液聚合第二阶段中加入的单体若与制备种子乳胶的配方不同，且对核层聚合物的溶解性较差，就可以形成具有复合结构的乳胶粒，即核壳型乳胶粒，从而赋予核壳各不相同的功能。例如丙烯酸乳胶要达到高的硬度通常都是采用高玻璃化转变温度的方式，但成膜性较差或需添加较多的成膜助剂，从而导致配方的 VOCs 含量较高。若把乳胶粒做成硬核软壳型，可以实现硬度和成膜性的平衡。

2. 水性聚氨酯树脂

聚氨酯是指由活泼氢基团与异氰酸酯基团发生缩聚反应生成的氨基甲酸酯基团的聚合物。聚氨酯树脂的水性化是通过在聚氨酯大分子链上引入亲水基团，使聚氨酯粒子具有自乳化能力，从而分散在水中形成分散体。

其反应原料通常包括：①至少一种分子量较大，分子链较长的多元醇；②含有两个或以上异氰酸酯基团的多异氰酸酯；③若干小分子醇和胺扩链剂。

其中分子量较大、分子链较长的多元醇被称为软段，而多异氰酸酯与小分子醇和胺扩链剂，则被称为硬段。所有的聚氨酯材料都可以看作是柔性软链段和刚性硬链段交替连接而成的“刚柔并济”的嵌段共聚物。由于软硬链段的不相容性，软段和硬段在聚合物中各自聚集，分别形成软段相和硬段相。两种链段的相容性越差，两种相在微观上分离的程度越高。这种微相分离直接影响着聚氨酯材料的性能。所以，通过分子设计，选择不同种类或不同分子量的软段和硬段及其组合，可以对聚氨酯的玻璃化温度、膜机械强度、耐磨性、耐化学品性等进行调控，得到适合不同应用需求的水性聚氨酯树脂。

水性聚氨酯树脂一般对于成膜温度要求不高，耐磨性好、成膜性好，柔韧性、丰满度和手感俱佳，为水性木用涂料用树脂中的高端产品，主要用于有高耐磨要求的地板漆和家具面漆。但成本相对较高。

水性聚氨酯树脂根据亲水基团电荷性质的不同，可以分为阴离子型、阳离子型以及非离子型三种。在水性木器涂料中使用的水性聚氨酯树脂多为阴离子型。调整亲水基团的含量，可以得到粒径不同的产品，从而使树脂呈现从乳白色到半透明等多种不同外观。其中阴离子型产品产量最大、应用最广。

水性聚氨酯树脂根据应用体系的不同，可以分为单组分用树脂和双组分用树脂，这和水性丙烯酸树脂按此类别分类的概念相同。单组分用水性聚氨酯树脂一般不含活性基团且分子量较大，无需加入交联剂就可直接使用，成膜过程中以物理干燥为主。双组分用水性聚氨酯树脂通常是指带有含羟基基团的产品，使用时通过加入异氰酸酯固化剂进行化学交联，从而获得更优异的耐性。

水性聚氨酯树脂根据化学结构的不同，可以分为聚酯改性、聚醚改性、聚碳酸酯改性和脂肪酸改性等。聚酯改性类产品具有优异的耐候性和力学性能，由于聚酯原材料的结构多样化、选择面广，因此可以制备结构和性能多样化的水性聚氨酯产品，但由于酯键的存在，需关注其耐水解性能。聚醚改性类产品的耐水解性能优异，成本较低，醚键的柔性链段赋予此类产品优异的柔韧性和断裂伸长率，可用于制备柔感涂料，但不适合对于耐候性要求较高的场合。聚碳酸酯改性类产品具有优异的耐候性和耐水解性，但成本也较高。脂肪酸改性类产品引入了不饱和双键，有助于丰满度、耐性和耐黑鞋印的改善。

3. 水性聚氨酯丙烯酸酯树脂

从水性丙烯酸树脂和水性聚氨酯树脂各自的特点可以看出，两者的优缺点刚好可以互相补充：水性聚氨酯树脂光泽度高、耐磨性好、丰满度高、柔韧性好，但成本较高；而水性丙烯酸树脂成本相对较低，耐水性和耐候性好，但存在热粘冷脆和耐磨性较差的缺点。所以，人们开始尝试将两种聚合物结合起来，制备水性聚氨酯丙烯酸酯（PUA）树脂，实现性能互补，并降低成本。

水性聚氨酯丙烯酸酯树脂的制备方法较为多样，可以采用物理共混法、化学共混法、嵌段共聚法、核壳乳液聚合法和互穿网络法等多种方式，下面简单介绍这几种制备方法。

（1）物理共混法　顾名思义，物理共混法不涉及化学合成，只是物理意义上的混合。这种方法一般不需要加热条件，因此也被叫做“冷拼（physical mix）”。水性丙烯酸树脂和水性聚氨酯树脂按设计好的比例，通过物理搅拌均匀地混合在一起。这种制备方式工艺简单，成本低，应用广泛。但需要特别注意混合的两种树脂间的相容性，如果相容性不好（例如将阴离子丙烯酸树脂与阳离子聚氨酯树脂进行混合），产品可能立刻或在长期储存过程中出现絮凝、沉淀和分水等不稳定现象。另外，两种树脂的化学结构和混合比例也需要细致研究，好的情况下，两种树脂互补，可以在硬度、附着力、耐化学品性等重要性能上实现平衡；不好的情况下，新树脂的性能可能比其中的任一组分更差。

（2）化学共混法　化学共混法又叫交联共聚法。在预先制备好的聚丙烯酸分散体和聚氨酯分散体中加入交联剂，通过交联剂与两种分散体的反应将其化学键连在一起。虽然比起物理共混法，化学共混法得到的复合分散体两种组分间的相容性有所提高，分散体和涂层的最终性能也可能有一定程度的提高，然而这种方法反应复杂，并且两种聚合物间的结合并不牢固，小分子交联剂的引入还可能增加 VOC 的释放量，因而没有得到广泛应用。

（3）嵌段共聚法　嵌段共聚法是真正通过化学键将两种树脂聚合物分子直接连接在一起，具有优异的相容性，可以有效结合两种树脂的优点。嵌段共聚法灵活度很高，可以先制备带有氨基甲酸酯基团的丙烯酸单体，然后加入其他丙烯酸类单体进行乳液聚合得到复合分散体。也可以先分别制备含有活泼氢（羟基和羧基）的聚丙烯酸预聚体和异氰酸酯基团封端的聚氨酯预聚体，再通过活泼氢和异氰酸酯基团之间的加成反应得到嵌段共聚物，最后加水进行分散。这种方法得到的复合分散体粒径均一、稳定性好，涂层的综合性能也比单一树脂或共混得到的复合树脂更好。

（4）核壳乳液聚合法　核壳乳液聚合法利用聚丙烯酸树脂和聚氨酯树脂间的性质差异，巧妙设计分子结构和反应工艺，可以得到不同结构的核壳型复合分散体。例如，先合成具有亲水基团的聚氨酯分散体作为种子乳液，再加入丙烯酸酯单体和引发剂，然后让单体和引发剂渗透到聚氨酯分散体颗粒内部进行聚合，得到以聚氨酯为壳、聚丙烯酸酯为核的复合分散体。如果先合成疏水性的聚氨酯大分子并以双键封端，然后加入带有亲水基团的丙烯酸酯单体进行聚合，再将得到的双亲性聚合物在水中分散，就能得到以聚丙烯酸酯为壳、聚氨酯为核的复合分散体。

（5）互穿网络法　互穿网络（interpenetrating network，IPN）是指至少两种聚合物链之间互相渗透、互相缠结的一种微观结构。这种结构可以起到“强迫互容”和“协同作用”，实现两种聚合物性能的互补。要制备这种结构的水性聚氨酯丙烯酸酯树脂复合分散体，可以分别制备带有双键的聚氨酯分散体和聚丙烯酸乳胶，将两者混合后加入一些含双键的单体进行进一步的聚合和交联。

以上方法中，以物理共混法最为简单常见。但聚氨酯的氨基甲酸酯键上的极性氢原子与丙烯酸酯链段中酯基上的氧原子形成的氢键作用不太强，两种聚合物的相容性不够高，成膜后两种聚合物各自聚集，存在一定程度的相分离，阻碍了协同作用，时常导致制备的水性聚氨酯-丙烯酸树脂无法获得理想的性能。而采用核壳乳液聚合法和互穿网络法等新型制备方法制备的水性聚氨酯丙烯酸酯树脂复合分散体，虽然工艺较为复杂，成本较高，但可以有效提高两种树脂聚合物之间的相容性，发挥协同效应，使产品兼具水性聚氨酯树脂与水性丙烯酸树脂的优点，在性能上得到全面的提升。

4. 水性醇酸树脂

醇酸树脂是由多元醇、邻苯二甲酸酐和脂肪酸或油缩聚而成的改性聚酯树脂。根据不同种类的脂肪酸或油的分子中双键的数量不同，醇酸树脂分为干性、半干性和不干性三种。干性醇酸树脂可以在空气中固化，不干性醇酸树脂需要与氨基树脂混合，通常还需要加入一些催干剂，然后在加热条件下固化。另外根据分子中脂肪酸或油的含量，醇酸树脂又分为短、中、长和极长四种油度。油度短，干燥快，光泽高，漆膜硬度大；油度长，漆膜的柔韧性好，耐冲击性好。

水性醇酸树脂是在醇酸树脂的大分子链中引入羧基或羟基等亲水基团，使其能自乳化在水中形成稳定的水乳液。水性醇酸树脂在水分挥发后，通过空气中的氧气对双键进行氧化固化交联，其成膜机理与溶剂型醇酸树脂类似。

水性醇酸树脂与溶剂型醇酸树脂相比分子质量较小，对木材具有更好的渗透性能。其对颜料也有很好的润湿能力，且流动性、丰满度俱佳，多用于生产色漆，特别是装饰性漆，在木器涂料上有着特殊的地位。水性醇酸树脂原料廉价易得，制备工艺简单，结构性能调整自由度高，由此制备的漆膜具有良好的附着力、柔韧性、耐磨性等。但是，水性醇酸树脂也存在一些明显的缺点，如干燥慢、硬度低、耐候性差以及储存过程中易水解等。

目前市场上采用的水性醇酸树脂已非传统单一的醇酸体系，大多是经过改性的水性醇酸树脂，包括氨基树脂改性、环氧树脂改性、丙烯酸树脂改性和聚氨酯树脂改性等。使用丙烯酸改性的醇酸树脂具有优良的耐候性、耐腐蚀性、快干及高硬度，拓宽了水性醇酸树脂的应用领域，具有较好的发展前景。

5. 水性紫外光固化树脂

水性紫外光固化树脂是指含有不饱和双键，在紫外光照射下由光引发剂引发双键断开并发生聚合反应的水性树脂。

水性紫外光固化树脂包括不饱和聚酯、聚氨酯丙烯酸酯、丙烯酸酯化聚丙烯酸酯、聚酯丙烯酸酯、环氧丙烯酸酯等类型。水性紫外光固化树脂最大的优势在于通过紫外光固化，固化反应瞬间完成，可极大提高涂装效率。虽然目前其在木用涂料市场的份额不大，但是前景良好。

二、水性木用涂料用交联剂与固化剂

单组分涂料用树脂不含或者含有极少活性基团，配制成涂料后即可直接施工，操作方便。树脂在成膜过程中主要是物理干燥，化学交联非常有限，致使涂膜的硬度、耐化学品性和抗划伤等性能受到树脂设计的限制，很难满足高端家具涂装性能的要求。此外，无论是水性丙烯酸树脂还是水性聚氨酯树脂，都含有亲水基团如羧基（—COOH)、氨基（$—NH_2$）或磺酸基（$—SO_3^{2-}$）等，这些亲水基团也不利于涂膜的耐水性和耐污性。

目前的普遍做法是在单组分水性木用涂料喷涂之前加入某种交联剂，在漆膜的干燥过程中发生交联反应。但该交联反应并不像羟基和异氰酸酯的反应那样形成完整立体空间网络，而是用交联剂去“吃掉”一些亲水基团如羧基等，从而对漆膜性能进行一定程度的补强，起到一种“补强助剂”的作用。交联后的漆膜交联密度提高，体系内分子量与位阻都增大，性能得到改善，如耐水性提高、漆膜强度提升、耐污性变好等，交联剂对漆膜性能进行了一定的补强，是提高单组分水性木用涂料性能的有效途径，可称为“补强体系”。

“补强体系”因为有交联反应发生而有别于一般的单组分涂料的物理干燥，又有别于双组分涂料例如羟基和异氰酸酯之间的高交联度的固化成膜过程，这种体系的交联程度介于上述二者之间。加入交联剂后，备用漆的适用期既不是单组分涂料的无限期，也不是真正双组分涂料的几个小时。这种“补强体系”的涂料，根据品类的不同，其适用期可以长达十小时、几天甚至几个月。

双组分涂料用树脂含有活泼氢基团，加入固化剂后漆膜形成交联空间立体网络，使得双组分涂料获得优异的漆膜性能，但综合成本较高。

1. 交联剂

目前市面上可供搭配的交联剂有氮丙啶、聚碳化二亚胺和多异氰酸酯。

（1）氮丙啶　氮丙啶是一种含氮的三元环化合物，其结构为$—N\triangleleft$。

氮丙啶的三元环具有较大的结构张力，常温下易与多种化合物反应。在水性树脂体系中，主要和残留的羧基发生化学交联反应生成酯，也可缓慢与水反应，氮丙啶和羧基的反应式见式(5-1)，氮丙啶和水的反应式见式(5-2)。

$$—N\triangleleft + —COOH \xrightarrow{H^+} —NH—CH_2—CH_2—O—\overset{\overset{\displaystyle O}{\|}}{C}— \tag{5-1}$$

$$—N\triangleleft + H_2O \longrightarrow —NH—CH_2—CH_2—OH \tag{5-2}$$

通过加入氮丙啶到含羧基的水性单组分涂料体系中，可以提高涂膜的交联密度从而改善涂膜性能，如耐水性和耐化学品性等。但生成的交联产物具有一定的支化结构，分子间相对运动减弱，虽然涂膜硬度提高，但柔韧性可能会降低。

氮丙啶的反应活性较高，树脂里残留活性基团的量就较少，氮丙啶在配方中的添加量一般在0.5%～2%之间，和水性树脂混合后的可使用时间在10～20小时左右。

值得注意的是，虽然氮丙啶对于涂膜性能的提升有显著效果，但有高毒性，还具有强烈刺激性和腐蚀性，是潜在的致癌物质。在使用时，需严格按照产品安全说明书进行个人防护并做好危险防范的预防措施。目前已出现聚合氮丙啶，改性后的聚合氮丙啶分子量较大，毒性降低。

（2）聚碳化二亚胺　聚碳化二亚胺由异氰酸酯在催化剂的作用下合成，是含有累积双键$—N=C=N—$的低聚物，结构为$R^1—R^2\!\left[N=C=N—R^3\right]_nR^4$。一个碳原子上有两个双键，累积双键的张力较大，化学性质比较活泼，能和许多物质发生反应。在水性树脂体系中，聚碳化二亚胺参与的反应和氮丙啶类似，主要和羧基反应形成交联，也能与水缓慢反应，如式(5-3)和式(5-4)所示。聚碳化二亚胺在水性树脂体系中的反应产物主要是酰脲、酰胺、脲及酸酐等的混合物。

$$R—N=C=N—R + R'—COOH \longrightarrow R—\overset{\overset{\displaystyle H}{|}}{N}—\overset{\overset{\displaystyle O}{\|}}{C}—\underset{\underset{\displaystyle R}{|}}{N}—\overset{\overset{\displaystyle O}{\|}}{C}—R' \tag{5-3}$$

$$\sim\sim N=C=N\sim\sim + H_2O \longrightarrow \sim\sim \overset{H}{N}—\overset{\overset{\displaystyle O}{\|}}{C}—\overset{H}{N} \sim\sim \tag{5-4}$$

适合添加到水性树脂体系的聚碳化二亚胺一般为乳化后的水可分散型产品，易于和水性树脂体系混合。水性树脂和聚碳化二亚胺交联后形成部分交联网络，从而改善耐水性和耐化学品性等性能。此外由于脲键的生成，提高了分子间的氢键作用力，涂膜的耐冻裂性和柔韧性也有所提高。

另外要指出，当采用酮羰基（双丙酮丙烯酰胺）与酰肼（己二酸二酰肼）反应的自交联树脂配漆，又采用聚碳化二亚胺作为交联剂时，由于竞争反应的存在，耐性改善效果并不明显。

聚碳化二亚胺在配方中的添加量一般在2%～5%左右（基于固体分），也可以按照羧基的含量进行计算。根据加入量的不同以及储存条件的差异，和水性树脂混合后的可使用时间可达数天或数月。

综上所述，氮丙啶和聚碳化二亚胺可以和树脂中的羧基反应，常与单组分涂料用树脂搭配使用。氮丙啶虽然能显著改善涂膜耐水性，但因其较高的毒性，其推广使用受到明显限制，在实际中应用不多。聚碳化二亚胺对涂膜耐性的提升有限，不及氮丙啶，成本也略高。但它可制成单组分包装产品，即在涂料生产时加入配方中，无需现场添加。又具有低毒性、较长可使用时间等优点，在操作使用的安全性和便利性上更胜一筹，所以聚碳化二亚胺在实际中的应用较普遍。在实际使用中，也可以使用聚异氰酸酯作为单组分涂料用树脂的交联剂进行性能补强。

2. 多异氰酸酯固化剂

双组分涂料用树脂一般含有活性基团，比如羟基（—OH），使用时需加入一定比例的固化剂，如多异氰酸酯是木用涂料中最常见的固化剂。双组分涂料在水分和溶剂挥发以后，多异氰酸酯固化剂中的NCO基团与树脂中的羟基基团在成膜过程中发生交联反应，生成含有氨基甲酸酯的高分子聚合物，从而获得交联程度较高的涂膜以及优异的涂膜性能。水性树脂和固化剂的搭配对最终涂膜的性能有显著影响，如何选择合适的固化剂十分重要。

多异氰酸酯根据其合成使用单体的种类不同，可分为芳香族多异氰酸酯和脂肪族多异氰酸酯。芳香族多异氰酸酯的NCO活性大，与水的反应速率快，反应生成二氧化碳气体，容易造成涂膜弊病。加上可使用时间较短和耐黄变性较差的缺点，所以较少使用在水性体系中。通常使用的是脂肪族多异氰酸酯，其中又以六亚甲基二异氰酸酯（HDI）的衍生物使用范围最为广泛。而异佛尔酮二异氰酸酯（IPDI）的衍生物成本略高，含有环己基六元环结构，刚性较强，涂膜偏脆，一般不建议单独使用，可以和HDI类产品混合使用从而提高漆膜的硬度和表干时间。

（1）亲水性多异氰酸酯　用于水性体系的多异氰酸酯以亲水性多异氰酸酯为主。传统的溶剂型多异氰酸酯没有进行亲水改性，和水性树脂混合后，难以在水中分散，容易发生相分离，影响涂料的稳定性，并影响涂膜的最终性能，比如外观以及其他物化性能。于是多异氰酸酯的亲水改性就十分必要。经过亲水改性后的多异氰酸酯可以十分容易并且均匀而稳定地分散在水性体系中，两组分得以充分地交联，获得交联密度高、均匀致密、通透度好、光泽度高的涂膜。

多异氰酸酯的亲水改性工艺，可分为外乳化法和内乳化法。

① 外乳化法　是指通过添加小分子乳化剂，与疏水的多异氰酸酯进行物理混合，达到亲水改性的目的，其工艺比较简单。在和水性树脂混合后，乳化剂会包裹在多异氰酸酯的疏水表面，亲油端朝向多异氰酸酯，亲水端朝向水，从而使多异氰酸酯稳定地分散在水中。但在体系成膜后，乳化剂会逐渐游离到涂膜表面，影响涂膜外观，并导致涂膜的耐水性下降。所以采用外乳化法制成的亲水性多异氰酸酯只适用对耐水性要求不高的场合。

② 内乳化法　是指将多异氰酸酯与含有亲水基团的物质进行化学反应，合成出一种新的含有亲水基团的多异氰酸酯，使其能够易于在水中分散并稳定存在。内乳化法合成的

多异氰酸酯和水性树脂的混溶性好，可显著提高交联密度，从而大幅提高涂膜性能。而且，由于成膜后的涂膜中不含游离的亲水性物质，耐水性比使用外乳化法制成的多异氰酸酯有明显改善。

根据内乳化剂的亲水基团为非离子改性或离子改性，亲水性多异氰酸酯可相应地分成非离子型或离子型。不同改性类型的亲水性多异氰酸酯在成本和最终涂膜性能上有所差异，可按照需要选择使用。

a. 非离子改性　目前常见的非离子改性用的亲水性化合物以聚醚多元醇为主。通过聚醚多元醇的羟基和多异氰酸酯的NCO基团反应，亲水性的聚醚链段接枝到氨基甲酸酯的化学结构上。因为聚醚链段具有亲水性，使得改性后的多异氰酸酯具有优异的水可分散性。聚醚通常具有较长的柔韧的链段，这给最终的涂膜带来优异的力学性能，如柔韧性和耐磨性，但与此同时硬度偏低。而且聚醚带来的亲水性有限，合成时需要加入大量的聚醚才能赋予多异氰酸酯较好的水分散性，这降低了最终亲水性多异氰酸酯的NCO基团含量和官能度，导致涂膜的交联密度降低。聚醚基团一直在涂膜中，这也一定程度上影响了涂膜的耐水性。可通过进一步的脲基甲酸酯化进行改善，降低聚醚多元醇的加入量，提升官能度，也可以改善硬度和耐水性。聚醚类的原材料来源广泛，成本较低，在产品合成时的加入量也大，因此采用聚醚类非离子改性的亲水性多异氰酸酯的成本相对较低。

b. 离子改性　离子改性多异氰酸酯以阴离子改性为主，通过在多异氰酸酯的分子链中引入亲水性的阴离子基团（如羧酸基团或磺酸基团等），使改性后的多异氰酸酯能够稳定地分散在水中。其中，羧酸基团能在一定程度上解决聚醚改性产品耐水性差、黏度高、NCO基团含量低等问题，但其对pH值十分敏感。而磺酸基团是强酸基团，亲水性远高于聚醚和羧酸基团，所以改性中能进一步减少亲水基团的添加量，获得更高的官能度和NCO基团含量的产品。优异的水可分散性使得这类固化剂不需要高剪切力就能够在水中均匀分散，赋予双组分体系极大的便利性。同时，相较于非离子改性的多异氰酸酯而言，使用磺酸盐阴离子改性的产品具有更高的耐水性和硬度。阴离子改性的产品呈现弱酸性，也有利于减缓NCO基团与水的反应，从而减少固化剂的消耗，并提升其在水中的稳定性，延长可使用时间。

内乳化法亲水改性制成的多异氰酸酯固化剂十分容易分散在水中，和羟基组分的混溶性好，可显著提高漆膜的交联密度，从而大幅提高漆膜的理化性能。既适合于单组分涂料用树脂，也是含羟基树脂的最佳固化剂选择。

表5-1给出了两种改性类型的亲水性多异氰酸酯的最终涂膜的性能对比。

表5-1　使用非离子改性和阴离子改性多异氰酸酯的最终涂膜的性能对比

涂膜性能	非离子改性	阴离子改性
硬度	○	+
光泽	+	+
耐水性	○	+
相容性	+	○
柔韧性	+	○

注：+优异，○较好。

（2）疏水性多异氰酸酯　某些特殊的疏水性多异氰酸酯可以和亲水性多异氰酸酯搭配使用，从而提高涂膜的耐化学性、无泡膜厚度和适用期。应选取不含溶剂、黏度较低的疏水性多异氰酸酯，在机械高速分散的条件下，将多异氰酸酯的混合物与水性树脂进行搅拌和分散，从而获得分散性良好的涂料。

几种交联剂和固化剂的产品信息和应用性能见表 5-2。

表 5-2　几种交联剂和固化剂的产品信息和应用性能

项目	氮丙啶	聚碳化二亚胺	多异氰酸酯
产品信息			
可反应物	—COOH，水	—COOH，水	—COOH，—OH，—NH，水
可使用时间（常温）	10～20 小时	数天～数月	1～6 小时
危害性分类（详情请参见各产品的安全技术说明书）	毒害品 高刺激性和腐蚀性 有致敏作用 半数致死剂量（大鼠） $LD_{50}>15mg/kg$	半数致死剂量（大鼠） $LD_{50}>5000mg/kg$	吸入性毒性 皮肤致敏性 半数致死剂量（大鼠） $LD_{50}>2000mg/kg$
GHS 象形图		无	
应用性能			
黄变性	高	低	低
黏度	低	低	低～高
涂膜硬度	中	中	高
涂膜耐性	中	低	高
涂膜丰满度	低	低	高

三、水性木用涂料用树脂的选择与实例

水性木用涂料用树脂种类繁多，可以根据具体的施工条件及最终性能的要求进行选择和搭配。

1. 技术体系的特点

水性木用涂料按照添加交联剂或固化剂的程度可分为单组分（1K）体系、补强体系（俗称 1.5 组分或 1.5K）和双组分（2K）体系。

（1）单组分体系　单组分体系的树脂价格低廉，尤其是丙烯酸类产品，已在市面上得到广泛应用。此类产品使用方便，配方的综合成本较低。成膜过程中主要有物理干燥，干燥速度较快，但漆膜的耐化性能十分有限。所以单组分体系比较适合有成本要求和性能需求不高的场合，如木门和木制玩具等。

（2）补强体系　补强体系俗称 1.5 组分或 1.5K 体系，它的交联程度、性能和成本均介于单组分体系和双组分体系之间，可根据具体成本和性能的需求选用。

（3）双组分体系　双组分体系经过化学交联，漆膜的致密度较高，这赋予漆膜比单组分体系显著优异的耐化性、丰满度和抗划伤等性能。在使用时现场加入固化剂，制备完成的涂料需在适用期内使用。值得注意的是，水性双组分涂料是以分散体形式存在的多相体

系，其适用期的判断不能和溶剂型双组分涂料一样用黏度的上升来评判，而是以不同混合时间后漆膜性能来表征。此外，水性双组分体系中多异氰酸酯固化剂的加入量也和溶剂型双组分涂料有很大不同。考虑到异氰酸酯基和水的反应，配方的 NCO/OH 比值一般大于 1。根据不同配方的特点以及性能要求，配方的 NCO/OH 比值多在 1.3～1.8 之间，以 1.5 最为常见。双组分体系的成本一般较高，比较适合高端应用和对性能要求较高的场合，如卫浴橱柜和办公家具等。

2. 按涂料用途选择树脂

水性木用涂料按用途可分为底漆和面漆，面漆按装饰效果又可分为亮光和亚光、清漆和色漆等。此外，水性木用涂料使漆膜性能较为多样化，涵盖打磨性、硬度、丰满度和耐污性等。下面将逐一阐述不同情况下树脂的选择原则。

（1）底漆　底漆可以起到封闭基材、高效填充微细木孔并提高和面漆的附着力的作用，所以底漆的封闭性、入孔性、漆膜的通透性以及打磨性十分重要。

阳离子树脂可以与木材中的单宁酸以及部分油脂类分子形成离子键，生成一种被涂层固定在界面上不会在高温高湿条件下迁移渗出的盐类物质，防止涂层变色，起到良好的封闭效果。此外，阳离子树脂中的氨基可以与木纤维中的羟基形成氢键，从而产生很好的附着力。选用阳离子树脂时，必须注意和后续基于阴离子树脂的底漆和面漆的层间附着力。同时阳离子树脂的稳定性及相容性相对较差，在配制涂料时要注意助剂的匹配性和成膜助剂的添加方法，避免絮凝。

粒径较低的树脂或低黏度的底漆具有优异的渗透力，更易进入底材的毛细管中起到封闭作用。

在配方中亦可加入少许单宁酸抑制剂来和单宁酸发生络合反应，从而抑制其析出。此时应注意水性树脂与单宁酸抑制剂的相容性。

在单组分体系中，可选择超低粒径且不含表面活性剂的丙烯酸树脂。细小的粒径赋予涂料良好的入孔性和干膜通透性，不含表面活性剂可以避免残留的乳化剂组分在漆膜干燥后影响漆膜的耐水性。

亲水性固化剂价格的下降推动了双组分体系在底漆中的应用，尤其是搭配羟值较低的水性丙烯酸树脂。在高端打磨底漆的应用中，可选择中等羟值的水性丙烯酸二级分散体和亲水性固化剂进行搭配，漆膜在丰满度、通透性和暖木效果方面更有优势。

适合做底漆的体系有：Bayhydrol® A 242 和 Bayhydrol® A 2427 混拼后搭配亲水性固化剂 Bayhydur® ultra 307，涂料具有快速表干和优异的渗透性，并且和单宁酸抑制剂相容性好，达到的封闭效果佳；羟基聚酯聚氨酯树脂 Bayhydrol® U 2755/1 的粒径在 30nm 左右，和快干亲水性固化剂 Bayhydur® quix 306-70 搭配后，具有快干、润湿性好、渗透性好和高硬度的特点，同时有很好的耐水性，施工封闭底漆并打磨后，硬木木材表面的木刺不会再吸水立起；Primal® EP-6060 类型的金属交联苯丙乳胶有优异的托油性、快干、硬度建立快以及良好的打磨性；低羟值丙烯酸树脂 Houxian® 2004T 的通透度高，干燥快速；中等羟值丙烯酸二级分散体 Bayhydrol® A 2651 具有优异的暖木效果、漆膜通透度和丰满度。

（2）面漆　水性木用面漆同时提供了装饰功能和保护功能。由于木制产品（如家具）风格的多样化对水性木用面漆的装饰要求不同，又要综合兼顾保护功能，这需要对水性树脂的选择进行综合考量。

① 清漆　清漆一般应用在实木或者贴木皮的工艺上，清漆需能清晰地展现木制纹理并提供暖木效果，从而提升木质家具的美感。这就要求漆膜具有优异的通透度，应避免漆膜发雾或泛白。发雾或泛白的原因很多，除去配方和施工方面的因素，从树脂角度出发，丙烯酸二级分散体的分子量和粒径小于一级分散体，漆膜更加通透，十分适合作为清漆的树脂。若是双组分体系，需注意和固化剂的相容性，避免由于二者不相容导致的漆膜外观不理想。

② 色漆　色漆较多应用在中纤板等无需看到基材的场合，对漆膜的透明性要求不高，但树脂对颜料的包覆性和润湿性要好。浅色面漆还应具有较好的耐黄变性能。

③ 亮光漆　亮光漆对于光泽、雾影、鲜映性和丰满度的要求较高。丙烯酸二级分散体的分子量比一级分散体更小，分布也更窄，可以带来优异的漆膜外观，尤其是暖木效果和溶剂型产品十分接近，但成本相对较高。此外，干燥较慢的树脂体系有利于漆膜的流平和气泡释放从而获得优异的外观。

④ 亚光漆　亚光漆则更注重漆膜的耐性和施工时光泽的稳定性。清亚光体系还需关注漆膜的透明度。亚光效果大多依赖在配方中加入亚光粉或蜡助剂，若树脂与这些助剂的相容性不好，会导致漆膜发白和透明度下降。此外，树脂的消光效率不仅关乎配方成本，过多的亚光粉和蜡助剂还会对漆膜的耐污性和透明度带来潜在的不利影响。干燥较快的树脂体系更有利于亚光的实现，因为在较快的干燥过程中亚光粉来不及均匀排列，更粗糙的表面带来更强烈的漫反射从而实现低光泽。

除了添加助剂以实现亚光效果，近年来也陆续出现了自消光体系。通过加大单组分水性树脂的粒径，或是利用部分羟基树脂和固化剂的有限相容，从而实现不添加助剂即可达到消光效果。优势是可以避免亚光粉和蜡助剂对于耐污性的降低，也无需考虑涂料的沉降并降低配方成本。但需注意大粒径树脂自身的稳定性和双组分体系中有限相容带来潜在的光泽稳定性问题。

3. 按涂料性能选择树脂

(1) 硬度和柔韧性　漆膜的硬度和树脂的玻璃化转变温度（T_g）相关。玻璃化转变温度越高，分子链的刚性越大，漆膜的硬度也越高。但一味地追求高硬度，可能会出现漆膜虽硬但脆或成膜性差的情况，因为刚性的分子链同时也意味着其柔韧性可能不足。木材作为一种热胀冷缩较为明显的基材，漆膜也相应地要具备一定的柔韧性以避免漆膜开裂。

聚氨酯树脂在硬度和柔韧性上的平衡优于丙烯酸树脂，因为聚氨酯树脂是由柔性软链段和刚性硬链段交替连接而成的“刚柔并济”的嵌段共聚物。通过选择不同的软段和硬段及其组合，可以对聚氨酯树脂的玻璃化转变温度和柔韧性进行调节和平衡，从而制备出更符合木用要求的既硬又韧的漆膜，例如 Bayhydrol UH 2593/1。采用合适的聚氨酯改性丙烯酸树脂也能起到既不降低硬度又能适当改善柔韧性的效果，例如 Roshield® 3188 搭配 Bayhydrol® UH 2342。

(2) 耐污渍性　木质家具（如餐桌和橱柜）在使用时不可避免地会受到污渍的接触，如不及时清理，漆膜可能会遭受诸如咖啡、红酒、食醋和芥末等的侵害，从而导致漆膜变色、起泡甚至脱落，不仅影响美观，也影响家具的使用寿命。

耐污渍性和漆膜的交联密度息息相关，交联密度越高，漆膜越能抵抗污渍的渗透从而避免其停留在漆膜中导致漆膜弊病。所以一般来说，双组分体系的漆膜耐污渍性优于单组分体系，双组分体系中基于高羟值树脂体系的漆膜耐污渍性优于低羟值树脂，但成本也较高。在单组分体系中添加少量交联剂的“补强体系”作为漆膜交联密度、耐污渍性和价格均大致介于单组分体系和双组分体系之间的方案，在市面上也得到了广泛应用。

值得注意的是，在亚光漆和色漆中，配方中加入的亚光粉、蜡助剂和颜料也可能会对漆膜的耐污渍性产生不利影响。除了挑选对耐污渍性影响较小的助剂以外，在树脂的选择上应尽量选择消光效率高、对颜料展色力强的树脂从而减少助剂的使用。

(3) 丰满度　丰满度代表着漆膜的饱满程度。丰满度越高，漆膜看起来越饱满和厚实，越得到消费者尤其是亚太地区消费者的喜爱。通常来说，聚氨酯树脂的丰满度高于丙烯酸树脂，双组分体系的丰满度高于单组分体系。此外，使用油酸改性有利于丰满度的提高。

4. 按施工方式和工艺选择树脂

(1) 抗粘连性能　抗粘连性能是考察喷涂好的木材在储存、包装或运输过程中，尤其是高温条件下，由于叠放而造成漆膜之间或漆膜和包装材料之间粘连或压痕的情况。

抗粘连性能和漆膜的干燥时间和玻璃化转变温度（T_g）相关。若叠放时漆膜没有完全干燥，则漆膜之间或漆膜和包装材料非常容易彼此粘连。所以对于出货效率的要求较高或待干空间有限而必须要在短时间内叠放的情况，应选择干燥较快的体系，如单组分体系或基于低羟值树脂的双组分体系。此外，若涂料中树脂的玻璃化转变温度低于储存或运输的环境温度，漆膜聚合物从玻璃态转变为高弹态甚至黏流态，而造成抗粘连性能较差，所以玻璃化转变温度较高的树脂通常具有较好的抗粘连性能。

(2) 机械喷涂　人工成本的不断上升和涂装工艺需标准化的挑战促使木用涂料从手工涂装开始向自动化涂装转变。自动化涂装主要包括静电喷涂和往复式自动喷涂，不同的涂装方式对水性木用面漆树脂的选择需求不同。

静电喷涂在木器涂装中有旋碟式和旋杯式两种。旋碟式喷涂受限于工件的宽度，旋杯式喷涂的使用更灵活，应用范围也更广。由于高速离心作用，基于热塑性产品的涂料易脱水成膜，造成杯内堆积堵枪。一般旋杯式连续喷涂后发生堵枪的时间，短则半小时，长则两小时。聚氨酯树脂的离心稳定性好，不存在破乳趋势，但由于其快干和热塑性成膜，可能也会堵枪。在水性丙烯酸体系中，无皂聚合的丙烯酸树脂的离心雾化稳定性好于其他丙烯酸树脂体系，不易堵枪，例如 Neocryl® XK 14。

在往复式自动喷涂中，由于要防止机械翻面时涂料的流挂，涂料的喷涂黏度一般较高，这会增强留泡趋势，所以应选择消泡性能较好的树脂，例如单组分用树脂 Roshield® 3311。水性双组分体系中，除了要考虑消泡性能外，还应注意适用期。可选用 Bayhydrol® U 2755/1 和 Bayhydrol® UH 2593/1 混拼后搭配固化剂，不仅具有很好的消泡性，而且高黏状态下的适用期可达数小时。

5. 水性木用涂料用各种树脂的选择推荐

水性木用涂料用各种树脂的选择见表 5-3。

表 5-3　水性木用涂料用各种树脂的选择

产品	腻子	封闭底漆	单组底漆	双组底漆	单组面漆	双组面漆
聚醋酸乙烯乳胶	√					
苯丙乳胶	√		√		√	
阳离子丙烯酸乳胶		√				
阴离子丙烯酸乳胶		√				
丙烯酸乳胶		√	√		√	√
聚氨酯改性丙烯酸乳胶			√			√
丙烯酸分散体						√
聚氨酯分散体		√	√		√	√
羟基丙烯酸乳胶		√		√		√
羟基丙烯酸分散体				√		√
羟基聚氨酯分散体				√		√
高羟丙烯酸分散体						√
高羟丙烯酸乳胶						√
低羟丙烯酸乳胶						√
羟基丙烯酸二级分散体				√		√
羟基阳离子型树脂						√
无羟基水性树脂			√	√		

四、水性木用涂料用树脂的仓储运输和安全环保

1. 水性木用涂料用树脂的仓储运输条件

水性树脂以水作为分散介质，与溶剂型树脂相比，溶剂含量大幅降低，安全性有了很大提升，通常可作为非危品进行仓储和运输，提升了操作的便利性。但水性树脂的仓储和运输也需要注意一些问题，尤其是夏季的防晒和冬季的防冻融，应保持仓储和运输温度在5～30℃左右，避免造成不必要的损失。

在夏季，若仓储和运输过程中长期遭到太阳直射或周围环境温度过高，水分容易挥发，造成表面结皮，给操作带来不便。此外，长期较高温度下贮存会导致黏度的下降和/或平均粒径的增加，聚合物分子更容易结合在一起，有可能导致沉淀、凝结甚至胶化。应尽可能选择冷藏车进行运输，并在阴凉处存放，存放的环境温度最好不高于30摄氏度(具体温度可参照产品说明书)。

在冬季，当温度降至0℃以下时，水会结冰，结冰后形成针状结晶从而破坏聚合物粒子，产生絮凝、结块从而破乳。另外，水从液态转变到固态后，体积发生膨胀，聚合物粒子受到挤压也易结块破乳。水性树脂一旦冻结，水分散性受到影响，即使再加热溶解，也无法恢复原状。所以水性树脂的存放环境温度要保持在0℃以上，这尤其给我国冬季的北方地区提出挑战，一定要做好仓储和运输的防冻措施。若环境温度低于0℃，应采用保温车进行运输，或者运输车上采取保暖措施，并在仓库里加装暖气或空调，确保水性树脂不冻结。

除保暖措施之外，亦可在水性树脂中加入防冻剂，通过降低水的冰点以提高水性树脂的抗冻性。常用的防冻剂有乙二醇、丙二醇、丙三醇等醇类物质，这些化合物与水性树脂的混溶性较好，加入后能提高树脂的低温流动性，从而保护水性树脂不易结冰。

2. 水性木用涂料用树脂的安全环保要求

虽然水性树脂及其涂料的溶剂含量较低，不易燃易爆，相较传统溶剂型体系而言，安全性和环保性有了大幅提升，但切记不能因为水性树脂及其涂料含有“水性”二字而放松安全和环保要求。

要注意水性树脂在生产和使用过程中可能产生的废水的处理。废水可能来自多个工艺过程，比如搅拌釜的洗涤、喷枪的清洗和水帘喷房等。这些废水在不同程度上均受到化学物质的污染，成分也比较复杂，包括各种助剂、助溶剂和有机化合物等。若这些废水不经过处理而直接排入下水道，会对地下水体造成污染，这对水生生物有害并具有长期持续影响。所以严禁将废水直接排入下水道或土壤中。

盛放水性树脂的容器等其他固体废弃物也必须按照国家法令和环境相关法规进行处理和回收，不可随意丢弃。

第三节　水性木用涂料常用助剂

一、水性木用涂料常用助剂的种类

水性木用涂料常用助剂的种类有分散剂、润湿流平剂、消泡剂、触变剂、成膜助剂、消光剂、手感剂和防霉杀菌剂等。

二、水性木用涂料常用助剂的特性

1. 水性木用涂料用分散剂

水性木用涂料用分散剂多为嵌段结构的高分子聚合物，更贴切地说它更接近于树脂。由于水性木用涂料用树脂的润湿性都比较差，如采用的又是乳胶体系的树脂，就有高速分散至树脂破乳的问题，所以不会使用树脂作为分散介质去分散颜填料，都是先用水加上分散剂去分散粉料，然后把分散好的浆料再加到树脂中调漆。

如果水性木用涂料采用二级水性分散体的树脂（如丙烯酸二级分散体），既可以先用树脂加分散剂磨浆，然后加入树脂调漆；也可以先用分散剂高速分散磨浆，然后用树脂调漆。

以上两种情况对分散剂的不同要求是：二级分散体的树脂更偏油性，配方里面大多含有大量的有机溶剂，所以要求分散剂的溶剂化链段要更亲油性一些；并且要求分散剂的锚定效率也更高，以免涂料配方中的溶剂造成色浆的絮凝问题。

所有分散剂对水性漆膜的耐水性都有或多或少的负面影响，因此对用于水性木用涂料的分散剂要求更加均衡，尽量做到干燥前亲水干燥后憎水。

与水性烤漆和水性工业涂料的生产配方和工艺不同，水性木用涂料的着色普遍采用无树脂色浆调色。无树脂色浆中的分散剂要求对有机颜料展色后色泽鲜艳并且观感通透，在加入体系中调色时又要同时具备帮助分散滑石粉、钛白粉以及二氧化硅消光粉的能力，这样，才能使整个体系的浮色问题得到解决！

常用的分散剂如 DISPERBYK 190、DISUPER S19 、EFKA 4585、TEGO 755W 等。

2. 水性木用涂料用润湿流平剂

水性木用涂料用润湿流平剂一般都是两种或者三种搭配同时使用。水性木用涂料里面的润湿流平剂对底材的润湿性能要极好。特别是封闭底漆里面的润湿剂，其中起润湿作用的组成部分的分子量尽量要小一些，易于往下渗透运动。润湿剂的动态表面张力和静态表面张力要尽量低一些，在流动润湿过程中快速润湿底材并兼顾良好的消泡能力。另外起流平作用的部分，除了能够让漆膜在干燥过程中形成一个平整、致密的膜之外，还要同时兼顾手感剂、消泡剂的作用。

常用的润湿流平剂有癸炔二醇及其环氧加成物系列、双子星有机系列 TEGO TWIN 4000、TWIN 4100，HYPERLEV F40、HYPERLEV F41，BYK 346、349，TEGO 245、270 等。

3. 水性木用涂料用消泡剂

选择水性木用涂料消泡剂时，在注意其消泡能力的同时，更要重视其与整个体系的相容性。如果所用消泡剂虽然消泡性能好，但与整个体系的相容性不好，引起浊底、蒙面现象甚至产生缩孔，又要添加更多的助剂去解决新的问题，就弄巧成拙了。水性木用涂料多为低光泽的透明涂层，透明度一般，但如果上述矛盾能找到一个平衡点，使漆膜做到清澈通透也是不难的，最终就能更好地展现出各种天然木纹，包括名贵的红木基材的美感。

分散阶段应选用抑泡性能较强的消泡剂，调漆阶段应选用消泡速度较好的消泡剂。

常用的消泡剂有：TEGO 810、TEGO 825、BYK 028、BYK024、DEFOMASTER WS1、DEFOMASTER WS2。

4. 水性木用涂料用触变剂

用于水性木用涂料的触变剂，除了要满足触变要求外，还要注意其耐水性和对漆膜透明度的影响，所以可选择的种类并不是很多。

选择时，适用于中剪切力和高剪切力的增稠剂都需要一起搭配使用，如陶氏化学公司的 R8W、R12W、2020 等。具备良好的防沉作用和一定的抗流挂作用的水性聚酰胺也是强烈被推荐的，这类触变剂除了不增稠外也不影响耐水性、光泽以及透明度。

常用的有 DISPARLON AQ600、AQ630、AQ633E，PAMID D770、D772、D773 等。

三、水性木用涂料助剂的应用技巧

以上各种助剂相互搭配、一起应用于水性木用涂料时的注意事项如下：

1. 各水性助剂之间的协同效应

（1）分散剂与触变剂的协同效应　因为这两类助剂工作机理都是氢键理论和缔合包裹理论，可以适当选用有一定酸值的分散剂与触变剂叠加使用，这样既可以减少助剂的用量也可以得到更好的效果。

（2）润湿剂与消泡剂的协同效应　采用双子星结构的润湿剂与消泡剂协同，这样既可以得到更好的消泡效果又可以减少缩孔的产生。例如：TEGO TWIN 4100、HYPERLEV F41。

2. 各水性助剂之间的干扰作用

（1）消泡效果　触变增稠剂形成的空间网状结构容易引起消泡的困难；

（2）消泡能力　润湿剂会强烈降低表面张力，干扰消泡剂的消泡能力并使其消泡效果降低；

（3）缩孔　强消泡能力的消泡剂容易与体系中相容性差的粒子相互吸附从而析出，引起缩孔；

（4）吸附效果　胺中和剂一般会影响分散剂的吸附效果；

（5）增稠效果　成膜助剂以及溶剂由于有良好的溶解性，浓度大时会溶解聚氨酯类增稠剂中的疏水部分从而使其丧失增稠效果；

（6）流平　触变剂与分散剂的缔合会影响流平剂的效果；

（7）手感剂的干扰　由于手感剂多为含硅量比较高的聚合物，它会干扰流平效果和弱化消泡剂的消泡能力。

3. 如何选择与搭配各类水性助剂

搭配原则 1：分散剂要尽量选择偏有机类分散效果的分散剂，基础漆和色浆尽量选用同一种分散剂，这样可以大大减少浮色的产生。

搭配原则 2：强润湿弱消泡，尽量采用带消泡效果的润湿剂，而不是简单拼用。润湿剂具备强劲的润湿能力和尽量低的动态表面张力，从而获得良好的入孔性。消泡剂要选择相容性相对好一些的，与润湿剂一起搭配使用。

搭配原则 3：有机硅类流平剂搭配非有机硅类流平剂时，随着水分的挥发，有机硅类流平剂会在漆膜表面形成一层憎水的膜，延缓漆膜内部水分的挥发，形成一种“临界表干”的状态，造成大量的暗泡。此时可搭配水性丙烯酸酯流平剂，不仅可以增加长波流平的效果，还可以减少有机硅的使用进而减少暗泡的产生。

搭配原则 4：一般在制备水性树脂时，会加入少量消泡剂、润湿剂、杀菌剂等，目的是使树脂在生产、包装、运输、储存过程中保持稳定，这些助剂用量极少，一般与制漆过程中添加的助剂不存在冲突。但不排除制备一些定制类树脂或功能性水性树脂时会加入大量功能性助剂，这时对制漆过程中加入的助剂就要小心选择。

第四节　水性木用涂料用着色剂

一、水性木用涂料用着色剂及常用品种

水性木用涂料用着色剂是水性木用涂料生产或涂装过程中的着色材料。涂料厂需要自产或购买各种着色剂，一部分用于制成实色漆或透明色漆出售；另一部分的着色剂要供应下游企业，由家具厂涂装施工时在现场用于涂料调色或对底材直接着色。

各种水性木用涂料用着色剂产品是有别于溶剂型涂料着色剂而专用于水性木用涂料生产或涂装过程的着色材料，主要有水性色精和水性色浆之分。

1. 水性色精

水性色精是用能够溶解于水中的各种亲水染料（也叫水溶性金属络合染料），按不同比例加入水中，再加入必要的助剂和醇、醚类亲水溶剂（如需要）调配而成的，是均一相

的溶液。

2. 水性色浆

水性色浆是加工后的颜料分散浆。水性色浆在用于对木材的着色时，在着色方法、着色效果上，与用染料制成的水性色精有比较大的区别。由于颜料本身不溶于水，所以需将颜料结合水性树脂或亲水溶剂、水、助剂等经分散工艺而制成颜料分散浆，是非均一相的分散体系。

水性色浆之中又可分为实色色浆和透明色浆两种。由于耐候性好、抗迁移能力强以及材料本身不含有害物质等原因，水性透明色浆多用于透明效果的木材底着色，但价格也较贵。

二、常用原料品种

1. 水性色精常用染料品种

用于水性木用涂料的色精是金属络合类染料，颜色种类比较少，常见的有黄色、大红、玫红、蓝色、黑色几种主色。

2. 水性色浆常用颜料品种

水性木用涂料的色浆在选择颜料上面，涉及高、中、低档类产品，表 5-4 所示品种满足一般常用颜色要求，从应用性能、价格、环保要求等方面，颜料选用逐步集中化。

表 5-4　水性木用涂料常用颜料品种

分类	颜料类型	木器涂料中常用颜料品种	在水性木器漆中主要用途
无机	铁黄	P. Y. 42	分遮盖型、透明型，都可用于一般着色
	铁红	P. R. 101	分遮盖型、透明型，都可用于一般着色
	群青蓝	P. B. 29	用于白漆调白或着色剂
	钛白粉	P. W. 6	提升涂料遮盖力的主要颜料
有机	色淀	P. R. 57∶1	用于一般表观着色，耐晒性能一般，抗迁移性弱
	偶氮系列	P. Y. 14，P. R. 170	符合一般经济型着色要求，符合常见环保限制以及抗迁移性方面的要求
	苯并咪唑酮	P. Y. 151	中高档颜料，满足高耐晒要求，黄色
	双吡咯	P. R. 254，P. O. 73	满足高耐候要求，符合芳香胺限定要求
	喹吖啶酮类	P. R. 122，P. V. 19	玫红、桃红色系，满足高耐候要求，抗迁移性能好，具有良好透明性
	苝系	P. R. 179	高性能透明红，满足高透明及高耐候要求
	蒽醌	P. R. 177	高性能透明洋红，满足高透明及高耐候要求
	二噁嗪	P. V. 23	紫色，满足高耐候及迁移性要求
	酞菁蓝	P. B. 15∶1，P. B. 15∶3，P. B. 15∶6	酞菁蓝系列，从绿相到红相系列覆盖，满足高耐候及高性能要求

续表

分类	颜料类型	木器涂料中常用颜料品种	在水性木器漆中主要用途
有机	酞菁绿	P. G. 7	酞菁绿系列，总铜含量高于EN71-3中相关规定。可用于一般对铜无限制的用途
	炭黑	P. BK. 7	分普通炭黑与高色素炭黑，普通炭黑作一般调色用，高色素炭黑在特黑领域应用

三、基础配方

1. 水性色精配方

水性色精主要依靠醇醚类溶剂及少量酮类溶剂与水制成混合溶液后，对金属络合类染料进行溶解，因为每家染料厂制造的染料品种有区别，溶解浓度会有一定偏差，木用涂料水性色精配方见表5-5。

表5-5　木用涂料水性色精配方　　单位：%

颜色	去离子水	溶剂含量	染料含量
青黄	30～40	35～45	25
金黄	30～40	35～45	25
大红	31～41	35～45	24
洋红	31～41	35～45	24
红相黑	33～43	35～45	22
蓝相黑	33～43	35～45	22

2. 水性色浆配方

水性色浆的配方原理和溶剂型色浆有比较大的区别，色浆配方体系中，大部分颜料色浆采用无树脂体系研磨，同一类型颜料，颜料浓度相对也比较高。水性色浆分散体系的优化，可以兼容多种树脂体系。在颜料选择方面，对颜料的亲水性方面的要求有选择性，便于在水中更好地分散及保持储存稳定。木用涂料水性色浆配方见表5-6。

表5-6　木用涂料水性色浆配方　　单位：%

颜色	颜料索引号	去离子水	颜料量/%	分散剂含量/%	溶剂含量/%	pH调节剂	杀菌剂
明黄	P. Y. 14	37～40	40	10～12	8	0.3	0.04
金黄	P. Y. 83	51～53	36	8～12	8	0.3	0.04
大红	P. R. 254	33～35	48	10～12	8～10	0.4	0.04
酞菁蓝	P. B. 15∶3	31～33	48	12～14	8～10	0.4	0.02
酞菁绿	P. G. 7	28～32	50	12～14	10	0.3	0.02

为了增强格丽斯的渗透性，配方中使用乙醇和底材润湿剂的组合，因此在色浆配方设计上，既要考虑到此两种体系的抗絮凝能力，又要满足水性醇酸树脂体系的相容性。两方

面只要有其中一方面不匹配，就会引起涂层起粒、透明度下降、表面雾影等现象，使整体着色效果变差。常见格丽斯配方见表 5-7。

表 5-7　常见格丽斯配方

名称	用量/%	名称	用量/%
去离子水	49～59	改性醇酸树脂	30～40
乙醇	7～12	抑泡剂	0.02
底材润湿剂	3～5	透明色浆	10%～15%
羧甲基纤维素钠	0.2		

四、生产工艺

1. 水性色精生产工艺

水性色精生产工艺：将去离子水和染料经过搅拌，溶解后制成一种稳定的液体浆料。具体为：

配方确定→投料→搅拌溶解→调浆→检测→过滤→包装

2. 水性色浆生产工艺

水性色浆生产工艺：将颜料分散、研磨后制成一种稳定的液体浆料。具体为：

配方确定→投料→预分散→粗磨→精磨→调浆→检测→过滤→包装

需根据各品种不同颜料的原始粒径、色浆需要达到的细度标准去选择合适的分散研磨设备，同时需要选取合适的助剂、合理的研磨工艺去得到最好的、稳定的色浆。

五、应用工艺及评价

1. 色精在水性木用涂料中的应用

可以直接用于木质底材的擦色，也可以加入清漆中用于修色和调色。

因为染料以分子形式存在，带有一些活性基团，在用于木材擦色时渗透也相对较快。但在施工过程中，因为渗透过快也容易出现一些表观发花、颜色饱和度差等问题。

使用色精对底材直接着色的一般过程如下：

木材白坯处理→透明封闭底漆→底着色→透明底漆→色精加入修色主剂修色→用透明清面漆罩光

2. 色浆在水性木用涂料中的应用

在涂料厂的应用：直接用于各种透明有色涂料产品的调色。

在家具厂的应用：水性色浆在木用涂料的涂装中，主要应用于在做透明效果时对木材进行底着色，方法有刷、擦、喷等，施工前先用各色色浆调至所需色相，调整稠度，搅拌均匀后可用。有时也可以直接加入底漆或中间涂层里作调色或修色用，然后喷涂（一般不加入面漆里）。

六、水性着色剂常见质量控制指标

1. 水性色精常见评价指标

水性色精主要由水、溶剂、金属络合染料经溶解混合而成，在涂料评价体系中，目前未有明确的评价指标可参照，主要从环保要求及应用性能方面进行控制：

（1）环保方面　根据 Reach XVII 中对溶剂限用的相关规定，对二乙二醇丁醚（DEGME）及其酯类化合物的使用有限制。水性色精用于儿童家具时，可参照玩具安全标准 EN 71-Part 9 对有机化合物的限制要求，包含甲醇、甲醛、DMF 等均不得检出。

（2）应用性能方面　色迁移、耐候性以及与水性涂料的相容性等项目要达标。对相容性的评价可在使用前进行浮色、絮凝、析出等项目的一系列试验。染料的溶解浓度需在应用中不断反复调整以保证色精稳定不析出。

2. 水性色浆常见评价指标

水性木用涂料所用色浆在设计配方过程中，牵涉部分儿童家具（类似玩具漆体系）的应用时，有特殊的对环保指标的要求，除了要考虑常规指标之外，还需要排除特定有害物质的来源。水性色浆常规评价指标见表 5-8、水性木用涂料用色浆常见有害物质限制检测要求见表 5-9。

表 5-8　水性色浆常规评价指标

色浆评价指标	参照标准	主要说明
冲淡对比/指研测试	GB/T 10664—2003	相对着色力，色差控制，指研测试相容性
细度测量	GB/T 10664—2003	色浆研磨至要求粒径
黏度测量	GB/T 9269—2009	批次状态控制
透明度和遮盖力	HG/T 3851—2006	颜料批次的透明性
光泽	GB/T 9754—2007	清漆体系中，测试色浆对光泽的影响
颜色迁移	SN/T 2470—2010	测试颜料抗迁移性能

表 5-9　水性木用涂料用色浆常见有害物质限制检测要求

常见要求检测项目	对应法规及标准	主要要求
APEO（壬基酚聚氧乙烯醚，辛基酚聚氧乙烯醚，壬基酚，辛基酚）	HJ 2537—2014	欧盟：一般要求 0.1%（1000mg/kg）以下，小部分要求 0.03%以下或 0 中国：不得人为添加，一般也是按 0.1%以下
禁用偶氮染料	EN 14362—1：2012	限量值≤20mg/kg
特定元素的迁移	EN71-3：2013＋A3：2018	第一类（干燥、易碎、粉末状，或柔韧性材料）≤2mg/kg 第二类（液态或具有黏性的玩具材料）≤0.5mg/kg 第三类（可以刮去的玩具材料）≤20mg/kg
多环芳烃（PAHs）	2009/48/EC	1 类＜1mg/kg，玩具 2 类＜5mg/kg，3 类＜20mg/kg
邻苯二甲酸酯（DPES）	HJ 2537—2014	HJ 2537—2014《环境标志产品技术要求　水性涂料》中规定不得人为添加，一般也是 0.1%以下
三苯（甲苯，二甲苯，苯）	GB 18583—2008	苯≤0.2g/kg，甲苯＋二甲苯≤10g/kg
游离甲醛	GB 18583—2008	＜10g/kg

七、水性木用涂料用色浆在制造和购买时指标的对应选择

水性木用涂料用色浆常见选择权重见表 5-10。

表 5-10　水性木用涂料用色浆常见选择权重

用途	醇溶性	透明度	遮盖力	抗迁移性	相容性	环保要求	储存变色	耐晒性能	耐光性
水性格丽斯	√	√			√	√			
儿童家具		√	√	√	√	√	√		√
门窗类		√	√	√			√	√	√
户外家具					√		√	√	√

八、水性木用涂料用着色剂的发展前景

水性木用涂料用着色剂（包括色精和色浆），由于是无树脂产品而消除了应用障碍，解决了多种树脂匹配的问题，有较强的通用性，外购、定制有明显优势；存在色彩品相需求多、用量少的特点，外购有技术优势和成本优势，更加安全环保；对着色剂有特殊要求，生产、品控条件完善，环保要求能达标时可以少量自产。

水性木用涂料用着色剂涉及范围非常广泛，涂料色漆制造在逐步向标准化、规范化发展。作为涂料用着色剂（包括色精和色浆），在精细化、专业化、产品服务、绿色制造方面有比较成熟的基础。商品化（外购、定制）着色剂在加速行业细分以及产品专业化方面的优势越来越明显，发展前景良好。

第五节　水性木用涂料常用产品的基础配方及原理

一、水性腻子

水性腻子的主要作用同传统腻子一样，就是填充。常用的有两种：第一种是喷涂用水性腻子，黏度较低，多用于喷涂施工，用于对木质底材的大面积填充，辅助填平；第二种是刮涂用水性腻子，黏度较高，多用于刮涂施工，对底材本身缺陷、孔眼进行局部填充修补。

1. 喷涂用水性腻子

（1）产品介绍　喷涂用水性腻子能大面积快速喷涂，干燥性、打磨性好，能同时满足对打磨性和生产效率的要求。水性腻子一般作为低成本的产品使用，主要用于降低水性涂料的涂装成本。相比于溶剂型腻子来讲，其透明度较差，故只在低档木制产品上有应用。

（2）基础配方　喷涂用水性腻子配方及生产工艺见表 5-11，检测指标见表 5-12。

表 5-11　喷涂用水性腻子配方及生产工艺

配方组成	原料及型号	质量分数/%	生产工艺
成膜物质	LACPER 4055	10.00	静态投入分散釜内，边低速搅拌边投入后续材料

续表

配方组成	原料及型号	质量分数/%	生产工艺
水	去离子水	2.40	用洁净容器预混合后，缓慢投入，中速搅匀
成膜助剂	二丙二醇甲醚	2.00	
成膜助剂	二丙二醇丁醚	2.00	
pH 值调节剂	AMP-95	0.20	
消泡剂	SN-DEFOAMER154	0.40	
润湿分散剂	DISPERBYK-190	0.50	依序缓慢投入分散釜内，高速分散至细度合格，试喷后无缩孔
润湿分散剂	OROTAN 快易	1.00	
填料	滑石粉	25.00	
填料	MINEX 7	25.00	
填料	METALSATE 3T-400	5.00	
增稠剂	HISOL305	0.40	
流变助剂	BENTONE DE 水浆 14%	2	依序缓慢投入分散釜内，中速分散，调整黏度至合格，继续分散 10 分钟后品检、过滤、包装
罐内防腐剂	ACTICIDE MBS	0.20	
水	去离子水	23.80	
增稠剂	HISOL305	0.10	
合计		100.00	

表 5-12　喷涂用水性腻子检测指标

检验项目	性能指标	检验项目	性能指标
黏度(25℃)/KU	100	漆膜外观	平整无弊病
细度/μm	30	附着力/级	1
pH 值	8.0～9.0	贮存稳定性(50℃,7d)	无异常
固含量/%	60±1	主剂：水	100：10

（3）配方调整

① 原料选择　成膜物质选用水性丙烯酸酯类乳胶，对颜填料有极好的润湿性和包覆性。增稠剂推荐使用碱溶胀缔合增稠剂或羟乙基纤维素，在保证黏度的同时，可以得到比聚氨酯缔合型增稠剂更好的防沉降性能。

② 配比调整　改变成膜助剂的比例和种类去调整干燥速度和成膜性。透明性是该配方的硬伤，虽然可以通过更换透明粉等得到一定的改善，但仍然不理想。

③ 技术难点　根据要求先确定颜基比，再做好防沉降，水性涂料体系内填料的防沉降是较难的，否则极易出现硬沉、分层、析水等弊病。

（4）施工注意事项　要避免龟裂，水性高颜基比涂料厚涂时极易出现漆膜龟裂，应尽量避免一次性厚涂。还要避免咬底，水性腻子里成膜物质较少，极易被成膜物质和成膜助剂含量高的后续涂层咬起。

2. 刮涂用水性腻子

（1）产品介绍　刮涂用水性腻子的作用就是填充，对底材上较大的缝隙、孔眼、破损等进行填充修补，要求附着力好、易刮涂、快干易磨、干后不开裂、收缩小。

（2）基础配方　刮涂用水性腻子配方及生产工艺见表 5-13，刮涂用水性腻子检测指标见表 5-14。

表 5-13　刮涂用水性腻子配方及生产工艺

配方组成	原料及型号	组成(质量分数)/%	生产工艺
成膜物质	PRIMAL EP-6060	40.00	静态投入分散釜内，边低速搅拌边投入后续材料
成膜助剂	二丙二醇甲醚	3.00	用洁净容器预混合后，缓慢投入，中速搅匀
成膜助剂	二丙二醇丁醚	2.80	
润湿分散剂	DISPERBYK-190	1.00	
填料	滑石粉	20.00	依序缓慢投入分散釜内后，高速分散 20 分钟
填料	SILLITIN Z 89	12.50	
填料	MINEX 7	20.00	
消泡剂	TEGO FOAMEX 810	0.50	
增稠剂	RHEOLATE 299	0.20	缓慢投入分散釜内，中速搅拌 10 分钟后包装
合计		100.00	

表 5-14　刮涂用水性腻子检测指标

检验项目	性能指标	检验项目	性能指标
黏度(25℃)/KU	100	附着力/级	1
pH 值	7.0～8.0	贮存稳定性(50℃,7d)	无异常
固含量/%	68±1		

（3）配方调整

① 原料选择　选用聚醋酸乙烯乳胶性价比高，如使用苯丙乳胶，既能做到高颜基比，又有好的硬度和耐水性。对填料的选择，除了要选用具有填充作用的，还需要选用高岭土或者具有类似结构的黏土类填料以增加黏结力。增稠剂各类均可选用。

② 技术难点　需要基于选定的成膜物质确定颜基比以及各种填料的调配比例，避免开裂和塌陷。

（4）产品制备　该产品最终黏度极高，高速分散会使体系温度过高，生产时最好在有夹套循环冷却水的密闭釜内进行，包装前需待产品降至常温。

二、水性封闭底漆

水性封闭底漆同传统封闭底漆一样，其作用就是封固和隔断，通过水性封闭底漆增强涂层与底材之间的附着力，防止底材内的单宁酸、油脂等物质向上迁移，防止底材内木纤成分吸水涨筋。水性涂料因为水这个独特成分的存在，使得目前市售的水性封闭底漆的封闭效果并不理想。双组分的水性封闭底漆效果好些，在此先就最常见的三种单组分水性封闭底漆进行介绍。

1. 阳离子型水性封闭底漆

(1) 产品介绍　阳离子型水性单宁酸封闭底漆是通过物理阻隔的形式，使小粒径的阳离子水性树脂渗透至底材导管的深处，对木纤维形成包覆涂层，一方面阻止单宁酸向上迁移，另一方面阻止后续涂层水向下渗透，从而起到一定的封闭作用。

(2) 基础配方　水性阳离子封闭底漆配方及生产工艺见表 5-15，检测指标见表 5-16。

表 5-15　水性阳离子封闭底漆配方及生产工艺

配方组成	原料及型号	质量分数/%	生产工艺
主要成膜物质	NeoCryl XK-350	80.00	静态投入分散釜内，边低速搅拌边投入后续材料
成膜助剂	醇酯十二	3.70	用洁净容器预混合后，缓慢投入，中速搅匀
成膜助剂	二乙二醇丁醚	4.00	
润湿剂	BYK-346	0.40	
消泡剂	BYK-024	0.20	缓慢投入，中速搅匀
润湿分散剂	DISPERBYK-190	1.00	
填料	高岭土	10.00	依序缓慢投入分散釜内，高速分散至细度合格，经试喷无缩孔后，调整黏度至合格，继续分散 10 分钟后品检、过滤、包装
增稠剂	TAFIGEL PUR44	0.30	
消泡剂	BYK-022	0.20	
增稠剂	TAFIGEL PUR44	0.20	
合计		100.00	

表 5-16　水性阳离子封闭底漆检测指标

检验项目	性能指标	检验项目	性能指标
黏度(25℃)/KU	50	漆膜外观	平整无弊病
细度/μm	30	附着力/级	1
固含量/%	45±1	贮存稳定性(50℃,7d)	无异常
主剂∶水	100∶10		

(3) 配方调整

① 原料选择　水性阳离子树脂在市场的应用较少，且可选择的原料也不多。尽可能少加或不加水，这样可有效提高封闭效果。

② 技术难点　怎样对单宁酸进行有效封闭，从而延缓或减轻白底漆的黄变，是一直在攻关的课题。

(4) 产品制备　阳离子生产用分散罐和用具应专用，避免与其他涂料用具混用。

(5) 施工注意事项　生产过程要坚决防止与阴离子类型水性涂料混合的情况出现，哪怕少量的接触也不行。现阶段，为保证封闭性，需要一定的涂布量，打磨不能有砂穿情况，不同的基材需要按工艺验证。

2. 阴离子型水性封闭底漆

(1) 产品介绍　阴离子型水性单宁酸封闭底漆是结合物理封闭和化学反应两种原理的封闭底漆。一方面通过优异的成膜性形成致密的封闭涂层，另一方面通过与木质底材里的单宁酸发生络合反应，达到封闭单宁酸的效果。

（2）基础配方　水性阴离子封闭底漆配方及生产工艺见表 5-17，检测指标见表 5-18。

表 5-17　水性阴离子封闭底漆配方及生产工艺

配方组成	原料及型号	质量分数/%	生产工艺
成膜物质	LACPER 4312	40	静态投入分散釜内，边低速搅拌边投入后续材料
成膜物质	LACPER 4316	40	
水	去离子水	3	用洁净容器预混合后，缓慢投入，中速搅匀
成膜助剂	二丙二醇甲醚	3	
成膜助剂	二丙二醇丁醚	3	
润湿剂	TEGO TWIN 4100	0.3	
消泡剂	TEGO FOAMEX 825	0.3	依序缓慢投入分散釜内，高速分散至细度合格，经试喷无缩孔
消泡剂	TEGO AIREX 902W	0.2	
增稠剂	TAFIGEL PUR44	0.2	
消泡剂	TEGO FOAMEX 810	0.2	
填料	TP800	1	
单宁酸抑制剂	Halox Xtain L-44	3	依序缓慢投入分散釜内，中速搅匀，调整黏度至合格，继续搅拌 10 分钟后品检、过滤、包装
水	去离子水	5.6	
增稠剂	TAFIGEL PUR44	0.2	
合计		100	

表 5-18　水性阴离子封闭底漆检测指标

检验项目	性能指标	检验项目	性能指标
黏度(25℃)/KU	75	外观	平整无弊病
细度/μm	30	附着力/级	1
pH 值	8.0～10.0	贮存稳定性(50℃,7d)	无异常
固含量/%	34±1	主剂∶水	100∶10

（3）配方调整

① 原料选择　用于封闭底漆的水性阴离子丙烯酸乳胶市场上品种较多，可根据需求选择。单宁酸抑制剂是配方的关键原料，需要根据选定的成膜物质来评估体系的稳定性和最佳添加量，也可以选用氧化锌。

② 技术难点　多数的水性阴离子乳胶随着单宁酸抑制剂添加量的增加而变得不稳定，添加量的大小会影响封闭的效果；几乎所有的水性封闭型乳胶的干漆膜都较软，影响抗粘连、打磨性等施工性能。

（4）产品制备　单宁酸抑制剂为强碱性物质，器皿需防腐蚀，且工人需强化防护。

3. 水性防涨筋封闭底漆

涨筋形成的根本原因，就是水性涂料内的水从底材的表面渗透至内部，木纤维、木质素含有亲水吸水的羟基（—OH）成分，使得导管和木刺吸水后膨胀起来，从而产生形变，造成底材表面平整度被破坏。从配方的角度考虑，水性防涨筋封闭底漆的设计理念一般考虑：①减少水的用量；②减少水的渗透；③提高漆膜干燥速度。不同成膜物质因含有不同的结构或基团给底材带来的涨筋程度也有差异，这也可作为一个要素。

（1）产品介绍　水性防涨筋封闭底漆干燥速度快、易打磨，应用在绝大多数的木制底材上可以减轻涨筋程度。

（2）基础配方　水性防涨筋封闭底漆配方及生产工艺见表5-19，检测指标见表5-20。

表5-19　水性防涨筋封闭底漆配方及生产工艺

配方组成	原料及型号	质量分数/%	生产工艺
成膜物质	Picassian AC-122	80	静态投入分散釜内，边低速搅拌边投入后续材料
水	去离子水	3	用洁净容器预混合后，缓慢投入，中速搅匀
成膜助剂	二丙二醇丁醚	2	
成膜助剂	二丙二醇甲醚	2	
pH调节剂	AMP-95	0.2	
底材润湿剂	TEGO TWIN 4100	0.3	
消泡剂	TEGO FOAMEX 825	0.3	依序缓慢投入分散釜内，高速分散至细度合格，经试喷无缩孔
消泡剂	TEGO AIREX 902W	0.2	
增稠剂	RHEOLATE 299	0.2	
增稠剂	RHEOLATE 350D	0.2	
消泡剂	TEGO FOAMEX 810	0.2	
填料	TP800	1	
罐内防腐剂	ACTICIDE MBS	0.2	依序缓慢投入分散釜内，中速搅匀，调整黏度至合格，继续搅拌10分钟后品检、过滤、包装
水	水	10	
增稠剂	RHEOLATE 350D	0.2	
合计		100	

表5-20　水性防涨筋封闭底漆检测指标

检验项目	性能指标	检验项目	性能指标
黏度(25℃)/KU	75	外观	平整无弊病
细度/μm	30	附着力/级	1
pH值	7.5～8.5	贮存稳定性(50℃,7d)	无异常
固含量/%	34±1	主剂∶水	100∶10

（3）配方调整

① 原料选择　防涨筋的水性涂料产品，多选用固含量高、快干、易打磨的丙烯酸乳胶或分散体，符合这些特征的聚氨酯分散体也可选用；成膜助剂一般选用相对快干、助成膜性强的醇醚溶剂，且添加量较低。配方的固含量比较高。

② 技术难点　水性防涨筋封闭底漆一般第一道很难保证不出现涨筋的情况，而且不能保证对所有的底材都有防涨筋效果。

三、水性底漆

水性底漆分为透明底漆和白色底漆两种，其他有色底漆是用这两种底漆进行调色复配的调色产品。水性底漆的主要作用是填平、辅助填充，能间接提升后续面漆的装饰效果和保护性能。水性透明底漆可提升面漆的透明度、丰满度等，水性有色底漆可提供高遮盖力，使着色效果丰富而均匀。基于实际的生产需求，水性底漆有四个要求是必须满足的：①符合国家标准和行业标准的要求，这是基础；②打磨性好，不粘砂纸；③附着力好，不离层；④抗粘连。

1. 水性单组分透明底漆

（1）产品介绍　水性单组分透明底漆主要由丙烯酸乳胶、醇醚类成膜助剂、增稠剂和其他助剂组成。其特点就是干燥速度快、易打磨、码堆叠放不粘连、单次涂布量一般在 150g/m^2 以内。

（2）基础配方　水性单组分透明底漆配方及生产工艺见表 5-21，检测指标见表 5-22。

表 5-21　水性单组分透明底漆配方及生产工艺

配方组成	原料及型号	质量分数/%	生产工艺
成膜物质	SETAQUA 6716	80	静态投入分散釜内，边低速搅拌边投入后续材料
水	去离子水	3	用洁净容器预混合后，缓慢投入，中速搅匀
成膜助剂	二丙二醇甲醚	2	
成膜助剂	二丙二醇丁醚	2	
pH 值调节剂	APM-95	0.2	
润湿剂	BYK-3455	0.4	
消泡剂	BYK-024	0.3	依序缓慢投入分散釜内，高速分散至细度合格，经试喷无缩孔
消泡剂	TEGO AIREX 902W	0.3	
增稠剂	RHEOLATE212	0.3	
消泡剂	TEGO FOAMEX 810	0.3	
水	去离子水	10.8	依序缓慢投入分散釜内，中速搅匀，调整黏度至合格，继续搅拌 10 分钟后品检、过滤、包装
罐内防腐剂	ACTICIDE MBS	0.2	
增稠剂	TAFIGEL PUR44	0.2	
合计		100	

表 5-22　水性单组分透明底漆检测指标

检验项目	性能指标	检验项目	性能指标
黏度(25℃)/KU	80	外观	平整无弊病
细度/μm	30	附着力/级	1
pH 值	7.5～8.5	贮存稳定性(50℃,7d)	无异常
固含量/%	33±1	主剂∶水	100∶10

（3）配方调整

① 原料选择　优先选用高性价比的水性丙烯酸乳胶，如欲得到更高的硬度、柔韧性、附着力、耐性、丰满度和低 VOC 时，可用水性聚氨酯改性丙烯酸或聚氨酯分散体来复配改性。水性透明底漆的透明漆膜会呈现两种色相，一种是水白相，另一种是暖色相，需要根据实际的需求选择。

硬脂酸锌的添加可有效地提升涂层的打磨性能，考虑到影响透明度、易起泡沫等因素，有效添加量控制在1%以内。水性体系内并不是所有的硬脂酸锌都可以使用，需要评测硬脂酸锌在该水性体系内的分散性和相容性。其他填料，如滑石粉、高岭土等，一般不添加，即使1%的添加量对透明度的影响也是巨大的。罐内防腐剂有两点需要关注，一是我们取消了卡松类的自主添加，选用了环保型的；二是需要评估所选择水性树脂与罐内防腐剂的相容性，避免出现变色等问题。

② 技术难点　对所有单组分水性涂料来讲，成膜助剂的种类和用量一直都是关键和难点，它直接影响着漆膜的成膜性、干燥速度、物理强度、化学品耐性等性能。对于底漆，在保证成膜的基础上，尽可能地减少成膜助剂的用量，提高成膜助剂的挥发速率，才可以保证其打磨性和抗粘连性能。

（4）产品制备　对所有水性涂料的大生产制造工艺来讲，水、成膜助剂、pH 值调节剂、润湿剂建议预混合后添加，水的引入量以混合液不明显变浑浊为基准，二丙二醇甲醚可根据原料调稠的需要分批添加。

2. 水性双组分透明底漆

（1）产品介绍　水性双组分透明底漆主要是由水性羟基丙烯酸乳胶、醇醚类成膜助剂、增稠剂和助剂等组成主剂，搭配水性固化剂使用。施工时，主剂与水性固化剂按给定的比例混合，用水稀释调整施工黏度。相比于水性单组分透明底漆，其主要特点是施工固含高、漆膜硬度高、封闭性强、耐性好；另一特点是价格高、存在可使用时间的限制和不能回收再利用。

（2）基础配方　水性双组分透明底漆配方及生产工艺见表 5-23，检测指标见表 5-24。

表 5-23　水性双组分透明底漆配方及生产工艺

配方组成	原料及型号	质量分数/%	生产工艺
成膜物质	NeoCryl XK-102	50	静态投入分散釜内，边低速搅拌边投入后续材料
水	去离子水	3	用洁净容器预混合后，缓慢投入，中速搅匀
成膜助剂	二丙二醇甲醚	2	
成膜助剂	二丙二醇丁醚	2	
润湿剂	BYK-346	0.5	
消泡剂	BYK-024	0.3	依序缓慢投入分散釜内，高速分散至细度合格，经试喷无缩孔
消泡剂	TEGO AIREX 902W	0.3	
增稠剂	RHEOLATE 212	0.3	
消泡剂	TEGO FOAMEX 810	0.2	
填料	TP800	1	

续表

配方组成	原料及型号	质量分数/%	生产工艺
成膜物质	NeoPac E-129	25	依序缓慢投入分散釜内，中速搅匀，调整黏度至合格，继续搅拌10分钟后品检、过滤、包装
水	去离子水	15	
罐内防腐剂	ACTICIDE MBS	0.2	
增稠剂	TAFIGEL PUR 44	0.2	
合计		100	

表 5-24　水性双组分透明底漆检测指标

检验项目	性能指标	检验项目	性能指标
黏度(25℃)/KU	70	外观	平整无弊病
细度/μm	30	附着力/级	1
pH 值	7.0～8.0	贮存稳定性(50℃,7d)	无异常
固含量/%	32±1	主剂∶固化剂∶水	100∶10∶10

（3）配方调整

① 原料选择　对双组分水性涂料来讲，可选择的成膜物质较多，像水性羟基丙烯酸乳胶、水性羟基丙烯酸分散体、水性羟基聚氨酯分散体以及通常用于单组分的不含羟基的水性树脂等等，需要根据成本、性能、施工等需求选定。无羟基水性树脂的引入是为了降低水性固化剂的用量，改善双组分干燥速度。因为有 OH-NCO 的交联反应存在，成膜助剂的需求量比单组分涂料会少很多，或者不添加。适量引入无羟基水性树脂可以调控挥发平衡和干燥速度。增稠剂的选择是基于可使用时间来进行的，这是除成膜物质与固化剂外，对双组分水性涂料的可使用时间影响最大的一类原料。另外，不使用有机锡类助剂。

② 技术难点　可使用时间也就是我们通常说的适用期，是双组分水性涂料应用时的关键点，延长可使用时间可从几个方面入手：a. 复配二级分散体，缺点是会增加固化剂使用量，延长表干时间；b. 将磺酸盐改性固化剂更换为聚醚改性固化剂或复合型固化剂，缺点是漆膜表面性能略有下降；c. 筛选合适的聚氨酯缔合型增稠剂，但碱溶胀型和纤维素类增稠剂影响较大可不考虑。涂料的可使用时间与干燥速率是一对矛盾，需反复调试找到合适的平衡点。

（4）产品制备　主剂的制备与单组分水性涂料的制备方法是一样的。一些相容性较差的助剂，像强消泡剂等，需要在稍高黏度的体系中高速分散才能均匀，才能确保涂膜没有缩孔、走油等弊病。粉料类的原料，需要用高速分散和足够的分散时间来保证分散效果，如果使用的是已经预分散好的浆料，可以不考虑这点。为了保证分散时体系具有合适的黏度而带来高剪切力，可将一部分的液体原料留在调稠时加。

3. 水性单组分白色底漆

（1）产品介绍　水性单组分白底主要由水性丙烯酸乳胶、醇醚类成膜助剂、增稠剂、助剂、钛白粉和各种填料等组成。主要特点就是提供高填充性、高遮盖力，同时保持了干燥速度、打磨性和抗粘连性。

（2）基础配方　水性单组分白色底漆配方及生产工艺见表 5-25，检测指标见表 5-26。

表 5-25　水性单组分白色底漆配方及生产工艺

配方组成	原料及型号	质量分数/%	生产工艺
成膜物质	LACPER 4501	45	静态投入分散釜内，边低速搅拌边投入后续材料
水	水	2	用洁净容器预混合后，缓慢投入，中速搅匀
成膜助剂	二丙二醇甲醚	3	
成膜助剂	二丙二醇丁醚	2	
pH 调节剂	AMP-95	0.1	
基材润湿剂	BYK-346	0.3	
基材润湿剂	BYK-349	0.2	
消泡剂	BYK-024	0.4	依序缓慢投入分散釜内，高速分散至细度合格，经试喷无缩孔
消泡剂	TEGO AIREX 902W	0.2	
润湿分散剂	DISPERBYK-190	0.3	
润湿分散剂	OROTAN 快易	0.7	
钛白粉	钛白粉 NTR-606	10	
填料	1500 目碳酸钙	20	
填料	1250 目滑石粉	10	
填料	1097A	1	
增稠剂	RHEOLATE 299	0.2	
消泡剂	TEGO FOAMEX 810	0.2	
流变助剂	LAPONITE-RDS 水浆 10%	2	依序缓慢投入分散釜内，中速搅匀，调整黏度至合格，继续搅拌 10 分钟后品检、过滤、包装
罐内防腐剂	ACTICIDE MBS	0.2	
成膜助剂	二乙二醇丁醚	1	
水	水	1	
增稠剂	RHEOLATE 299	0.2	
合计		100	

表 5-26　水性单组分白色底漆检测指标

检验项目	性能指标	检验项目	性能指标
黏度(25℃)/KU	85	外观	平整无弊病
细度/μm	30	附着力/级	1
pH 值	7.5～8.5	贮存稳定性(50℃,7d)	无异常
固含量/%	60±1	主剂∶水	100∶10

（3）配方调整

① 原料选择　成膜物质的选择，在透明底漆的选择基础上再加两个要素：

a. 颜基比　在做低成本产品时，引入大比例的填料对水性树脂的要求比较高；

b. 稳定性　大量填料引入后可能会引起涂料的胶化，需做储存测试。对填料有强烈降黏效果的润湿分散剂是必需的。填料的防沉降需要选用流变助剂来实现，区别于前面提到过的碱溶胀增稠剂可以起到防沉降效果，这里的流变助剂主要是指气相二氧化硅、聚酰胺蜡、无机硅酸盐、改性蒙脱土及锂皂石等不易增稠的原料，它们配合聚氨酯增稠剂使用可以得到优良的流动状态和施工性能，但此类材料过多的添加会影响流平性和消泡性。

② 技术难点　在底漆粉料含量高时，要防止被面漆咬底。水性单组分白色底漆最大的技术难点是对单宁酸的封闭，防止涂膜黄变是个很大的难题。

(4) 产品制备　从成本和效率的角度，直接投料分散是最好的方式，但这对生产工艺的设定、过程控制、工人的操作等有较高的要求。最好使用经砂磨的预制粉料浆，对提升产品品质效果明显。

4. 水性双组分白色底漆

(1) 产品介绍　水性双组分白底主要是由水性羟基丙烯酸乳胶、醇醚类成膜助剂、增稠剂、助剂、钛白粉和各种填料等组成，施工时搭配一定比例的固化剂。相比于单组分，主要特点就是在提供高遮盖力的同时，提供更好的交联度和物化性能。

(2) 基础配方　水性双组分白色底漆配方及生产工艺见表5-27，检验指标见表5-28。

表5-27　水性双组分白色底漆配方及生产工艺

配方组成	原料及型号	质量分数/%	生产工艺
成膜物质	SETAQUA 6516	40	静态投入分散釜内，边低速搅拌边投入后续材料
水	去离子水	2	用洁净容器预混合后，缓慢投入，中速搅匀
成膜助剂	二丙二醇甲醚	2	
成膜助剂	二丙二醇丁醚	2	
基材润湿剂	TEGO TWIN 4100	0.3	
基材润湿剂	SURFYNOL AD01	0.5	
消泡剂	BYK-024	0.5	依序缓慢投入分散釜内，高速分散至细度合格，经试喷无缩孔
消泡剂	TEGO AIREX 902W	0.2	
润湿分散剂	DISPERBYK-190	1	
润湿分散剂	OROTAN 快易	1	
增稠剂	RHEOLATE350D	0.2	
钛白粉	钛白粉 NTR-606	20	
填料	1250 目滑石粉	18	
消泡剂	TEGO FOAMEX 810	0.3	
流变助剂	LAPONITE-RDS 水浆 10%	1	依序缓慢投入分散釜内，中速搅匀，调整黏度至合格，继续搅拌10分钟后品检、过滤、包装
水	去离子水	10.5	
罐内防腐剂	ACTICIDE MBS	0.2	
增稠剂	RHEOLATE 299	0.3	
合计		100	

表 5-28 水性双组分白色底漆检验指标

检验项目	性能指标	检验项目	性能指标
黏度(25℃)/KU	75	外观	平整无弊病
细度/μm	30	附着力/级	1
pH 值	7.0～8.0	贮存稳定性(50℃,7d)	无异常
固含量/%	55±1	主剂∶固化剂∶水	100∶10∶10

(3) 配方调整

① 原料选择 制作双组分配方时，尤其是在对涂料的流动性和消泡性进行验证和调整的时候，要提前考虑加入固化剂后的影响。流变助剂在帮助防沉降和抗流挂的同时也破坏湿膜的流平性，要非常小心地寻找这个平衡点。

② 技术难点 a. 大量粉料以及防沉降助剂的引入，缩短了原有的可使用时间，要注意；b. 一次性厚涂，尤其是在涂布量大于 $180g/m^2$ 的情况下，喷涂、剪切时产生的机械泡，NCO 与 OH 反应产生的气泡，全部会被封闭在厚漆膜内，干燥后形成痱子，尽量注意。

(4) 产品制备 推荐采用预制半成品的形式，用高速分散预制水性钛白浆、水性粉料浆、水性白底料浆等，有条件的可以再加一道砂磨，所得的达标半成品就可以直接投料生产，方便品控。

四、水性面漆

面漆是涂装的最后一道工序，是涂层性能和涂饰效果的最终体现。水性面漆需要满足的性能如施工性能，要易雾化、流平好和抗流挂等；如干膜性能，要平整光滑手感好、光泽均一、清漆通透性好和白漆遮盖力好等；如保护性能，要抗擦伤、抗压粘和耐冷液等。

1. 水性单组分亚光清面漆

(1) 产品介绍 水性单组分亚光清面漆主要由水性丙烯酸酯类乳胶、醇醚类成膜助剂、增稠剂、助剂和消光粉等组成。适用于平面和立面喷涂、静电喷涂、往复式喷涂、机械臂喷涂等施工方式，通过调整也可以适用于真空喷涂、辊涂等施工方式，过喷漆可以回收实现循环再用。

(2) 基础配方 水性单组分亚光清面漆配方及生产工艺见表 5-29，检测指标见表 5-30。

表 5-29 水性单组分亚光清面漆配方及生产工艺

配方组成	原料及型号	质量分数/%	生产工艺
成膜物质	HOUXIAN 8016	60	静态投入分散釜内，边低速搅拌边投入后续材料
成膜物质	HOUXIAN 8020	20	
水	水	3	用洁净容器预混合后，缓慢投入，中速搅匀
成膜助剂	二丙二醇甲醚	3	
成膜助剂	二丙二醇丁醚	3	
基材润湿剂	SURFYNOL AD01	0.3	
基材润湿剂	TEGO TWIN 4100	0.3	

续表

配方组成	原料及型号	质量分数/%	生产工艺
消泡剂	TEGO FOAMEX 825	0.3	依序缓慢投入分散釜内，高速分散至细度合格，经试喷无缩孔
消泡剂	TEGO FOAMEX 902W	0.2	
增稠剂	RHEOBYK-H7500VF	0.2	
消泡剂	TEGO FOAMEX 810	0.2	
流平剂	DOWSIL 210S Additive	0.3	
消光粉	SYLOID AQ 800	2	
流变助剂	LAPONITE-RDS 水浆 10%	1	依序缓慢投入分散釜内，中速搅匀，调整黏度至合格，继续搅拌 10 分钟后品检、过滤、包装
罐内防腐剂	ACTICIDE MBS	0.2	
水	水	5.8	
增稠剂	RHEOBYK-H7625VF	0.2	
合计		100	

表 5-30　水性单组分亚光清面漆检测指标

检验项目	性能指标	检验项目	性能指标
黏度(25℃)/KU	80	外观	平整光滑
细度/μm	20	光泽(60°)/%	25±5
pH 值	7.0～8.0	附着力/级	1
固含量/%	35±1	耐水性/级	1
主剂∶水	100∶10	贮存稳定性(50℃,7d)	无异常

(3) 配方调整

① 原料选择　面漆的成膜物质的选择需要保证对底漆的附着力，这点对于油底水面工艺尤为重要。消光粉的种类和用量会很大程度影响面漆的透明度、耐性等，根据性能需求可以选择二氧化硅类、PMMA、脲醛类、蜡类等单一或复配使用。为保证面漆耐性、流平性等需求，增稠剂多选用缔合型聚氨酯类，其他类型通常不选用。成膜助剂是配方中 VOC 的主要来源，又是成膜性、黏度、表干速度的调节剂，以丙二醇醚酯类最为常用。高沸点的如醇酯-12 等，尽管可以有效地提高成膜性，但会影响面漆的硬度、抗回黏性等，添加量推荐控制在 1%以内或者不添加。流变助剂的添加量需要根据施工方式、涂布量等实际工艺需求而定。

② 技术难点　设计无光面漆时，消光粉的添加量剧增而使漆膜透明度变差、耐水等级降低，尽管可选用亚光树脂，但品类较少，帮助不大；另外，单组分水性涂料依靠自交联成膜，尽管耐性可以满足需求，但物性（硬度）方面是硬伤，现阶段在木质基材上难以达到 HB 的指标。

(4) 产品制备　成膜助剂预先跟水和润湿剂混合后再添加到系统中，可以加速分散同时有效降低破乳的风险。高速分散阶段优先将难分散的液体原料分散均匀后，再分散粉料类原料。

2. 水性双组分亚光清面漆

(1) 产品介绍　水性双组分亚光清面漆主要由水性羟基丙烯酸酯乳胶、醇醚类成膜助剂、增稠剂、助剂和消光粉等组成。相比于单组分，它可提供更高的综合性能，特别是在硬度、抗擦伤、丰满度等方面。

（2）基础配方　水性双组分亚光清面漆配方及生产工艺见表5-31，检测指标见表5-32。

表5-31　水性双组分亚光清面漆配方及生产工艺

配方组成	原料及型号	质量分数/%	生产工艺
成膜物质	HOUXIAN 2004T	60	静态投入分散釜内，边低速搅拌边投入后续材料
成膜物质	HOUXIAN 4002L	20	
水	去离子水	2	用洁净容器预混合后，缓慢投入，中速搅匀
成膜助剂	二丙二醇甲醚	2	
成膜助剂	二丙二醇丁醚	2	
成膜助剂	BYKETOL-AQ	0.3	
基材润湿剂	SURFYNOL AD01	0.3	
基材润湿剂	BYK-3455	0.3	
消泡剂	BYK-024	0.3	依序缓慢投入分散釜内，高速分散至细度合格，经试喷无缩孔
消泡剂	BYK-093	0.3	
增稠剂	RHEOBYK-H7500VF	0.2	
增稠剂	RHEOLATE 212	0.3	
消泡剂	BYK-022	0.3	
消光粉	SYLOID AQ 800	2	
蜡乳液	BYK AQUACER 539	3	依序缓慢投入分散釜内，中速搅匀，调整黏度至合格，继续搅拌10分钟后品检、过滤、包装
流平剂	EDAPLANLA 452	0.3	
罐内防腐剂	ACTICIDE MBS	0.2	
水	去离子水	6.0	
增稠剂	RHEOBYK-H7500VF	0.2	
合计		100	

表5-32　水性双组分亚光清面漆检测指标

检验项目	性能指标	检验项目	性能指标
黏度(25℃)/KU	70	外观	平整光滑
细度/μm	20	光泽(60°)/%	30±5
pH值	7.0～8.0	附着力/级	1
固含量/%	37±1	耐水性/级	1
主剂∶固化剂∶水	100∶15∶10	贮存稳定性(50℃,7d)	无异常

（3）配方调整

① 原料选择　成膜物质可单独采用高羟水性丙烯酸分散体，也可用高羟水性丙烯酸分散体与低羟水性丙烯酸乳胶复配的方式。高羟水性丙烯酸分散体可以改善可使用时间、丰满度等性能，低羟水性丙烯酸乳胶可提供干燥速度、低成本等需求。而单独采用高羟水性丙烯酸分散体的全分散体系，可以最大程度地体现丰满度、透明度、流平性等。成膜助

剂的添加量一般比单组分的低，可以沿用单组分常用的醇醚类溶剂，也可以使用调稀固化剂时用的醇酯类调稀溶剂，只需要控制 VOC 含量达到国标的限量即可。常用的润湿剂、消泡剂、流平剂，无论在单组分体系还是在双组分体系选择原则和调整方式方面几乎无差异。增稠剂和流变助剂的选择在单组分的筛选原则上，双组分需要额外考虑对可使用时间和泡沫的影响。固化剂的用量一般按 NCO/OH 为 1.2～1.5 计算。

② 技术难点　双组分水性涂料的可使用时间和不可回收再利用这两点限制了其在涂装线上的连续使用，现阶段双组分水性涂料的可使用时间多在 3.5 小时左右，与家具厂一个班次的时间接近；尽管双组分水性涂料的性能优于单组分，但在木质基材上的硬度也达不到 H 的指标；因为喷涂泡和反应泡的双重作用，使得双组分水性涂料单次厚涂极易产生痱子。

(4) 产品制备　同类型水性涂料，双组分最终的黏度一般比单组分低，高速分散时要调整工艺和黏度，确保分散充分。

3. 水性单组分亚光白面漆

(1) 产品介绍　水性单组分亚光白面漆主要由水性丙烯酸酯类乳胶、醇醚类成膜助剂、增稠剂、助剂、消光粉和钛白浆等组成。

(2) 基础配方　水性单组分亚光白面漆配方及生产工艺见表 5-33，水性钛白浆配方见表 5-34，检测指标见表 5-35。

表 5-33　水性单组分亚光白面漆配方及生产工艺

配方组成	原料及型号	质量分数/%	生产工艺
成膜物质	LACPER 4219	30	静态投入分散釜内，边低速搅拌边投入后续材料
成膜物质	LEASYS 5530	30	
水	去离子水	2	用洁净容器预混合后，缓慢投入，中速搅匀
成膜助剂	二丙二醇甲醚	3	
成膜助剂	二丙二醇丁醚	2	
基材润湿剂	TEGO TWIN 4100	0.3	
基材润湿剂	BYK-349	0.4	
消泡剂	BYK-024	0.4	依序缓慢投入分散釜内，高速分散至细度合格，经试喷无缩孔
钛白浆	水性钛白浆	25	
增稠剂	RHEOLATE 212	0.3	
增稠剂	TAFIGEL PUR 44	0.2	
蜡粉	W605G	2	
消泡剂	TEGO FOAMEX 810	0.3	
罐内防腐剂	ACTICIDE MBS	0.2	依序缓慢投入分散釜内，中速搅匀，调整黏度至合格，继续搅拌 10 分钟后品检、过滤、包装
流变助剂	LAPONITE-RDS 水浆 10%	0.2	
增稠剂	TAFIGEL PUR 44	0.2	
水	水	3.5	
合计		100	

表 5-34　水性钛白浆配方

原料及规格	型号	质量分数/%	生产工艺
水	水	15.30	依序缓慢投入分散釜内，高速分散至细度≤10μm，试喷无缩孔等弊病后备用
消泡剂	BYK-024	0.30	
润湿分散剂	DISPERBYK-190	9.40	
钛白粉	Ti-Pure R-706	75.00	
合计		100.00	

表 5-35　水性单组分亚光白面漆检测指标

检验项目	性能指标	检验项目	性能指标
黏度(25℃)/KU	85	外观	平整光滑
细度/μm	20	光泽(60°)/%	30±5
pH 值	7.0～8.0	附着力/级	1
固含量/%	44±1	耐水性/级	1
主剂∶水	100∶10	贮存稳定性(50℃,7d)	无异常

（3）配方调整

① 原料选择　成膜物质一般采用水性丙烯酸乳胶加水性聚氨酯分散体搭配使用的方式，提升对粉料的包覆和漆膜的质感；白色漆没有对透明度的要求，消光剂的选择余地较大，推荐使用蜡粉，可以在成本增幅不大的情况下提升涂料的表面性能；钛白粉用分散剂的类型和添加量是评估的重点，既要满足钛白粉的分散需求，又要尽可能减少分散剂对漆膜性能的影响；预制钛白浆需要根据使用周期选择添加流变助剂和增稠剂来调整稳定性。

② 技术难点　水性白面漆的耐污渍性是一大难题，但通过对成膜物质和润湿分散剂的筛选，可以在很大程度上改善。

（4）产品制备　为了提升面漆的品质，钛白粉一般以预制钛白浆的形式添加。预制钛白浆需高速分散至细度合格，条件允许最好进行砂磨。

4. 水性双组分亚光白面漆

（1）产品介绍　水性双组分亚光白面漆主要由水性羟基丙烯酸酯类乳胶、醇醚类成膜助剂、增稠剂、助剂、消光粉和钛白浆等组成。

（2）基础配方　水性双组分亚光白面漆配方及生产工艺见表 5-36，检测指标见表 5-37。

表 5-36　水性双组分亚光白面漆配方及生产工艺

配方组成	原料及型号	质量分数/%	生产工艺
成膜物质	LACPER 4700	30.00	静态投入分散釜内，边低速搅拌边投入后续材料
成膜物质	ANTKOTE 2035	25.00	
水	去离子水	2.00	用洁净容器预混合后，缓慢投入，中速搅匀
成膜助剂	二丙二醇甲醚	2.00	
成膜助剂	二丙二醇丁醚	2.00	
基材润湿剂	TEGO TWIN 4100	0.30	
基材润湿剂	BYK-349	0.40	

续表

配方组成	原料及型号	质量分数/%	生产工艺
消泡剂	BYK-024	0.50	依序缓慢投入分散釜内，高速分散至细度合格，经试喷无缩孔
钛白浆	水性钛白浆	25.00	
增稠剂	RHEOLATE 212	0.30	
增稠剂	TAFIGEL PUR 44	0.30	
消泡剂	TEGO FOAMEX 810	0.30	
消光粉	SYLOID AQ 800	1.00	
流平剂	TEGO GLIDE 450	0.20	
罐内防腐剂	ACTICIDE MBS	0.20	依序缓慢投入分散釜内，中速搅匀，调整黏度至合格，继续搅拌 10 分钟后品检、过滤、包装
流变助剂	LAPONITE-RDS 水浆 10%	0.20	
增稠剂	TAFIGEL PUR 44	0.30	
水	去离子水	10.00	
合计		100.00	

表 5-37 水性双组分亚光白面漆检测指标

检验项目	性能指标	检验项目	性能指标
黏度(25℃)/KU	75	外观	平整光滑
细度/μm	20	光泽(60°)/%	30±5
pH 值	7.0～8.0	附着力/级	1
固含量/%	43±1	耐水性/级	1
主剂∶固化剂∶水	100∶10∶10	贮存稳定性(50℃,7d)	无异常

(3) 配方调整

① 原料选择 从性价比的角度，成膜物质一般选用水性羟基丙烯酸乳胶，低羟与高羟搭配使用，也可复配一部分不含羟基的水性丙烯酸乳胶或水性聚氨酯分散体来改性；当底漆因底材形状、施工方式的不同使得遮盖力有差异、底漆存在砂磨露底时，都需要加大面漆里钛白浆的使用量以提供帮助；流变助剂的添加量要根据防沉降稳定性、抗流挂能力、对泡沫的影响等方面综合评估；在制备高光面漆时，流平剂要通过鲜映性、短波流平、长波流平等参数来判定效果；水性涂料除了在一些油脂含量较高的底材上以及施工过程底材被污染而需要加强润湿渗透性外，多数情况下润湿能力已足够，基材润湿剂的选择更多需要向铺展能力和防缩孔能力方向考虑；配方调整最后选择的一类原料是消泡剂，在双组分体系内，消泡剂多为相容性较好的中效和低效消泡剂，强效消泡剂会有少量应用，使用的类型多为有机硅类，具有消泡效果的多功能助剂也有广泛应用。

② 技术难点 表面痱子问题，是现阶段水性双组分白面漆最大的难点。其产生原因，一方面是因为涂装时为了得到好的遮盖力和白度，需要厚涂；另一方面是为了快速生产的需求，涂料表干较快，使漆膜内封闭住大量气泡，干燥后形成痱子。

5. 水性单组分亮光白面漆

(1) 产品介绍 水性单组分亮光白面漆是为了满足快速施工、中等光泽等需求使用的。光泽一般为六分光，具有快干、抗压粘、抗压痕等特点，在水性美式涂装中有较多应用。

（2）基础配方　水性单组分亮光白面漆配方及生产工艺见表5-38，检测指标见表5-39。

表5-38　水性单组分亮光白面漆配方及生产工艺

配方组成	原料及型号	质量分数/%	生产工艺
成膜物质	HOUXIAN 8006P	58	静态投入分散釜内，边低速搅拌边投入后续材料
成膜物质	TEGO VARIPLUS DS50	10	
水	去离子水	2.5	用洁净容器预混合后，缓慢投入，中速搅匀
成膜助剂	二丙二醇甲醚	2	
成膜助剂	二乙二醇丁醚	2	
成膜助剂	二丙二醇丁醚	2	
基材润湿剂	TEGO TWIN 4100	0.5	
消泡剂	TEGO FOAMEX 825	0.3	依序缓慢投入分散釜内，高速分散至细度合格，经试喷无缩孔。调整黏度至合格，继续搅拌10分钟后品检、过滤、包装
消泡剂	TEGO AIREX 902W	0.5	
增稠剂	RHEOLATE 212	0.4	
增稠剂	RHEOLATE 299	0.2	
钛白浆	水性亮光钛白浆	20	
流平剂	DOWSIL 210S Additive	0.5	
消泡剂	TEGO FOAMEX 810	0.3	
流平剂	TEGO GLIDE 450	0.2	
罐内防腐剂	ACTICIDE MBS	0.2	
增稠剂	RHEOLATE HX 6008	0.4	
合计		100.00	

表5-39　水性单组分亮光白面漆检测指标

检验项目	性能指标	检验项目	性能指标
黏度(25℃)/KU	85	外观	平整光滑
细度/μm	20	光泽(60°)/%	60±5
pH值	7.0～8.0	附着力/级	1
固含量/%	42±1	耐水性/级	1
主剂∶水	100∶10	贮存稳定性(50℃,7d)	无异常

（3）配方调整

① 原料选择　成膜物质优先选用成膜温度低的，用抗粘连的水性丙烯酸乳胶复配硬度较高的聚氨酯分散体为最优搭配。

② 技术难点　平面板式堆叠时，漆膜抗压性不好，重压下的边角部位光泽变化明显。

6. 水性双组分亮光白面漆

（1）产品介绍　水性双组分亮光白面漆主要由水性羟基丙烯酸分散体、醇醚类成膜助剂、增稠剂和钛白粉等组成。主要提供高光泽、高丰满度等效果，光泽一般在90%以上。

（2）基础配方 水性双组分亮光白面漆配方及生产工艺见表5-40，水性亮光钛白浆配方及生产工艺见表5-41，水性亮光固化剂配方及生产工艺见表5-42，检验指标见表5-43。

表5-40 水性双组分亮光白面漆配方及生产工艺

配方组成	原料及型号	质量分数/%	生产工艺
成膜物质	Bayhydrol A XP2770	50.00	静态投入分散釜内，边低速搅拌边投入后续材料
水	去离子水	5.00	用洁净容器预混合后，缓慢投入，中速搅匀
成膜助剂	二丙二醇甲醚	2.00	
基材润湿剂	TEGO TWIN 4100	0.50	
消泡剂	BYK-024	0.20	依序缓慢投入分散釜内，高速分散至细度合格，经试喷无缩孔
消泡剂	TEGO AIREX 902W	0.50	
增稠剂	RHEOLATE 299	0.20	
增稠剂	RHEOLATE 212	0.30	
钛白浆	水性亮光钛白浆	32.00	
流变助剂	BYK-7420ES	0.20	
消泡剂	TEGO FOAMEX 810	0.30	
流平剂	SLIP-AYDFS 444	0.50	依序缓慢投入分散釜内，中速搅匀，调整黏度至合格，继续搅拌10分钟后品检、过滤、包装
罐内防腐剂	ACTICIDE MBS	0.2	
水	去离子水	7.80	
增稠剂	RHEOLATE HX 6008	0.30	
合计		100.00	

表5-41 水性亮光钛白浆配方及生产工艺

配方组成	原料及型号	质量分数/%	生产工艺
水	去离子水	21.00	依序缓慢投入分散釜内，中速搅匀，经试验无缩孔后进行下一步
消泡剂	BYK-024	0.25	
润湿分散剂	DISPERBYK-190	8.75	依序缓慢投入分散釜内，高速分散后砂磨至细度≤5μm
钛白粉	Ti-Pure R-900	70.00	
合计		100.00	

表5-42 水性亮光固化剂配方及生产工艺

配方组成	原料及型号	质量分数/%	生产工艺
成膜助剂	PMA	10.00	封闭、避潮的情况下，依序缓慢投入分散釜内，中速搅拌均匀，过滤包装
成膜助剂	丙二醇二乙酯(PGDA)	10.00	
固化剂	BAYHYDUR XP 2655	80.00	
合计		100.00	

表 5-43　水性双组分亮光白面漆检验指标

检验项目	性能指标	检验项目	性能指标
黏度(25℃)/KU	70	外观	平整光滑
细度/μm	10	光泽(60°)/%	92±2
pH 值	7.0～8.0	附着力/级	1
固含量/%	46±1	耐水性/级	1
主剂∶固化剂∶水	100∶25∶20	贮存稳定性(50℃,7d)	无异常

（3）配方调整

① 原料选择　成膜物质多选用中、高羟基含量的丙烯酸二级分散体，羟基聚氨酯分散体也有应用，市场上有使用羟基阳离子型树脂的案例，但此类树脂应用限制条件较多。钛白粉宜选用明亮度较高的。流变助剂是为调整施工性能而加入的，需重点筛选，在改善施工性的同时，流变助剂还能有效消除反应泡。固化剂以 HDI 最常用，也可以混合 IPDI 使用。固化剂稀释剂常用 PGDA，或混合少量其他类型稀释剂来调节干燥速度。

② 技术难点

a. 在亮光面上的痱子尤为明显，大批量、大面积施工时，在涂膜较厚处容易出现明显的痱子；

b. 干膜下陷，干膜初期尽管可以做到较高的光泽和丰满度，但不持久，容易出现表面下陷；

c. 光泽可以做到 90%～95%（60°），如果愿意损失一些物化性能，光泽还可以做到更高。

（4）产品制备　钛白浆预制且砂磨，能做到均一、稳定的细度，也可使亮光白面漆的鲜映性得到提升。

五、水性木用固化剂

目前水性木用涂料用固化剂的主要品种是亲水脂肪族聚异氰酸酯，芳香族固化剂尚未得到应用，原因是芳香族固化剂的交联反应速率较快，可使用时间较短。

1. 产品介绍

水性固化剂在使用时大多会预先稀释后再加入涂料中，是为了保证水性固化剂与涂料有良好的混溶性而能均匀混合，以便得到应有的涂膜效果。

2. 基础配方

水性木用固化剂配方及生产工艺见表 5-44。

表 5-44　水性木用固化剂配方及生产工艺

配方组成	原料及型号	质量分数/%	生产工艺
稀释剂	PMA	19.8	封闭、避潮的情况下，依序缓慢投入分散釜内，中速搅拌均匀。过滤包装
固化剂	BAYHYDUR XP 2655	80	
吸水剂		0.2	
合计		100	

3. 配方调整

固化剂的稀释剂常用 PMA，还有 DMM、PGDA、EGDA、MIBK 等。为了保证固化剂的贮存稳定性和固化剂里的 NCO 基团不被无效损耗，亲水型稀释剂里不能含水，也要符合氨酯类溶剂的指标。

六、水性调色涂料

水性调色涂料是用水性色浆或色精作为调色剂，加入水性透明清漆或水性纯白色漆中调出来的彩色水性涂料，色相繁多，它可满足消费者对各种色彩效果的需求。

1. 产品介绍

（1）水性浅色系实色涂料是以白色为主色调的调色产品，全遮盖，在白色基准涂料的基础上添加各种调色剂调制而成；

（2）水性深色系实色涂料是以彩色为主色调、不含或含有少量白色的彩色调色产品，全遮盖；

（3）透明或半透明有色水性涂料，是在透明基准涂料的基础上添加各种调色剂调制而成。

2. 基础配方

水性单组分浅色系实色涂料（白色基准涂料）配方及生产工艺见表 5-45，水性调色用白色浆配方及生产工艺见表 5-46，水性单组分浅色系实色涂料（白色基准涂料）检测指标见表 5-47，水性单组分深色系实色涂料（清漆基准涂料）配方及生产工艺见表 5-48，水性单组分深色系实色涂料（清漆基准涂料）检测指标见表 5-49。

表 5-45 水性单组分浅色系实色涂料（白色基准涂料）配方及生产工艺

配方组成	原料及型号	质量分数/%	生产工艺
成膜物质	R3311	60	静态投入分散釜内，边低速搅拌边投入后续材料
水	去离子	3	用洁净容器预混合后，缓慢投入，中速搅匀
成膜助剂	二丙二醇甲醚	3	
成膜助剂	二丙二醇丁醚	3	
pH 调节剂	AMP-95	0.2	
基材润湿剂	BYK-346	0.5	
消泡剂	BYK-024	0.5	依序缓慢投入分散釜内，高速分散至细度合格，经试喷无缩孔
增稠剂	RHEOLATE 299	0.2	
钛白浆	水性调色用白色浆	20	
消泡剂	TEGO FOAMEX 810	0.3	
消光粉	SYLOID AQ 800	1	
蜡乳液	BYK AQUACER 539	3	
流平剂	TEGO Glide 450	0.2	

续表

配方组成	原料及型号	质量分数/%	生产工艺
流变助剂	BENTONE DE 水浆 14%	2	依序缓慢投入分散釜内，中速搅匀，调整黏度至合格，继续搅拌 10 分钟后品检、过滤、包装
罐内防腐剂	ACTICIDE MBS	0.2	
增稠剂	RHEOLATE 350D	0.3	
水	去离子水	2.6	
合计		100	

表 5-46 水性调色用白色浆配方及生产工艺

配方组成	原料及型号	质量分数/%	生产工艺
分散介质	水	20.80	依序缓慢投入分散釜内，中速分散，经试验无缩孔后进行下一步
消泡剂	BYK-024	0.20	
润湿分散剂	DISPERBYK-191	3.00	依序缓慢投入分散釜内，高速分散至细度合格后备用
润湿分散剂	METOLAT 388	1.00	
钛白粉	Ti-PURE R-706	75.00	
合计		100.00	

表 5-47 水性单组分浅色系实色涂料（白色基准涂料）检测指标

检验项目	性能指标	检验项目	性能指标
黏度(25℃)/KU	85	光泽(60°)/%	30±5
细度/μm	20	附着力/级	1
pH 值	7.5～8.5	耐水性/级	1
固含量/%	42±1	色差(ΔE)	<0.3
主剂∶水	100∶10	贮存稳定性(50℃,7d)	无异常
外观	平整光滑		

表 5-48 水性单组分深色系实色涂料（清漆基准涂料）配方及生产工艺

配方组成	原料及型号	质量分数/%	生产工艺
成膜物质	XK-14	80	静态投入分散釜内，边低速搅拌边投入后续材料
水	去离子	3	用洁净容器预混合后，缓慢投入，中速搅匀
成膜助剂	二丙二醇甲醚	3	
成膜助剂	二丙二醇丁醚	3	
pH 调节剂	AMP-95	0.2	
基材润湿剂	BYK-346	0.5	
消泡剂	BYK-024	0.5	依序缓慢投入分散釜内，高速分散至细度合格，经试验无缩孔后进行下一步
增稠剂	RHEOLATE 299	0.2	
消泡剂	TEGO FOAMEX 810	0.3	
润湿分散剂	DISPERBYK-191	1.5	

续表

配方组成	原料及型号	质量分数/%	生产工艺
润湿分散剂	METOLAT 388	1	依序缓慢投入分散釜内，高速分散至细度合格，经试验无缩孔后进行下一步
消光粉	SYLOID AQ 800	1	
蜡乳液	BYK AQUACER 539	3	
流平剂	TEGO Glide 450	0.2	
流变助剂	BENTONE DE 水浆 14%	2	依序缓慢投入分散釜内，中速搅匀，调整黏度至合格，继续搅拌 10 分钟后品检、过滤、包装
罐内防腐剂	ACTICIDE MBS	0.2	
增稠剂	RHEOLATE 350D	0.4	
合计		100	

表 5-49　水性单组分深色系实色涂料（清漆基准涂料）检测指标

检验项目	性能指标	检验项目	性能指标
黏度(25℃)/KU	80	光泽(60°)/%	50±5
细度/μm	20	附着力/级	1
pH 值	7.5～8.5	耐水性/级	1
固含量/%	35±1	色差(ΔE)	<0.5
主剂：水	100：10	贮存稳定性(50℃,7d)	无异常
外观	平整光滑		

3. 配方调整

（1）原料选择　必须先选定调色涂料用的水性色浆，选择的其他原料都要能与水性色浆配用，才能展现和稳定水性色浆的色彩。其他原料的选择原则与普通涂料的配方设计相同。润湿分散剂的选择是配方调整的重中之重，尤其对于外购色浆的涂料生产企业。

（2）技术难点　减小调色产品批次间的色差（ΔE）和避免罐内浮色是最大的难点。产生的原因很多，涂料的生产和施工过程底材、工艺、设备以及运作周期等的差异，都会造成色差和浮色，所以控制好生产和调色过程对减少色差、避免浮色是最重要的。

4. 产品制备

调色时，色浆最好在前段添加，而且需经高速分散与体系充分混合；应尽量避免在后段添加色浆，如需要，则分散速度需控制在中速及以下。

第六节　水性木用涂料的涂装工艺

一、水性木用涂料涂装效果的分类

使用水性木用涂料的涂装效果分类与使用传统溶剂型涂料的涂装效果分类相同。以涂装厚度可分为全开放涂装、半开放涂装、全封闭涂装，以透明度区别可分为透明涂装、半透明涂装、实色涂装，以光泽可分为亮光涂装、亚光涂装和无光涂装。因为水性木用涂料产品的固含量设计稍低，更容易实现全开放、半开放涂装。

二、水性木用涂料常见手工涂装工艺

1. 水性单组分全开放透明涂装工艺

水性单组分全开放透明涂装工艺见表5-50。

表5-50　水性单组分全开放透明涂装工艺

施工条件		底材:中纤板贴木皮或实木;施工温度:25℃左右;湿度:70%以下		
序号	工序	材料	施工方法	施工要点
1	基材处理	砂纸	手磨、机磨	去污迹、打磨平整
2	封闭	水性封闭底漆	喷、涂、刷	低温烘干
3	底着色	选用合适的着色材料	喷涂	着色均匀,颜色主要留在木眼里面,木径部分残留要少
4	底漆	水性单组分透明底漆	喷涂	低温烘干
5	面漆	水性单组分透明面漆	喷涂	低温烘干

注:开放程度通常分为半开放与全开放,通过增加一遍底漆可以获得半开放效果。

2. 水性单组分全封闭透明涂装工艺

水性单组分全封闭透明涂装工艺见表5-51。

表5-51　水性单组分全封闭透明涂装工艺

施工条件		底材:中纤板贴木皮或实木;施工温度:25℃左右;湿度:70%以下		
序号	工序	材料	施工方法	施工要点
1	基材处理	砂纸	手磨、机磨	去污迹、打磨平整
2	封闭	水性封闭底漆	喷、涂、刷	低温干燥
3	底着色	选用合适的着色材料	喷涂	着色均匀,颜色主要留在木眼里面,木径部分残留要少
4	底漆(三遍)	水性单组分透明底漆	喷涂	低温烘干后打磨
5	面漆	水性单组分透明面漆	喷涂	均匀喷涂后低温烘干

注:如需要,可以增加一遍封闭底漆。

3. 水性单组分半开放白色涂装工艺

水性单组分半开放白色涂装工艺见表5-52。

表5-52　水性单组分半开放白色涂装工艺

施工条件		底材:中纤板贴木皮或实木;施工温度:25℃左右;湿度:70%以下		
序号	工序	材料	施工方法	施工要点
1	基材处理	砂纸	手磨、机磨	去污迹、打磨平整
2	封闭	封闭底漆(为了增强封闭性,可用油性封闭底漆)	喷、涂、刷	预挥发10min,35～45℃烘干30min,冷却10min,轻磨
3	底漆	水性白底漆	喷涂	按比例加水稀释,喷涂,湿膜控制在100μm左右,预挥发10min,35～45℃烘干30min,冷却10min,干后以320#砂纸打磨

续表

序号	工序	材料	施工方法	施工要点
4	底漆	水性白底漆	喷涂	按比例加水稀释，喷涂，湿膜控制在100μm左右，预挥发10min，35～45℃烘干30min，冷却10min，干后以400#砂纸打磨
5	面漆	水性白面漆	喷涂	按比例加水稀释，喷涂，湿膜控制在100μm左右，预挥发10min，35～45℃烘干30min，冷却10min，干后以600#砂纸打磨
6	面漆	水性清面漆	喷涂	按比例加水稀释，喷涂，湿膜控制在100μm左右，预挥发10min，35～45℃烘干60min，冷却3h以上包装

注：1. 可在面漆中加入1%～3%的交联剂以提高硬度及耐化学品性能。
2. 亦可不涂装清面漆，但抗金属刮痕性能较差，易产生痕迹。

4. 水性单组分全封闭白色涂装工艺

水性单组分全封闭白色涂装工艺见表5-53。

表5-53　水性单组分全封闭白色涂装工艺

施工条件		底材：中纤板或实木；施工温度：25℃左右；湿度：70%以下		
序号	工序	材料	施工方法	施工要点
1	基材处理	砂纸	手磨、机磨	去污迹、打磨平整
2	封闭	封闭底漆(为了增强封闭性，可用油性封闭底漆)	喷、涂、刷	低温干燥
3	底漆	水性白底漆	喷涂	按比例加水稀释，喷涂，湿膜控制在100μm左右，预挥发10min，35～45℃烘干30min，冷却10min，干后以320#砂纸打磨
4	底漆	水性白底漆	喷涂	按比例加水稀释，喷涂，湿膜控制在100μm左右，预挥发10min，35～45℃烘干30min，冷却10min，干后以400#砂纸打磨
5	底漆	水性白底漆	喷涂	按比例加水稀释，喷涂，湿膜控制在100μm左右，预挥发10min，35～45℃烘干30min，冷却10min，干后以400#或600#砂纸打磨
6	面漆	水性白面漆	喷涂	按比例加水稀释，喷涂，湿膜控制在100μm左右，预挥发10min，35～45℃烘干30min，冷却10min，干后以600#砂纸打磨
7	面漆	水性清面漆	喷涂	按比例加水稀释，喷涂，湿膜控制在100μm左右，预挥发10min，35～45℃烘干60min，冷却3h以上包装。

注：1. 可在面漆中加入1%～3%的交联剂以提高硬度及耐化学品性能。
2. 亦可不涂装清面漆，但抗金属刮痕性能较差，易产生痕迹。

5. 水性仿古涂装工艺

水性仿古涂装工艺见表 5-54。

表 5-54 水性仿古涂装工艺

施工条件	底材：樱桃木皮；施工温度：25℃左右；湿度：70%以下			
序号	工序	材料	施工方法	施工要点
1	基材处理	砂纸	手磨、机磨	去污迹、打磨平整
2	底色	水性色精	喷涂	均匀喷湿
3	底漆	水性头道底漆	喷涂	均匀喷湿，低温烘干后用 400# 砂纸做明暗，再低温烘干
4	着色	水性仿古漆	擦涂	擦涂均匀，中等收净
5	底漆（两遍）	透明底漆	喷涂	均匀喷湿，湿膜控制在 70～130μm，表干 10min 后以 35～40℃烘干 30～40min，冷却 10min，干后以 400# 砂纸打磨
6	面漆	水性单组分透明面漆	喷涂	均匀喷湿，湿膜控制在 70～130μm，表干 10min 后以 35～40℃烘干 30～40min

注：1. 在面漆中加入 1%～2%的交联剂以提高硬度及耐化学品性能。

2. 做带色透明开放式效果时，按正常喷漆容易出现针孔或透底现象，采用干喷的方法可以较好地解决该问题；罩面漆时可以采用正常的喷涂手法。

6. 水性双组分全开放透明涂装工艺

水性双组分全开放透明涂装工艺见表 5-55。

表 5-55 水性双组分全开放透明涂装工艺

施工条件	底材：中纤板贴木皮或实木；施工温度：25℃左右；湿度：70%以下			
序号	工序	材料	施工方法	施工要点
1	基材处理	砂纸	手磨、机磨	去污迹、打磨平整
2	封闭	水性封闭底漆	喷、涂、刷	干燥 2～4h，或低温烘干，干后轻磨
3	底着色	选择合适的着色材料	喷涂	着色均匀，颜色主要留在木眼里面，木径部分残留要少
4	底漆	水性双组分透明底漆	喷涂	干燥后打磨，干燥 4～8h 或低温烘干，干后以 400# 砂纸打磨
5	面漆	水性双组分透明面漆	喷涂	均匀喷涂，低温烘干

注：开放通常分为半开放或全开放，主要视木材导管的填充情况而定，如底漆薄一些就表现为全开放，如果增加一遍底漆可以做出半开放效果。

7. 水性双组分全封闭透明涂装工艺

水性双组分全封闭透明涂装工艺见表 5-56。

表 5-56 水性双组分全封闭透明涂装工艺

施工条件	底材：中纤板贴木皮或实木；施工温度：25℃左右；湿度：70%以下			
序号	工序	材料	施工方法	施工要点
1	基材处理	砂纸	手磨、机磨	去污迹、打磨平整
2	封闭	水性封闭底漆	喷、涂、刷	干燥 2～4h 或低温烘干，干后轻磨

续表

序号	工序	材料	施工方法	施工要点
3	底着色	选择合适的着色材料	喷涂	着色均匀，颜色主要留在木眼里面，木径部分残留要少
4	底漆（三遍）	水性双组分透明底漆	喷涂	干燥4～8h，或低温烘干，干后打磨
6	面漆	水性双组分透明面漆	喷涂	均匀喷涂，低温烘干

注：封闭涂装与开放涂装的不同主要是对木材导管的填充程度不一样，封闭通常是增加底漆遍数，层间干燥要充分。

8. 水性双组分全开放实色涂装工艺

水性双组分全开放实色涂装工艺见表5-57。

表5-57 水性双组分全开放实色涂装工艺

施工条件		底材：中纤板贴木皮或实木；施工温度：25℃左右；湿度：70%以下		
序号	工序	材料	施工方法	施工要点
1	基材处理	砂纸	手磨、机磨	去污迹、打磨平整
2	封闭	水性封闭底漆	喷、涂、刷	干燥2～4h，或低温烘干，干后轻磨
3	底漆	水性双组分实色底漆	喷涂	干燥后打磨，干燥4～8h或低温烘干
4	面漆	水性双组分实色面漆	喷涂	均匀喷涂，低温烘干

注：1. 开放通常分为半开放或全开放，主要视木材导管的填充情况而定，如底漆薄一些就表现为全开放，如果增加一遍底漆可以做出半开放效果。

2. 因为一遍要遮盖好底材，用的实色底漆需要有非常好的遮盖力。

9. 水性双组分全封闭实色涂装工艺

水性双组分全封闭实色涂装工艺见表5-58。

表5-58 水性双组分全封闭实色涂装工艺

施工条件		底材：中纤板或实木；施工温度：25℃左右；湿度：70%以下		
序号	工序	材料	施工方法	施工要点
1	基材处理	砂纸	手磨、机磨	去污迹、打磨平整
2	封闭	水性封闭底漆	喷、涂、刷	干燥2～4h，或低温烘干，干后轻磨
3	底漆（三遍）	水性双组分实色底漆	喷涂	干燥后打磨，干燥4～8h，或低温烘干
4	面漆	水性双组分实色面漆	喷涂	均匀喷涂，低温烘干

注：双组分产品加入固化剂后有可使用时间限制，不同产品可使用时间不同。

三、水性木用涂料自动涂装工艺

1. 水性木用涂料自动涂装设备

随着自动化设备的不断发展，水性涂装也开始广泛应用自动涂装。常见的有吊线式自动喷涂、往复式自动喷涂、机器人喷涂、吊线式静电喷涂等。涂装线后面有干燥线，让水性涂料可以在自动干燥线上得到较好的干燥效果，大大提高涂装效率和质量。

2. 水性木用涂料静电涂装工艺

在水性木用涂料的自动涂装中，单一非平面产品（如衣架）大批量生产时如采用静电涂装方式，工艺简单，涂装效率高。

（1）水性清漆静电涂装工艺　水性清漆静电涂装工艺见表 5-59。

表 5-59　水性清漆静电涂装工艺

施工条件		底材：实木工件；施工温度：20～40℃；湿度：80%以下；施工黏度：15～25s(DIN4 号杯，底面漆同参数)		
序号	工序	材料	施工方法	施工要点
1	基材处理	320# 砂纸	机磨	基材含水率为 8%～12%，用砂光带打磨平整
2	底漆	水性单组分透明底漆	静电涂装	调整参数，均匀涂布
3	干燥			20～50℃/45～60min
4	砂光			用 320# 砂纸，砂光机砂光
5	面漆	水性单组分透明面漆	静电喷涂	调整参数，均匀涂布
6	干燥			20～50℃/45～60min，如自然干燥，4h 后可包装

注：1. 基材含水率控制是静电涂装的一个关键。
2. 应客户的不同要求，如需更好的效果，可增加一道底漆。

（2）水性白漆静电涂装工艺　水性白漆静电涂装工艺见表 5-60。

表 5-60　水性白漆静电涂装工艺

施工条件		底材：实木工件；施工温度：20～40℃；湿度：80%以下；施工黏度：15～25s(DIN4 号杯，底面漆同参数)		
序号	工序	材料	施工方法	施工要点
1	基材处理	320# 砂纸	机磨	基材含水率为 8%～12%，用砂光带打磨平整
2	底漆	水性单组分白底漆	静电涂装	调整参数，均匀涂布
3	干燥			20～50℃/45～60min
4	砂光			用 320# 砂纸，砂光机砂光
5	底漆	水性单组分白底漆	静电涂装	调整参数，均匀涂布
6	干燥			20～50℃/45～60min
7	砂光			用 400# 砂纸，砂光机砂光
8	面漆	水性单组分白面漆	静电涂装	调整参数，均匀涂布
9	干燥			20～50℃/45～60min，如自然干燥，4h 后可包装

注：1. 基材含水率控制是静电涂装的一个关键。
2. 如需要更好的遮盖力与表面效果，可增加一道白底漆。

四、水性木用涂料不同品种的底面配套推荐

（1）W 底漆/W 面漆　很好的工艺配套，环保优势突出。

（2）UV 底漆/W 面漆、水性 UV 面漆　很好的工艺配套，环保，效率高。

（3）水性 UV 底漆/W 面漆、水性 UV 面漆　很好的工艺配套，环保，效率高。

（4）PW 底漆/W 面漆、水性 UV 面漆、UV 面漆　环保，效率高，属推荐的工艺配套，PW 底可作预涂，打磨及清洁之后再运来进行后续工序（注：PW 底即粉末木用涂料作底漆）。

（5）PU 底漆/W 面漆，UPE 底漆/W 面漆　可行的工艺配套，注意层间附着力。

（6）UV 底漆/UV 面漆，PW 底漆/PW 面漆　虽然不属于水性范畴，但同样是环保的，高效率，当然也是力荐的工艺配套，在此一并提及。

第七节　水性木用涂料涂装干燥线流程

水性木用涂料的涂装、干燥，与溶剂型涂料相比，有很多不同之处。下面列出水性木用涂料在空气喷涂、静电涂装、UV 涂装、粉末静电涂装四大类型中的涂装干燥线流程。流程只是一般通用型范例，应用时需因应底材、涂料的不同，因应对涂膜性能、最终效果的不同要求去作出各种改变。例如底漆喷涂次数会有一次至三次的差异，干燥过程的时间、温度、线速度及其它工艺参数亦需因应调节。同时亦可以据此而选择各种适用的设备去实现涂装目的。

一、水性木用涂料空气喷涂涂装干燥线

1. 手工喷涂干燥线（空气枪）

（1）清漆　白坯→底色（人工手喷，产品外表上颜色）→干燥（自然干燥）→封闭底漆（人工手喷）→干燥（约 40～50℃）→轻磨→格丽斯（人工手擦，产品木纹导管上色）→干燥（约 40～50℃）→底漆（人工手喷）→干燥（约 40～50℃）→打磨→底漆（人工手喷）→干燥（约 40～50℃）→打磨→修色（人工手喷）→面漆（人工手喷）→干燥（约 40～50℃）→冷却至室温→包装入库。

（2）实色漆　白坯→封闭底漆→干燥（约 40～50℃）→打磨→底漆（人工手喷）→干燥（约 40～50℃）→打磨→底漆（人工手喷）→干燥（约 40～50℃）→打磨→面漆（人工手喷）→干燥（约 40～50℃）→冷却至室温→包装入库。

2. 往复式自动喷涂干燥线（空气枪）

（1）清漆　白坯→底色（往复机线上自动喷涂）→干燥（自干或加热干燥）→封闭底漆（往复机线上自动喷涂）→干燥（约 40～50℃）→轻磨（线上进行）→格丽斯（人工手擦，产品木纹导管上色）→干燥（线上进行，约 40～50℃）→底漆（往复机线上自动喷涂）→干燥（约 40～50℃）→打磨（线上进行）→底漆（往复机线上自动喷涂）→干燥（约 40～50℃）→打磨（线上进行）→面漆（往复机线上自动喷涂）→干燥（约 40～50℃）→冷却至室温→下线包装入库。

（2）实色漆　白坯→封闭底漆（往复机线上自动喷涂）→干燥（约 40～50℃）→打磨（线上进行）→底漆（往复机线上自动喷涂）→干燥（约 40～50℃）→打磨（线上进行）→底漆（往复机线上自动喷涂）→干燥（约 40～50℃）→打磨（线上进行）→面漆（往复机线上自动喷涂）→干燥（约 40～50℃）→冷却至室温→下线包装入库。

3. 机器人自动喷涂干燥线（空气枪）

（1）清漆 白坯→底色（人工手喷）→干燥（自然干燥）→封闭底漆（人工手喷或机器人自动喷涂）→干燥（约40～50℃）→轻磨→格丽斯（人工手擦，产品木纹导管上色）→干燥（约40～50℃）→底漆（机器人自动喷涂）→干燥（约40～50℃）→打磨→底漆（机器人自动喷涂）→干燥（约40～50℃）→打磨→修色（人工手喷）→面漆（机器人自动喷涂）→补喷（或在面漆前进行，人工手喷）→干燥（约40～50℃）→冷却至室温→下线包装入库。

（2）实色漆 白坯→封闭底漆（人工手喷或机器人自动喷涂）→干燥（约40～50℃）→打磨→底漆（机器人线上自动喷涂）→干燥（约40～50℃）→打磨→底漆（机器人线上自动喷涂）→干燥（约40～50℃）→打磨→面漆（机器人线上自动喷涂）→补喷（或在面漆前进行，人工手喷）→干燥（约40～50℃）→冷却至室温→下线包装入库。

二、水性木用涂料静电涂装自动喷涂干燥线

无论使用何种涂料，有条件时，应该在静电线外设立“线外养生房”进行养生加湿，养生房要有加湿、升温、除湿等功能，确保静电喷涂之前的待涂产品的含水率保持在8%～12%，使后续的静电涂装效果更好。

而且，目前的木用涂料静电涂装自动喷涂线，稍加调整，都是可以溶剂型和水性两用的。

1. 旋杯

（1）清漆 白坯→白坯加湿→底色（人工手喷）→干燥（自然干燥）→封闭底漆（人工手喷或静电旋杯自动喷涂）→干燥（约40～50℃）→轻磨→格丽斯（人工手擦，产品木纹导管上色）→干燥（约40～50℃）→底漆（静电旋杯自动喷涂）→干燥（约40～50℃）→打磨→底漆（静电旋杯自动喷涂）→干燥（约40～50℃）→打磨→修色（人工手喷）→面漆（静电旋杯自动喷涂）→补喷（或在面漆前进行，人工手喷）→干燥（约40～50℃）→冷却至室温→下线包装入库。

（2）实色漆 白坯→白坯加湿→封闭底漆（人工手喷或静电旋杯自动喷涂）→干燥（约40～50℃）→打磨→底漆（静电旋杯自动喷涂）→干燥（约40～50℃）→打磨→底漆（静电旋杯自动喷涂）→干燥（约40～50℃）→打磨→面漆（静电旋杯自动喷涂）→补喷（或在面漆前进行，人工手喷）→干燥（约40～50℃）→冷却至室温→下线包装入库。

2. 旋碟

（1）清漆 白坯→白坯加湿→底色（人工手喷）→干燥（自然干燥）→封闭底漆（人工手喷或静电旋碟自动喷涂）→干燥（约40～50℃）→轻磨→格丽斯（人工手擦，产品木纹导管上色）→干燥（约40～50℃）→底漆（静电旋碟自动喷涂）→干燥（约40～50℃）→打磨→底漆（静电旋碟自动喷涂）→干燥（约40～50℃）→打磨→修色（人工手喷）→面漆（静电旋碟自动喷涂）→补喷（或在面漆前进行，人工手喷）→干燥（约40～50℃）→冷却至室温→包装。

（2）实色漆 白坯→白坯加湿→封闭底漆（人工手喷或静电旋碟自动喷涂）→干燥

（约 40～50℃）→打磨→底漆（静电旋碟自动喷涂）→干燥（约 40～50℃）→打磨→底漆（静电旋碟自动喷涂）→干燥（约 40～50℃）→打磨→面漆（静电旋碟自动喷涂）→补喷（或在面漆前进行，人工手喷）→干燥（约 40～50℃）→冷却至室温→包装。

3. 几种静电涂装的设备布局参考图

静电 DISK 设备布局见图 5-1。

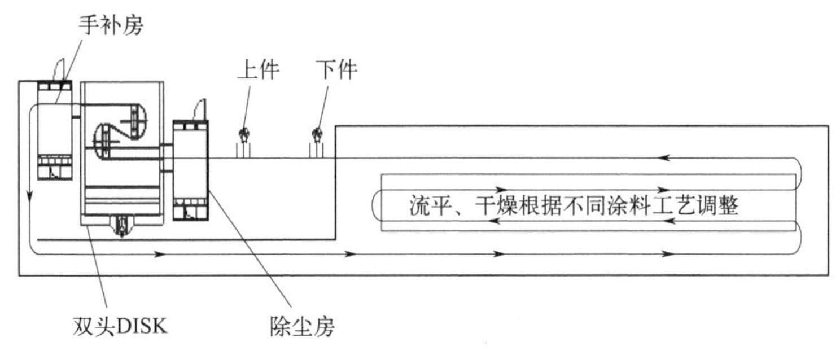

图 5-1　静电 DISK 设备布局

往复机＋静电旋杯设备布局见图 5-2。

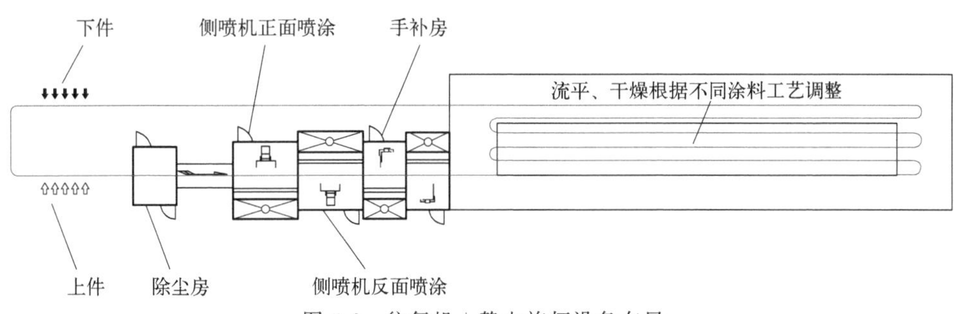

图 5-2　往复机＋静电旋杯设备布局

机器人＋静电旋杯设备布局见图 5-3。

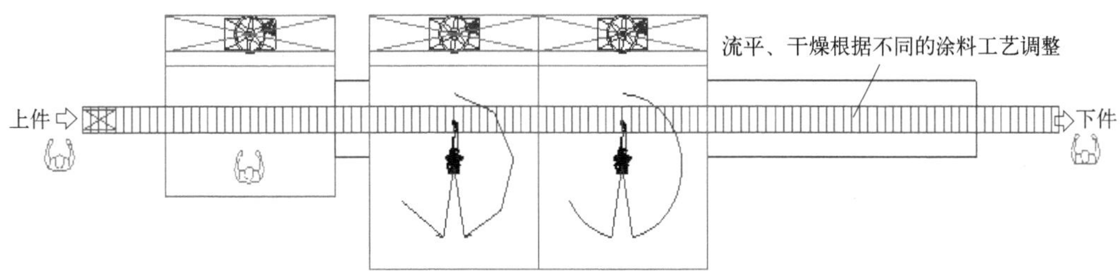

图 5-3　机器人＋静电旋杯设备布局

三、木用涂料 UV 涂装干燥线

1. 传统 UV

（1）清漆　白坯→底色→干燥（自然干燥）→封闭底漆→干燥（约 40～50℃）→轻磨→格丽斯→干燥（约 40～50℃）→UV 底漆→干燥（UV 灯，紫外光固化）→打磨→

UV 底漆→干燥（UV 灯，紫外光固化）→打磨→UV 面漆→干燥（UV 灯，紫外光固化）→冷却至室温→包装入库。

（2）实色漆　白坯→封闭底漆→干燥（约 40～50℃）→打磨→UV 底漆→干燥（UV 灯，紫外光固化）→打磨→UV 底漆→干燥（UV 灯，紫外光固化）→打磨→UV 面漆→干燥（UV 灯，紫外光固化）→冷却至室温→包装入库。

（注：在 UV 涂料的色漆涂装中，固化时紫外光穿透会有问题，需注意）

2. 水性 UV

（1）清漆　白坯→底色→干燥（自然干燥）→封闭底漆→干燥（约 40～50℃）→轻磨→格丽斯→干燥（约 40～50℃）→水性 UV 底漆→干燥（约 40～50℃）→干燥（UV 灯，紫外光固化）→打磨→水性 UV 底漆→干燥（约 40～50℃）→干燥（UV 灯，紫外光固化）→打磨→水性 UV 面漆→干燥（约 40～50℃）→干燥（UV 灯，紫外光固化）→冷却至室温→下线包装入库。

（2）实色漆　白坏→封闭底漆→干燥（约 40～50℃）→打磨→水性 UV 底漆→干燥（约 40～50℃）→干燥（UV 灯，紫外光固化）→打磨→水性 UV 底漆→干燥（约 40～50℃）→干燥（UV 灯，紫外光固化）→打磨→水性 UV 面漆→干燥（约 40～50℃）→干燥（UV 灯，紫外光固化）→冷却至室温→下线包装入库。

（注：在 UV 涂料的色漆涂装中，固化时紫外光穿透会有问题，需注意）

四、木用涂料粉末静电涂装干燥线

喷粉前需对工件升温，使密度板内部的水分升至表面，板面产生湿气才能进行静电粉末涂装。

下料→砂磨→水性树脂封底→细砂磨→电性处理→上件→静电喷粉（补粉）→高温固化→冷却→包装→入库→出厂。

喷涂工艺：切料→封边→打磨→UV 封面→上料→预热→喷涂→熔融固化→冷却→下料。

第八节　水性木用涂料涂装过程常见问题、原因及处理

水性木用涂料涂装过程常见问题很大一部分与传统溶剂型涂料的情况相通，处理方法也类似。下面选取有别于传统溶剂型涂料的特点进行阐述。

（1）贮存、运输　产品的贮存、运输过程必须保持在环境温度 5℃以上，避免冻融现象发生。

（2）防锈　使用的一切容器、工具不能有易锈件。

（3）搅拌　使用前产品如有沉淀、结块、分层、浮色现象时，要了解清楚再使用搅拌，有的品种搅拌时不能使用高速搅拌，以免破乳。

（4）施工　水性木用涂料的施工窗口，环境温度：一般 18～32℃，最佳 20～26℃；环境湿度：一般 50%～80%，最佳 55%～65%。

（5）雾化　由于水含有氢键，喷涂时水性涂料的雾化比溶剂型涂料需要更高的气压及适用的喷枪，以使其理想雾化。

(6) 封闭　因木纤维含有—OH基团，易吸水，易涨筋，所以涂装过程中的封闭问题对整体涂装效果影响很大。

(7) 闪蒸　水性木用涂料干燥过程的“闪蒸、脱水”比传统溶剂型涂料的“预挥发”更重要。

(8) 潜热　水的潜热大，同等条件下水比有机溶剂慢干。

(9) 湿度　水的挥发受环境空气湿度的影响比温度大，所以在水性木用涂料的干燥过程中，有时候抽湿比升温更有效。

(10) 能耗　水性木用涂料的干燥过程比溶剂型涂料能耗更大。

(11) 发白　水性木用涂料涂装过程中的发白问题比传统溶剂型涂料的发白问题更复杂，除了底材、涂装、环境等因素之外，涂料配方本身的因素对发白问题影响更大。

(12) 迁移　基材本身色素向上迁移及基材本身异味向外挥发问题也不容易解决。

(13) 污染　涂装全过程要注意避免造成废水及废弃物对地下水体的污染。

下面具体介绍水性木用涂料涂装过程常见问题、原因及处理，见表5-61。

表5-61　水性木用涂料涂装过程常见问题、原因及处理

问题	现象或表现	可能产生的原因	预防或处理措施
光泽高	光泽明显高于应有光泽	亚光涂料搅拌不均匀	搅拌均匀
光泽低	光泽明显低于应有光泽	亚光涂料搅拌不均匀；使用超过可使用时间的涂料；涂料喷得太薄；消光漆包装前未经充分搅拌，涂料中消光剂含量不均匀，导致施工后干膜光泽也跟着波动	均匀涂布
流挂	涂料施涂于垂直面上时，表面出现下滴、下垂	涂料施工黏度太低；环境湿度大；喷涂技术与设备影响	如果用的是空气辅助枪，可将空气雾化压力增加或将流量降低；调节喷枪、喷嘴，涂膜不能过厚
涨筋	涂装完成后，可见木材导管处漆膜不平	封闭不好	解决封闭问题
气泡	涂膜表面出现气泡	喷房的空气流动过快；烘房过热；表干太快；湿膜太厚	对白坯充分砂光和封闭；降低喷房气流速度；调节烘房温度；添加慢干溶剂；使用推荐用量
缩孔或跑油	涂膜干燥后有缩孔、跑油现象	被涂件表面被污染	使用推荐的慢干溶剂；用醇醚类溶剂清洗后再重涂
固化不良	涂膜未能良好固化	涂料可使用时间达到极限；固化温度偏低；环境湿度太高	重新调配涂料并在规定时间内使用完；在推荐的固化条件下固化；干燥环境升温、除湿
起皱或咬底	涂膜起皱	油漆交联不足；层间重涂间隔时间不够	用推荐量的交联剂；底层充分干燥后再涂下一层

续表

问题	现象或表现	可能产生的原因	预防或处理措施
附着力差	附着力差	干燥不够；底漆砂光不足	需等上一道涂层干燥后再进行下一道涂装；使用400#～600#砂纸充分砂光并及时涂装下道工序
颗粒	涂膜中有大小不同的粗颗粒	施工环境不干净；施工工具不洁；涂料过期或结皮	施工之前环境、工具和涂料均应洁净；施工完成立刻清洗设备和工具；剩余涂料应密封存放于干冷处，用前搅拌过滤
干燥慢	涂膜过了很长时间都不干	涂膜太厚、底涂层未干就重涂；木材太湿；空气湿度太高或环境温度太低	薄喷多次达到涂膜厚度；底涂层充分干燥后再进行下一道涂装；木材的含水率不要超过15%；不要在环境温度低于10℃或相对湿度大于80%时施工
开裂	涂膜充分干燥后开裂	干燥太快；木材含水率过高，木材变形导致涂膜开裂；腻子或底涂层太厚；环境温、湿度剧变使漆膜收缩导致开裂	木材的含水率不要超过15%；薄喷多次达到涂膜厚度；不要在环境温度低于10℃或相对湿度大于80%时施工
橘皮	涂膜产生橘皮状凹凸	涂料的施工黏度太高；喷枪气压太高或距离被涂面太近	调整涂料到适当黏度；降低喷枪气压；控制喷枪到被涂面的距离约25cm；薄喷多次达到涂膜厚度

（夏正明　杨　玲　谭军辉　陈寿生　刘　敏　叶均明　王新朝）

第六章

辐射固化木用涂料

第一节　概述

辐射固化木用涂料包括紫外光（UV）固化涂料和电子束（EB）固化涂料。

紫外光固化涂料，亦称 UV 涂料，是通过紫外光照射湿膜，引发自由基反应，从而使漆膜快速干燥的一类涂料。由于传统型的 UV 涂料固体分近乎 100%，基本不含有机溶剂，一次涂装可得高厚度漆膜；涂料成膜时 VOC 挥发及本身损耗极少，对环境污染低；漆膜干燥迅速，可以使用自动涂装线，便于大批量生产；所得漆膜硬度高，具优良的耐溶剂性、耐化学品性、耐磨耐刮擦性等；漆膜速干之后即可进行后续工序或立刻码堆、包装。

紫外光固化涂料以 UV 树脂和活性稀释剂为主要成膜物质，在配方中再添加光引发剂、阻聚剂、助剂和体质颜料混合而成。UV 涂料的涂装方式包括辊涂、淋涂、静电喷涂、混气喷涂、无气喷涂等。

UV 涂料中可选用的主要成膜物质有不饱和聚酯、环氧丙烯酸酯、聚氨酯丙烯酸酯、聚酯丙烯酸酯、聚醚丙烯酸酯、丙烯酸酯化丙烯酸酯等。

在木用涂料领域里，除了传统型 UV 涂料近年有高速增长之外，水性紫外光固化涂料中水性 UV 高附着力底漆、水性 UV 清底漆、水性 UV 清面漆、水性 UV 白底漆、水性 UV 白面漆等一系列产品的光泽范围包括无光到高光，某些涂料发展势头也非常迅猛，产品种类越来越丰富，产品性能逐步提高。目前已经陆续开发的专用产品的性能可实现高硬度、高耐化学品性、抗表面划伤性、抗菌性等指标。

相比较于水性单组分涂料和水性双组分涂料，水性紫外光固化涂料涂装效率高、涂膜性能优异，已经逐步被中大型家具厂、木门厂认可，虽然有单价偏高、工艺中须强制闪蒸脱水等制约，但其应用增长依然非常迅速。

多年前，在家具制造中开始应用传统型 UV 涂料进行喷涂涂装，原因是家具部件中除了有适用于流水线生产的大平面组件之外，还有相当数量的异形件、非平面件、小件等。这些不能上辊涂、淋涂线的组件，如果改用 PU 等涂料喷涂，则在涂装效率、套装产品配套性（表面效果、涂膜性能）方面都有很大差异。如果用 UV 涂料喷涂，在遇到涂料本身稠度高或者天冷时涂料稠度变高的情况，就需要添加可挥发的稀释剂调稀后再喷涂。不用活性稀释剂调稠的原因是：活性稀释剂对人有刺激性，有贮存条件的限制，用有机溶剂调稠很方便，活性稀释剂的稀释能力不及某些有机溶剂，还有成本问题。

一直以来，传统型UV涂料应用于喷涂时，无论何种喷涂方式，需要时都会在喷涂前加入少量有机溶剂1%～2%调稠，以便喷涂顺畅。后来由此再发展到成为一类专用产品“喷涂用UV涂料”，它的市售产品中已加入了可挥发的有机溶剂。

这样做，虽然使UV涂料这种“无溶剂涂料”变为“有溶剂涂料”，但是“存在即合理”，喷涂用UV涂料因其实用性而需求日增，现在很多整门、橱柜门和床都采用这种涂料喷涂。喷涂用UV涂料用于喷涂涂装的占比，目前在木用UV涂料里是1/4，成为对辊涂、淋涂形式的有效补充，解决了涂装中的不少实际问题。因此，下面也将对喷涂用UV涂料做详细的介绍。

当然，喷涂用UV涂料虽然扩大了木用UV涂料的使用范围，但同时也产生了溶剂挥发量增加的问题。如何降低喷涂用UV涂料中的有机溶剂的含量、向喷涂用UV涂料无溶剂化的方向改进，才是最终的目的。比如现已开始实际应用的“水性UV固化透明底用喷涂涂料”“水性UV-LED固化白色底用喷涂涂料”等品种，就是喷涂用UV涂料向水性化跨出的坚实一步。

第二节　紫外光固化木用涂料常见产品基础配方及原理

一、传统型紫外光固化涂料

1. 辊涂用腻子

（1）产品介绍　UV辊涂用腻子的主要作用是填充木材导管，辅助找平，弥补底材的缺陷，提升附着力和硬度。主要应用于中纤板、木皮填孔以改善涂装质量。由于紫外光的穿透能力的局限性，UV腻子一般只有透明腻子；按黏度一般分为可回流腻子和不可回流腻子，后者也叫重型腻子。

（2）基础配方　UV可回流透明腻子的配方及生产工艺见表6-1，UV可回流透明腻子性能指标见表6-2，UV不可回流透明腻子的配方及生产工艺见表6-3，UV不可回流透明腻子性能见表6-4。

表6-1　UV可回流透明腻子配方及生产工艺

原料及规格	型号	质量分数/%	生产工艺
单官能团丙烯酸单体	HEMA	3	按序加入，中速搅拌均匀
双官能团丙烯酸单体	SM623(优级)	3	
环氧丙烯酸酯	SM6105-80	50	
聚氨酯丙烯酸酯	SM6318	20	
消泡剂	TEGO920	0.2	加入，中速搅拌均匀
分散剂	EFKA4010	0.5	
防沉剂	M-5	0.8	加入，高速搅拌分散至细度合格，≤100μm
填料(滑石粉，800目)		20	
光引发剂	JURE1103	2.5	加入，搅拌均匀，用30目滤网过滤包装

表 6-2 UV 可回流透明腻子性能指标

项目	性能指标	项目	性能指标
原漆状态	搅拌均匀无硬块	半固化能量(Hg 灯)/(MJ/cm^2)	60～100
细度/μm	≤70	砂光固化能量(Hg 灯)/(MJ/cm^2)	180～250
旋转黏度/(mPa·s)	15000～25000	漆膜外观	平整
单次涂布量/(g/m^2)	15～40	附着力	≤2 级

表 6-3 UV 不可回流透明腻子配方及生产工艺

原料及规格	型号	质量分数/%	生产工艺
单官能团丙烯酸单体	HEMA-98	3	按序加入,中速搅拌均匀
双官能团丙烯酸单体	LM259	8	
环氧丙烯酸酯	LE01-80AH	35	
聚酯丙烯酸酯	LP103	10	
消泡剂	TEGO920	0.1	加入,中速搅拌均匀
分散剂	EFKA4010	0.4	
防沉剂	M-5	6	加入,低速搅拌分散均匀至无明显颗粒
填料(滑石粉,800 目)		35	
光引发剂	JURE1103	2.5	加入,搅拌均匀后包装

表 6-4 UV 不可回流透明腻子性能指标

项目	性能指标	项目	性能指标
原漆状态	搅拌均匀无硬块	半固化能量(Hg 灯)/(MJ/cm^2)	60～100
稠度/圈	10～15	砂光固化能量(Hg 灯)/(MJ/cm^2)	180～250
单次涂布量/(g/m^2)	15～35	漆膜外观	平整

(3) 配方调整

① 原料选择　树脂有环氧丙烯酸酯、聚氨酯丙烯酸酯、聚酯丙烯酸酯、聚醚丙烯酸酯等；丙烯酸单体有单官能团丙烯酸单体、双官能团丙烯酸单体、多官能团丙烯酸单体；助剂一般为不含有机硅的各种助剂；填料主要是为了提高漆膜的填充性和打磨性，由于 UV 涂料的施工固含量极高，可达到 100%，所以对粉料的透明度要求较高，一般可选择不同粒径的滑石粉、透明粉、明耐粉、玻璃粉等单品或组合；光引发剂选择裂解型自由基光引发剂（如 1173、184）。

② 配比调整　对于低聚物和单体，如用官能度高的，则反应速率快、漆膜硬度高、不好打磨、漆膜较脆；如用官能度低的，则反应速率慢、漆膜硬度低、易打磨、漆膜韧性好。对于一些含油基材（如柚木），为解决附着力问题，需添加提升附着力的树脂（如 9300）和磷酸酯（如 EM39）。对硬度要求高的，可选择明耐粉或玻璃粉作主要填料。UV 腻子不宜加入硬脂酸锌，因为硬脂酸锌在分散及循环使用过程中容易带来气泡，很难消除，影响施工性能。

③ 技术难点　腻子的附着力主要依靠不同树脂和单体的搭配来保障，透明性、流动

性与填充效果的平衡主要依靠树脂、分散剂、防沉剂及填料类型与比例控制。

2. 辊涂用白色底漆

（1）产品介绍　UV 辊涂用白色底漆除了起填平、增厚、保证漆膜丰满度的作用外，同时还有提供遮盖力和着色的作用。

（2）基础配方　UV 辊涂用白色底漆的配方及生产工艺见表 6-5，UV 辊涂用白色底漆的性能见表 6-6。

表 6-5　UV 辊涂用白色底漆配方及生产工艺

原料及规格	型号	质量分数/%	生产工艺
双官能团丙烯酸单体	R203	9	按序加入，中速搅拌均匀
环氧丙烯酸酯	RY1101A80	36	
消泡剂	TEGO920	0.1	加入，中速搅拌均匀
分散剂	BYK110	0.5	
光引发剂	GR-XBPO	0.8	
流变助剂	BYK405	0.1	
防沉剂	M-5	0.5	加入，高速搅拌分散至细度合格，≤100μm
填料（滑石粉，1250 目）		20	
颜料钛白粉		25	
光引发剂	JURE1103	3	加入，搅拌均匀，用 100 目滤网过滤包装
双官能团丙烯酸单体	R204	5	

表 6-6　UV 辊涂用白色底漆性能指标

项目	性能指标	项目	性能指标
原漆状态	搅拌均匀无硬块	半固化能量（Ga+Hg 灯）/（MJ/cm^2）	120～180
细度/μm	≤70	砂光固化能量（Ga+Hg 灯）/（MJ/cm^2）	250～350
旋转黏度/（mPa·s）	1500～3000	漆膜外观	平整
单次涂布量/（g/m^2）	15～30	附着力	≤2 级

（3）配方调整

① 原料选择　树脂有环氧丙烯酸酯、聚氨酯丙烯酸酯、聚酯丙烯酸酯、聚醚丙烯酸酯等；丙烯酸单体有单官能团丙烯酸单体、双官能团丙烯酸单体、多官能团丙烯酸单体；UV 底漆使用的助剂一般为不含有机硅的各种助剂；对透明度要求不高，填料一般选择不同粒径的滑石粉；颜料选择金红石型钛白粉；光引发剂选择裂解型自由基光引发剂（如 1173、184、TPO、819）。

② 配比调整　对于低聚物和单体，如用官能度高的，则反应速率快、漆膜硬度高、不好打磨、深层固化好；如用官能度低的，则反应速率慢、漆膜硬度低、易打磨、深层固化有偏差。将钛白粉制作成色浆，可保证白底漆遮盖力、细度、流平性等性能的稳定性。如对辊涂白底固化后净味的要求高，可多用 MBF、TPO、819 等大分子光引发剂。

③ 技术难点　附着力与遮盖力的平衡主要依靠树脂、光引发剂、颜料及填料的类型与比例来控制。

3. 淋涂用白色底漆

（1）产品介绍　UV 淋涂用白色底漆主要起增厚、保证漆膜丰满度、提供遮盖力的作用。淋涂用白色底漆只适合用于平面且已完成底漆封闭的基材的涂装，不适用于垂直面及不规则物件的涂装。

（2）基础配方　UV 淋涂用白色底漆的配方及生产工艺见表 6-7，UV 淋涂用白色底漆的性能见表 6-8。

表 6-7　UV 淋涂用白色底漆配方及生产工艺

原料及规格	型号	质量分数/%	生产工艺
双官能团丙烯酸单体	EM222	14	按序加入，中速搅拌均匀
环氧丙烯酸酯	621A-80	20	
环氧丙烯酸酯	718	15	
聚氨酯丙烯酸酯	6145-100	5	
消泡剂	BYK055	0.5	加入，中速搅拌均匀
分散剂	EFKA4010	0.8	
光引发剂	GR-XBPO	1.2	
光引发剂	JURE1104	3	
防沉剂	M-5	0.5	加入，高速搅拌分散至细度合格，≤100μm
填料(滑石粉，2000 目)		10	
颜料钛白粉		10	
双官能团丙烯酸单体	EM223	20	加入，搅拌均匀，用 100 目滤网过滤包装

表 6-8　UV 淋涂用白色底漆性能指标

项目	性能指标	项目	性能指标
原漆状态	搅拌均匀无硬块	单次涂布量/(g/m^2)	90～100
细度/μm	≤50	固化能量(Ga+Hg 灯)/(MJ/cm^2)	350～550
黏度(T-4，40℃)/s	35～45	漆膜外观	平整
淋幕稳定性	无跳幕、断幕现象	附着力	≤2 级

（3）配方调整

① 原料选择　树脂有环氧丙烯酸酯、聚氨酯丙烯酸酯、聚酯丙烯酸酯等；丙烯酸单体有单官能团丙烯酸单体、双官能团丙烯酸单体、多官能团丙烯酸单体；助剂一般为不含有机硅的各种助剂；对透明度要求不高，填料一般选择不同粒径的滑石粉；颜料选择金红石型钛白粉；光引发剂选择裂解型自由基光引发剂（如 1173、184、TPO、819）。

② 配比调整　对于低聚物和单体，如用官能度高的，则反应速率快、漆膜硬度高、不好打磨、深层固化好；如用官能度低的，则反应速率慢、漆膜硬度低、易打磨、深层固化有偏差。将钛白粉制成色浆，可保证白底漆遮盖力、细度、流平性等性能的稳定性。

③ 技术难点　附着力与遮盖力的平衡主要依靠树脂、光引发剂、颜料及填料的类型与比例来控制。淋幕的稳定性主要依靠树脂、单体、助剂的类型与比例来控制。控制油槽

水浴温度、调整刀口间隙至适当位置、清除刀口及过滤网上杂污物等是保证淋幕稳定性的重要手段。

4. 辊涂用透明底漆

(1) 产品介绍 UV 辊涂用透明底漆除了起填平、增厚、保证漆膜丰满度的作用外，还有降低光泽和提高硬度等作用。

(2) 基础配方 UV 辊涂用透明砂光底漆的配方及生产工艺见表 6-9，UV 辊涂用透明砂光底漆的性能见表 6-10，UV 辊涂用透明消光底漆配方及生产工艺见表 6-11，UV 辊涂用透明消光底漆性能见表 6-12，UV 辊涂用特硬透明底漆配方及生产工艺见表 6-13，UV 辊涂用特硬透明底漆性能见表 6-14。

表 6-9 UV 辊涂用透明砂光底漆配方及生产工艺

原料及规格	型号	质量分数/%	生产工艺
双官能团丙烯	R203	11.4	按序加入，中速搅拌均匀
酸单体			
环氧丙烯酸酯	HM112P-80	45	
聚酯丙烯酸酯	2202	15	
消泡剂	TEGO920	0.1	加入，中速搅拌均匀
分散剂	EFKA4010	0.5	
光引发剂	JURE1102	0.5	
防沉剂	M-5	0.5	加入，高速搅拌分散至细度合格，≤70μm
填料(滑石粉，1250 目)		20	
光引发剂	JURE1103	3	加入，搅拌均匀，用 100 目滤网过滤包装
助引发剂	RY4103	1	
单官能团丙烯酸单体	HEMA-98	3	

表 6-10 UV 辊涂用透明砂光底漆性能指标

项目	性能指标	项目	性能指标
原漆状态	搅拌均匀无硬块	半固化能量(Hg 灯)/(MJ/cm^2)	60～100
细度/μm	≤70	砂光固化能量(Hg 灯)/(MJ/cm^2)	180～250
旋转黏度/(mPa·s)	1500～3000	漆膜外观	平整
单次涂布量/(g/m^2)	15～30	附着力	≤2 级

表 6-11 UV 辊涂用透明消光底漆配方及生产工艺

原料及规格	型号	质量分数/%	生产工艺
双官能团丙烯酸单体	R206	17.9	按序加入，中速搅拌均匀
环氧丙烯酸酯	4212	25	
聚氨酯丙烯酸酯	5210	10	
消泡剂	TEGO920	0.1	加入，中速搅拌均匀
分散剂	BYK2009	1.5	
光引发剂	JURE1104	3	

续表

原料及规格	型号	质量分数/%	生产工艺
防沉剂	M-5	0.5	加入，高速搅拌分散至细度合格，≤70μm
消光粉	OK-500	9	
填料(滑石粉，2000目)		10	
双官能团丙烯酸单体	R203	20	加入，搅拌均匀，用100目滤网过滤包装
单官能团丙烯酸单体	HEMA-98	3	

表 6-12　UV 辊涂用透明消光底漆性能指标

项目	性能指标	项目	性能指标
原漆状态	搅拌均匀无硬块	固化能量(Hg 灯)/(MJ/cm²)	120～180
细度/μm	≤70	光泽(60°)/%	≤30
旋转黏度/(mPa·s)	500～1200	漆膜外观	平整
单次涂布量/(g/m²)	10～15	附着力	≤2 级

表 6-13　UV 辊涂用特硬透明底漆配方及生产工艺

原料及规格	型号	质量分数/%	生产工艺
双官能团丙烯酸单体	R203	15.9	按序加入，中速搅拌均匀
环氧丙烯酸酯	HM112P-80	45	
聚氨酯丙烯酸酯	6145-100	15	
消泡剂	TEGO920	0.1	加入，中速搅拌均匀
分散剂	EFKA4010	0.5	
光引发剂	JURE1102	0.5	
光引发剂	JURE1104	2.5	
防沉剂	M-5	0.5	加入，高速搅拌分散至细度合格，≤70μm
填料	MINEX7	10	
三官能团丙烯酸单体	R302	10	加入，搅拌均匀，用100目滤网过滤包装

表 6-14　UV 辊涂用特硬透明底漆性能指标

项目	性能指标	项目	性能指标
原漆状态	搅拌均匀无硬块	半固化能量(Hg 灯)/(MJ/cm²)	60～100
细度/μm	≤70	硬度/H	≥2
旋转黏度/(mPa·s)	1500～3000	漆膜外观	平整
单次涂布量/(g/m²)	12～20	附着力	≤2 级

(3) 配方调整

① 原料选择　树脂有环氧丙烯酸酯、聚氨酯丙烯酸酯、聚酯丙烯酸酯等；丙烯酸单体有单官能团丙烯酸单体、双官能团丙烯酸单体、多官能团丙烯酸单体；底漆使用的助剂一般为不含有机硅的各种助剂；辊涂用透明底漆的填料主要是为了提高漆膜的填充性、打磨性和硬度；辊涂用透明消光底漆的消光粉主要是为了辅助面漆消光，满足漆膜低光泽要

求；光引发剂主要使用的是裂解型自由基光引发剂（如 1173，184）、夺氢型光引发剂二苯甲酮及其衍生物配合叔胺类供氢体等。

② 配比调整　对于低聚物和单体，用官能度高的，则反应速率快、漆膜硬度高、不好打磨、漆膜较脆；用官能度低的，则反应速率慢、漆膜硬度低、易打磨、漆膜韧性好。如对固化后净味的要求高，可用二苯甲酮衍生物、MBF、TPO 等光引发剂。

③ 技术难点　附着力主要依靠不同树脂和单体的搭配来保障；透明性、流平性与填充效果的平衡主要依靠树脂、分散剂、防沉剂及填料的类型与比例来控制；对于一些含油基材或表面张力低的基材（如三聚氰胺），为解决附着力问题，需添加提升附着力的树脂（如 LT-8402）和磷酸酯（如 EM39）；辊涂用透明消光底漆光泽的平衡主要依靠树脂、消光粉、单体及填料的类型与比例来控制；需特别注意分散剂的用量对流动性的影响。

5. 淋涂用透明底漆

（1）产品介绍　UV 淋涂用透明底漆主要起增厚、保证漆膜丰满度、提高硬度的作用。淋涂用透明底漆只适合用于平面且已完成底漆封闭的基材的涂装，不适用于垂直面及不规则物件的涂装。

（2）基础配方　UV 淋涂用透明底漆的配方及生产工艺见表 6-15，UV 淋涂用透明底漆的性能见表 6-16。

表 6-15　UV 淋涂用透明底漆配方及生产工艺

原料及规格	型号	质量分数/%	生产工艺
双官能团丙烯酸单体	EM222	15	按序加入，中速搅拌均匀
环氧丙烯酸酯	621A-80	40	
聚氨酯丙烯酸酯	SM6318	10	
消泡剂	BYK055	0.5	加入，中速搅拌均匀
分散剂	EFKA4010	0.8	
光引发剂	JURE1104	3.2	
防沉剂	M-5	0.5	加入，高速搅拌分散至细度合格，≤100μm
填料(滑石粉，2000 目)		10	
双官能团丙烯酸单体	EM223	20	加入，搅拌均匀，用 100 目滤网过滤包装

表 6-16　UV 淋涂用透明底漆性能指标

项目	性能指标	项目	性能指标
原漆状态	搅拌均匀无硬块	单次涂布量/(g/m²)	90～100
细度/μm	≤70	固化能量(Hg 灯)/(MJ/cm²)	150～250
黏度(T-4，40℃)/s	35～45	漆膜外观	平整
淋幕稳定性	无跳幕、断幕现象	附着力	≤2 级

（3）配方调整

① 原料选择　树脂有环氧丙烯酸酯、聚氨酯丙烯酸酯、聚酯丙烯酸酯等；丙烯酸单体有单官能团丙烯酸单体、双官能团丙烯酸单体、多官能团丙烯酸单体；UV 底漆使用的

助剂一般为不含有机硅的各种助剂；淋涂用透明底漆用填料主要是不同粒径的滑石粉；光引发剂主要使用的是裂解型自由基光引发剂（如 1173、184）。

② 配比调整 对于低聚物和单体，用官能度高的，则反应速率快、漆膜硬度高、不好打磨、漆膜较脆；用官能度低的，则反应速率慢、漆膜硬度低、易打磨、漆膜韧性好。

③ 技术难点 硬度与柔韧性的平衡主要依靠树脂、单体的类型与比例来控制；淋幕的稳定性主要依靠树脂、单体、助剂的类型与比例来控制，控制油槽水浴温度、调整刀口间隙至适当位置、清除刀口及过滤网上杂污物等是保证淋幕稳定性的重要手段。

6. 辊涂用实色面漆

(1) 产品介绍 UV 辊涂用实色面漆主要起装饰和保护效果，提供漆膜色彩、光泽、手感、硬度、耐刮擦的作用。

(2) 基础配方 UV 辊涂用实色面漆配方及生产工艺见表 6-17，UV 辊涂用实色面漆性能见表 6-18。

表 6-17 UV 辊涂用实色面漆配方及生产工艺

原料及规格	型号	质量分数/%	生产工艺
双官能团丙烯酸单体	R206	14	按序加入，中速搅拌均匀
环氧丙烯酸酯	B163	25	
聚氨酯丙烯酸酯	6145-100	10	
消泡剂	TEGO920	0.2	加入，中速搅拌均匀
分散剂	BYK2009	0.5	
流平剂	Dowsil 57	0.3	
光引发剂	GR-XBPO	1.0	
光引发剂	JURE1104	3.0	
消光剂	RAD2105	10	加入，高速搅拌分散至细度合格，≤100μm
双官能团丙烯酸单体	EM222	20	加入，搅拌均匀，用 100 目滤网过滤包装
UV 色浆	—	根据需求添加	

表 6-18 UV 辊涂用实色面漆性能指标

项目	性能指标	项目	性能指标
原漆状态	搅拌均匀无硬块	固化能量(Ga+Hg 灯)/(MJ/cm^2)	>550
细度/μm	≤35	漆膜外观	平整
旋转黏度/(mPa·s)	500～1500	光泽(60°)/%	40±5
单次涂布量/(g/m^2)	8～15	附着力	≤2 级

(3) 配方调整

① 原料选择 树脂有改性环氧丙烯酸酯、聚氨酯丙烯酸酯、聚酯丙烯酸酯等；丙烯酸单体有双官能团丙烯酸单体、多官能团丙烯酸单体；UV 实色面漆一般使用分散剂帮助

分散消光粉，使用有机硅助剂提高手感和耐刮擦性能；辊涂用实色面漆用颜料主要是为了提供漆膜各种色彩效果，主要选择金红石型钛白粉和其他各种耐光等级高的颜料；光引发剂使用的是裂解型自由基光引发剂（如 184、TPO、819）。

② 配比调整　将钛白粉和其他颜料制作成色浆，可保证遮盖力、细度、流平性等性能的稳定性；如对固化后净味的要求高，可使用 MBF、TPO、819 等大分子光引发剂。

③ 技术难点　附着力与遮盖力的平衡主要依靠树脂、光引发剂、颜料的类型与比例来控制。一般情况，白色浆添加量小于 50%，黄色浆的添加量小于 25%，红色浆的添加量小于 15%，黑色浆的添加量小于 8%。

7. 辊涂用透明面漆

（1）产品介绍　UV 辊涂用透明面漆主要起装饰和保护效果，提供漆膜光泽、手感、硬度、耐刮擦的作用。

（2）基础配方　UV 辊涂用透明面漆配方及生产工艺见表 6-19，UV 辊涂用透明面漆性能见表 6-20，UV 辊涂用耐刮擦透明面漆配方及生产工艺见表 6-21，UV 辊涂用耐刮擦透明面漆性能见表 6-22。

表 6-19　UV 辊涂用透明面漆配方及生产工艺

原料及规格	型号	质量分数/%	生产工艺
双官能团丙烯酸单体	R206	20	按序加入，中速搅拌均匀
环氧丙烯酸酯	HM112P-80	20	
聚氨酯丙烯酸酯	5210	10	
聚氨酯丙烯酸酯	6145-100	5	
消泡剂	TEGO920	0.2	加入，中速搅拌均匀
分散剂	BYK2009	0.8	
流平剂	Dowsil 57	0.3	
光引发剂	JURE1102	1.0	
光引发剂	JURE1104	3.0	
消光剂	RAD2105	10	加入，高速搅拌分散至细度合格，≤100μm
	ED-80	3	
双官能团丙烯酸单体	EM222	24.7	加入，搅拌均匀，用 100 目滤网过滤包装
助引发剂	RY4103	2	

表 6-20　UV 辊涂用透明面漆性能指标

项目	性能指标	项目	性能指标
原漆状态	搅拌均匀无硬块	固化能量(Hg 灯)/(MJ/cm^2)	>350
细度/μm	≤35	漆膜外观	平整
旋转黏度/(mPa·s)	500～1500	光泽(60°)/%	30±5
单次涂布量/(g/m^2)	5～8	附着力	≤2 级

表 6-21　UV 辊涂用耐刮擦透明面漆的配方及生产工艺

原料及规格	型号	质量分数/%	生产工艺
双官能团丙烯酸单体	R206	20	按序加入，中速搅拌均匀
环氧丙烯酸酯	B163	20	
聚氨酯丙烯酸酯	6145-100	15	
消泡剂	TEGO920	0.2	加入，中速搅拌均匀
分散剂	BYK2009	0.8	
流平剂	Dowsil 57	0.3	
光引发剂	JURE1102	1.0	
光引发剂	JURE1104	3.0	
消光剂	RAD2105	10	加入，高速搅拌分散至细度合格，≤100μm
消光剂	ED-80	3	
蜡粉	CERAFLOUR996	2	
填料	VX-SP	5	
双官能团丙烯酸单体	EM222	17.7	加入，搅拌均匀，用 100 目滤网过滤包装
助引发剂	RY4103	2	

表 6-22　UV 辊涂用耐刮擦透明面漆性能指标

项目	性能指标	项目	性能指标
原漆状态	搅拌均匀无硬块	固化能量(Hg 灯)/(MJ/cm^2)	>350
细度/μm	≤35	漆膜外观	平整
旋转黏度/(mPa·s)	500～1500	光泽(60°)/%	25±5
单次涂布量/(g/m^2)	5～8	附着力	≤2 级

(3) 配方调整

① 原料选择　树脂有环氧丙烯酸酯、聚氨酯丙烯酸酯、聚酯丙烯酸酯等；丙烯酸单体有双官能团丙烯酸单体、多官能团丙烯酸单体；UV 透明面漆一般使用分散剂处理消光剂，使用有机硅助剂提高手感和耐刮擦性能；光引发剂主要使用的是裂解型自由基光引发剂（如 184、TPO）、夺氢型光引发剂二苯甲酮配合叔胺类供氢体等。

② 配比调整　如对固化后净味的要求高，可使用 TPO、二苯甲酮衍生物、EDB 等大分子光引发剂。

③ 技术难点　表面耐刮擦性能主要依靠树脂、光引发剂、填料、表面助剂的类型与比例来控制；表面光泽要求低于 10%时，主要依靠树脂、光引发剂、消光剂、填料、分散剂的类型与比例来控制。

8. 淋涂用透明面漆

(1) 产品介绍　UV 淋涂用透明面漆主要起保护和装饰作用，特别是提高了漆膜的丰满度、硬度等性能。淋涂用透明面漆只适合用于平面且已完成底漆封闭的基材的涂装，不适用于垂直面及不规则物件的涂装。

(2) 基础配方　UV 淋涂用透明面漆配方及生产工艺见表 6-23，UV 淋涂用透明面漆性能见表 6-24。

表 6-23 UV 淋涂用透明面漆配方及生产工艺

原料及规格	型号	质量分数/%	生产工艺
双官能团丙烯酸单体	EM222	15	按序加入，中速搅拌均匀
环氧丙烯酸酯	621A-80	30	
聚氨酯丙烯酸酯	SM6318	15	
消泡剂	BYK055	0.5	加入，中速搅拌均匀
分散剂	EFKA4010	0.8	
光引发剂	JURE1102	0.5	
光引发剂	JURE1104	3.2	
消光剂	OK-500	4	加入，高速搅拌分散至细度合格，≤100μm
双官能团丙烯酸单体	EM223	20	加入，搅拌均匀，用 100 目滤网过滤包装
三官能团丙烯酸单体	EM231	10	
助引发剂	RY4103	1.0	

表 6-24 UV 淋涂用透明面漆性能指标

项目	性能指标	项目	性能指标
原漆状态	搅拌均匀无硬块	固化能量(Hg 灯)/(MJ/cm^2)	300～450
细度/μm	≤35	漆膜外观	平整
黏度(T-4，40℃)/s	35～45S	光泽(60°)/%	65±5
淋幕稳定性	无跳幕、断幕现象	附着力	≤2 级
单次涂布量/(g/m^2)	100～120		

(3) 配方调整

① 原料选择 树脂有环氧丙烯酸酯、聚氨酯丙烯酸酯、聚酯丙烯酸酯等；丙烯酸单体有单官能团丙烯酸单体、双官能团丙烯酸单体、多官能团丙烯酸单体；UV 淋涂用透明面漆使用的助剂一般为不含有机硅的各种助剂；光引发剂主要使用的是裂解型自由基光引发剂（如 1173、184、TPO）、夺氢型光引发剂二苯甲酮及其衍生物配合叔胺类供氢体等。

② 配比调整 对于低聚物和单体，用官能度高的，则反应速率快、漆膜硬度高、漆膜较脆；用官能度低的，则反应速率慢、漆膜硬度低、漆膜韧性好。

③ 技术难点 硬度与柔韧性的平衡主要依靠树脂、单体的类型与比例来控制；淋幕的稳定性主要依靠树脂、单体、助剂的类型与比例来控制，控制油槽水浴温度、调整刀口间隙至适当位置、清除刀口及过滤网上杂污物等是保证淋幕稳定性的重要手段。

9. 真空喷涂用底漆

(1) 产品介绍 UV 真空喷涂用底漆主要起增厚、保证板面丰满度、提高硬度的作用；真空喷涂用底漆只适合用于小型工件（如踢脚线、线条）基材的涂装，可同时完成 3 至 4 面的涂装。

(2) 基础配方 UV 真空喷涂用透明底漆配方及生产工艺见表 6-25，UV 真空喷涂用透明底漆性能见表 6-26。

表 6-25 UV 真空喷涂用透明底漆配方及生产工艺

原料及规格	型号	质量分数/%	生产工艺
双官能团丙烯酸单体	EM222	15	按序加入,中速搅拌均匀
环氧丙烯酸酯	621A-80	25	
聚氨酯丙烯酸酯	5210	8	
消泡剂	TEGO920	0.2	加入,中速搅拌均匀
分散剂	EFKA4010	0.8	
光引发剂	JURE1104	3.0	
光引发剂	JURE1102	0.5	
防沉剂	M-5	0.5	加入,高速搅拌分散至细度合格,≤100μm
填料(滑石粉,2000 目)		10	
双官能团丙烯酸单体	EM223	33	加入,搅拌均匀,用 100 目滤网过滤包装
单官能团丙烯酸单体	HEMA	3	
助引发剂	RY-4103	1	

表 6-26 UV 真空喷涂用透明底漆性能指标

项目	性能指标	项目	性能指标
原漆状态	搅拌均匀无硬块	固化能量(Hg 灯)/(MJ/cm^2)	150~250
细度/μm	≤50	漆膜外观	平整
黏度(T-4,30℃)/s	25~40	附着力	≤2 级
单次涂布量/(g/m^2)	50~100		

(3) 配方调整

① 原料选择 树脂有环氧丙烯酸酯、聚氨酯丙烯酸酯、聚酯丙烯酸酯、聚醚丙烯酸酯等;丙烯酸单体有单官能团丙烯酸单体、双官能团丙烯酸单体、多官能团丙烯酸单体;UV 底漆使用的助剂一般为不含有机硅的各种助剂;真空喷涂用透明底漆用的填料主要是不同粒径的滑石粉;光引发剂主要使用的是裂解型自由基光引发剂(如 184、TPO)、夺氢型引发剂二苯甲酮及其衍生物配合叔胺类供氢体等。

② 配比调整 在真空喷涂用透明底漆中添加白色浆和引发剂 819,可以制作真空喷涂用白色底漆。

③ 技术难点 流平性、硬度与柔韧性的平衡主要依靠树脂、单体的类型与比例来控制;真空喷涂通过控制油槽水浴温度来控制施工黏度;通过控制线速度和负压来控制涂布量,线速度越慢、负压越大,则涂布量越小,线速度越快、负压越小,则涂布量越大。

10. 往复式喷涂用透明底漆

(1) 产品介绍 UV 往复式喷涂用透明底漆主要起增厚、保证漆膜丰满度、提高硬度的作用;往复式喷涂用透明底漆适合用于各类工件的涂装,可同时完成三个平面的涂装。

(2) 基础配方 UV 往复式喷涂用透明底漆配方及生产工艺见表 6-27,UV 往复式喷涂用透明底漆性能见表 6-28。

表 6-27 UV 往复式喷涂用透明底漆配方及生产工艺

原料及规格	型号	质量分数/%	生产工艺
双官能团丙烯酸单体	EM222	15	按序加入,中速搅拌均匀
环氧丙烯酸酯	SM6105-80	20	
聚酯丙烯酸酯	3310	15	
消泡剂	TEGO920	0.2	加入,中速搅拌均匀
分散剂	EFKA4010	0.8	
流平剂	BYK358N	0.5	
流变助剂	BYK405	0.1	
光引发剂	JURE1104	3.0	
光引发剂	JURE1102	1	
防沉剂	M-5	0.4	加入,高速搅拌分散至细度合格,≤100μm
填料(滑石粉,1250 目)		10	
双官能团丙烯酸单体	EM223	29	加入,搅拌均匀,用 100 目滤网过滤包装
单官能团丙烯酸单体	HEMA	3	
助引发剂	RY-4103	2	

表 6-28 UV 往复式喷涂用透明底漆性能指标

项目	性能指标	项目	性能指标
原漆状态	搅拌均匀无硬块	固化能量(Hg 灯)/(MJ/cm^2)	150～250
细度/μm	≤50	漆膜外观	平整
黏度(T-4,30℃)/s	25～40	附着力	≤2 级
单次涂布量/(g/m^2)	90～120		

(3) 配方调整

① 原料选择 树脂有环氧丙烯酸酯、聚氨酯丙烯酸酯、聚酯丙烯酸酯等；丙烯酸单体有单官能团丙烯酸单体、双官能团丙烯酸单体、多官能团丙烯酸单体；UV 底漆使用的助剂一般为不含有机硅的各种助剂；往复式喷涂用透明底漆用的填料主要是不同粒径的滑石粉；光引发剂主要使用的是裂解型自由基光引发剂（如 184、TPO)、夺氢型引发剂二苯甲酮及其衍生物配合叔胺类供氢体等。

② 配比调整 在往复式喷涂用透明底漆中添加白色浆和引发剂 819，可以制作往复式喷涂用白色底漆。

③ 技术难点 对基材的润湿性是无溶剂喷涂用底漆最难处理的问题，主要通过树脂、表面助剂的类型与比例来控制；往复式喷涂通过控制油槽水浴温度来控制施工黏度；流平性与抗流挂的平衡主要依靠涂料黏度、防沉剂和流变助剂的类型与比例来控制。

11. LED 固化辊涂产品

(1) 产品介绍 LED 是英文 light emitting diode（发光二极管）的缩写。相比传统的汞灯，LED 是一个冷光源，主要是由于在红外光谱范围内没有输出，因而能用于热敏感的基材。目前，市售（如长耀光电）的 LED 灯主要有三种波长 385nm、395nm 和 405nm，其中波长 395nm 使用最普及，灯管的使用寿命可达近 20000 小时。

LED 固化的 UV 涂料与传统汞灯固化的 UV 涂料所起的作用均一致。

（2）基础配方 LED 固化辊涂透明面漆配方及生产工艺见表 6-29，LED 固化辊涂透明面漆性能见表 6-30。

表 6-29 LED 固化辊涂透明面漆配方及生产工艺

原料及规格	型号	质量分数/%	生产工艺
双官能团丙烯酸单体	R206	30	按序加入，中速搅拌均匀
聚酯丙烯酸酯	63928	25	
聚氨酯丙烯酸酯	6145-100	10	
消泡剂	TEGO920	0.2	加入，中速搅拌均匀
分散剂	BYK2009	0.8	
流平剂	Dowsil 57	0.3	
光引发剂	ITX	6.0	
消光剂	RAD2105	10	加入，高速搅拌分散至细度合格，≤100μm
光剂	ED-80	3	
蜡粉	CERAFLOUR950	2	
三官能团丙烯酸单体	EM231	12.7	加入，搅拌均匀，用 100 目滤网过滤包装

表 6-30 LED 固化辊涂透明面漆性能指标

项目	性能指标	项目	性能指标
原漆状态	搅拌均匀无硬块	固化能量(LED 灯)/(MJ/cm^2)	UVA>1200 UVV>3500
细度/μm	≤55	漆膜外观	平整
旋转黏度/(mPa·s)	500～1500	光泽(60°)/%	25±5
单次涂布量/(g/m^2)	5～8	附着力	≤2 级

（3）配方调整

① 原料选择 树脂有环氧丙烯酸酯、聚氨酯丙烯酸酯、聚酯丙烯酸酯等；丙烯酸单体有双官能团丙烯酸单体、多官能团丙烯酸单体；LED 固化辊涂透明底漆用填料主要是为了提高漆膜的填充性、打磨性和硬度；光引发剂主要使用的是裂解型自由基光引发剂（如 ITX、TPO、819）、夺氢型引发剂二苯甲酮及其衍生物配合叔胺类供氢体等。

② 配比调整 与汞灯固化体系最不一样的是由于 LED 光特定波长的原因，需选用既定波长范围内的专用引发剂、合用的树脂和单体，干燥时要配套 LED 灯专用设备。

③ 技术难点 面漆的光泽平衡主要依靠树脂、消光剂、单体及填料的类型与比例来控制；需特别注意分散剂的用量对流动性的影响；漆膜的表面固化程度主要与树脂的类型、光引发剂的类型和比例、LED 灯的照射距离和强度等相关。

二、喷涂用紫外光固化涂料

喷涂用紫外光固化涂料是一种含有挥发性有机溶剂的 UV 涂料，因有较多 VOC 而区别于传统型 UV 涂料，由“无溶剂涂料”变成“有溶剂涂料”。在第一节紫外光固化木用涂料概况已有详细介绍，本处不再赘述。喷涂用紫外光固化涂料大多采用往复式喷涂的形式进行涂装。

1. 往复式喷涂用封闭底漆

（1）产品介绍　UV 往复式喷涂用封闭底漆主要起封闭导管、提高附着力的作用，一般使用往复式喷涂方式进行涂装。

（2）基础配方　UV 往复式喷涂用封闭底漆配方及生产工艺见表 6-31，UV 往复式喷涂用封闭底漆性能见表 6-32。

表 6-31　UV 往复式喷涂用封闭底漆配方及生产工艺

原料及规格	型号	质量分数/%	生产工艺
单官能团丙烯酸单体	HEMA	3	按序加入,中速搅拌均匀
环氧丙烯酸酯	B-163	40	
聚氨酯丙烯酸酯	5210	10	
附着力树脂	LT-8402	10	
消泡剂	TEGO920	0.2	加入,中速搅拌均匀
流平剂	BYK358N	0.5	
光引发剂	JURE1103	3.0	
双官能团丙烯酸单体	EM223	13.3	加入,搅拌均匀,用 100 目滤网过滤包装
溶剂	EAC	10	
溶剂	BAC	10	

表 6-32　UV 往复式喷涂用封闭底漆性能指标

项目	性能指标	项目	性能指标
原漆状态	搅拌均匀无硬块	红外流平	35～45℃/8～10 分钟
细度/μm	≤10	固化能量(Hg 灯)/(MJ/cm^2)	150～250
黏度(T-2,30℃)/s	15～20	漆膜外观	平整
单次涂布量/(g/m^2)	50～70	附着力	≤2 级

（3）配方调整

① 原料选择　树脂有环氧丙烯酸酯、聚氨酯丙烯酸酯、聚酯丙烯酸酯等；丙烯酸单体有单官能团丙烯酸单体、双官能团丙烯酸单体；UV 底漆使用的助剂一般为不含有机硅的各种助剂；光引发剂主要使用的是裂解型自由基光引发剂（如 1173、184）。

② 配比调整　对打磨性有较高要求，可添加滑石粉提高打磨性。

③ 技术难点　对于难附着的基材，可以通过多加 LT-8402 去解决附着力问题。

2. 往复式喷涂用白色底漆

（1）产品介绍　UV 往复式喷涂用白色底漆除了起填平、增厚、保证漆膜丰满度的作用外，同时还提供遮盖力；一般采用往复式喷涂施工，可解决异形工件的底漆涂装。

(2) 基础配方 UV往复式喷涂用白色底漆配方及生产工艺见表6-33，UV往复式喷涂用白色底漆性能见表6-34。

表6-33 UV往复式喷涂用白色底漆配方及生产工艺

原料及规格	型号	质量分数/%	生产工艺
双官能团丙烯酸单体	EM222	10	按序加入，中速搅拌均匀
环氧丙烯酸酯	718	20	
环氧丙烯酸酯	9105-80	10	
聚酯丙烯酸酯	3310	10	
消泡剂	TEGO920	0.2	加入，中速搅拌均匀
流平剂	BYK358N	0.5	
光引发剂	JURE1109	1.0	
光引发剂	JURE1108	1.0	
光引发剂	JURE1104	3.0	
防沉剂	M-5	0.5	加入，高速搅拌分散至细度合格，≤100μm
填料(滑石粉，1250目)		20	
白色浆	/	15	加入，搅拌均匀，用100目滤网过滤包装
溶剂	BAC	8.8	

表6-34 UV往复式喷涂用白色底漆性能指标

项目	性能指标	项目	性能指标
原漆状态	搅拌均匀无硬块	红外流平	35～45℃/8～10分钟
细度/μm	≤10	固化能量(Ga+Hg灯)/(MJ/cm^2)	>450
黏度(25℃)/KU	95±5	漆膜外观	平整
施工黏度(T-2)/s	12～15	附着力	≤2级
单次涂布量/(g/m^2)	100～120		

(3) 配方调整

① 原料选择 树脂有环氧丙烯酸酯、聚氨酯丙烯酸酯、聚酯丙烯酸酯等；丙烯酸单体有单官能团丙烯酸单体、双官能团丙烯酸单体、多官能团丙烯酸单体；UV底漆使用的助剂一般为不含有机硅的各种助剂；光引发剂主要使用的是裂解型自由基光引发剂（如1173、184、TPO、819）。

② 配比调整 如对打磨性有较高要求，可添加硬脂酸锌提高打磨性。

③ 技术难点 附着力与遮盖力的平衡主要依靠树脂、光引发剂、颜料及填料的类型与比例来控制，与水性面漆的层间附着力尤需注意。

3. 往复式喷涂用透明底漆

(1) 产品介绍 UV往复式喷涂用透明底漆主要起填平、增厚、保证漆膜丰满度的作用，一般采用往复式喷涂施工，可解决异形工件的底漆涂装。

(2) 基础配方 UV往复式喷涂用透明底漆配方及生产工艺见表6-35，UV往复式喷涂用透明底漆性能见表 6-36。

表 6-35　UV 往复式喷涂用透明底漆配方及生产工艺

原料及规格	型号	质量分数/%	生产工艺
双官能团丙烯酸单体	EM222	13	按序加入，中速搅拌均匀
环氧丙烯酸酯	HE421	35	
聚酯丙烯酸酯	CR90156	15	
聚氨酯丙烯酸酯	SM6318	5	
消泡剂	TEGO920	0.2	加入，中速搅拌均匀
流平剂	BYK358N	0.5	
分散剂	EEKA4010	0.5	
光引发剂	JURE1102	1.0	
光引发剂	JURE1103	3.0	
防沉剂	M-5	0.5	加入，高速搅拌分散至细度合格，≤100μm
填料(滑石粉，1250 目)		15	
助引发剂	RY4103	2	加入，搅拌均匀，用 100 目滤网过滤包装
溶剂	BAC	9.3	

表 6-36　UV 往复式喷涂用透明底漆性能指标

项目	性能指标	项目	性能指标
原漆状态	搅拌均匀无硬块	红外流平	35～45℃/8～10 分钟
细度/μm	≤10	固化能量(Ga+Hg 灯)/(MJ/cm²)	>450
黏度(25℃)/KU	70±5	漆膜外观	平整
施工黏度(T-2)/s	12～15	附着力	≤2 级
单次涂布量/(g/m²)	100～120		

(3) 配方调整

① 原料选择　树脂有环氧丙烯酸酯、聚氨酯丙烯酸酯、聚酯丙烯酸酯等；丙烯酸单体有单官能团丙烯酸单体、双官能团丙烯酸单体、多官能团丙烯酸单体；UV 底漆使用的助剂一般为不含有机硅的各种助剂；光引发剂主要使用的是裂解型自由基光引发剂（如 1173、184）、夺氢型引发剂二苯甲酮配合叔胺类供氢体等。

② 配比调整　如对打磨性有较高要求，可添加硬脂酸锌提高打磨性。如对固化后净味有较高要求，光引发剂可使用 TPO、二苯甲酮衍生物、EDB，单体可使用长兴化学的带-TF 尾缀类型的单体（如 EM223-TF）。通过对树脂、稀释剂类型和比例的控制，以及添加导电助剂对涂料进行电阻控制，可以制作静电喷涂用紫外光固化木用涂料，一般电阻控制为 2～10MΩ。

③ 技术难点　附着力与润湿性的提高主要依靠树脂、分散剂、填料的类型与比例来进行。

4. 往复式喷涂用白色面漆

(1) 产品介绍　UV 往复式喷涂用白色面漆除提供漆膜色彩、光泽、手感、硬度、耐刮擦的作用外，同时还提供遮盖力；一般采用往复式喷涂施工，可解决异形工件的面漆涂装。

（2）基础配方 UV往复式喷涂用白色面漆配方及生产工艺见表6-37，UV往复式喷涂用白色面漆性能见表6-38。

表6-37 UV往复式喷涂用白色面漆配方及生产工艺

原料及规格	型号	质量分数/%	生产工艺
双官能团丙烯酸单体	EM222	10	按序加入，中速搅拌均匀
自消光树脂	0038M	10	
聚酯丙烯酸树脂	PE56F	10	
聚氨酯丙烯酸酯	6145-100	15	
消泡剂	TEGO920	0.2	加入，中速搅拌均匀
流平剂	BYK358N	0.5	
流平剂	TEGO450	0.3	
分散剂	EFKA4010	0.5	
光引发剂	GR-XBPO	0.5	
光引发剂	GR-TPO	2.0	
光引发剂	JURE1104	3.0	
消光剂	RAD2105	5	加入，高速搅拌分散至细度合格，≤100μm
蜡粉	CERAGLOUR996	2	
白色浆	/	20	加入，搅拌均匀，用100目滤网过滤包装
双官能团丙烯酸单体	R206	8	
纤维素CAB液		5	
溶剂	BAC	8	

表6-38 UV往复式喷涂用白色面漆性能指标

项目	性能指标	项目	性能指标
原漆状态	搅拌均匀无硬块	红外流平	35～45℃/8～10分钟
细度/μm	≤35	固化能量(Ga+Hg灯)/(MJ/cm^2)	>750
黏度(25℃)/KU	75±5	漆膜外观	平整
施工黏度(T-2)/s	12～14	光泽(60°)/%	30±5
单次涂布量/(g/m^2)	100～120	附着力	≤2级

（3）配方调整

① 原料选择 树脂有聚氨酯丙烯酸酯、聚酯丙烯酸酯、自消光树脂等；丙烯酸单体有单官能团丙烯酸单体、双官能团丙烯酸单体、多官能团丙烯酸单体；光引发剂主要使用的是裂解型自由基光引发剂（如184、TPO、819）。

② 配比调整 可通过对自消光树脂、消光剂、蜡粉的比例控制来调整光泽。

③ 技术难点 附着力与遮盖力的平衡主要依靠树脂、光引发剂、颜料的类型与比例来控制，消光剂定向排列主要通过树脂、助剂的类型与比例来控制。

5. 往复式喷涂用透明面漆

（1）产品介绍　UV 往复式喷涂用透明面漆主要提供光泽、手感、硬度和耐刮擦性，一般采用往复式喷涂施工，可解决异形工件的面漆涂装。

（2）基础配方　UV 往复式喷涂用透明面漆的配方及生产工艺见表 6-39，UV 往复式喷涂用透明面漆的性能见表 6-40。

表 6-39　UV 往复式喷涂透明面漆配方及生产工艺

原料及规格	型号	质量分数/%	生产工艺
双官能团丙烯酸单体	EM222	10	按序加入，中速搅拌均匀
聚酯丙烯酸酯	5312	40	
聚氨酯丙烯酸酯	6145-100	8	
消泡剂	TEGO920	0.2	加入，中速搅拌均匀
流平剂	BYK358N	0.5	
流平剂	TEGO450	0.3	
分散剂	EFKA4010	0.8	
光引发剂	GR-TPO	0.5	
光引发剂	JURE1104	3.0	
消光剂	RAD2105	10	加入，高速搅拌分散至细度合格，≤100μm
蜡粉	CERAGLOUR950	2	
双官能团丙烯酸单体	R206	10	加入，搅拌均匀，用 100 目滤网过滤包装
纤维素 CAB 液		8	
溶剂	BAC	6.7	

表 6-40　UV 往复式喷涂用透明面漆性能指标

项目	性能指标	项目	性能指标
原漆状态	搅拌均匀无硬块	红外流平	35～45℃/8～10 分钟
细度/μm	≤35	固化能量(Hg 灯)/(MJ/cm^2)	>450
黏度(25℃)/KU	70±5	漆膜外观	平整
施工黏度(T-2)/s	12～14	光泽(60°)/%	40±5
单次涂布量/(g/m^2)	90～110	附着力	≤2 级

（3）配方调整

① 原料选择　树脂有聚氨酯丙烯酸酯、聚酯丙烯酸酯等；丙烯酸单体有单官能团丙烯酸单体、双官能团丙烯酸单体、多官能团丙烯酸单体；光引发剂主要使用的是裂解型自由基光引发剂（如 184、TPO、819）。

② 配比调整　可通过对纤维素、消光剂、蜡粉的比例控制来调整光泽。

③ 技术难点　光泽与透明性的平衡主要依靠树脂、消光剂的类型与比例来控制，消光剂定向排列主要通过树脂、助剂的类型与比例来控制。

三、水性紫外光固化木用涂料

1. 水性紫外光固化封闭底漆用涂料

(1) 产品介绍　水性紫外光固化封闭底漆用涂料的主要作用是渗透到木材内部结构中去，封闭住木材导管里面的油脂、单宁酸以及水分等，防止在涂料施工固化完成之后木材里面的油脂、单宁酸、水分等再从导管里面渗透出来，从而影响涂膜的整体性能，甚至导致涂膜脱落。该类型涂料主要应用于松木等油脂多、含水率高或者导管深的木材。

该类型的涂料一般都是透明的，主要特点是渗透性强，封闭性能优异；耐水、耐酸、耐油脂性能优异，与涂层间的配套性能好以及有很好的隔离能力。该类型的涂料一般采用喷涂或辊涂方法施工。

(2) 基础配方　水性紫外光固化封闭底漆用涂料配方及生产工艺见表 6-41，水性紫外光固化封闭底漆用涂料性能指标见表 6-42。

表 6-41　水性紫外光固化封闭底漆用涂料配方及生产工艺

原料及规格	型号	质量分数/%	生产工艺
水性 UV 树脂	7177	85	
消泡剂	BYK025	0.4	在低速搅拌状态下依次加入，高速分散 15～20 分钟
分散剂	BYK349	0.6	
增稠剂	RHROLATE® 299	2.0	
光引发剂	JURE1104	3.0	在低速搅拌状态下加入，高速分散 15～20 分钟
去离子水		8.0	低速搅拌状态下加入，低速分散 5～10 分钟
增稠剂	RHROLATE® 6388	1.0	调节黏度，分散完成后用 100 目滤布过滤包装

表 6-42　水性紫外光固化封闭底漆用涂料性能指标

项目	性能指标	项目	性能指标
原始状态	搅拌无硬块	固化能量(Hg 灯)/(MJ/cm^2)	150～200
细度/μm	≤70	渗透性	好
斯托默黏度/KU	65～70	涂膜外观	光滑平整
单次涂布量/(g/m^2)	70～80	附着力	≤2 级

(3) 配方调整

① 原料选择　水性 UV 树脂要选择高渗透性、封闭性能优异的，可选择的有聚氨酯丙烯酸酯、聚酯丙烯酸酯、环氧丙烯酸酯等；助剂一般选择水性体系用助剂即可；光引发剂主要使用的是裂解型自由基光引发剂 (1173、TPO、TPO-L 等)。

② 配比调整　根据木材含油脂、含单宁酸的轻重可以选择不同的水性 UV 树脂和助剂，以达到快速渗透、封闭的目的。

③ 技术难点　快速渗透和封闭是需要水性 UV 树脂来发挥作用的，可以选择不同的

水性 UV 树脂混拼以达到渗透和封闭的效果。

2. 水性紫外光固化附着底漆用涂料

(1) 产品介绍　水性紫外光固化附着底漆用涂料的主要作用是提高层间附着力，因为有的底漆用涂料直接涂在木材（木皮）上时附着力很差，需要在底材上涂装一层附着底漆用涂料，从而提高与底材的附着力；该类型涂料还可以添加水性色浆进行调色，赋予底材颜色，让木材的纹路看起来更加突出。

该类型涂料的施工方式一般是辊涂、擦涂，红外干燥 50℃/7～8min 就可以进行下一道工序，不需要过紫外灯固化，因为过完紫外灯之后，有的颜色会褪色（变白变浅），所以只需要烘干即可。

(2) 基础配方　水性紫外光固化附着底漆用涂料配方及生产工艺见表 6-43，性能指标见表 6-44。

表 6-43　水性紫外光固化附着底漆用涂料配方及生产工艺

原料及规格	型号	质量分数/%	生产工艺
水性 UV 树脂	7177	70.0	在低速搅拌状态下依次加入，高速分散 15～20 分钟
消泡剂	BYK022	0.30	
分散剂	BYK346	0.70	
增稠剂	RHROLATE® 350D	2.0	
光引发剂	JURE1104	3.0	在低速搅拌状态下加入，高速分散 15～20 分钟
去离子水		23.0	低速搅拌状态下加入，低速分散 5～10 分钟
增稠剂	RHROLATE® 299	1.0	调节黏度，分散完成后用 100 目滤布过滤包装

表 6-44　水性紫外光固化附着底漆用涂料性能指标

项目	性能指标	项目	性能指标
原始状态	搅拌无硬块	干燥条件	红外干燥 50℃/7～8 分钟
细度/μm	≤40	透明性	好
斯托默黏度/KU	50～55	涂膜外观	光滑平整
单次涂布量/(g/m²)	15～20	附着力	≤2 级

(3) 配方调整

① 原料选择　水性 UV 树脂要选择高渗透性、附着性能优异的，可选择的有聚氨酯丙烯酸酯、聚酯丙烯酸酯、环氧丙烯酸酯等；助剂一般选择水性体系用助剂即可；光引发剂主要使用的是裂解型自由基光引发剂（1173、TPO、TPO-L 等）。

② 配比调整　可以根据不同素材选择不同的水性 UV 树脂和助剂，同时也要考虑水性 UV 树脂与染料和颜料的相容性，以免影响颜色的通透性。

③ 技术难点　增加附着力与保证颜色的相容性主要是通过调节树脂和助剂的比例来实现，也可以选用不同的树脂体系拼用。

3. 水性紫外光固化白色底漆用喷涂涂料

(1) 产品介绍 水性紫外光固化白色底漆用喷涂涂料主要起填平、增厚、保证板面丰满度的作用，同时还有提供遮盖力和着色作用；该类型涂料的涂装方式一般是喷涂、辊涂，目前喷涂方式较多，大多采用往复式喷涂，而在地板领域一般是辊涂。

(2) 基础配方 水性紫外光固化白色底漆用喷涂涂料配方及生产工艺见表 6-45，水性紫外光固化白色底漆用喷涂涂料性能指标见表 6-46，水性紫外光固化白色底漆用辊涂涂料配方及生产工艺见表 6-47，水性紫外光固化白色底漆用辊涂涂料性能指标见表 6-48。

表 6-45 水性紫外光固化白色底漆用喷涂涂料配方及生产工艺

原料及规格	型号	质量分数/%	生产工艺
水性 UV 树脂	UCECOAT®7718	75	按量投入分散缸，低速搅拌
消泡剂	BYK024	0.5	在低速搅拌状态下依次加入，高速分散 15～20 分钟至细度≤70μm 才可进入下一道工序
分散剂	BYK349	0.9	
增稠剂	RHROLATE®350D	0.4	
颜料(钛白粉)		15	
光引发剂	GR-TPO	2	在低速搅拌状态下加入，高速分散 15～20 分钟
	819DW	0.5	
去离子水		5.6	低速搅拌状态下加入，低速分散 5～10 分钟
增稠剂	RHROLATE®350D	0.1	调节黏度，分散完成后用 100 目滤布过滤包装

表 6-46 水性紫外光固化白色底漆用喷涂涂料性能指标

项目	性能指标	项目	性能指标
原始状态	搅拌无硬块	填充性	好
细度/μm	≤70	打磨性	不粘砂纸、易出粉
斯托默黏度/KU	80～85	涂膜外观	光滑平整
单次涂布量/(g/m²)	90～110	附着力	≤2 级
固化能量(Ga、Hg 灯)/(MJ/cm²)	800～1000		

表 6-47 水性紫外光固化白色底漆用辊涂涂料配方及生产工艺

原料及规格	型号	质量分数/%	生产工艺
水性 UV 树脂	UCECOAT®7718	70.0	按量投入分散缸，低速搅拌
消泡剂	BYK024	0.40	在低速搅拌状态下依次加入，高速分散 15～20 分钟至细度≤70μm 才可进入下一道工序
分散剂	BYK349	0.60	
增稠剂	RHROLATE®350D	2.0	
颜料(钛白粉)		16.0	
光引发剂	GR-TPO	2.0	在低速搅拌状态下加入，高速分散 15～20 分钟
	819DW	1.0	

续表

原料及规格	型号	质量分数/%	生产工艺
去离子水		7.0	低速搅拌状态下加入，低速分散 5～10 分钟
增稠剂	RHROLATE®299	1.0	调节黏度，分散完成后用 100 目滤布过滤包装

表 6-48　水性紫外光固化白色底漆用辊涂涂料性能指标

项目	性能指标	项目	性能指标
原始状态	搅拌无硬块	填充性	好
细度/μm	≤70	打磨性	不粘砂纸、易出粉
斯托默黏度/KU	90～100	涂膜外观	光滑平整
单次涂布量/(g/m^2)	20～30	附着力	≤2 级
固化能量(Ga、Hg 灯)/(MJ/cm^2)	800～1000		

（3）配方调整

① 原料选择　水性 UV 树脂要选择高渗透性、附着性能优异的，可选择的有聚氨酯丙烯酸酯、聚酯丙烯酸酯、环氧丙烯酸酯等；助剂一般选择常用的水性体系助剂即可；白色颜料一般选择二氧化钛（钛白粉），根据实际需要选择金红石型或者锐钛型的钛白粉；光引发剂主要使用的是裂解型自由基光引发剂（1173、TPO、TPO-L、819DW）等。

② 配比调整　根据辊涂、喷涂、淋涂不同的施工方式调整水性 UV 树脂、光引发剂及钛白粉的用量，如水性 UV 淋涂用白色漆的钛白粉含量不宜超过 15%，超过限量会导致深层干燥不充分，影响附着力。

③ 技术难点　附着力与遮盖力的平衡主要依靠树脂、光引发剂、颜料及填料的类型与比例来控制；另外，加入光引发剂的比例要比加到透明涂料里的比例高，而且还需加入一些深层光引发剂，如 819DW 等。深层干燥是水性 UV 白色涂料厚涂的难题，根据不同的施工方式，选择两种或多种水性 UV 树脂拼用以达到一定的交联密度，并配以两种或多种混拼的引发剂以做到深层干燥。

4. 水性紫外光固化透明底漆用喷涂涂料

（1）产品介绍　水性紫外光固化透明底漆用喷涂涂料主要起填平、增厚、保证板面丰满度的作用，同时还要满足入孔润湿性好、容易打磨的要求。主要采用喷涂、辊涂、淋涂等方式，家具厂多采用往复式机械喷涂，因此主要介绍水性紫外光固化透明底漆用喷涂涂料。

（2）基础配方　水性紫外光固化透明底漆用喷涂涂料配方及生产工艺见表 6-49，水性紫外光固化透明底漆用喷涂涂料性能指标见表 6-50。

表 6-49 水性紫外光固化透明底漆用喷涂涂料配方及生产工艺

原料及规格	型号	质量分数/%	生产工艺
水性 UV 树脂	UCECOAT®7699	75	按量投入分散缸，低速搅拌
消泡剂	BYK024	0.5	在低速搅拌状态下依次加入，高速分散 15～20 分钟至细度≤70μm 才可进入下一道工序
分散剂	BYK349	0.9	
增稠剂	RHROLATE®350D	0.4	
颜料	滑石粉	15	
光引发剂	GR-TPO	2	在低速搅拌状态下加入，高速分散 15～20 分钟
	JURE1103	0.5	
去离子水		5.6	低速搅拌状态下加入，低速分散 5～10 分钟
增稠剂	RHROLATE®350D	0.1	调节黏度，分散完成后用 100 目滤布过滤包装

表 6-50 水性紫外光固化透明底漆用喷涂涂料性能指标

项目	性能指标	项目	性能指标
原始状态	搅拌无硬块	填充性	好
细度/μm	≤70	打磨性	不粘砂纸、易出粉
斯托默黏度/KU	80～85	涂膜外观	光滑平整
单次涂布量/(g/m^2)	90～110	附着力	≤2 级
固化能量(Ga、Hg 灯)/(MJ/cm^2)	800～1000		

(3) 配方调整

① 原料选择　水性 UV 树脂要选择高渗透性、附着性能优异的，可选择的有聚氨酯丙烯酸酯、聚酯丙烯酸酯、环氧丙烯酸酯等；助剂一般选择常用的水性体系助剂即可；颜料一般选择 1250 目的滑石粉；光引发剂主要使用的是裂解型自由基光引发剂（1173、TPO、TPO-L 等）。

② 配比调整　根据不同的施工方式可以调整水性 UV 树脂和助剂的配比，以达到施工效果。

③ 技术难点　水性 UV 透明底漆主要满足入孔润湿性好的要求以提高木纹的清晰度、好打磨，可以调整树脂的交联密度并加入少量打磨浆以满足要求。

5. 水性紫外光固化白面漆用喷涂涂料

(1) 产品介绍　水性紫外光固化白面漆用喷涂涂料分为亮光白面漆和亚光白面漆，该类型涂料特点是防流挂性能好、流平性能好、高硬度、高丰满度、耐化学品性好等，一般采用喷涂的涂装方式。

(2) 基础配方　水性 UV 亮光白面漆用喷涂涂料的配方及生产工艺见表 6-51，水性 UV 亮光白面漆用喷涂涂料性能指标见表 6-52，水性 UV 亚光白面漆用喷涂涂料的配方及生产工艺见表 6-53，水性 UV 亚光白面漆用喷涂涂料性能指标见表 6-54。

表 6-51　水性 UV 亮光白面漆用喷涂涂料配方及生产工艺

原料及规格	型号	质量分数/%	生产工艺
水性 UV 树脂	UCECOAT®7000	60	按量投入分散缸，低速搅拌
	IRR®889	15	
消泡剂	BYK028	0.5	在低速搅拌状态下依次加入，高速分散 15～20 分钟至细度≤35μm 才可进入下一道工序
分散剂	BYK346	0.5	
增稠剂	RHROLATE®350D	0.4	
流平剂	TEGO245	0.3	
颜料(钛白粉)		15	
光引发剂	GR-TPO	2.0	在低速搅拌状态下加入，高速分散 15～20 分钟
	819DW	1.0	
去离子水		5.1	低速搅拌状态下加入，低速分散 5～10 分钟
增稠剂	RHROLATE®R299	0.2	调节黏度，分散完成后用 100 目滤布过滤包装

表 6-52　水性 UV 亮光白面漆用喷涂涂料性能指标

项目	性能指标	项目	性能指标
原始状态	搅拌无硬块	固化能量(Ga、Hg 灯)/(MJ/cm^2)	1800～2000
细度/μm	≤35	光泽(60°)/%	92～95
斯托默黏度/KU	80～85	硬度	2H
单次涂布量/(g/m^2)	120～130	涂膜外观	光滑平整
耐黄变 QUV168h(ΔE)	≤2	附着力	≤1 级

表 6-53　水性 UV 亚光白面漆用喷涂涂料配方及生产工艺

原料及规格	型号	质量分数/%	生产工艺
水性 UV 树脂	UCECOAT®7699	60	按量投入分散缸，低速搅拌
	UCECOAT®7000	15	
消泡剂	BYK025	0.6	在低速搅拌状态下依次加入，高速分散 15～20 分钟至细度≤35μm 才可进入下一道工序
分散剂	BYK346	0.5	
增稠剂	RHROLATE®350D	0.5	
流平剂	TEGO245	0.3	
消光剂	OK520	1.5	
颜料(钛白粉)		15	
光引发剂	TPO	2.0	在低速搅拌状态下加入，高速分散 15～20 分钟
	819DW	1.0	
去离子水		3.4	低速搅拌状态下加入，低速分散 5～10 分钟
增稠剂	RHROLATE®R299	0.2	调节黏度，分散完成后用 100 目滤布过滤包装

表 6-54　水性 UV 亚光白面漆用喷涂涂料性能指标

项目	性能指标	项目	性能指标
原始状态	搅拌无硬块	固化能量(Ga、Hg 灯)/(MJ/cm^2)	1800～2000
细度/μm	≤35	光泽(60°)/%	28～32
斯托默黏度/KU	80～85	硬度	H
单次涂布量/(g/m^2)	120～130	涂膜外观	光滑平整
耐黄变 QUV168h(ΔE)	≤2	附着力	≤1 级

（3）配方调整

① 原料选择　水性 UV 树脂可选择的有聚氨酯丙烯酸酯、聚酯丙烯酸酯、环氧丙烯酸酯等；助剂一般选择常用的水性体系助剂即可；白色颜料一般选择二氧化钛，根据实际需要可选择金红石型或者锐钛型；消光剂可选择的有 SYOLD7000、TS100 等；光引发剂主要使用的是裂解型自由基光引发剂（1173、TPO、TPO-L、819DW 等）。

② 配比调整　根据辊涂、喷涂、淋涂的不同施工方式调整水性 UV 树脂、光引发剂及钛白粉的用量，如水性 UV 白面漆的钛白粉含量不宜超过 15%，超过限量会导致深层干燥不充分，影响附着力。

③ 技术难点　深层干燥是水性 UV 白色涂料厚涂的难题，根据不同的施工方式，选择两种或多种水性 UV 树脂拼用以达到一定的交联密度，并配以两种或多种的引发剂混拼以达到深层干燥。

6. 水性紫外光固化透明面漆用喷涂涂料

（1）产品介绍　水性紫外光固化透明面漆用喷涂涂料分为亮光透明面漆和亚光透明面漆，该类型涂料的特点是防流挂性能好、流平性好、高硬度、高丰满度、耐化学品性能好等，一般采用喷涂的涂装方式。

（2）基础配方　水性 UV 亮光透明面漆用喷涂涂料配方及生产工艺见表 6-55，水性 UV 亮光透明面漆用喷涂涂料性能指标见表 6-56，水性 UV 亚光透明面漆用喷涂涂料配方及生产工艺见表 6-57，水性 UV 亚光透明面漆用喷涂涂料性能指标见表 6-58。

表 6-55　水性 UV 亮光透明面漆用喷涂涂料配方及生产工艺

原料及规格	型号	质量分数/%	生产工艺
水性 UV 树脂	UCECOAT® 7700	60	按量投入分散缸，低速搅拌
	IRR® 889	25	
消泡剂	BYK028	0.5	在低速搅拌状态下依次加入，高速分散 15～20 分钟至细度≤35μm 才可进入下一道工序
分散剂	BYK346	0.5	
增稠剂	RHROLATE® 350D	0.4	
流平剂	TEGO245	0.3	
光引发剂	GR-TPO	2.0	在低速搅拌状态下加入，高速分散 15～20 分钟
	JURE1104	1.0	
去离子水		10.1	低速搅拌状态下加入，低速分散 5～10 分钟
增稠剂	RHROLATE® R299	0.2	调节黏度，分散完成后用 100 目滤布过滤包装

表 6-56 水性 UV 亮光透明面漆用喷涂涂料性能指标

项目	性能指标	项目	性能指标
原始状态	搅拌无硬块	固化能量(Ga、Hg 灯)/(MJ/cm^2)	1800～2000
细度/μm	≤35	光泽(60°)/%	92～95
斯托默黏度/KU	80～85	硬度	2H
单次涂布量/(g/m^2)	120～130	涂膜外观	光滑平整
耐黄变 QUV168h(ΔE)	≤2	附着力	≤1 级

表 6-57 水性 UV 亚光透明面漆用喷涂涂料配方及生产工艺

原料及规格	型号	质量分数/%	生产工艺
水性 UV 树脂	UCECOAT®7788	60	按量投入分散缸,低速搅拌
	UCECOAT®7718	25	
消泡剂	BYK028	0.6	在低速搅拌状态下依次加入,高速分散 15～20 分钟至细度≤35μm 才可进入下一道工序
分散剂	BYK333	0.5	
增稠剂	RHROLATE®350D	0.5	
流平剂	TEGO245	0.3	
消光剂	SYOLD7000	1.5	
光引发剂	GR-TPO	2.0	在低速搅拌状态下加入,高速分散 15～20 分钟
	JURE1104	1.0	
去离子水		8.4	低速搅拌状态下加入,低速分散 5～10 分钟
增稠剂	RHROLATE®R299	0.2	调节黏度,分散完成后用 100 目滤布过滤包装

表 6-58 水性 UV 亚光透明面漆用喷涂涂料性能指标

项目	性能指标	项目	性能指标
原始状态	搅拌无硬块	固化能量(Ga、Hg 灯)/(MJ/cm^2)	1800～2000
细度/μm	≤35	光泽(60°)/%	28～32
斯托默黏度/KU	80～85	硬度	H
单次涂布量/(g/m^2)	120～130	涂膜外观	光滑平整
耐黄变 QUV168h(ΔE)	≤2	附着力	≤1 级

(3) 配方调整

① 原料选择　水性 UV 树脂可选择的有聚氨酯丙烯酸酯、聚酯丙烯酸酯、环氧丙烯酸酯等；助剂一般选择常用的水性体系助剂即可；消光剂可选择的有 SYOLD7000、TS100 等；光引发剂主要使用的是裂解型自由基光引发剂（1173、TPO、TPO-L 等）。

② 配比调整　根据不同的亚光度去选择不同型号的水性 UV 树脂和不同的助剂，同时兼顾流平性、丰满度及耐化学品性。

③ 技术难点　耐化学品性和耐水性要通过两种或两种以上的水性 UV 树脂混拼，引发剂也要混拼搭配，消光剂的选择也很重要。

7. 水性 UV-LED 固化透明底漆用喷涂涂料

(1) 产品介绍 水性 UV-LED 固化透明底漆是一种既能用普通汞灯固化、又能用 LED 光固化的涂料，主要起填平、增厚、保证漆膜丰满度、提高硬度的作用；使用 LED 光固化可以节能，而且可以现开现用，是低能耗、环保的固化方式，缺点就是前期设备投资较高，而且这种涂料的价格比普通涂料产品价格略高。

该类型涂料可以选择辊涂、喷涂的涂装方式，跟水性 UV 涂料一样，在固化之前一定要将水分除干净，否则容易出现发白、开裂等现象；一般使用喷涂的方式较多，因此主要介绍水性 UV-LED 固化透明底漆用喷涂涂料。

(2) 基础配方 水性 UV-LED 固化透明底漆用喷涂涂料配方及生产工艺见表 6-59，水性 UV-LED 固化透明底漆用喷涂涂料性能指标见表 6-60。

表 6-59 水性 UV-LED 固化透明底漆用喷涂涂料配方及生产工艺

原料及规格	型号	质量分数/%	生产工艺
水性 UV 树脂	UCECOAT® 1801	75	按量投入分散缸，低速搅拌
消泡剂	BYK028	0.5	在低速搅拌状态下依次加入，高速分散 15～20 分钟至细度≤70μm 才可进入下一道工序
分散剂	BYK3333	0.9	
增稠剂	RHROLATE® 350D	0.4	
填料(滑石粉)		15	
光引发剂	GR-TPO	4	在低速搅拌状态下加入，高速分散 15～20 分钟
	JURE1104	0.5	
去离子水		3.6	低速搅拌状态下加入，低速分散 5～10 分钟
增稠剂	RHROLATE® 350D	0.1	调节黏度，分散完成后用 100 目滤布过滤包装

表 6-60 水性 UV-LED 固化透明底漆用喷涂涂料性能指标

项目	性能指标	项目	性能指标
原始状态	搅拌无硬块	填充性	好
细度/μm	≤70	打磨性	不粘砂纸、易出粉
斯托默黏度/KU	80～85	涂膜外观	光滑平整
单次涂布量/(g/m^2)	90～110	附着力	≤2 级
固化能量(LED 灯)/(J/cm^2)	1000～1500		

(3) 配方调整

① 原料选择 水性 UV 树脂要选择高渗透性、附着性能优异的，可选择的有聚氨酯丙烯酸酯、聚酯丙烯酸酯、环氧丙烯酸酯等；助剂一般选择常用的水性体系助剂即可；颜料一般选择 1250 目的滑石粉；光引发剂主要使用的是裂解型自由基光引发剂（1173、TPO、TPO-L 等）。

② 配比调整 根据不同的施工方式可以调整水性 UV 树脂和助剂的配比，以使涂膜充分干燥。

③ 技术难点 水性 UV-LED 透明底漆主要满足入孔润湿性的要求以使木纹清晰，可以调整树脂的交联密度并加入少量打磨浆以使漆膜充分干燥。

8. 水性UV-LED固化透明面漆用喷涂涂料

(1) 产品介绍　水性UV-LED固化透明面漆用喷涂涂料分为亮光透明面漆和亚光透明面漆，该类涂料的特点是湿膜时防流挂性能好、固化成干膜后流平效果也很好，而且高硬度、高丰满度、耐化学品性好。一般采用喷涂的涂装方式。

(2) 基础配方　水性UV-LED固化亮光透明面漆用喷涂涂料配方及生产工艺见表6-61，水性UV-LED固化亮光透明面漆用喷涂涂料性能指标见表6-62，水性UV-LED固化亚光透明面漆用喷涂涂料配方及生产工艺见表6-63，水性UV-LED固化亚光透明面漆用喷涂涂料性能指标见表6-64。

表6-61　水性UV-LED固化亮光透明面漆用喷涂涂料配方及生产工艺

原料及规格	型号	质量分数/%	生产工艺
水性UV树脂	UCECOAT®1801	60	按量投入分散缸，低速搅拌
	IRR®889	25	
消泡剂	BYK028	0.5	在低速搅拌状态下依次加入，高速分散15～20分钟至细度≤35μm才可进入下一道工序
分散剂	BYK346	0.5	
增稠剂	RHROLATE®350D	0.4	
流平剂	TEGO245	0.3	
光引发剂	GR-TPO	5.0	在低速搅拌状态下加入，高速分散15～20分钟
	JURE1104	1.0	
去离子水		7.1	低速搅拌状态下加入，低速分散5～10分钟
增稠剂	RHROLATE®R299	0.2	调节黏度，分散完成后用100目滤布过滤包装

表6-62　水性UV-LED固化亮光透明面漆用喷涂涂料性能指标

项目	性能指标	项目	性能指标
原始状态	搅拌无硬块	固化能量(LED灯)/(MJ/cm^2)	1800～2000
细度/μm	≤35	光泽(60°)/%	92～95
斯托默黏度/KU	80～85	硬度	2H
单次涂布量/(g/m^2)	120～130	涂膜外观	光滑平整
耐黄变QUV168h(ΔE)	≤2.5	附着力	≤1级

表6-63　水性UV-LED固化亚光透明面漆用喷涂涂料配方及生产工艺

原料及规格	型号	质量分数/%	生产工艺
水性UV树脂	UCECOAT®7698	60	按量投入分散缸，低速搅拌
	UCECOAT®7788	25	
消泡剂	BYK028	0.6	在低速搅拌状态下依次加入，高速分散15～20分钟至细度≤35μm才可进入下一道工序
分散剂	BYK346	0.5	
增稠剂	RHROLATE®350D	0.5	
流平剂	TEGO245	0.3	
消光剂	SYOLD7000	1.5	

续表

原料及规格	型号	质量分数/%	生产工艺
光引发剂	GR-TPO	4.0	在低速搅拌状态下加入，高速分散15～20分钟
	JURE1104	1.0	
去离子水		6.4	低速搅拌状态下加入，低速分散5～10分钟
增稠剂	RHROLATE® R299	0.2	调节黏度，分散完成后用100目滤布过滤包装

表 6-64　水性 UV-LED 固化亚光透明面漆用喷涂涂料性能指标

项目	性能指标	项目	性能指标
原始状态	搅拌无硬块	固化能量(LED灯)/(MJ/cm^2)	1800～2000
细度/μm	≤35	光泽(60°)/%	28～32
斯托默黏度/KU	80～85	硬度	H
单次涂布量/(g/m^2)	120～130	涂膜外观	光滑平整
耐黄变 QUV168h(ΔE)	≤2.5	附着力	≤1级

(3) 配方调整

① 原料选择　水性UV树脂可选择聚氨酯丙烯酸酯、聚酯丙烯酸酯、环氧丙烯酸酯等，助剂一般选择常用的水性体系助剂即可，消光剂可选择SYOLD7000、TS100等，光引发剂主要使用的是裂解型自由基光引发剂（1173、TPO、TPO-L等）。

② 配比调整　根据不同光泽要求，要选择不同型号的水性UV树脂和不同的助剂以使涂料干燥性、流平性、丰满度及耐化学品性都达标。

③ 技术难点　耐化学品性和耐水性要通过两种或两种以上的水性UV树脂混拼，光引发剂也要混拼搭配以使漆膜干燥固化得好。注意消光剂的选择。

④ 生产制备　水性UV-LED固化透明面漆用喷涂涂料在备料、投料、分散、包装等生产过程中应该避免阳光直射，物料分散时应该防止温度过高。生产过程一定要保证足够的分散时间，严格按照生产工艺生产。

9. 水性 UV-LED 固化白色底漆用喷涂涂料

(1) 产品介绍　水性UV-LED固化白色底漆用涂料主要起填平、增厚、保证漆膜丰满度的作用，同时还有提高遮盖力和帮助着色的作用。该类涂料的涂装方式一般是喷涂、辊涂，目前该类产品使用不多，我们提供一些思路供大家参考。

(2) 基础配方　水性UV-LED固化白色底漆用喷涂涂料的配方及生产工艺见表6-65，水性UV-LED固化白色底漆用喷涂涂料性能指标见表6-66。

表 6-65　水性 UV-LED 固化白色底漆用喷涂涂料配方及生产工艺

原料及规格	型号	质量分数/%	生产工艺
水性UV树脂	UCECOAT® 1801	70	按量投入分散缸，低速搅拌
消泡剂	BYK028	0.5	在低速搅拌状态下依次加入，高速分散15～20分钟至细度≤70μm才可进入下一道工序
分散剂	BYK346	0.9	
增稠剂	RHROLATE® 350D	0.4	
颜料(钛白粉)		15	

续表

原料及规格	型号	质量分数/%	生产工艺
光引发剂	GR-TPO	5	在低速搅拌状态下加入，高速分散15～20分钟
	819DW	1.0	
去离子水		7.0	低速搅拌状态下加入，低速分散5～10分钟
增稠剂	RHROLATE® R299	0.2	调节黏度，分散完成后用100目滤布过滤包装

表6-66 水性UV-LED固化白色底漆用喷涂涂料性能指标

项目	性能指标	项目	性能指标
原始状态	搅拌无硬块	填充性	好
细度/μm	≤70	打磨性	不粘砂纸、易出粉
斯托默黏度/KU	80～85	涂膜外观	光滑平整
单次涂布量/(g/m^2)	90～110	附着力	≤2级
固化能量(LED灯)/(MJ/cm^2)	1800～2000		

(3) 配方调整

① 原料选择　水性UV树脂可选择的有聚氨酯丙烯酸酯、聚酯丙烯酸酯、环氧丙烯酸酯等，助剂一般选择水性体系助剂即可，白色颜料一般选择二氧化钛，根据实际需要选择金红石型或者锐钛型的钛白粉，光引发剂主要使用的是裂解型自由基光引发剂（1173、TPO、TPO-L、819DW等）。

② 配比调整　根据辊涂、喷涂、淋涂的不同施工方式调整水性UV树脂和光引发剂及钛白粉的用量，钛白粉含量不宜超过15%，超过限量会导致LED深层干燥不充分，影响附着力。

③ 技术难点　深层干燥是水性UV白色涂料厚涂的难题，根据不同的施工方式，选择两种或多种水性UV树脂拼用，以达到一定的交联密度，光引发剂也要混拼搭配以使漆膜干燥固化得好。

10. 水性UV-LED固化白色面漆用喷涂涂料

(1) 产品介绍　水性UV-LED固化白色面漆用喷涂涂料分为亮光白面漆和亚光白面漆，该类涂料的特点是湿膜时防流挂性能好、固化成干膜后流平效果也很好，而且高硬度、高丰满度、耐化学品性好，一般采用喷涂的涂装方式。

(2) 基础配方　水性UV-LED亮光白面漆用喷涂涂料配方及生产工艺见表6-67，水性UV-LED亮光白面漆用喷涂涂料性能指标见表6-68、水性UV-LED亚光白面漆用喷涂涂料配方及生产工艺见表6-69、水性UV-LED亚光白面漆用喷涂涂料性能指标见表6-70。

表6-67 水性UV-LED亮光白面漆用喷涂涂料配方及生产工艺

原料及规格	型号	质量分数/%	生产工艺
水性UV树脂	UCECOAT® 7788	55	按量投入分散缸，低速搅拌
	IRR® 889	15	
消泡剂	BYK028	0.5	在低速搅拌状态下依次加入，高速分散15～20分钟至细度≤35μm才可进入下一道工序
分散剂	BYK346	0.5	

续表

原料及规格	型号	质量分数/%	生产工艺
增稠剂	RHROLATE® 350D	0.4	在低速搅拌状态下依次加入，高速分散 15～20 分钟至细度≤35μm 才可进入下一道工序
流平剂	TEGO245	0.3	
颜料(钛白粉)		15	
光引发剂	GR-TPO	6.5	在低速搅拌状态下加入，高速分散 15～20 分钟
	819DW	1.0	
去离子水		5.6	低速搅拌状态下加入，低速分散 5～10 分钟
增稠剂	RHROLATE® R299	0.2	调节黏度，分散完成后用 100 目滤布过滤包装

表 6-68　水性 UV-LED 亮光白面漆用喷涂涂料性能指标

项目	性能指标	项目	性能指标
原始状态	搅拌无硬块	固化能量(Ga、Hg 灯)/(MJ/cm^2)	1800～2000
细度/μm	≤35	光泽(60°)/%	92～95
斯托默黏度/KU	80～85	硬度	2H
单次涂布量/(g/m^2)	120～130	涂膜外观	光滑平整
耐黄变 QUV168h(ΔE)	≤2.5	附着力	≤1 级

表 6-69　水性 UV-LED 亚光白面漆用喷涂涂料配方及生产工艺

原料及规格	型号	质量分数/%	生产工艺
水性 UV 树脂	UCECOAT® 7698	55	按量投入分散缸，低速搅拌
	UCECOAT® 7738	15	
消泡剂	BYK024	0.6	在低速搅拌状态下依次加入，高速分散 15～20 分钟至细度≤35μm 才可进入下一道工序
分散剂	BYK346	0.5	
增稠剂	RHROLATE® 350D	0.5	
流平剂	TEGO245	0.3	
消光剂	SYOLD7000	1.5	
颜料(钛白粉)		15	
光引发剂	GR-TPO	6.5	在低速搅拌状态下加入，高速分散 15～20 分钟
	819DW	1.0	
去离子水		3.9	低速搅拌状态下加入，低速分散 5～10 分钟
增稠剂	RHROLATE® R299	0.2	调节黏度，分散完成后用 100 目滤布过滤包装

表 6-70　水性 UV-LED 亚光白面漆用喷涂涂料性能指标

项目	性能指标	项目	性能指标
原始状态	搅拌无硬块	固化能量(Ga、Hg 灯)/(MJ/cm^2)	1800～2000
细度/μm	≤35	光泽(60°)/%	28～32
斯托默黏度/KU	80～85	硬度	H
单次涂布量/(g/m^2)	120～130	涂膜外观	光滑平整
耐黄变 QUV168h(ΔE)	≤2	附着力	≤1 级

（3）配方调整

① 原料选择　水性UV树脂可选择聚氨酯丙烯酸酯、聚酯丙烯酸酯、环氧丙烯酸酯等，助剂一般选择水性体系助剂即可，白色颜料一般选择二氧化钛，根据实际需要选择金红石型或者锐钛型的钛白粉，消光剂可选择SYOLD7000、TS100等，光引发剂主要使用的是裂解型自由基光引发剂（1173、TPO、TPO-L、819DW等）。

② 配比调整　根据辊涂、喷涂、淋涂的不同施工方式调整水性UV树脂和光引发剂及钛白粉的用量，白色漆的钛白粉含量不宜超过15%，超过限量会导致LED深层干燥不充分，影响附着力。

③ 技术难点　深层干燥是水性UV白色涂料厚涂的难题，根据不同的施工方式，选择两种或多种水性UV树脂拼用，以达到一定的交联密度，光引发剂也要混拼搭配以使漆膜干燥固化得好。

四、可调色的紫外光固化涂料

“可调色的紫外光固化涂料”是一类在某些色相和色饱和度的范围内，可以进行任意调色、漆膜能完全干燥并具有良好附着力的有色涂料。

1. 传统紫外光固化实色底漆用的调色基料

（1）产品介绍　紫外光固化实色底漆用的调色基料主要起着色、填充、增厚和保护作用。

（2）基础配方　紫外光固化实色底漆用的调色基料配方及生产工艺见表6-71，紫外光固化实色底漆用的调色基料性能指标见表6-72。

表6-71　紫外光固化实色底漆用的调色基料配方及生产工艺

原料及规格	型号	质量分数/%	生产工艺
双官能团丙烯酸单体	EM222	14	按序加入，中速搅拌均匀
环氧丙烯酸酯	SM6106-80	40	
聚氨酯丙烯酸酯	6145-100	15	
消泡剂	TEGO920	0.2	加入，中速搅拌均匀
分散剂	EFKA4010	0.5	
光引发剂	GR-XBPO	1.3	
光引发剂	JURE1104	3.0	
防沉剂	M-5	0.5	加入，高速搅拌分散至细度合格，≤100μm
填料（滑石粉，1250目）		15	
双官能团丙烯酸单体	EM222	10.5	加入，搅拌均匀，用100目滤网过滤包装
UV色浆	—	按需添加	

表6-72　紫外光固化实色底漆用的调色基料性能指标

项目	性能指标	项目	性能指标
原漆状态	搅拌均匀无硬块	固化能量（Ga+Hg灯）/（MJ/cm^2）	>550
细度/μm	≤50	漆膜外观	平整

续表

项目	性能指标	项目	性能指标
旋转黏度/(mPa·s)	1500～2500	附着力	≤2 级
单次涂布量/(g/m^2)	12～20		

(3) 配方调整

① 原料选择　单体选择多官能团丙烯酸单体，紫外光固化实色底漆用的调色基料，应选择金红石型钛白粉和其他各种耐光等级高的颜料，光引发剂主要使用的是裂解型自由基光引发剂（如 184、TPO、819）。

② 配比调整　对于低聚物和单体，用官能度高的，则反应速率快、漆膜硬度高、漆膜深层固化更好；将钛白粉和其他颜料制作成色浆，可保证遮盖力、细度、流平性等性能的稳定性；如需获得复合色的紫外光固化涂料，可使用几种单色涂料互配。实色面漆的获得，参考前述辊涂用实色面漆部分内容。

③ 技术难点　附着力与遮盖力的平衡主要依靠树脂、光引发剂、颜料的类型与比例来控制；一般情况，白色浆添加量＜50%，黄色浆的添加量＜25%，红色浆的添加量＜15%，黑色浆的添加量＜8%。

2. 紫外光固化透明调色基料

(1) 产品介绍　紫外光固化透明调色基料主要起面修色的效果和作用。

(2) 基础配方　紫外光固化透明调色基料的配方及生产工艺见表 6-73，紫外光固化透明调色基料的性能见表 6-74。

表 6-73　紫外光固化透明调色基料配方及生产工艺

原料及规格	型号	质量分数/%	生产工艺
双官能团丙烯酸单体	EM222	14	按序加入，中速搅拌均匀
环氧丙烯酸酯	SM6106-80	45	
聚氨酯丙烯酸酯	6145-100	10	
消泡剂	TEGO920	0.2	加入，中速搅拌均匀
分散剂	EFKA4010	0.5	
光引发剂	GR-XBPO	1.0	
光引发剂	JURE1104	3.0	
防沉剂	M-5	0.5	加入，高速搅拌分散至细度合格，≤100μm
填料(滑石粉，3000 目)		10	
双官能团丙烯酸单体	EM222	15.8	加入，搅拌均匀，用 100 目滤网过滤包装
染料	—	根据需求添加	

表 6-74　紫外光固化透明调色基料性能指标

项目	性能指标	项目	性能指标
原漆状态	搅拌均匀无硬块	固化能量(Ga+Hg 灯)/(MJ/cm^2)	＞450
细度/μm	≤50	漆膜外观	平整

续表

项目	性能指标	项目	性能指标
旋转黏度/(mPa·s)	2000～3500	附着力	≤2级
单次涂布量/(g/m²)	8～12		

(3) 配方调整

① 原料选择　树脂有环氧丙烯酸酯、聚氨酯丙烯酸酯、聚酯丙烯酸酯等；丙烯酸单体主要有双官能团丙烯酸单体、多官能团丙烯酸单体；紫外光固化透明调色基料主要选择高浓度的染料着色；光引发剂主要使用的是裂解型自由基光引发剂（如184、TPO、819）。

② 配比调整　对于低聚物和单体，用官能度高的，则反应速率快、漆膜硬度高、层间附着力更好；要做亚光的修色面漆，可根据需要添加消光剂。

③ 技术难点　附着力与色浓度的平衡主要依靠树脂、光引发剂、染料类型与比例来控制；一般情况，染料的添加量不应超过10%。

3. 可调色的水性紫外光固化涂料

在有色的UV涂料中，除了白色之外，我们目前还不能使其它所有色相、所有色饱和度的有色UV涂料实现良好的成膜。因为紫外光无法穿透某些有色涂层去使光引发剂裂解出足够的自由基，从而树脂间的自由基聚合反应不够彻底，导致涂层不能完全干透。

现有的“可调色的水性紫外光固化涂料”是一类在某些色相和色饱和度的范围内，可以进行任意调色，漆膜能完全干燥并具有良好附着力的有色涂料。这类有色涂料的调色受到原材料和其它因素的影响，对颜色的选择有很大的局限性。这类型涂料要想在这方面得到改善，非常依赖于水性UV树脂的作用。比如可以尝试在现有原材料的情况下，选择反应活性比较高的水性UV树脂搭配深层光引发剂（如819DW），提高光引发剂的用量去寻求突破。

第三节　紫外光固化木用涂料产品生产注意事项

紫外光固化木用涂料，特别是调色类产品在备料、投料、分散和包装全过程中应避免阳光直射，物料分散时温度切勿过高；不可回流腻子需用专用的设备生产，单缸产能与设备的构造和功率有关；部分酸值高的辊涂底漆需用黑色的塑料桶包装；UV淋涂产品建议专缸生产，注意各类用具不能被污染。

第四节　紫外光固化木用涂料涂装干燥线

紫外光固化木用涂料的涂装干燥线的组建，影响因素非常多，因应成品（半成品）的各种要求的不同，要从板材、涂料、厂房、设备和造价诸方面去决定流程和工艺条件，所以，不同的UV涂装干燥线是为相对应的成品（半成品）而设计的，下面只举出最基本的涂装干燥线的示意流程供参考。

1. 传统 UV（无溶剂体系）

（1）白坯

（2）底色（水性或水性 UV 基料）→干燥，70℃/1～3 分钟

（3）UV 底漆→流平 3 分钟→UV 固化

（4）UV 底漆→流平 3 分钟→UV 固化

（5）UV 面漆→流平 3 分钟→UV 固化→冷却包装

以上工艺目前应用不多。

2. 喷涂 UV（含溶剂体系）

（1）白坯

（2）底色（水性或水性 UV 基料）→干燥，70℃/1～3 分钟

（3）UV 底漆→干燥，50℃/6～10 分钟→UV 固化

（4）UV 底漆→干燥，50℃/6～10 分钟→UV 固化

（5）UV 面漆→干燥，50℃/6～10 分钟→UV 固化→冷却包装

以上工艺采用往复式喷涂，是目前应用最多的，绝大部分用来涂装底漆，配套的面漆则选择 PU 或水性。

3. 喷涂 UV（含溶剂实色体系）

（1）白坯

（2）UV 底漆→干燥，50℃/6～10 分钟→UV 固化

（3）UV 底漆→干燥，50℃/6～10 分钟→UV 固化

（4）UV 面漆→干燥，50℃/6～10 分钟→UV 固化→冷却包装

木器实色漆喷涂几乎不用无溶剂的，都是使用喷涂 UV（含溶剂实色体系）。

4. 水性 UV 清漆喷涂干燥线

（1）白坯

（2）底色→干燥（自然干燥 30 分钟）

（3）封闭底漆（可辊可喷）→干燥，40～50℃/45～50 分钟→轻磨

（4）格丽斯→干燥，40～50℃/60 分钟

（5）水性 UV 底漆（可辊可喷）→干燥，40～50℃/90 分钟→UV 固化→打磨

（6）水性 UV 底漆（可辊可喷）→干燥，40～50℃/90 分钟→UV 固化→打磨

（7）水性 UV 面漆（可辊可喷）→干燥，40～50℃/90 分钟→UV 固化→下线冷却包装

5. 水性 UV 实色漆喷涂干燥线

（1）白坯

（2）封闭底漆（可辊可喷）→干燥，40～50℃/45～50 分钟→打磨

（3）水性 UV 底漆（可辊可喷）→干燥，40～50℃/90 分钟→UV 固化→打磨

（4）水性 UV 底漆（可辊可喷）→干燥，40～50℃/90 分钟→UV 固化→打磨

（5）水性 UV 面漆（可辊可喷）→干燥，40～50℃/90 分钟→UV 固化→下线冷却包装

6. 水性 UV 静电喷涂干燥线

（1）白坯→砂光→室温干燥（35～45 分钟）

（2）封闭底漆（水性漆做封闭）→干燥，40～50℃/45～50分钟→轻磨

（3）线下干擦水性格丽斯→干燥，45～50℃/60分钟

（4）喷涂水性UV底漆→干燥，40～50℃/90分钟→UV灯固化→打磨（亦可以不打磨，半干时湿碰湿喷涂）

（5）喷涂水性UV底漆→干燥，40～50℃/90分钟→UV灯固化→打磨

（6）喷涂水性UV清面漆→干燥，40～50℃/90分钟→UV灯固化→下线冷却叠放

第五节　电子束固化涂料

辐射固化涂料应用于木用涂料的品种，大家最熟悉的是UV固化涂料，但还有一种是近年发展很快的电子束（electron beam，EB）固化涂料，即EB固化涂料。电子束固化技术近年开始被应用于木用涂料和木用涂装，因此在这里作一个简单的介绍。

一、EB固化原理

电子束固化是指涂料（油墨）中的预聚物、活性稀释剂以及颜料在电子束的辐射下，先是链键断裂、产生自由基，继而发生聚合、交联、接枝等化学反应，并迅速固化成膜的过程。具有能耗低、效率高、常温固化、性能更优、无污染和不需要加入光引发剂等许多优点，经由电子束固化的产品在对人体安全方面更有保障，是极富潜力的新型环保节能的固化技术。

对涂料领域而言，电子束固化是利用电子束辐射使液态材料变成固态材料的过程，其固化时间是毫秒级的，对于高速固化只需要1/200s就能使液态涂层固化成膜。

二、EB固化与UV固化的优点比较

与UV固化相比，EB固化优点很多，电子束固化未来具有很大的发展潜力和空间。EB固化与UV固化的优点比较见表6-75。

表6-75　EB固化与UV固化的优点比较

项目	UV固化	EB固化
效率	效率较快(常规100～200m/min)	高效率(可固化多层油墨和涂层,速度可达200～1000m/min)
能耗	是热固化的5%	是热固化的1%、UV固化的20%
环保	有少量有害单体残留和VOC排放	无溶剂、零排放、100%固化、真正无残留
卫生安全	有光引发剂,有迁移问题	无光引发剂、无残留单体和无溶剂、无气味,适合用于食品包装物的涂装固化
产品质量	附着力、耐磨性和色牢度一般,	耐磨、抗潮湿、高光泽、附着力强、色牢度好
固化深度	穿透深度有一定局限性,造成固化不彻底	可任意调节,实现深层固化、填充料以及不透明材料的固化

续表

项目	UV 固化	EB 固化
油墨颜色	对有色涂层穿透力有限	非常容易穿透不透明油墨、有色涂层甚至承印物，而且色牢度好
固化温度	40～80℃	室温固化，特别适合热敏基材
对基材影响	对基材加工的热性能和力学性能影响有限	属冷固化过程，同时对基材会有轻度交联、接枝和消毒灭菌等效应
应用范围	固化深度有限，对深色油墨敏感，使用范围受限	固化深度可调，不受颜色、透明度等影响，可用于食品包装物，应用范围广
稳定性	UV 有衰减	EB 恒束流输出十分稳定，纵向均匀度随时间保持恒定，恒剂量输出，产品质量更稳定
安全性	UV 光源屏蔽容易，成本低	EB 装置完全自屏蔽，装置本身不带有任何放射性物质

三、EB 固化的氮气保护

空气中的氧是自由基俘获体，它可以快速、有效地抑制聚合、交联、接枝等反应，使得电子束固化过程难以完成。EB 固化过程需克服氧阻聚问题，解决氧阻聚有多种方法，有惰性气体保护，如氮气保护、二氧化碳保护的方法；还有涂层镜面压辊、复合保护膜、背面辐照固化和多巯基组分抗氧等多种方法。

使用电子束辐射固化涂层时，一般要求固化区域氧气浓度<200μL/L，现今多用高纯度（99.99%）的氮气保护，为了减少氮气耗量，生产线需建在一个相对密闭的、狭小通道系统中，整个固化过程需要不间断充入氮气。

四、设备

电子束设备种类繁多，在工业辐射加工行业，一般根据电子束能量范围、技术类型、电子加速结构和引出方式分类。详细分类如表 6-76 所示，其中涂层固化一般采用超低能电子束和低能电子束，包括扫描式和电子帘式这两种结构形式。

表 6-76　电子束设备分类

类型	能量范围	引出方式	应用领域
超低能电子束	≤120keV	帘式或扫描式	应用于超薄涂层固化、材料表面处理、表面灭菌等
低能电子束	120～300keV	帘式或扫描式	应用于涂层固化、材料表面处理、表面灭菌、膜辐照改性等
低能电子束	300～500kV	扫描式	应用于涂层固化、材料表面处理、表面灭菌、膜辐照改性等
中高能电子束	0.5～10MeV	扫描式	应用于热缩制品、电线电缆等材料改性、食品、生物医药、宠物饲料等消毒灭菌

在辐射固化领域中，EB 固化所需设备装置占用面积小，设备设计紧凑，安装空间只占传统热固化设备的 10%，只要控制装置的开和关，就可以很容易地控制化学反应。

其中，主要应用在电子束固化涂料的涂层固化中的是低能电子加速器，其发射的电子束能量范围为 0.15～0.5MeV（兆电子伏特）。设备需用铅板或钢板对整个电子束设备及部分板材传输机构进行屏蔽，并通过安装实时在线剂量检测和联锁报警，确保固化过程安全可靠。

国外很早有电子束用于板材的案例，如 1973 年荷兰将第一台低能电子束设备用于板材家具的涂装固化。美国“Universal Woods”电子束固化家具板的碎料板涂装线，EB 压层黏合剂和面漆一次通过电子束辐照区即可达到同时固化效果，甚至可用于 100μm 厚的乙烯贴纸代替装饰纸，该生产线运行速度为 50m/min。苏联早期就采用电子束对 1500mm×1000mm×50mm 的板材进行固化，该设备的电子束能量约 200keV，总体积 4500mm×7500mm×7000mm，年生产能力达到 1000000m^2。紧接着法国、德国也相继建立电子束竹木涂层生产线，日本和南美也都建立了类似的生产线。

前几年 EB 固化设备仍需要原装进口，且价格不菲，如“陕西北人”的卫星式胶印 EB 固化设备整体价格高达 2000 余万元，这的确是一笔巨大的资金投入。但值得注意的是 EB 设备不像传统的紫外灯那样几千小时就要更换，它几乎无寿命期限，可以长期使用，也没有功率的衰减问题。

近两年，国内四川智研科技有限公司成功研发了 MEB-160 桌面型电子束固化装置，带动电子束设备国产化。目前国内已经有多家高校和企业开始将该设备应用于电子束固化材料配方的研究，其中也有几家涂料企业用于木板材涂层固化配方研究，包括江南大学、北京印刷学院、立邦长润发、邦弗特等多家科研院所、高校以及油墨涂料企业。该固化装置如图 6-1 所示，可应用于油墨、涂料、胶黏剂、光油等印刷或涂层电子束固化的配方实验和研发。桌面型电子束固化装置在 2021 年荣获中国感光学会技术发明二等奖。

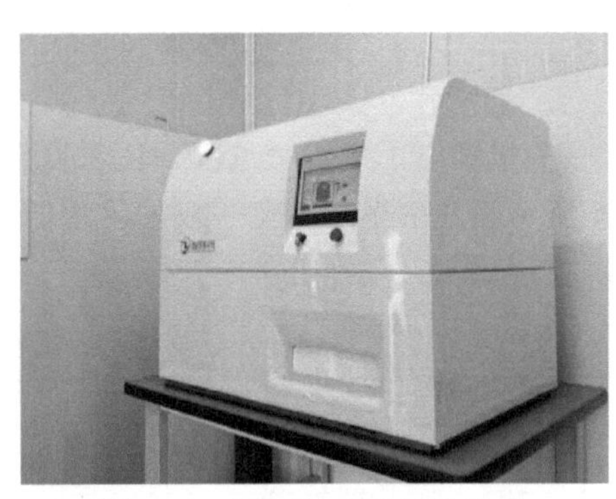

图 6-1　桌面型电子束固化装置

随后该公司相继推出用于薄膜、胶带和板材工业化生产的电子束固化设备，其中电子束固化工业应用的 CEB-200 型电子束设备，主要应用在薄膜辐射交联，以及压敏胶、卷钢卷铝、离型纸、装饰纸、装饰膜、保护膜、复合材料、复合膜等行业印刷或涂层固化应用，CEB-200 型电子束设备见图 6-2。

该设备在胶黏剂辐射固化领域实现了工业化应用，如国内首套电子束胶带涂层固化生产线。生产线取消了传统热固化 40 多米的烘箱，缩短了生产线长度，替代了热固化技术，固化过程无 VOC 排放，提升了产品的品质和生产效率，该生产线还可用于木地板和装饰板材的涂层固化，设备长度约 8m 左右，速度可达 20～80m/min。

近年来，随着低能电子束装备的国产化日益成熟、制造技术的进步、设备安全性和稳定性的提高，设备价格相比进口设备应有较大优势，势必会降低下游产业的进入门槛，这使得电子束固化技术可以加速发展，在塑料、木器、金属、纸张涂层上有着广泛应用。

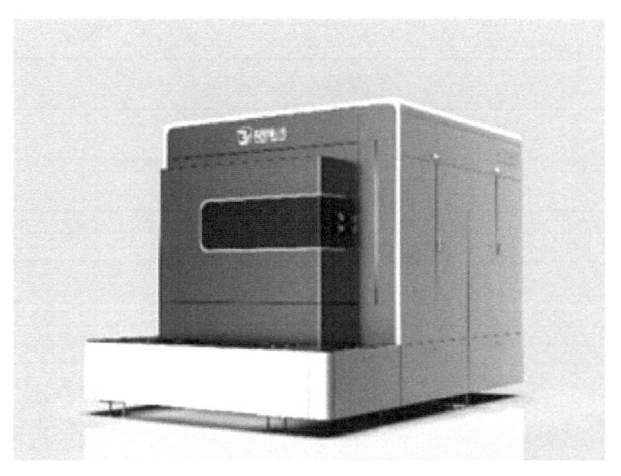

图 6-2　CEB-200 型电子束高速固化设备

五、EB 固化木用涂料基础配方

1. EB 固化木用腻子参考配方

EB 固化木用腻子参考配方见表 6-77。

表 6-77　EB 固化木用腻子参考配方

原料名称	质量分数/%
EA	26
TMPTA	8
超细滑石粉	24
氧化钡	42
合计	100.0

2. EB 固化木用封闭底漆参考配方

EB 固化木用封闭底漆参考配方见表 6-78。

表 6-78　EB 固化木用封闭底漆参考配方

原料名称	质量分数/%
环氧丙烯酸酯	7.2
新戊二醇二丙烯酸酯	67.7
滑石粉	25.1
合计	100.0

3. EB 固化木用亚光面漆参考配方

EB 固化木用亚光面漆参考配方见表 6-79。

表 6-79　EB 固化木用亚光面漆参考配方

原料名称	质量分数/%
环氧丙烯酸酯	25.0
新戊二醇二丙烯酸酯	25.0

续表

原料名称	质量分数/%
1,6-己二醇二丙烯酸酯	10.0
N-乙烯基吡咯烷酮	10.0
Gasil EBC	8.0
钛白粉	22.0
合计	100.0

4. EB 固化木用涂料参考配方

EB 固化木用涂料参考配方见表 6-80、表 6-81。

表 6-80 EB 固化木用涂料参考配方 (1)

原料名称	质量分数/%
大豆油脂肪酸改性的丙烯酸酯	55.2
HDDA(交联剂)	33.1
EA(黏度调节剂)	11.1
滑石粉	0.6
合计	100.0

表 6-81 EB 固化木用涂料参考配方 (2)

原料名称	质量分数/%
脂肪族 PUA	75
HDDA	15
颜料	10
合计	100.0

六、 EB 在木用涂料领域中应用的综合评价

目前全球约 300 亿辐射固化涂料的市场，UV 固化与 EB 固化的比例约为 9∶1。EB 固化技术在印刷、油墨方面发展很快，而且因为能够达到极低的成品膜中的残余单体含量，在儿童用品和食品包装上的应用也日渐增多。

在木器涂装中，主要应用 EB 固化技术中的自由基反应机理。如果可以调节生产线的线速度去适应木器涂装（例如 20～80m/min)，在阻氧加氮的过程中能寻求到较低成本的工艺条件，就会使 EB 固化技术的应用在木器涂料和木器涂装中发展起来。目前已有在预制装饰板上的探索应用，据了解还是很有希望的。虽说 EB 固化一次性投资比较高，但综合能耗和材料等方面的总运营成本会比 UV 固化优势更明显。

另外，EB 固化膜中极低的残余化学品气味，能满足少量可以接受高成本的最高端极品家具对成品散发气味的苛刻要求，虽然市场有限，但却令人鼓舞。

如果要对 EB 固化技术在木用领域中的应用作进一步的了解，除了需对上面所提各点作更深的探讨之外，还需关注以下诸方面：EB 固化的三种化学反应、EB 固化的两种固

化机理、EB固化的双重固化技术、EB固化设备、EB固化涂料的缺点及应对、EB固化技术的市场现状及前景。

EB固化技术对木用涂料领域而言，目前看还有一次性投资成本高、设备和工艺问题等不利因素的掣肘，其应用市场也不可与UV应用市场的飞速发展相比，所以涂料企业和家具企业要谨慎选择。

EB固化技术众多的优点、明显的优势一定会吸引业内人士加大科研力度，促其发展。相信在未来三五年内，借鉴印刷、油墨方面的经验，EB固化技术在木用涂料领域中会实现更多的突破、更大的进步！

（王向科　叶均明）

第七章

木用粉末涂料

第一节　概述

木用粉末涂料及其涂装技术是近年来在我国迅速发展起来的一项新工艺、新技术，具有节省能源和资源、减少环境污染、工艺简便、易实现自动化、涂层坚固耐用、综合成本低和粉末可回收再用等优点。

中密度纤维板（MDF）和其他木质材料的粉末喷涂吸引了越来越多的木材加工企业的注意。他们想要改变传统的 MDF 涂装体系，想将聚氯乙烯贴面或液体涂料涂装转变为用粉末涂料喷涂。

粉末涂料喷涂能够赋予被涂底材很好的抗划伤性和抗污性，提供具有各种颜色和效果的表面装饰外观。另外，粉末喷涂是环保性生产过程，不使用溶剂、重金属和卤代化合物，在自动喷涂和粉末回收设备的帮助下，粉末涂料的利用率几乎达到 100%。粉末喷涂工艺完成后不会带来危险性废物的处理问题，高效率的粉末喷涂不仅取得了环保优势，还带来了极具竞争性的成本优势。

粉末喷涂除了众所周知的优势外，MDF 粉末喷涂所带来的新的机遇也颇受木材加工行业青睐。举例来说，粉末喷涂的灵活性为家具设计者和室内设计师极大地拓展了设计空间和自由度。在各种各样的家具贸易展会上，那些粉末喷涂的现代时尚家具样品和成品，突出地表现出粉末涂料均匀喷涂的 MDF 给设计师们带来的设计灵感。现代涂装技术已经能够实现在中密度纤维板表面、背面和边缘用同一种粉末涂料喷涂，不必再进行包边处理。MDF 在用粉末喷涂固化后能够马上包装和运输。在粉末喷涂的帮助下，MDF 及其边缘的设计几乎没有限制，如圆弧形、各种生动造型、表面雕花和其他形状的 MDF 都可用相同的方法去喷涂。

第二节　木用粉末涂料用原材料

一、制备木用粉末涂料所需原材料的品种、性能和选择

1. 环氧树脂

目前常用于 MDF 上的环氧树脂有两种类型：双酚 A 环氧树脂和酚醛环氧树脂。

双酚 A 环氧树脂有一步法和二步法两种环氧树脂；根据其环氧当量，又可分为 620～

670、750～780、850～900 三种类型，一般配方多会采用 750～780 当量的环氧树脂，也可考虑加入部分 620～670 当量的环氧树脂。如果配方采用二步法环氧树脂，涂料的性价比会比较高，若要求涂料的性能更高一些，我们可以采用酚醛环氧树脂。选用酚醛环氧树脂，可根据其环氧当量选择低软化点的环氧树脂配合高酸值、低温固化的聚酯树脂，制成低温固化粉末涂料。

在制造环氧粉末涂料时，选用的环氧树脂通常要考虑其软化点、有机氯值、无机氯值及环氧值等。例如：通常用于粉末涂料的环氧树脂软化点就在 90℃，原因是软化点过高的环氧树脂制得的粉末涂料流动性差，而且在熔融挤出时，要求的熔融温度往往偏高，这样会使树脂发生部分反应，甚至出现胶化现象；而软化点太低也不行，过低软化点的环氧树脂制得的粉末涂料涂膜力学性能差，粉末贮存时易结块。

2. 饱和聚酯树脂

粉末涂料用聚酯树脂多属饱和型，其体系繁多，用途各异，根据带端羧基和端羟基的不同可制成环氧/聚酯型、纯聚酯型粉末涂料及聚氨酯型粉末涂料。聚酯的羧基可分以下四种类型：20～25mg/g、30～35mg/g、45～50mg/g、65～70mg/g（以 KOH 计）。

它可以与环氧树脂反应，也能够与固化剂 TGIC、HAA 等反应，配合部分的催化剂，根据客户的要求，制成客户所需的用于 MDF 的热固性粉末涂料，可以满足下列要求：低温固化－130℃/3 分钟（IR）、耐溶剂、不黄变。为此，选择低温固化、交联密度高的高酸值聚酯树脂。

3. 不饱和聚酯树脂

不饱和聚酯树脂所含不饱和键来自马来酸酯或富马酸酯的碳碳双键，属于缺电子双键，可以与乙烯基醚的富电子双键形成电荷转移复合物（CTC），用 UV 照射时可以发生自由基聚合，从而制得 UV 固化类木用粉末涂料。

4. 乙烯基醚聚氨酯树脂

该树脂一般是氨酯结构的低聚物，由于氨酯基的极性及较长的烃链段，这种乙烯基醚低聚物具有很好的结晶性，熔点在 100～110℃，在 106℃时的熔融黏度仅为 15mPa·s，因此适合于配制光固化粉末涂料。当它与不饱和聚酯树脂结合并加入引发剂 MBPO 时，也可以制成热引发固化的粉末涂料。

5. 固化剂

（1）种类　粉末涂料用固化剂种类繁多，选用的原则主要是根据与其反应的基料树脂所带的活性基团来决定的，固化剂类型及选择原则见表 7-1。

表 7-1　固化剂类型及选择原则

树脂中的活性基团	固化剂的类型
羟基(—OH)	封闭型异氰酸酯
羧基(—COOH)	异氰尿酸三缩水甘油酯(TGIC)、羟烷基酰胺(HAA)
环氧基（$—CH_2—CH—CH_2$，其中 CH 与 CH_2 经 O 相连成环）	双氰胺及其衍生物，酸，咪唑及酐

不同的树脂和与之匹配的固化剂的组合将决定粉末涂料的最终性能，几种典型的热固性粉末涂料的性能见表 7-2。

表 7-2　几种典型的热固性粉末涂料的特性

树脂类型		环氧树脂		聚酯树脂	
树脂所含的活性基团		环氧基		羟基	羧基
固化剂类型		双氰胺衍生物	含羧基聚酯树脂	封闭型异氰酸酯	TGIC
干膜性能	耐候性	○	○	++	++
	耐冲击性	+++	++	++	++
	耐沸水性	+	++	++	++
	耐腐蚀性	+++	++	++	++
	耐热性	○	++	++	++
	耐污染性	+	++	++	++
	低温固化性	+++	++	+	++
	颜料分散性	++	++	++	++
	抗粘连性	+++	++	+	++
	成本	++	++	+	+
	无公害安全性	++	++	+	+

注：+++为优，++为良，+为可以，○为差。

（2）性能　为了满足粉末涂料在制备、贮存和应用等方面的要求，固化剂和固化促进剂必须具备以下性能：

① 室温下呈固态（粉末状，粒状，薄片状），易于粉碎以利于在预混阶段的均匀分散。

② 室温下应是稳定的化合物，不易受大气、湿气的影响。

③ 能与基料树脂混熔，而在与树脂一起进行熔融混炼及挤出时，基本不会发生交联反应。

④ 室温下交联基团应是潜伏的，并且要有较好的贮存稳定性。即使在粉末配混、粉碎期间机内温度稍有升高时，交联基团仍应是稳定潜伏的，这将保证涂层能够实现“先熔融流平后固化反应”的理想过程，只有在温度升高至交联温度后才会发挥其交联固化作用。

⑤ 粉末涂料施工于基材之后，只要在其熔融流动的温度范围内，粉末涂料就能熔融流动成平整的“湿”态涂层，随后，只要系统温度达到固化温度，涂层就能在较短时间内迅速完成固化反应。

⑥ 使用时，无刺激性气体和毒性危害物产生。

⑦ 对涂膜无着色力。

（3）常用的环氧树脂固化剂

① 双氰胺衍生物　它是一种白色晶体，相对密度为 1.4（25℃），熔点为 207～209℃，与固化促进剂咪唑搭配可制成低温固化粉末涂料。

② 异氰尿酸三缩水甘油酯（TGIC）　它是一种多环氧基的含三嗪杂环化物，分子量为 297，易溶于卤代烷、丙酮和苯，微溶于水和乙醇，TGIC 的结构见图 7-1。

从结构式中可以看出，TGIC 是以三嗪杂环结构为母体的缩水甘油酯化合物，它具有以下性能：

a. 3 个环氧基具有很高的活性，能和含有氨基、羧基的化合物或聚合物生成交联密度大的产物，再加上三嗪杂环的母体，因此产物具有很高的耐热性、耐燃性和硬度。

b. 它和双酚 A 环氧树脂的不同之处是不含有苯环和醚键，因此固化产物具有优良的耐紫外光性能。

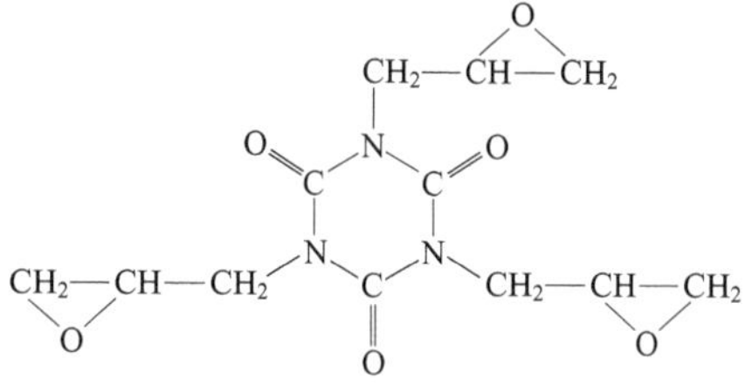

图 7-1　TGIC 的结构

c. TGIC 固化产物具有优良的耐化学药品性，其厚涂层具有一定的防腐作用和绝缘性能。

d. TGIC 与羧基聚酯交联反应时没有小分子物质放出，同时低温固化的羧基聚酯可做成低温固化粉末涂料，可用在 MDF 和耐高温的塑料制品上。

6. 光引发剂

（1）光引发剂的选择

① 对于光固化粉末涂料来说，熔融流平的涂层能否顺利交联固化，光引发剂起着关键的作用。

② 一般要求光引发剂有高的固化速率、优异的反应活性、摩尔消光系数高、合适的光谱吸收范围、光裂解产物无毒、储存稳定性好、能与其它原料尤其是树脂组分相容、无迁移趋势以及价格合适的优势。对于清漆和白漆来说，光引发剂的重要选择标准还有不泛黄和长期的颜色稳定性。

③ 对光固化粉末涂料配方中的光引发剂，还要求其常温下为固态，以便与其余组分一起配制成粉末。此外，由于需要经历较高的温度（相对于普通的光固化体系来说），故还特别要求其具有热稳定性和较高的沸点。

④ 很少有专门针对光固化粉末涂料的光引发剂，通常都是在已有的光引发剂中选择合适的品种。

（2）常用的已商业化的光引发剂

① α-羟烷基苯酮总体具有很高的光引发活性，是目前应用开发最为成功的一类光引发剂。其中，1-羟基-环己基苯酮（HCPK，商品名 Irgacure 184）、2-羟基-2-甲基-1-(4′-羟乙基)苯基丙酮（HHMP，商品名 Darocur 2959）和 α，α-二甲氧基-α-苯基苯乙酮（DMPA，商品名 Irgacure 651）能够在光固化粉末涂料中使用。

以上三种光引发剂的结构式见图 7-2。

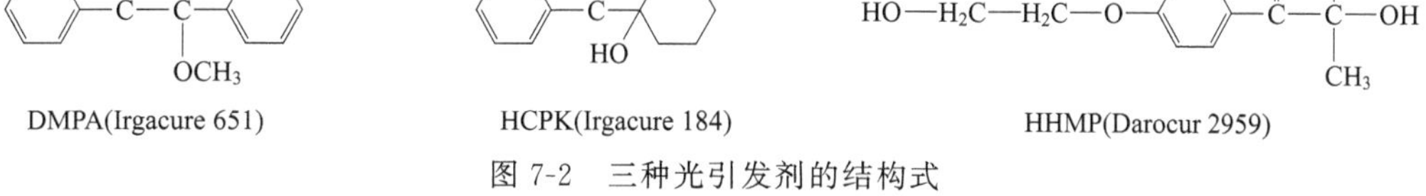

DMPA(Irgacure 651)　　HCPK(Irgacure 184)　　HHMP(Darocur 2959)

图 7-2　三种光引发剂的结构式

② 酰基膦氧化物是一类活性较高、综合性能较好的光引发剂，具有较长的吸收波长（350～380nm），特别适合用于颜料着色体系、层压复合类板材等透光性较差的体系的光

固化，而且光解产物吸收波长蓝移，具有光漂白效果，故也可用于较厚涂层的固化(200μm)。热稳定性优良，加热至180℃无化学反应发生，储存稳定性高。这类光引发剂中也已商业化、能用于光固化粉末涂料的有2,4,6-三甲基苯甲酰二苯基氧化膦（TPO）和双(2,4,6-三甲基苯甲酰）苯基氧化膦（Irgacure819)。

以上两种光引发剂的结构式见图7-3。

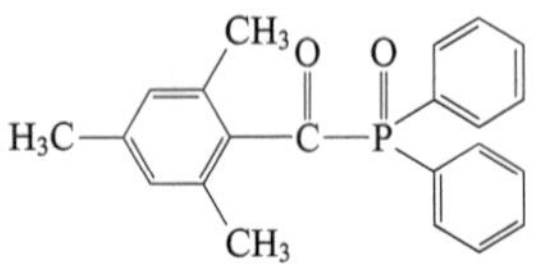

2,4,6-三甲基苯甲酰二苯基氧化膦(TPO)

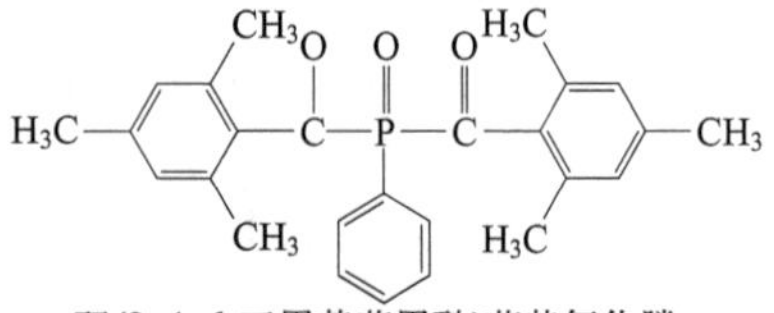

双(2,4,6-三甲基苯甲酰)苯基氧化膦 (Irgacure819)BAPO

图7-3 两种光引发剂的结构式

7. 热引发剂

过氧化二(4-甲基苯甲酰）(MBPO）可用于不饱和聚酯类的热引发体系的固化。过氧化二(4-甲基苯甲酰）的结构式见图7-4。

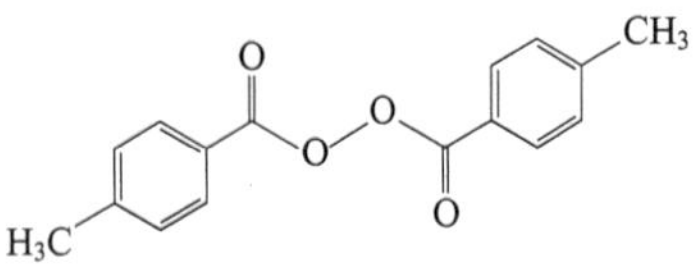

图7-4 过氧化二(4-甲基苯甲酰）的结构式

8. 流平剂

粉末涂料是在生产和成膜过程中出现相转变的工业涂料中的一类独特品种，粉末涂料中不存在有助于湿润性和改变涂膜流动性的溶剂，导致粉末涂料表面缺陷的消除较溶剂型涂料要难得多。

粉末涂料是一种无溶剂的均匀体系，将其施工于底材上，通过升温使其粉末粒子熔融在一起（聚结)，进而流动（流平)，通过一个黏性液态阶段润湿底材，最后化学交联（成膜）形成分子量更高的涂膜，这一成膜过程可分为熔融聚结、流平和形成涂膜3个阶段。

在涂膜形成的过程中，连续涂膜流动不足或过度将会导致表面缺陷的形成，而这一流动又取决于驱使流动的表面张力和与此张力相反的、施加于涂膜中的分子间的相互作用力(表现为体系的熔融黏度）之间的差，流平的推动力是表面张力，它有使膜表面积收缩至最小的趋势，阻力是熔融后的黏度。对于具有优良流动性的涂膜而言，体系的表面张力应尽可能地高，熔融黏度应尽可能地低。表面张力太低和/或熔融黏度太高时，会阻止涂膜的流动，导致其流动性差而产生橘皮等现象，而表面张力太高时，成膜过程中会出现缩孔；熔融黏度太低会导致施工时边缘覆盖性差、立面流挂。

显然，在粉末涂料的成膜过程中，受成膜中参与状态变化的流变性所支配，常常伴随有一些典型的表面缺陷产生，诸如橘皮、缩孔、针孔、缩边、流挂等。

另外，由于粉末涂料的树脂和交联剂的固有特性，且又不含低表面张力的溶剂，其对底材的润湿较溶剂型涂料也困难得多，缩孔也会由于对底材的润湿不足而形成。

涂膜的表面外观还受粉末粒子的大小及其粒径分布所影响。粒子越小，其热容量越低，熔融所需时间也就越短，从而可较快地聚结成膜进而流平、产生较好的外观；而大的粒子熔融所需时间较小粒子要长，产生橘皮效应的概率要大。涂膜的表面外观还会因生产和应用阶段可能产生的表面活性物质、杂质污染而出现缺陷，熔融期间各成分间的选择性吸附作用所导致的润湿性不良也是引起涂膜表面缺陷的主要原因之一，所有这些都与体系的表面张力和熔融黏度密切相关。

9. 颜填料

适用于粉末涂料的颜料按其性能和作用大致可分为：着色颜料、金属颜料、功能颜料和体质颜料（填料）等四大类。它们是粉末涂料的重要组成部分，能赋予涂层绚丽多彩的色泽，同时还可改进涂料的力学性能、化学性能或降低涂料的成本。着色颜料分为有机和无机两大类，几乎能涵盖所有的色相体系。金属颜料主要包括浮型和非浮型铝粉、各种色调的铜金粉和珠光颜料、金属镍粉和不锈钢粉等。功能颜料主要包括荧光颜料、夜光颜料、耐高温颜料、导电颜料等。体质颜料（填料）主要有碳酸钙（轻质和重质）、硫酸钡（沉淀型和天然重晶石型）、滑石粉、膨润土、石英粉等。近年来开发了这些颜料的超细品种，更适合于配制粉末涂料。

粉末涂料用颜填料与溶剂型涂料用颜填料的要求基本相同，但由于其工艺技术的特殊性，对颜填料的选用也有一些特殊的要求：

（1）在常温下或熔融挤出过程、涂装过程中不应与树脂、固化剂、助剂等组分发生化学反应；

（2）颜料分散性要好，在最佳分散粒度时不结块；

（3）颜料的遮盖力和着色力要强；

（4）热稳定性要好，至少需耐温 160℃以上；

（5）颜料要具备一定的耐光耐候性，如不易褪色、理化性能要持久、抗粉化等；

（6）颜料吸油量适中，抗渗色性要好。

颜填料含量与粉末涂料及其涂膜性能的关系见表 7-3。

表 7-3　颜填料含量与粉末涂料及其涂膜性能的关系

颜填料含量	低→高	颜填料含量	低→高
涂膜光泽	高→低	涂膜花纹凸显度	低→高
涂膜柔韧性	高→低	粉末相对密度	低→高
涂膜耐冲击性	高→低	粉末贮存稳定性	低→高
涂膜附着力	高→低	粉末相对成本	高→低
涂膜平整度	高→低	粉末相对喷涂性	高→低
涂膜耐候性	低→高		

要想得到理想的粉末涂料，不仅要选择好颜料和填料的品种，而且还要设计好它们的用量。在粉末涂料的配制中，颜填料的加入量随树脂品种不同而有所不同，一般而言，热固性树脂较热塑性树脂对颜填料的润湿性要好。因此，在热固性粉末涂料中，在保证其涂膜平整、光亮和性能达标的前提下，颜填料可以适当多加。

颜填料可加入量从多到少的顺序为：聚酯树脂→环氧树脂→丙烯酸树脂。以白色有光粉末涂料为例，一种白色高光聚酯粉末涂料，其颜填料用量可高达 40%，而对于一种白色高光丙烯酸粉末涂料，其颜填料最高用量不可超过 20%。

10. 蜡粉

蜡粉在涂料行业中用途广泛，不同种类的蜡粉能起不同的作用，目前所使用的蜡粉有：

(1) 微粉化聚乙烯蜡　包括直链和线状聚乙烯蜡产品，以及它们的改性产品。应用于木用涂料、工业涂料、油墨、粉末涂料等领域，添加0.5%～1.0%将会产生优异的抗擦伤性、抗划痕性及平滑的手感。熔点为110～125℃，粒径 D_{50} 5～8μm。

(2) 微粉化聚丙烯蜡　它用于涂料、油墨等体系中可以起到良好的抗黏性和消光作用，由于聚丙烯蜡熔点高、硬度大，在需要耐温的涂料油墨中应用有良好的效果，用于粉末涂料可增加表面硬度。熔点为140～150℃，粒径 D_{50} 6～8μm。

(3) 微粉化聚四氟乙烯蜡　极细的聚四氟乙烯微粉化蜡，摩擦系数极低，加入涂料中具有优越的耐磨性、滑动性和抗刮擦性，同时聚四氟乙烯蜡不被溶剂溶解，具有耐热性、耐腐蚀性、耐化学品性，可与聚乙烯微粉化蜡配合使用，达到互补的极佳效果。熔点为320℃左右，粒径 D_{50} 3～5μm。

(4) 微粉化聚酰胺蜡　它主要起脱气、耐磨的作用，选择低熔点聚酰胺蜡用于MDF粉末喷涂中效果佳。常用聚酰胺蜡的熔点有两种：

① 熔点为145℃，粒径 D_{50}，5μm；

② 熔点为70℃，粒径 D_{50}，5μm。

(5) 砂纹蜡　它是一种高熔点聚四氟乙烯蜡，不同粒径的产品会呈现不同的表面效果。熔点为320℃，粒径 D_{50}，15μm、25μm、40μm，对这几种不同粒径范围的产品，在粉末涂料中 D_{50} 25μm 最为常用。

二、木用粉末涂料原材料的安全管理

粉末涂料是由热固性树脂、固化剂、颜料、填料及各种助剂组成的，主要采用物理方式均匀分散固态粉末状混合物，它的安全特性尤其是毒性大小主要由所用原材料的毒性决定，所以粉末涂料的安全管理首先就是其原材料的使用控制。

1. 固化剂的使用

从涂料行业统计数据可以发现，我国粉末涂料中常用的热固性树脂主要是环氧树脂、不饱和聚酯树脂等几种，其中除环氧/聚酯混合型是互为固化剂外，环氧树脂的固化剂有线型酚醛树脂、双氰胺、酚类、咪唑类、二酰肼及酸酐等类型，聚酯树脂则有异氰尿酸三缩水甘油酯（TGIC）、β-羟烷基酰胺（HAA）、甘脲体系和封闭型异氰酸酯等品种。

一些固化剂本身就具有毒性，如环氧树脂用的二酰肼、酸酐类（如偏苯三酸酐、均苯四酸酐及改性的新型酸酐）则对人体呼吸道有较强刺激，聚酯树脂用的TGIC的毒性较大。毒性试验证明，TGIC是诱导有机体突变的物质（兔子和老鼠试验），可以使蛋白质变性，尤其对男性。还有一些固化剂在与树脂的成膜反应中明显释放出有害气体，也应慎重选用，如聚氨酯粉末在固化时释放气味难闻的封闭剂，羟基聚酯与甘脲缩合反应产生甲醇和少量的甲醛等。

2. 颜料的选择

(1) 无机颜料的选择　无机颜料的安全性主要表现在重金属含量上。对儿童用具、食品包装、家用电器、人体长期或反复接触的物品，各国对其涂层内的重金属化合物或可溶性重金属离子的含量均有限制规则。国内外有关标准对涂层内重金属含量的限量要求见表7-4。

表 7-4 国内外有关标准对涂层内重金属含量的限量要求

元素及其化合物	AP(89)1/(μg/g)	EN 71-3/μg	ROHS/10^{-6}	HG/T 2006—2022（可溶性重金属）/(mg/kg)
锑(Sb)	500	0.2	—	—
砷(As)	100	0.1	—	—
钡(Ba)	100	25.0	—	—
铅(Pb)	100	0.7	1000	90
镉(Cd)	100	0.6	100	75
铬(Cr)	1000	0.3	1000	60
汞(Hg)	50	0.5	1000	60
锡(Sn)	100	5.0	—	—

重金属含量明显的无机颜料有各种铅铬黄、钼铬红及镉红等，可以取代它们的有无机黄颜料钛镍黄（颜料索引号 C. I. PY-53）、钒酸铋/钼酸铋黄（颜料索引号 C. I. PY-184）、铁红与铁黄及一些有机红颜料。需要说明的是，钛镍黄颜料是二氧化钛、氧化镍和五氧化二锑三种氧化物晶格的固溶体，虽然作为重金属的锑具有毒性，但氧化锑和这两种氧化物形成的共晶固溶体经证明是无毒的，可用于类似玩具的产品。

其他一些常用的无机颜料，虽然化学结构中不含有重金属元素，但在生产制造过程中，受其他原料或工艺质量的影响，均会含有一定量的重金属元素，因此，安全型粉末涂料用颜料的确定，最终还需要充分的产品数据和测试数据作支撑。

（2）有机颜料的选择　有机颜料产品主要有偶氮类（占有机颜料产量的 70%）、酞菁类、杂环与稠环酮类以及苝系（P. R. 149）、芘系（P. O. 43）、异吲哚啉（P. Y. 139）、喹酞酮（P. Y. 138）、咔唑紫（P. V. 23）、蓝蒽酮（P. B. 60）与吡咯并吡咯类（P. R. 254）等。除结构中含有重金属外，有机颜料的毒性还来源于其自身的有害杂质含量，如某些重金属元素或化合物、多氯联苯（PCB）及多氯化二苯并二噁英或呋喃、致癌性或怀疑具有致癌性的芳胺。

一些有机颜料虽然无毒，但因为粒度细、有残余溶剂等原因而具有一定的刺激作用，在使用过程中会引起个别操作者皮肤、黏膜甚至呼吸道的过敏反应，这也需要引起注意和慎重选择，并加强生产现场的安全管理。

（3）其他颜料的选择　其他颜料还有金属颜料、珠光颜料、荧光颜料、蓄光颜料等，这些颜料制成的粉末涂料涂层得到了人们的普遍喜爱，其中的金属颜料有铝粉（Al）、铜金粉（Cu）、锌粉（Zn）以及合金粉等几类，在粉末涂料中的应用则最为广泛。虽然这些金属颜料粒子在粉末涂料固化成膜后被树脂包覆与固定，难以被人体接触吸收，不存在潜在危害，但不能忽视这些金属颜料粒子在使用过程中进入操作者呼吸道后对人体形成不同程度的危害，生产现场同样需要加强安全管理。

3. 填料的选择

填料从它的制造工艺上区分为两类：一是将天然矿物质粉碎加工而成的，二是采用化学处理过程制备的。前者容易含有重金属甚至放射元素，后者则易存在可溶性重金属物质（如硫酸钡中易存在可溶性钡超标）。现有填料一般都缺少详细的重金属含量类的测试数据，在使用时需要向生产商索取其详细的技术信息或者送权威测试部门进行针对性的测试，然后才能决定是否可用于有严格安全要求的粉末涂料中。

4. 其他原料的筛选

粉末涂料的树脂和各种助剂，由于它们生产采用的各种原料大多属于危险化学品，在其制备过程中也或多或少有危害物质存留，对操作者的皮肤或黏膜会产生刺激性，而不断推出的粉末助剂新品有可能未进行安全测试。这些助剂在粉末涂料中虽然用量较少（0.1%～2%），但是设计人员也要认真地进行测试选择。

粉末涂料生产厂商应向原材料的提供方索取原料安全单（MSDS）。

第三节　木用粉末涂料的基础配方及配方原理

木用粉末涂料的热固化类产品有封边粉和面粉两种，封边粉是以环氧型体系为主的体系。面粉是以环氧聚酯型、纯饱和聚酯型两种为主，都是由红外线（IR）热固化，下面介绍八个配方。光引发 UV 固化类产品介绍五个配方，BPO 热引发 IR 固化类产品介绍一个配方。

一、环氧用红外线热固化类产品

1. 环氧（E）封边粉配方及配方原理

环氧封边粉配方见表 7-5。

表 7-5　环氧封边粉配方

材料名称	质量分数/%	备注
S-904H	65.0	南亚环氧树脂
MI-C	1.1	Shikoku
542DG	0.4	TORY
A-6	0.5	OXYMELT
PL200	1.0	ESRTON
R-760	20.0	Dupont
$BaSO_4$(W5HB)	12.0	永安威顿

配方原理：由于 MDF 不耐高温，边角有疏松的细孔，使一般粉末涂料在熔化过程中渗入 MDF 内，封不住边。为此开发了特殊环氧低温固化粉末涂料。

2. 环氧面粉配方及配方原理

环氧面粉配方见表 7-6。

表 7-6　环氧面粉配方

材料名称	质量分数/%	备注
KD202	35.0	KUKDO
KD211G	30.0	KUKDO
MI-C	1.1	Shikoko

续表

材料名称	质量分数/%	备注
542DG	0.4	TORY
Lanco1725	0.5	Lubrizo
A-6	0.6	ESRTON
PL200	1.0	ESRTON
R-760	25.0	Dupont
高光钡	6.4	永安威顿

配方原理：此配方是根据 MDF 不耐高温而开发的低温固化粉末涂料。目前由于 MDF 内有水分，在升温过程中，仍有水分逸出，使涂层表面产生气孔，此配方现只能做砂纹粉末涂料。

二、环氧/饱和聚酯用红外线热固化类产品（面粉）

1. 环氧/饱和聚酯（E/P）平面粉配方

环氧/饱和聚酯平面粉配方见表 7-7。

表 7-7　环氧/饱和聚酯平面粉配方

材料名称	质量分数/%	备注
KD202	17.5	KUKDO
KD211G	15.0	KUKDO
P3250	32.5	DSM
P966	2.0	ALLNEX
542DG	0.4	TORY
A-6	0.6	ESRTON
Lanco1725	0.5	Lubrizol
PL200	1.0	ESRTON
R-760	25.0	Dupont
$BaSO_4$(W5HB)	5.5	永安威顿

2. 环氧/饱和聚酯砂纹粉配方

环氧/饱和聚酯砂纹粉配方见表 7-8。

表 7-8　环氧/饱和聚酯砂纹粉配方

材料名称	质量分数/%	备注
KD202	32.5	KUKDO
P3250	32.5	DSM
P966	2.0	ALLNEX
542DG	0.4	TORY
Lanco1725	0.5	Lubrizol

续表

材料名称	质量分数/%	备注
A-6	0.6	OXYMELT
PL200	0.5	ESRTON
TEX61	0.5	SHAMROCK
R-760	25.0	Dupont
$BaSO_4$(44HB)	5.5	永安威

3. 环氧/饱和聚酯锤纹粉配方

环氧/饱和聚酯锤纹粉配方见表 7-9。

表 7-9　环氧/饱和聚酯锤纹粉配方

材料名称	质量分数/%	备注
KD202	32.5	KUKDO
P3250	32.5	DSM
P966	2.0	ALLNEX
542DG	0.4	TORY
A-6	0.6	ESRTON
Lanco1725	0.5	Lubrizol
CAB-551-0.2	0.08	EASTMAN
R-760	25.0	Dupont
$CaCO_3$	6.42	立茂

此为环氧聚酯型配方，是性价比高、耐温好的低温固化粉末涂料。

三、纯饱和聚酯用红外线热固化类产品

1. 纯饱和聚酯（P）型平面粉配方

纯饱和聚酯型平面粉配方见表 7-10。

表 7-10　纯饱和聚酯型平面粉配方

材料名称	质量分数/%	备注
SJ3720	60.0	神剑聚酯
APLUS101	5.0	青宇新材
P966	2.0	ALLNEX
542DG	0.4	TORY
A-6	0.6	ESRTON
Lanco1725	0.5	Lubrizol
PL200	1.0	ESRTON
R-760	25.0	Dupont
$BaSO_4$(W5HB)	5.5	永安威顿

2. 纯饱和聚酯型砂纹粉配方

纯饱和聚酯型砂纹粉配方见表 7-11。

表 7-11 纯饱和聚酯型砂纹粉配方

材料名称	质量分数/%	备注
SJ3720	60.0	神剑聚酯
APLUS101	5.0	青宇新材
P966	2.0	ALLNEX
542DG	0.4	TORY
A-6	0.6	ESRTON
Lanco1725	0.5	Lubrizol
PL200	1.0	ESRTON
TEX61	0.05	SHAMROCK
R-760	25.0	Dupont
$BaSO_4$(44HB)	5.45	永安威顿

3. 纯饱和聚酯型锤纹粉配方

纯饱和聚酯型锤纹粉配方见表 7-12。

表 7-12 纯饱和聚酯型锤纹粉配方

材料名称	质量分数/%	备注
SJ3720	60.0	神剑聚酯
APLUS101	5.0	青宇新材
P966	2.0	ALLNEX
542DG	0.4	TORY
A-6	0.6	ESRTON
Lanco1725	0.5	Lubrizol
CAB-551-0.2	0.08	EASTMAN
R-760	25.0	Dupont
$CaCO_3$	6.42	立茂

四、光引发 UV 固化类产品基础配方

1. 光引发 UV 固化类透明面粉配方

光引发 UV 固化类透明面粉配方见表 7-13。

表 7-13 光引发 UV 固化类透明面粉配方

材料名称	质量分数/%	备注
UVECOAT3002	91.2	ALLNEX
UVECOAT9010	5.0	ALLNEX
Iragcure651	2.5	BASF

续表

材料名称	质量分数/%	备注
542DG	0.3	TORY
EX486	1.0	TORY

2. 光引发 UV 固化类平面高光面粉配方

光引发 UV 固化类平面高光面粉配方见表 7-14。

表 7-14　光引发 UV 固化类平面高光面粉配方

材料名称	质量分数/%	备注
UVECOAT3002	60.0	ALLNEX
UVECOAT9010	5.0	ALLNEX
Iragcure819	2.2	BASF
542DG	0.3	TORY
PL200	1.0	ESRTON
701B	0.4	南海化学
Lanco1725	0.5	Lubrizol
R-760	26.0	Dupont
$BaSO_4$(W5HB)	4.6	永安威顿

3. 光引发 UV 固化类平面低光面粉配方

光引发 UV 固化类平面低光面粉配方见表 7-15。

表 7-15　光引发 UV 固化类平面低光面粉配方

材料名称	质量分数/%	备注
P3125	50	DSM
P3307	15	DSM
542DG	0.3	TORY
PL200	1.0	ESRTON
Iragcure819	2.2	BASF
Lanco1725	0.5	Lubrizol
701B	0.4	南海化学
R-760	26	Dupont
$BaSO_4$(W5HB)	4.6	永安威顿

4. 光引发 UV 固化类砂纹面粉配方

光引发 UV 固化类砂纹面粉配方见表 7-16。

表 7-16　光引发 UV 固化类砂纹面粉配方

材料名称	质量分数/%	备注
UVECOAT3005	60.0	ALLNEX

续表

材料名称	质量分数/%	备注
Iragcure819	2.0	BASF
542DG	0.4	TORY
Bentone	0.3	ELEMENTIS
TEX61	0.4	SHAMROCK
Lanco1725	0.5	Lubrizol
R-760	26	Dupont
$BaSO_4$(W5HB)	10.4	永安威顿

5. 光引发 UV 固化类皱纹面粉配方

光引发 UV 固化类皱纹面粉配方见表 7-17。

表 7-17　光引发 UV 固化类皱纹面粉配方

材料名称	质量分数/%	备注
UVECOAT3005	65.0	ALLNEX
Iragcure819	2.2	BASF
CAB-551-0.2	0.06	EASTMAN
542DG	0.3	TORY
Lanco1725	0.5	Lubrizol
701B	0.4	南海化学
OXYMELTA-6	0.6	ESTRON
R-760	26	Dupont
$BaSO_4$(W5HB)	4.9	永安威顿

五、BPO 热引发 IR 固化类面粉配方

BPO 热引发 IR 固化类面粉配方见表 7-18。

表 7-18　BPO 热引发 IR 固化类面粉配方

材料名称	质量分数/%	备注
P3125	55	DSM
P3307	10	DSM
542DG	0.3	TORY
PL200	1.0	ESRTON
MBPO	5.0	BASF
Lanco1725	0.5	Lubrizol
701B	0.4	南海化学
R-760	26	Dupont
$BaSO_4$(W5HB)	1.8	永安威顿

第四节　木用粉末涂料生产工艺流程

一、生产流程

木用粉末涂料生产流程为：投料→称量→预混合→熔融挤出混合→冷却压片→粗破碎→细粉碎及分级→检验→打包→入库。

木用粉末涂料生产流程见图 7-5。

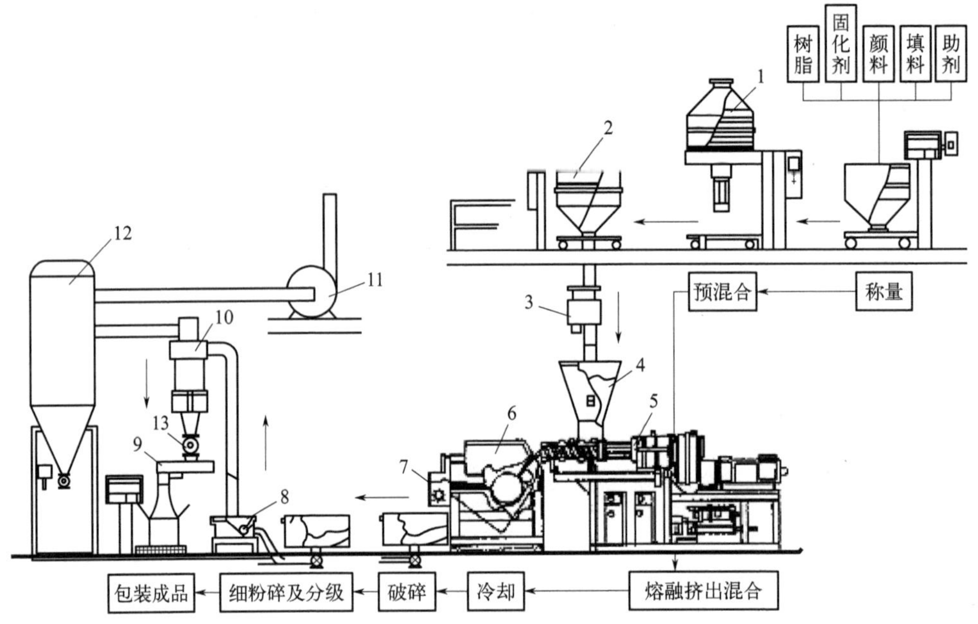

图 7-5　木用粉末涂料生产流程

1—翻滚混合机；2—卸料站；3—除铁器；4—挤出喂料机；5—挤出机；6—压片机；7—片料破碎机；8—主磨和分级机；9—振动筛；10—旋风分离器；11—风机；12—除尘箱；13—排料阀

1. 粉末涂料生产工艺

熔融混合挤出法是国际上通用的、生产热固性粉末涂料的唯一方法。树脂、固化剂、颜填料及助剂的选用需要慎重。在同一个配方中各组分的混熔性也是一个重要因素，混熔性不好的粉末涂料不仅涂膜的光泽和流平性变差，其涂膜力学性能也将受很大影响。

（1）预混合　预混合工序是将树脂粉末、颜填料、固化剂、流平剂以及各种助剂等成分按配方均匀混合，为熔融混炼创造一个良好的物态条件，更有利于物料的均匀分散。在预混时可根据实验来确定所需预混时间，一旦掌握了合适的混合时间，最好不要随意变动，否则将影响到物料的分散程度和最后涂膜颜色的稳定。

（2）熔融混合挤出　熔融混合挤出工序是粉末涂料制造中的一个重要环节，目的是通过混炼使粉末涂料各组分在树脂熔融状态下达到均匀分散，克服了干态混合时由于物料密度不同而造成的组分的无序分离。熔融挤出设备为挤出机，挤出机有两种类型：一种为单螺杆挤出机，另一种为双螺杆挤出机。对于不同性质的物料需要确定合理的工艺参数，以保证良好的混炼效果。热固性粉末涂料的挤出工艺要求十分严格，必须控制好挤出温度和物料在机筒内的停留时间。挤出机出来的熔融物应立即挤压成薄片并及时冷却，不能使熔融物的热量积聚而导致组分产生化学变化，影响到产品的质量。

（3）细粉碎　目前国内采用的细粉碎机为了生产工艺的合理、方便，往往将粉碎机与粒度分级两部分联合组成粉碎设备机组。粉碎后的粉末颗粒，通过风力送入旋风分离器或旋转筒内，达成分级，最后收集产品。在粉碎操作中，要注意的是加料速度与机内温度的平衡问题。如果机内温度超过 40℃，会影响到物料的分散程度和最后涂膜颜色的稳定。一般情况下，由于加入的物料会带入热量，开始时机内温度上升较快，此时应减慢加料速度，令机内温度缓慢增长并逐步趋于平稳，最终将机内气流温度控制在 40℃以下就可以进行连续生产。而且，加料速度也直接影响产品的粉碎效果和产量。所以在生产中要间断性取样，检验产品的粒度及粒度分布状况，出现问题后找原因，及时采取措施，保证产品的高质量，也要防止由于筛网破漏或其他原因而造成粒度的差异。

2. 粉末涂料生产中常见问题

对于生产环境来说，生产粉末涂料容易产生很大粉尘，而过大的粉尘，不仅会影响到产品的质量（如使产品出现杂点、缩孔等），而且对操作人员的健康也不利。潮湿的环境有利于降低粉尘，但如粉末涂料受潮，在涂装后又易出现雾影现象，所以清洁、干爽的生产环境是一个需要达到而又很难达到的目标。同样，环境的温度也是影响粉末涂料质量的一个重要因素。有这样的经验，夏天生产的粉末涂料很容易结块，粉末的流动性差，鉴于这种原因，粉末涂料在高温天气时应冷藏，且使用前一定要检验过筛。

在生产过程中最头疼的部分莫过于清机工作，对于生产不同体系或颜色差异大的粉末涂料更要严格清理，尤其是磨机，稍有不干净就易使涂膜出现杂点，甚至缩孔现象。如何改善这一问题，这是粉末涂料制造设备有待解决的难题。

二、木用粉末涂料产品的检测项目及检测方法

1. 粉末涂料出厂产品常规检测项目

粉末涂料出厂产品常规检测项目见表 7-19。

表 7-19　粉末涂料出厂产品常规检测项目

检测内容	技术标准	检测结果	检测仪器
外观	允许轻微的橘皮	合格	目测
粒径	20～90μm	＞95％	激光粒度分布仪
流化状态	沸腾状态	好	流化仪
光泽	高光[(90±5)％]	合格	光泽仪
附着力	GB/T 9286—2021	0 级	划格器
冲击试验	GB/T 1732—2020	合格	冲击仪
弯曲试验(锥形轴)	GB/T 11185—2009	涂层无裂缝	弯曲仪
杯突	GB/T 9753—2007	合格	ERICJSEN 仪
铅笔硬度	GB/T 6739	≥H	中华 H 铅笔

注：力学性能试验均采用除油磷化铁板，要求膜厚 50～80μm，且在实验室条件下完成。

2. 粉末涂料产品的粉状性能检测方法

（1）粒度分布　ISO 8130—1：1992 用筛分法测定粒度分布。

（2）表观密度　GB 1636—2008 模塑料表观密度试验方法。

（3）粉末流出性　GB/T 6554—2003 流出性的方法测定。

（4）粉末流动性　ISO 8130—5：1992 粉末/空气混合物流动性的测定方法。

（5）软化温度　GB/T 6554—2003 科夫尔热板法。

（6）胶化时间　GB/T 16995—1997 热固性粉末涂料　在给定温度下胶化时间的测定。

（7）不挥发物含量　GB/T 6554—2003 不挥发物含量的方法测定。

（8）熔融流动性　ISO 8130—11：1997 倾斜板流动性的测定（具体内容暂缺）。

三、粉末涂料生产过程的安全管理

做好粉末涂料生产过程的安全管理，主要是防止生产中操作人员与化学品的直接接触及产生的粉尘对人体的危害。

1. 做好个人的劳动保护工作

粉末涂料生产过程中，人与物料的直接接触点有原料称取与投放、成品称量与包装。生产过程中毒性物、粉尘对人体的侵害途径主要是经皮肤或呼吸道黏膜吸收而进入体内（皮肤有外伤更促进毒物吸收）。为避免发生中毒和过敏反应，生产时操作人员要穿戴好劳保用品（如工作服、手套、口罩、披肩等），按工艺规定做好各项安全生产工作，即可以避免各种过敏或中毒现象的发生。

2. 有效处理粉尘

工业生产产生的粉尘可以形成尘肺、中毒、粉尘沉着症、过敏性疾病以及一些局部作用。生产中粉尘产生点主要有 6 处：称料点、投料点、挤出机喂料点、压片机接料点、磨机喂料点、磨机出料点。对于粉末涂料生产中存在的粉尘问题，一些小型粉末涂料厂主要采取安装排风扇、设置隔挡等方式进行控制，但其主要目的是减轻粉末涂料生产中产品的质量问题（交叉污染），基本上未顾及操作人员的身体健康。而有效处理粉尘的方法，则应是在生产车间内设计安装粉尘回收管线，在每一个粉尘发生点都布设一个或多个吸风口，将产生的粉尘瞬时回收，不仅达到清洁生产环境、保证产品质量、实现多台（套）设备同时生产及保护职工身体健康等目的，还可以将回收的粉尘进行再加工利用，形成经济效益，实现一举多得的良好效果。

粉尘管道回收系统投资大、运行成本高，一般粉末涂料厂家缺少条件，但可以在我国传统防尘工作经验即八字方针“革、水、密、风、护、管、教、查”的基础上，进行必要的车间隔离、风扇排风，同时做到物料称取和投放过程中的轻拿轻放、设备和场地及个人清洁时的吸尘处理（一般错误的做法是用压缩空气吹扫），减少生产流程中粉料的跑、冒、洒、漏，这样粉末涂料生产过程中的粉尘危害是完全可以减少或消除的。

第五节　木用粉末涂料的涂装

要想获得外观优美、性能良好的涂膜，光有好的粉末涂料还不行，还需要有良好的涂装设备和涂装工艺，“三分涂料，七分涂装”正是这个道理。

一、前处理工艺

由于天然木材和人造木材都是不导电的非金属材料，木材表面的平整度和致密度都比金属材料差很多，并且平整度和致密度在同一块板材表面上也不一致。边和面的平整度和致密度的差异就更大了，即使多次打磨也都无济于事，所以用木材用粉末涂料进行静电涂装时，必须先对板材的边和面进行特殊处理，类似用液态油漆喷涂 MDF 时一样，简称前处理或封闭处理。

1. 前处理的方法

（1）平整　板材基体表面需进行砂磨等平整手段。

（2）封闭　板材基体表面有时需要用封闭剂去处理。

（3）清理　通过真空吸尘将积聚于表面的粉尘清理干净。

（4）预热　作用一是除去板材所含的多余水分，使其含水量控制在 4%～8%范围内。含水量太高会导致板材边缘开裂、板材变形。作用二是让受热板材内部的水分向表面迁移，俗称“出汗”，以增强木材表面的静电吸粉能力。

经过前处理的板材的边和面，能获得良好的导电性，使之与金属材料一样能快速吸附带电粉末；经过封闭和平整的木材表面有利于粉末涂层在较低的温度下均匀熔融、流平固化。

过去由于涂料和工艺限制以及木材导电性能较差等因素，木用粉末涂料只能用于经过特殊处理的 MDF。现在因为品质的提高，MDF 的短纤维含量高、纤维和树脂密度均匀，加上合理的封闭前处理，目前普通的 MDF 也能保证有高强度和良好的导电性而应用于粉末涂料的涂装。

静电粉末喷涂要求被涂材料具有导电性，即 MDF 的含水率要合适。MDF 和其它木材一样具有吸湿性，在一定的温湿度条件下会吸收环境中的水分，从而达到平衡的含水率。因此通过对 MDF 含水率的调整，可使其接近或相当于导体状态，从而符合静电喷涂要求。但是 MDF 上的粉末涂料成膜后一般不能进行再打磨和二次喷涂，也不能对表面缺陷进行修补，要求做到一次成型，因此前处理就显得更加重要。

2. 前处理的主要工艺

（1）砂磨　木制品表面粗糙，还存在许多细微凹坑孔隙。粉末涂料在熔融流平过程中会渗入、填充这些孔隙。只有当这些孔隙缺陷都被填充满后，涂料才能在表面流平形成连续的涂膜。所以对木制品表面的砂磨是一道很重要的工序。要求尽量磨去表面凸出的木纤维，提高表面平整度和减少孔隙的体积容量，砂磨工序分为粗砂磨（选用 100～150 目砂布）和细砂磨（选用 180～200 目砂布）。

（2）封闭孔隙　MDF 表面和内部到处存在着毛细孔隙，因而有良好的吸水特性。这个特性使 MDF 获得一定的导电性能，使其可以类似于金属那样进行粉末静电喷涂。但是材质中含有的水分以及木纤维和胶黏剂含有的挥发物，在受热状态下都会以气态形式蒸发逸出板材表面，造成涂膜流平固化过程中出现针孔、气泡、开裂等弊病。

对于涂膜平整度要求高、板材表面孔隙率高或者挥发物含量较多的 MDF，一般需要采用表面封闭孔隙（称为封底）的工艺处理。处理方法有：

① 辊涂 UV 腻子（边和面），但对于有铣型的工件不适用；

② 先对板边用封边粉封闭，经 IR 固化后打磨，再用 UV 腻子封面，但对于有铣型的工件不适用；

③ 如用水性快干聚氨酯涂料来处理，效率高但成本高，设备投入大。

二、UV 固化工艺特点

UV 固化与低温固化工艺都可以应用于 MDF 的粉末涂装。但二者相比，UV 固化工艺所需的成膜温度更低，固化时间更短，能量消耗更少，因而更适用于在热敏材料（木材或塑料）上使用。UV 固化工艺涂装中涂料利用率大于 95%，产量高，能减少劳动力和维护成本，设备占用场地远少于传统的加热拱道，其最大特点是涂膜外观质量和物化性能特别高。不足之处是设备投资大，涂料价格昂贵，不适用于形状复杂的三维产品涂装。

三、静电喷涂涂装工艺

MDF 一般采用粉末静电喷涂工艺，分为高压静电喷涂和摩擦带电喷涂，都是适用于木制品的静电喷涂方式，其静电涂装原理与金属粉末静电涂装原理是相同的。

高压静电喷涂：高压静电是由高压静电发生器供给的。工件在喷涂时应先接地，在净化的压缩空气作用下，粉末涂料由供粉器通过输粉管进入静电喷粉枪。喷枪头部的电极电晕放电，在电极附近产生了密集的负电荷，粉末从静电喷粉枪头喷出时，捕获电荷成为带电粒子，在气流和电场作用下飞向接地工件并吸附在表面。

摩擦带电喷涂：粉末静电喷涂施工的另一种方法是对粉末颗粒进行摩擦带电。粒子是通过流经喷枪中的聚四氟乙烯管因摩擦而带电的，而不是通过在喷枪口产生电晕的高压电源带电的。所以要选用由恰当材料（一般用聚四氟乙烯）制造的喷枪枪体，以能产生良好的摩擦带电效果。粉末粒子在压缩空气的推动下与枪体内壁发生摩擦而带电，带电的粉末粒子离开枪体飞向工件并吸附在表面。该机制类似于梳理头发时在梳子上积累静电荷一样。

由于在喷枪和待喷涂的接地工件之间没有大的电位差，因此没有形成明显的磁力线，并且“法拉第笼”的效应极小，从而有助于在形状不规则的物体中涂覆空心部位，并能获得更光滑的涂层。但是由于喷涂速度较慢，不规则气流更容易使处于喷枪和被涂物体之间的颗粒发生偏离。

目前已有同时可以摩擦带电和电晕带电的喷枪。

1. 静电喷涂前的工艺准备

（1）木材表面电阻　$10^5 \sim 10^9 \Omega$ 时将其接地后容易吸附带电粉末。

（2）含水率　准备进行静电喷涂的 MDF 纤维板，其含水率的正常范围为 4%～8%。小于 4%时木材导电能力下降，静电吸粉能力减弱；含水率达 7%时，在室温下板材已有较好吸粉能力；随着含水率增加，漆膜加热时水分的挥发量也会变大，易造成涂膜产生针孔、气泡和开裂。所以木材含水量最好不大于 10%。

（3）预热　80～100℃/2～5min，对木制品采取预热措施，是让木材内部的水分向表面聚集，提高制品表面的含水率进而增强静电吸粉能力。

（4）静电喷涂电压　30～50kV，电压过高，容易发生反离子流，造成涂膜外观的弊病。

2. 静电喷涂涂装工艺的过程控制

(1) 喷涂工艺　粉末喷涂是一种处于干燥状态的施工工艺。带静电的颜料与树脂的微粒喷涂到接地部件上，带电粉末就附着在基材的表面直至在固化箱中熔融并形成平滑的涂层。在喷涂粉末前，待喷涂基材首先要经过与用液态涂料涂装一样的前处理。通常情况下前处理工艺、粉末喷涂工艺及固化工艺是连续进行的。

(2) 超低温固化工艺　超低温固化型粉末涂料喷涂工艺是现今欧美普遍采用的工艺。在 MDF 上喷涂粉末后，熔融和流平过程都是靠红外线辐射热源来实现的。由于红外辐射具有瞬间快速升温的特性，能在较短的时间内使涂膜在开始固化前能较好地熔融流平，使涂膜表面平整。而且低熔点的粉末使得整个过程能够采用较低的加热温度和较短的固化时间（对热固化粉末而言），可避免 MDF 由于水分蒸发而导致的表面变形和开裂。具体的固化温度、时间要根据不同厂家的粉末涂料、喷涂工艺参数的设定、烘烤设备及其工作条件进行选择。

3. 喷涂用粉末涂料

为使 MDF 获得性能良好的涂层，并且不影响其内部材性，必须使用低温固化粉末涂料。金属用粉末涂料的固化温度为 180℃以上，不适用于 MDF。低温固化粉末涂料的研制成功，使得粉末涂料在木质材料及其产品上实现低温快速固化[120℃/(≤3min)]、制备薄涂层（涂膜厚度≤50μm）成为可能。

目前已开发的木质材料用粉末涂料主要为超低温热固化型粉末涂料和紫外光（UV）固化型粉末涂料。超低温热固化型粉末涂料即树脂为热固性树脂的粉末涂料，热固性树脂在受热的情况下熔融，达到一定温度时与固化剂产生化学交联反应，成为具有一定物理机械强度和耐化学介质性能的涂膜。而在紫外光（UV）固化型粉末涂料方面，DSM 树脂公司开发了一种基于顺丁烯二酸的不饱和聚酯和乙烯基醚官能团（MA/VE）结合，用于木材和塑料的聚氨酯 UV 固化型粉末涂料体系。

4. 喷涂设备

粉末喷涂设备由三部分组成：喷枪和静电发生器组成的粉末喷涂部分，用于吸收、过滤过喷粉的回收装置以及喷涂后使粉末涂料熔融和固化的烘箱或烘道。配套的压缩空气供应及净化系统等与溶剂型涂料喷涂使用的基本相同，不同之处在于特有的供粉器、静电喷涂枪、高压静电发生器、粉末喷涂室、粉末回收系统等设备。

在一定范围内，喷涂电压增加，粉末附着量也增加，但当电压超过 9×10^4V 时，粉末附着量反而随电压增加而减少。

在其他条件不变的情况下，供粉气压要有一个最合适的值，当过大或过小时都会影响沉积效率，同时气压过大还会使涂膜表面平整性差。

而对于喷粉距离的选择通常是在 15～30cm 之间。

5. 粉末涂料的固化

在分析粉末涂料的固化时我们发现，MDF 用粉末涂料的固化方法有三种。一是传统的饱和树脂（E、E/P、P）类的加热固化，不同配方的热固化粉末涂料需要在不同的温度范围熔融；二是不饱和聚酯类＋光引发剂的紫外光（UV）固化；三是不饱和聚酯＋乙烯基醚聚氨酯＋MBPO 的热引发固化，即粉末涂料先被加热至熔融流平状态，然后固化。

为了达到相同的最终表面特性，如表面纹理、光泽范围、抗刮性、抗化学性等，粉末涂料的熔融温度范围和固化温度范围都必须控制在最小区间。

为确保粉末涂料的熔融流平和固化，要求MDF底材表面的各个部位的温度必须一致，即材料边缘与正面和背面的温度相同。不幸的是，至今为止大多数用于木用粉末涂料固化的生产线，不论采用何种固化方法，固化炉内的MDF材料表面的温度都达不到一致。这是导致MDF粉末喷涂失败的最重要原因。

只有在一定的温度条件下粉末涂料才会熔融流平，形成特殊的表面效果，熔融温度太低时得到粗糙的砂纸般表面结构；熔融温度太高会使涂膜颜色发生变化。不论粉末涂料本身的化学组成和配方如何不同，当热固化的熔融温度升降时产生的上述变化是相同的。

对于热固化粉末涂料来说，控制适当的熔融温度固然重要，固化温度-时间窗口的控制也是重要的，该窗口由粉末涂料的反应速率决定。现在人们已经开发出1～1.5min/120～140℃熔融流平、2～3.5min/130～140℃低温固化的粉末涂料。固化温度越低，粉末涂料固化所需要的时间就越长，反之亦然。

在粉末喷涂工艺中确定粉末涂料充分固化的时间点尤为重要。只有充分固化的粉末涂层才能在耐化学品性、耐划伤性、耐磨性、柔韧性以及更多的物化指标上得到最佳表现。人们无法通过肉眼观察出紫外光固化粉末或热固化粉末是否已经充分固化。漂亮的涂膜外观并不意味着粉末涂料已经充分固化，涂膜的破坏性检测有可能不合格。因此粉末涂料企业必须建立严格的过程控制和质量控制体系，确保粉末涂料自身的固化参数控制在严格的范围内，其中包括监控和调整熔融固化炉的烘烤温度。

固化炉的温度控制是粉末喷涂厂家进行粉末喷涂作业的标准程序。令人惊讶的是，有些MDF粉末喷涂企业并不知道在固化炉内究竟发生着什么，也没有测量过炉内的温度分布，如果涂装生产线能够确保实现粉末熔融固化所需要的条件，那么终将得到优质的涂装表面。

加热，对热塑性粉末而言，仅仅是为了使其形成连续的薄膜，而对热固性粉末而言，是通过进一步加热来使涂膜固化。目前常规粉末涂装的固化方法有四种：热风对流、红外辐射、热风对流与红外联用及紫外辐射固化。

(1) 对流烘箱可采用燃气或电加热，在烘箱中，热空气环绕在涂装基材的周围并使其达到设定温度。

(2) 红外箱亦可以用燃气或电作能源而产生红外辐射，辐射的能量被粉末所吸收，而与粉末直接接触的基材部件并不会被加热到粉末熔融所需的固化温度。当红外辐射一定时间后，粉末就会以相对较快的速度在基材上流动并固化。

(3) 对流与红外联用可分为两个区（或两个阶段），第一区是红外辐射，用以迅速使粉末熔融并从底部开始固化，这种工艺被称为近红外固化，有一类特殊配方的粉末涂料会具有迅速吸收红外辐射的优势；第二区是对流烘箱区，在这里来自第一区的涂层固化完全。

(4) 紫外辐射固化一般用于热敏性基材，特定配方的紫外光固化粉末涂料可在很低的温度（121℃）熔融并流动，再经紫外光辐射，几秒钟即可固化。

静电粉末熔融和固化设备的进步促进了工艺的发展，如红外炉的应用解决了MDF涂层固化的难题，而且由于其加热速度快、基材不易过热、基材内部强度不会损失，又节省时间和空间，现在各种红外线的熔融和固化设备已成为粉末涂料重要的干燥设备。另外，欧美国家已经有一部分企业研发、生产了红外/热风熔融和紫外光固化结合的设备组合。

6. “干碰干”粉末涂装

“干碰干”粉末涂装是喷涂两层粉末涂料，然后一次烘烤实现固化，据说可以改善性能并节省大量能源。通常，将第一道涂层加热熔融，实现熔结，但不使其固化，再喷涂第二层粉末，两层粉末一次烘烤固化。这样的体系可以由环氧粉末底涂和聚酯粉末面涂组成，之所以选择两种化学结构的粉末体系，目的是使两层之间发生交联，确保出色的层间附着力。

四、木用粉末涂料涂装过程中常见问题、原因及解决办法

木用粉末涂料涂装常见问题、原因及解决办法见表 7-20。

表 7-20　木用粉末涂料涂装常见问题、原因及解决办法

常见问题	原因分析	解决办法
无法应用粉末涂料的 MDF	板温度过低	提高预热板的温度至 60～70℃
	板含水率太低	将板放入加湿房里，使板的含水率达到 10%～12%
	MDF 板太薄	使用液态导电底漆
脱气问题	MDF 含水率过高	使用红外真空干燥，使板的含水率降到 10%～12%
	涂料配方设计不够好	找粉末涂料厂重新设计配方
	工件在烤炉中的时间过长	提高链速
	固化温度过高	降低固化温度
	膜厚太厚（>120μm）	控制膜厚在 60～80μm
出炉即出现裂纹	MDF 受热后变形开裂（密度或胶黏剂的问题）	挑选适合的 MDF
	固化温度过高	降低固化温度
	固化时间过长	缩短固化时间
几日内出现裂纹	粉末固化不完全	提高固化温度
	MDF 不够好	挑选适合的 MDF
涂膜表面效果不好	仍可见木纤维，MDF 不适合	换适合的 MDF
	尖锐边缘处不易上粉	需要将尖锐边缘处轻微打磨使之圆滑
	涂膜流平不够充分	将 MDF 表面打磨得更细
	MDF 密度太低	建议 MDF 密度在 0.8g/cm^3 以上
	涂层太薄或太厚	控制膜厚在 60～80μm

第六节　木用粉末涂料的技术指标

一、木用粉末涂料干膜的技术指标

木用粉末涂料干膜的技术指标见表 7-21。

表 7-21 木用粉末涂料干膜的技术指标

测试项目	测试方法	测试方法要求的技术指标	样品要求
耐厨房试剂	ASTM D1308—02(2013)	点滴法，不超过 24 小时：50%(体积分数)酒精；水果(梨)；芥末；雀巢咖啡；立顿红茶；可可；李锦记酱油；德尔蒙特番茄酱	50mm×50mm，3 块
耐冲击	ASTM D2794—93(2010)	正冲，冲头 15.9mm	70mm × 150mm × 0.63mm，20 块
耐磨损	ASTM D4060—14	0～2000 转：800g；2001～5000 转：1500g；5001～10000 转：2500g 1. 磨轮类型：CS-10/CS-17 或指定型号(需客户选择) 2. 单轮负载：250g/500g/1000g(需客户选择) 3. 磨耗转数：需客户指定 4. 评价参数：失重/外观/磨耗系数(需客户选择)。一般情况下：2000 转，CS10，单轮 500g，总重 1000g，外观评价	100mm × 100mm 或 100mm DIA，3 块，厚度一般不超过 10mm
耐乙酸	EN 12720：2009+A1：2013	10%乙酸，覆盖法(标准要求在标准环境中处理 7 天，特殊时间另议)	100mm×200mm，3 块
耐湿热老化	EN 12721—2009	EN 12721—2009 第 9 节，70℃，测试周期 20 分钟，(2±0.2)cm^3 纯水，需要评级	50mm×50mm，4 块
耐干热	BS EN12722—2009+A1：2013	85℃，20 分钟，需要评级	150mm×200mm，3 块
耐龟裂	GB/T 15102—2017 或 GB/T 17657—2022，4.39	70℃，24 小时	250mm×250mm，5 块，试件装饰层边部被锯成 45°倒角，倒角宽约 3mm
耐冷热温差	QB/T 1951.1—2010 或 GB/T 17657—2022，4.40	3 个周期	100mm×100mm，3 块
耐黄变	GB/T 23987—2009 或 ASTM D 2244—16(附件是做 168 小时，老化后检查色差)	UVA340，168h，评级色差	50mm×50mm，4 块
铅笔硬度	ASTM D3363—05(2011)	三菱 Uni 铅笔：ASTM 标准 Lab 默认为擦伤硬度且为手动法，做刮破硬度及小车需客户指定条件	70mm×150mm，3 块
Cd，苯，甲苯，三氯苯		Cd 含量＜200mg/kg；苯，甲苯＜1300mg/kg；三氯苯＜1200mg/kg	50g
可溶性重金属	EN71-3：1994 + A1：2000 + AC：2002	＜1000mg/kg	50g
甲醛	EN717-1：2004(默认是做 7 天，其他时间另议)	参考 EN13986：2004+A1：2015 判定	0.5m×0.5m×2 块

续表

测试项目	测试方法	测试方法要求的技术指标	样品要求
抗菌	ISO 22196:2011 常规菌种:金黄色葡萄球菌 Staphylococcus Aureus; 大肠埃希氏菌 Escherichia Coliform; 也可以选用其他菌种[绿脓杆菌(ATCC 15442 或 ATCC 9027)、肺炎克雷伯氏菌(ATCC 4352)]、特殊菌种:MRSA(ATCC33591)	大肠杆菌、金黄色葡萄球菌、沙门氏菌,24 小时对比。可以参考 GZHL1709043515OT-1 报告	每个测试菌:5cm×5cm×6 片样品,高度不超过 1cm,测试面要平整;需要将涂料覆盖整个木板,否则,测试结果会不平行(塑料或其他无孔材料表面)
附着力	ISO 2409:2013	一级	70mm×150mm,3 块
边角覆盖率	GB/T 6554—2003	>70%	80%
涂层气孔率(均匀性试验)	GB/T 6554—2003	电极上未见火花和产生光、声信号指示	电极上未见火花和产生光、声信号指示

二、满足客户的质量要求

MDF 粉末喷涂（即干膜）的最终质量水平是由客户决定的。喷涂粉末涂料的 MDF 在不同应用领域（如电视机柜、显示器、浴室家具或橱柜门等）的质量要求是有很大差异的。在确定使用何种粉末涂料、何种等级的 MDF 以及喷涂线设计前必须充分了解客户的应用领域及具体的质量要求。

对于高质量的 MDF 粉末喷涂要求来说，我们应当使用最具活性的高性能粉末涂料，选用非常好的 MDF 板材和固化工艺条件，控制精准的烘烤炉参数才能完成这项涂装作业。

MDF 粉末喷涂最容易出现的问题是喷涂后 MDF 边缘的涂膜易开裂，导致开裂的因素很多，如：粉末涂料本身的质量、MDF 的质量、喷涂线设计的合理性、烘烤炉及其参数设定的合理性等。多年来，通过 MDF 制造厂家、喷涂设备供应商、红外炉供应商、粉末涂料制造企业通力合作，解决了相关质量问题，使 MDF 粉末喷涂的质量达到并稳定在一个较高的水平。

第七节　木用粉末涂料涂装线的组建要点

一、喷涂线

木用粉末涂料的静电涂装有以下几个特点：

（1）填充和平整处理　木材基体表面有时需要填充封闭剂，表面需要平整处理。

（2）特殊处理　木材基体表面需要经过特殊的处理才能获得良好的导电性，使之能与金属材料一样，快速吸附带电粉末。

（3）熔融流平固化　木材表面的粉末涂层必须在较低的温度下均匀熔融流平固化。

MDF 经砂磨后提高了表面的平整度。清理工序是通过真空吸尘将积聚于表面的粉尘清理干净。预热工序的作用其一是除去木材所含的多余水分，使其含水率控制在4%～8%范围内。如含水率太高会使板材变形、板的边缘裂开，进一步导致MDF边缘的涂膜开裂；但含水率太低，粉末静电喷涂时又不上粉。其二是让受热木材内部的水分向表面迁移，以增强木材表面的静电吸粉能力。

粉末喷涂流程如下：

基材前处理→打磨基材→粉尘清理→板边填充封边粉（IR固化）→打磨→板边用UV腻子封面→UV固化→预热，将含水率调整至4%～8%及“出汗”→整板进行静电喷粉（同时回收过喷粉）→IR加热熔融、流平→IR或UV低温固化。

二、工艺综合因素

（1）板材级别　板材用E1或E0等密度高的级别。

（2）加导电板　粉房内加导电板类，防止边缘喷涂不均匀。

（3）含水率　MDF含水率在8%～12%最好。

（4）MDF预热温度　MDF预热温度在80℃左右。

（5）预热段温度　喷粉后进固化炉预热段的温度为160℃（各家粉末要求温度有所区别），预热段温控尽量均匀，可以带热风循环，循环风速为0.1～0.2m/s，既保持空气温度均匀，又不会吹落粉末。

（6）恒温段温度　固化炉恒温段温度要严格控制，红外板横向温度可控，同时内部有红外散发的余热循环风，风速≥0.3m/s，没有循环风温度很难均匀。

（7）温控　炉内要有温控探头，空气温度超过粉末固化温度时，要立即开启变频抽风机抽风降温，使炉内空气保持在要求的固化温度范围内。

（8）红外板操作　最好每块红外板开关都可以在触摸屏上操作，并且每块红外板的温度可以在触摸屏上实时显示。

（9）红外板位置　炉内红外板的位置应尽量错开，均匀布置。

三、喷涂粉末涂料的回收

粉末涂料静电喷涂时，一次上粉率一般为70%～85%，有15%～30%的过喷粉未能吸附到工件上需要被回收利用。

粉末回收装置的种类较多，在生产应用中效果较好的有下面几种：旋风布袋二级回收器、滤袋式回收器、无管道式回收器、脉冲滤芯式回收装置及列管式小旋风回收器等。

脉冲滤芯式回收装置结构简单、使用方便，在国内涂装厂家中被广泛使用。回收装置应选用导电材料制作，袋滤器应选择不易产生静电的材料，宜选用掺有导电纤维的织物材料；过滤式回收装置应采用有效的清粉装置，不宜采用易积聚粉末的折叠式结构。

需要强调的是应从安全与卫生两方面计算和核算喷粉室的排风量，以确保有足够的回收排风量，风机的排风量还应附加10%～15%系统漏风量，要定期校核排风量，排风量下降时必须停止作业检修。喷粉室做好粉末回收与通风工作，能够很好地预防和杜绝涂装中火灾事故的发生。

四、挂具表面涂层的清理

粉末涂装施工中，挂具表面粉末涂层的积聚，会影响工件的接地效果、降低粉末上粉率，需要及时清理。常见的清理方法有脱塑、灼烧或燃烧炉处理。

脱塑一般是使用脱塑剂对挂具带塑部分进行浸泡，涂层溶胀后脱落，脱塑剂主要成分为易燃、易挥发的有机溶剂类，不仅清理成本高、存在安全隐患，还对环境造成显著污染。

灼烧是涂装厂常用的方法，方便快捷、成本低廉，涂层烧除后，挂具表面再喷砂处理即光洁如新。该法实用易行，但简单持续的燃烧处理会对环境造成明显的危害，粉末涂层燃烧释放出大量的 CO_2、CO、乙醛、卤化物和其他多种有害物质，这些燃烧产物如被人体吸收会严重影响身体健康，排放到空气中也严重损害了环境。

为安全、环保、简便快速地清除挂具表面的涂层，无锡一些环保设备厂家制作了一种专用于涂装企业进行挂具表面涂层清理的燃烧炉设施，对涂层燃烧产生的烟气进行 2 次燃烧，从根本上清除了其中的各种有害物质，达到快速清理而又对环境友好的效果，受到广大涂装用户的欢迎。

五、粉末涂料涂装生产中的旧涂层处理

放置时间较短（清洁环境，3 个月内）的粉末涂料旧涂层，如有特殊需要，也可以再喷涂。如表面涂层结构稳固、洁净，则重喷后的涂层间结合会紧密牢固，能达到质量要求。放置时间较长（清洁环境，3 个月以上）的涂层如需再喷，其表面附着的灰尘必须被清洁处理后才能上线涂装，以保证新旧涂层间的附着力。

六、粉末涂料涂装中应注意的其他安全事项

应及时清理作业区地面、设备、管道、墙壁上沉积的粉末，以防止形成悬浮状粉气混合物；必须每天及时清理喷粉室内积粉，积粉清理，宜采用吸尘器吸取、吸净，只采用简单吹扫的清理方式要被严禁；要及时清理烘干固化室加热元件表面的积粉，以防止粉末裂解、气化导致燃烧；进入烘干室的工件应避免撞击、振动、强气流冲刷；为保证烘干室内的可燃性气体实际浓度不超过爆炸极限的 25%，按工件上粉末的质量算，每 1kg 粉应往室内送入 10cm^3 的新鲜空气。另外，操作人员应定期进行身体检查，患有呼吸道疾病的人不允许当喷粉操作工。

第八节　粉末涂料包装、贮存及运输的安全管理

一、粉末涂料的成品包装

粉末涂料颗粒的 D_{50} 一般在 25～35μm，粉末涂料的平均软化点低于 120℃，玻璃化转变温度（T_g）一般在 60℃左右，常温下粉末涂料容易受潮结块、影响使用。目前粉末涂料一般都采用内衬塑料袋封口、外用硬质纸箱的方式包装，国家标准则禁止用易产生静电的材料包装粉末涂料。

受环境温度、连续生产量、粒度粗细控制及材料配比等因素的影响，正常磨出的粉体温度一般高于室内温度10～20℃，如果立即装袋封包，粉末会迅速结块影响使用。一般厂家采用家用柜式空调或者工业空调做成冷冻装置，将清洁的冷风（18～20℃或10～15℃）吹入磨膛中，这样磨出的粉末温度可低于环境温度，能立即入袋封装，既加快了生产效率，又显著提高了产品质量；大型厂家则采用工业冷冻系统，将冷风（4℃左右）供给磨料系统，保证产品一年四季高品质稳定生产。

二、粉末涂料的贮存

粉末涂料为固态粉末状颗粒，无挥发性气味，对人体皮肤无明显的刺激性和腐蚀性，虽属可燃性物质（个别阻燃、防火品种除外），但不具备爆燃的性能，粉末外泄时也不会形成对环境的污染，可以将清洁的粉末收回再密封包装，其余不洁部分可以过筛后使用或作回收粉回收利用。

粉末涂料贮存要远离热源，避免日光直射，避开电磁场，贮存于30℃以下及干燥环境中，还要避免重压、雨淋及抛摔，粉末涂料不属于危险品，其他贮存条件可以按一般化学品的要求选择。

三、粉末涂料的运输

虽然粉末涂料不属于危险品，但我们在长途运输时发现，一直有运输管理部门要求运输司机出示相关的运输许可证或要求企业到公安消防部门开具非危险化学品运输许可证明。为保证运输中产品质量安全和运输顺利，粉末涂料厂家应该及时办理产品公路运输许可证一类的材料。

四、粉末涂料涂装生产中的废、旧及回收粉末的处理

对粉末涂料的不合格品，以前一些厂家采用抛洒、掩埋或烧毁处理，不仅造成环境污染也带来经济损失，后来逐渐认识到这些材料可以通过降级用于内在质量要求较低或皱纹类表面效果要求不高的产品中去，且处理方法简单，可以直接使用或掺混使用。

对于积压过期或不能直接喷涂使用的旧粉以及回收的超细粉，更可以再利用。目前甚至有一些粉末涂料厂家专门回收这些材料加工成粉末涂料，再到市场上低价销售，但只能用于一些低档次要求的涂装加工。

废、旧及回收粉末的处理工艺为：检测、分拣、混合、过筛、称料、预混、挤出、破碎、磨粉、包装。使用的挤出设备一般选择双螺杆挤出机，它采用自然喂料方式，不存在堵塞问题，而且下料平稳、混合充分，特别适用于超细粉末的处理。

五、粉末涂料喷涂的防火防爆

国家有关的涂装安全标准将粉末涂装的喷粉区防火防爆等级进行了如下标定：

喷粉区按火灾危险区域划为22区，喷粉区火灾危险性分类为乙类；

喷粉区按爆炸性粉尘环境危险区域划为11区。

标准还对粉末静电喷涂工艺设计、工程设计的安全性，喷粉室安全卫生指标以及喷粉作业区的设置作了细致的要求。为做好喷粉室的防火防爆工作，要求喷粉区外10m范围

内除了工件外，不准有其他易燃物质进入；进入喷粉室的工件表面温度必须低于粉气混合物引燃温度的 2/3，或较所用粉末自燃温度低 28℃。喷粉区内各种设施都应符合防火防爆规定：地面应采用非燃或难燃的静电导体或亚导体材料敷设，喷粉区内电气设备应采用防爆、防尘型电气设备，喷粉区内所有导体都应可靠接地，另外喷粉室内的静电喷涂器（枪）之电极与工件、室壁、导流板、挂具以及运载装置等间距宜不小于 250mm。工件之间也应有足够大的距离，不得相互撞击等。

六、总结

粉末涂料一直被认为是环保、节能、高效的 4E 型涂料新产品，几十年来也获得了异常迅猛的发展，已深入到人们生活的方方面面，为人类生活质量的改善与提高提供了有益的帮助。但粉末涂料产品中也确实含有一些对人体和环境有害的成分，在其生产、储运、使用及废弃处置等过程中也存在众多的安全隐患，需要引起粉末涂料从业者们的认真对待。中国现已成为世界上粉末涂料生产、应用以及相关产品出口的第一大国，我们更要做好木用粉末涂料的安全管理工作，为我国粉末涂料事业的持续发展作贡献。

（涂清华　邓益军）

第八章

木用涂料主要性能指标及检测

第一节　木用涂料检测的目的和意义

木用涂料只是一种工业半成品，必须把它施工于木质基材并成膜之后，由最终的涂装效果及涂膜性能来体现其使用价值。随着经济的不断发展，国家和社会对环境保护的要求越来越高，因此涂料产品除了满足物化性能要求外还需满足相应的有害物质限量要求。涂料产品的质量检测一般分为性能检测和有害物质检测两大部分，而性能检测又分为三个方面：涂料液态性能检测、涂料施工质量检测和漆膜性能检测。

通过对涂料产品的质量检测，可以正确地了解涂料产品的质量状况和控制产品的质量。但涂料产品的质量并不是检测出来的，涂料产品的质量是生产出来的，更是产品研发设计出来的，所以要想提高产品质量必须先从产品设计着手，有了高质量的产品配方，再严格控制原材料的进货质量，严格执行生产工艺，才会生产出好质量的产品。

虽然产品质量不是检测出来的，但通过检测可以了解产品质量，帮助优化产品配方设计，优化生产工艺，确保出厂的产品质量的一致性，并且可以将产品质量控制到客户需要的范围，让客户满意，所以，质量检测是相当重要的。

第二节　木用涂料质量检测和控制的内容及相关的检测方法

如前所说，根据木用涂料及其应用领域的特性，木用涂料的质量控制主要分为性能控制和有害物质限量控制，性能控制又分为液态性能、施工性能和涂膜性能控制。

一、木用涂料液态性能检测和控制的内容及相关检测方法

木用涂料液态性能检测项目：原漆外观或在容器中状态（包括原漆是否有结皮、浮色、分层、增稠、沉淀、结块、腐败、胶化等内容）、颜色、透明度、黏度、细度、清洁度、密度、固含量、遮盖力、酸值、白化性、胶凝指数、色泽、NCO 含量、贮存稳定性、水分、杀菌剂保留率、细菌培养等项目。

木用涂料液态性能的检测方法和标准见表 8-1。

表 8-1　木用涂料液态性能的检测方法和标准

检测项目	方法标准	主要仪器设备
原漆外观/在容器中状态	目测	
	GB/T 1721—2008《清漆、清油及稀释剂外观和透明度测定法》	比色管
颜色	目测	
	GB/T 1722—1992《清漆、清油及稀释剂颜色测定法》	铁钴比色计、罗维朋比色计
	GB/T 9281.1—2008《透明液体　加氏颜色等级评定　第1部分：目视法》	C光源加氏比色计
	GB/T 9282.1—2008《透明液体　以铂-钴等级评定颜色　第1部分：目视法》	铂-钴颜色标准、比色计、分光光度计
透明度	GB/T 1721—2008《清漆、清油及稀释剂外观和透明度测定法》	分光光度计、比色管、分析天平
黏度	GB/T 1723—1993《涂料黏度测定法》	温度计、秒表、涂-1#黏度计、涂-4#黏度计
	GB/T 9751.1—2008《色漆和清漆　用旋转黏度计测定黏度　第1部分　以高剪切速率操作的锥板黏度计》	锥板黏度计、温度计
	GB/T 6753.4—1998《色漆和清漆　用流出杯测定流出时间》	流出杯、温度计、秒表
	GB/T 9269—2009《涂料黏度的测定　斯托默黏度计法》	斯托默黏度计、温度计、秒表
	GB/T 2794—2022《胶黏剂黏度的测定》	单圆筒旋转黏度计、温度计
稠度	GB/T 1749—1979《厚漆、腻子稠度测定法》	砝码、秒表
细度	GB/T 1724—2019《色漆、清漆和印刷油墨　研磨细度的测定》	刮板细度计
清洁度	ASTM D1210—2014《用海格曼细度计测定颜料载体体系分散细度的标准试验方法》	海格曼细度计
密度	GB/T 6750—2007《色漆和清漆　密度的测定　比重瓶法》	比重杯、分析天平、温度计
	GB/T 21862.5—2008《色漆和清漆　密度的测定　第5部分：比重计法》	比重计、温度计
固含量	GB/T 1725—2007《色漆、清漆和塑料　不挥发物含量的测定》	烘箱、分析天平
	GB/T 33374—2016《紫外光固化涂料　挥发物含量的测定》	烘箱、分析天平、紫外光固化设备
遮盖力	GB/T 13452.3—1992《色漆和清漆　遮盖力的测定　第一部分：适于白色和浅色漆的 Kubelka-Munk 法》	反射率测定仪
	GB/T 1726《涂料遮盖力测定法》	黑白格玻璃板、分析天平
	GB/T 23981.1—2019《色漆和清漆　遮盖力的测定　第1部分：白色和浅色漆对比率的测定》	反射计或分光光度计、分析天平
酸值	GB/T 6743—2008《塑料用聚酯树脂、色漆和清漆用漆基部分酸值和总酸值的测定》	电位滴定仪、分析天平、移液管
白化性	HG/T 3859—2006《稀释剂、防潮剂白化性测定法》	涂-4#黏度计、喷涂设备
胶凝指数	HG/T 3861—2006《稀释剂、防潮剂胶凝数测定法》	烘箱、分析天平、滴定管

续表

检测项目	方法标准	主要仪器设备
色泽	GB/T 9281.1—2008《透明液体　加氏颜色等级评定颜色　第1部分:目视法》	C光源加氏比色计
	GB/T 9282.1—2008《透明液体　以铂-钴等级评定颜色　第1部分:目视法》	铂-钴颜色标准管
NCO含量	HG/T 2409—1992《聚氨酯预聚体中异氰酸酯基含量的测定》	分析电平、酸式滴定管或电位滴定仪
贮存稳定性	GB/T 6753.3—1986《涂料贮存稳定性试验方法》	烘箱、分析天平、温度计、秒表、黏度计
	GB/T 33327—2016《紫外光固化涂料贮存稳定性的评定》	烘箱、秒表、黏度计、天平
水分	HG/T 3858—2006《稀释剂、防潮剂水分测定法》	气相色谱仪、分析天平
杀菌剂含量	GB/T 37363.1—2019《涂料中生物杀伤剂含量的测定　第1部分:异噻唑啉酮含量的测定》	分析天平、液-质联用仪、高速离心机、超声波提取仪
	GB/T 37363.2—2019《涂料中生物杀伤剂含量的测定　第2部分　敌草隆含量的测定》	液相色谱-质谱联用仪、超声波提取仪、高速离心机、分析天平
细菌培养	GB/T 30792—2014《罐内水性涂料抗微生物侵染的试验方法》	《生化培养箱、Ⅱ级生物安全柜、分析天平、冰箱、高压灭菌锅、pH计或pH试纸》

二、施工性能检测和控制的内容及相关检测方法

木用涂料的施工性能通常包括：涂刷性、适用期、流平性、防流挂性、重涂性、干燥时间（包括：表干时间、实干时间、全干时间、可打磨时间等）、固化速度、使用量等项目。

木用涂料施工性能的检测方法和标准见表8-2。

表8-2　木用涂料施工性能的检测方法和标准

检测项目	方法标准	主要仪器设备
涂刷性	GB/T 6753.6—1986《涂料产品的大面积刷涂试验》	刷子
适用期	GB/T 31416—2015《色漆和清漆　多组分涂料体系适用期的测定　样品制备和状态调节及试验指南》	状态调节箱、温度计、黏度计、光泽计、附着力测定仪
流平性	GB/T 1750《涂料流平性测定法》	喷涂设备、刷子、秒表
防流挂性	GB/T 9264—2012《色漆和清漆　抗流挂性评定》	带刻度的流挂涂布器、喷涂装置、湿膜厚度测定仪
重涂性	GB/T 34681—2017《色漆和清漆　涂料配套性和再涂性的测定》	划格器、光泽仪等涂膜性能检测仪器
干燥时间	GB/T 1728—2020《漆膜、腻子膜干燥时间测定法》	天平、秒表、烘箱、干燥试验器
	GB/T 37362.1—2019《色漆和清漆　干燥试验　第1部分　完全干燥状态和完全干燥时间的测定》	完全干燥时间测定仪、秒表、测厚仪

续表

检测项目	方法标准	主要仪器设备
干燥时间	GB/T 6753.2—1986《涂料表面干燥试验 小玻璃球法》	秒表、小玻璃球
	ISO 9117—4《色漆和清漆 干燥试验 第四部分 使用记录仪测定法》	直线式干燥时间记录仪

三、涂膜性能检测和控制的内容及相关检测方法

木用涂料的涂膜性能检测项目：漆膜外观，包括漆膜是否有起泡、针孔、缩孔、颗粒、橘皮、起皱、开裂、缩边、阴阳面等现象，还有颜色、光泽、回黏性、抗粘连性、附着力、划格试验、硬度、打磨性、耐冲击性、耐磨性、耐划伤性、耐擦伤性、弯曲试验和耐液体介质（一般包括醇、水、酸、碱、茶、醋及其它污染物），还有耐热性、耐干热性、耐湿热性、耐黄变性和耐温变性（如冷热循环试验）等项目。

涂膜性能检测方法和标准见表 8-3。

表 8-3 涂膜性能检测方法和标准

检测项目	方法和标准	主要仪器设备
状态调节	GB/T 9278—2008《涂料试样状态调节和试验的温湿度》	调温调湿装置、温度计、湿度计
漆膜厚度	GB/T 13452.2—2008《色漆和清漆 漆膜厚度的测定》	梳规、轮规、千分表、分析天平、测微计、深度测微计、表面轮廓仪、测量显微镜、表面轮廓扫描仪、磁吸力脱离测试仪、磁通量测试仪、诱导磁性测试仪、涡流测试仪、β反散射仪、超声波测厚仪
	GB/T 37361—2019《漆膜厚度的测定 超声波测厚仪法》	超声波测厚仪
漆膜外观	目测	
颜色	GB/T 11186.2—1989《涂膜颜色的测量方法 第二部分：颜色测量》	色差仪
	GB/T 11186.3—1989《涂膜颜色的测量方法 第三部分：色差计算》	
	GB/T 9761—2008《色漆和清漆 色漆的目视比色》	辨色力正常的眼睛，比色箱
光泽	GB/T 9754—2007《色漆和清漆 不含金属颜料的色漆漆膜 20°、60°和 85°镜面光泽的测定》	光泽仪
回黏性	GB/T 1762—1980《漆膜回黏性测定法》	调温调湿箱、回黏性测定器
抗粘连性	GB/T 23982—2009《木器涂料抗粘连性测定法》	烘箱、砝码
附着力	GB/T 1720—2020《漆膜划圈试验》	划圈法附着力测定仪
	GB/T 5210—2006《色漆和清漆 拉开法附着力试验》	拉开法附着力测定仪
	GB/T 9286—2021《色漆和清漆 划格试验》	漆膜划格器
	GB/T 4893.4—2013《家具表面漆膜理化性能试验 第 4 部分：附着力交叉切割测定法》	漆膜划格器

续表

检测项目	方法和标准	主要仪器设备
划格试验	GB/T 9286—2021《色漆和清漆　划格试验》	漆膜划格器
硬度	GB/T 6739—2022《色漆和清漆　铅笔法测定漆膜硬度》	铅笔硬度计
	GB/T 1730—2007《色漆和清漆　摆杆阻尼试验》	摆杆阻尼试验仪
打磨性	GB/T 1770—2008《涂膜、腻子膜打磨性测定法》	打磨性测定仪
耐冲击性	GB/T 1732—2020《漆膜耐冲击测定法》	冲击试验器
	GB/T 20624.1—2006《色漆和清漆　快速变形(耐冲击性)试验　第1部分:落锤试验(大面积冲头)》	落锤仪、放大镜、针孔探测仪
	GB/T 20624.2—2006《色漆和清漆　快速变形(耐冲击性)试验　第2部分:落锤试验(小面积冲头)》	冲击试验器、放大镜、针孔探测仪
	GB/T 4893.9—2013《家具表面漆膜理化性能试验　第9部分:抗冲击测定法》	冲击试验器
耐磨性	GB/T 1768—2006《色漆和清漆　耐磨性的测定　旋转橡胶砂轮法》	漆膜磨耗仪、分析天平
	GB/T 4893.8—2013《家具表面漆膜理化性能试验　第8部分:耐磨性测定法》	漆膜磨耗仪
	GB/T 23988—2009《涂料耐磨性测定　落砂法》	落砂耐磨装置
耐划伤性	GB/T 9279.1—2015《色漆和清漆　耐划痕性的测定　第1部分:负荷恒定法》	划痕仪、4倍放大镜
	GB/T 9279.2—2015《色漆和清漆　耐划痕性的测定　第2部分:负荷改变法》	划痕仪、100倍显微镜
耐擦伤性	GB/T 31591—2015《色漆和清漆　耐擦伤性的测定》	耐擦伤性测定仪、显微镜
弯曲试验/柔韧性	GB/T 1731—2020《漆膜、腻子膜柔韧性测定法》	柔韧性测定仪
	GB/T 6742—2007《色漆和清漆　弯曲试验(圆柱轴)》	弯曲试验仪
耐液体介质	GB/T 9274—1988《色漆和清漆　耐液体介质的测定》	测厚仪、温度计
	GB 5209—1985《色漆和清漆　耐水性的测定　浸水法》	恒温水槽、电导率仪、温度计
	GB/T 30648.1—2014《色漆和清漆　耐液体性的测定　第1部分:浸入除水以外的液体中》	液槽、恒温加热箱
	GB/T 30648.2—2015《色漆和清漆　耐液体性的测定　第2部分:浸水法》	恒温水槽、温度计
	GB/T 30648.3—2015《色漆和清漆　耐液体性的测定　第3部分:利用吸收介质的方法》	能恒温的加热箱
	GB/T 30648.4—2015《色漆和清漆　耐液体性的测定　第4部分:点滴法》	移液管、滴定管、培养皿
	GB/T 30648.5—2015《色漆和清漆　耐液体性的测定　第5部分:采用具有温度梯度的烘箱法》	具有温度梯度的烘箱、移液管
	GB/T 4893.1—2021《家具表面漆膜理化性能试验　第1部分:耐冷液测定法》	漫射光源、直射光源

续表

检测项目	方法和标准	主要仪器设备
耐热性	GB/T 1735—2009《色漆和清漆　耐热性的测定》	鼓风烘箱、测厚仪
耐干热性	GB/T 4893.3—2020《家具表面漆膜理化性能试验　第 3 部分：耐干热测定法》	温度计、热源(铝合金块)、烘箱、漫射光源、直射光源
耐湿热性	GB/T 13893.2—2019《色漆和清漆　耐湿性的测定　第 2 部分：冷凝(在带有加热水槽的试验箱内暴露)》	循环冷凝试验箱
	GB/T 1740—2007《漆膜耐湿热测定法》	调温调湿箱、测厚仪
	GB/T 4893.2—2020《家具表面漆膜理化性能试验　第 2 部分：耐湿热测定法》	温度计、热源(铝合金块)、烘箱、漫射光源、直射光源
耐黄变性	GB/T 23983—2009《木器涂料耐黄变性测定法》	带有 UVA340 灯管的荧光紫外老化试验箱、色差仪
耐老化性	GB/T 23983—2009《木器涂料耐黄变性测定法》	带有 UVA340 灯管的荧光紫外老化试验箱、色差仪
	GB/T 1865—2009《色漆和清漆　人工气候老化和人工辐射暴露滤过的氙弧辐射》	氙灯老化试验箱、辐射量测定仪
	GB/T 1766—2008《色漆和清漆　涂层老化的评级方法》	光泽仪、色差仪、10 倍放大镜
耐温变性	GB/T 4893.7—2013《家具表面漆膜理化性能试验　第 7 部分：耐冷热温差测定法》	冷热冲击试验箱
漆膜抗菌性	GB/T 21866—2008《抗菌涂料(漆膜)抗菌性测定法和抗菌效果》	恒温恒湿培养箱、冷藏箱、超净工作台、压力蒸汽灭菌锅、电热干燥箱、分析天平
	GB/T 1741—2020《漆膜耐霉菌性测定法》	恒温恒湿培养箱、湿度计、冷藏箱、超净工作台、压力蒸汽灭菌锅、霉菌孢子液喷雾箱、分析天平

四、有害物质限量检测和控制的内容及相关检测方法

木用涂料含有害物质的限量的检测项目包括：挥发性有机化合物（VOC）含量，苯含量，甲苯、二甲苯和乙苯含量总和，甲醇含量，游离异氰酸酯含量，卤代烃含量，游离甲醛含量，乙二醇醚及其酯类含量，总铅含量，可溶性重金属含量（铅、镉、铬、汞、砷、锑、钡、硒），苯系物总和含量，多环芳烃总和含量，邻苯二甲酸酯总和含量，烷基酚聚氧乙烯醚总和含量等项目。木用涂料含有害物质的限量的检测项目和检测方法见表 8-4。

表 8-4　木用涂料含有害物质的限量的检测项目和检测方法

检测项目	检测方法	主要仪器设备
挥发性有机化合物(VOC)含量	GB/T 23985—2009《色漆和清漆　挥发性有机化合物(VOC)含量的测定　差值法》	分析天平、比重杯、烘箱、卡氏水分仪或气相色谱仪(配 TCD 检测器)

续表

检测项目	检测方法	主要仪器设备
挥发性有机化合物(VOC)含量	GB/T 23986—2009《色漆和清漆　挥发性有机化合物(VOC)含量的测定　气相色谱法》	气相色谱仪(配 FID 检测器)、比重杯、分析天平、卡氏水分仪或气相色谱仪(配 TCD 检测器)
	GB/T 34675—2017《辐射固化涂料中挥发性有机化合物(VOC)含量的测定》	分析天平、烘箱、辐射固化设备、比重杯、气相色谱仪(配 TCD 检测器)或卡氏水分仪
	GB/T 34682—2017《含有活性稀释剂的涂料中挥发性有机化合物(VOC)含量的测定》	分析天平、烘箱、比重杯、气相色谱仪(配 TCD 检测器)或卡氏水分仪
苯含量	GB/T 23990—2009《涂料中苯、甲苯、乙苯和二甲苯含量的测定　气相色谱法》	气相色谱仪(配 FID 检测器)、分析天平
甲苯、二甲苯和乙苯含量总和		
苯系物总和含量		
甲醇含量	GB/T 23986—2009《色漆和清漆　挥发性有机化合物(VOC)含量的测定　气相色谱法》	气相色谱仪(配 FID 检测器)、分析天平
乙二醇醚及其酯类含量		
游离异氰酸酯含量	GB/T 18446—2009《色漆和清漆用漆基　异氰酸酯树脂中二异氰酸酯单体的测定》	气相色谱仪(配 FID 检测器)、分析天平
卤代烃含量	GB/T 23992—2009《涂料中氯代烃含量的测定　气相色谱法》	气相色谱仪(配 ECD 检测器或质谱仪或红外光谱仪)、分析天平
甲醛含量	GB/T 23993—2009《水性涂料中甲醛含量的测定　乙酰丙酮分光光度法》	分析天平、紫外可见分光光度计、蒸馏装置
	GB/T 34683—2017《水性涂料中甲醛含量的测定　高效液相色谱法》	高效液相色谱仪、分析天平
总铅含量	GB/T 30647—2014《涂料中有害元素总含量的测定》	原子吸收光谱仪或电感耦合等离子体原子发射光谱仪、马弗炉、烘箱、分析天平
可溶性重金属含量(铅、镉、铬、汞、砷、锑、钡、硒)	GB/T 23991—2009《涂料中可溶性有害元素含量的测定》	原子吸收光谱仪或电感耦合等离子体原子发射光谱仪、不锈钢金属筛、分析天平、加热搅拌装置、酸度计、粉碎设备
多环芳烃总和含量	GB/T 36488—2018《涂料中多环芳烃的测定》	气-质联用仪、分析天平、超声波发生器、离心机
邻苯二甲酸酯总和含量	GB/T 30646—2014《涂料中邻苯二甲酸酯含量的测定　气相色谱/质谱联用法》	气相色谱-质谱联用仪、分析天平
烷基酚聚氧乙烯醚总和含量	GB/T 31414—2015《水性涂料　表面活性剂的测定　烷基酚聚氧乙烯醚》	高效液相色谱仪

第三节　有关木用涂料理化性能的国家标准和行业标准

随着木用涂料的不断发展，其品种不断增加，应用范围不断扩大，市场上木用涂料产品的品质也参差不齐，为了更好地引导该类产品的良性发展，提升木用涂料的整体质量水平，涂料行业的专家们制定或修订了木用涂料的相关国家标准和行业标准。最具代表性的标准有：GB/T 23997—2009《室内装饰装修用溶剂型聚氨酯木器涂料》、GB/T 23998—2009《室内装饰装修用溶剂型硝基木器涂料》、GB/T 25271—2010《硝基涂料》、GB/T 25272—2010《硝基涂料防潮剂》、GB/T 23999—2009《室内装饰装修用水性木器涂料》、GB/T 33394—2016《儿童房装饰用水性木器涂料》、GB/T 23995—2009《室内装饰装修用溶剂型醇酸木器涂料》、GB/T 27811—2011《室内装饰装修用天然树脂木器涂料》、HG/T 2454—2014《溶剂型聚氨酯涂料（双组分）》、HG/T 2240—2012《潮（湿）气固化聚氨酯涂料（单组分）》、HG/T 3655—2012《紫外光（UV）固化木器涂料》和 HG/T 5183—2017《水性紫外光（UV）固化木器涂料》、LY/T 1740—2008《木器用不饱和聚酯漆》、HG/T 3950—2007《抗菌涂料》。

一、溶剂型聚氨酯木用涂料理化性能标准

溶剂型聚氨酯木用涂料理化性能和标准见表 8-5。

表 8-5　溶剂型聚氨酯木用涂料理化性能和标准

标准名称		GB/T 23997—2009《室内装饰装修用溶剂型聚氨酯木器涂料》			HG/T 2240—2012《潮(湿)气固化聚氨酯涂料(单组分)》	
发布、实施日期		2009 年 6 月 2 日发布，2010 年 2 月 1 日实施			2012 年 11 月 7 日发布，2013 年 3 月 1 日实施	
适用范围		适用于以含反应性官能团的聚酯树脂、醇酸树脂、丙烯酸树脂等为主要成膜物，以多异氰酸酯为固化剂的双组分常温固化型室内用木器涂料			适用于由 NCO 封端的多异氰酸酯预聚物、溶剂、助剂等制成的潮(湿)气固化涂料，该涂料主要用于木质、金属表面等的保护及装饰	
项目		家具厂和装修用面漆	地板用面漆	通用底漆	地板用	家具厂和装修用
在容器中状态		搅拌后均匀无硬块			搅拌混合后无硬块，呈均匀状态	
颜色(Fe-Co)(仅限清漆)/号		—			≤2	
施工性		施涂无障碍			—	
遮盖率(色漆)		商定	—		—	
干燥时间	表干/h	1			1	
	实干/h	24			24	
漆膜外观		正常		—	正常	
贮存稳定性(50℃，7d)		无异常			—	
打磨性		—		易打磨	—	
光泽(60°)		商定		—	商定	

续表

项目	家具厂和装修用面漆	地板用面漆	通用底漆	地板用	家具厂和装修用
铅笔硬度(擦伤) ≥	B	F	—	HB	B
附着力(划格间距2mm)/级 ≤	1			1	
耐干热性[(90±2)℃,15min]/级 ≤	2		—	2	
耐磨性(750g/500r)/g ≤	0.050	0.040	—	0.010	0.050
耐冲击性	—	漆膜无脱落、无开裂	—	漆膜无脱落、无开裂	—
耐水性(24h)	无异常		—	无异常	
耐碱性(2h)	无异常		—	无异常	
耐醇性(8h)	无异常		—	无异常	
耐污染性(1h) 醋	无异常		—	无异常	
耐污染性(1h) 茶	无异常		—	无异常	
耐黄变性①(168h)ΔE 清漆 一级	≤3.0			—	
耐黄变性①(168h)ΔE 清漆 二级	3.1～6.0			—	
耐黄变性①(168h)ΔE 色漆	≤3.0			—	

① 该项目仅限于标称具有耐黄变等类似功能的产品。

二、水性木用涂料理化性能标准

水性木用涂料理化性能和标准见表 8-6。

表 8-6 水性木用涂料理化性能和标准

标准名称	GB/T 23999—2009《室内装饰装修用水性木器涂料》				GB/T 33394—2016《儿童房装饰用水性木器涂料》			
发布、实施日期	2009 年 6 月 2 日发布,2010 年 2 月 1 日实施				2016 年 12 月 30 日发布,2017 年 7 月 1 日实施			
适用范围	聚氨酯类、丙烯酸酯类、丙烯酸-聚氨酯类以及其他类型的常温干燥型单组分或双组分水性木器涂料				常温干燥型单组分或双组分儿童房装饰用水性木器涂料,产品主要用于儿童房木质装修材料表面和木质家具表面的装饰和保护			
项目	地板用面漆	家具用面漆	装修用面漆	底漆和中涂漆	地板用面漆	家具用面漆	装修用面漆	底漆和中涂漆
在容器中状态	搅拌后均匀无硬块				搅拌后均匀无硬块			
细度/μm ≤	35	清漆和透明色漆:35;色漆:40		60	35	清漆和透明色漆:35;色漆:40		60
不挥发物/% ≥	30			清漆和透明色漆:25;色漆:40	30			清漆和透明色漆:25;色漆:40

续表

项目		地板用面漆	家具用面漆	装修用面漆	底漆和中涂漆	地板用面漆	家具用面漆	装修用面漆	底漆和中涂漆
干燥时间	表干/h	单组分:30;双组分:60				单组分:30;双组分:60			
	实干/h	单组分:6;双组分:24				单组分:6;双组分:24			
贮存稳定性[(50±2)℃,7d]		无异常				无异常			
耐冻融性①		不变质				三次循环不变质			
漆膜外观		正常			—	正常			—
光泽(60°)		商定			—	商定			—
打磨性②		—			易打磨	—			易打磨
硬度(擦伤) ≥		B			—	B			—
附着力(划格间距2mm)/级 ≤		1				1			
耐冲击性		涂膜无脱落、无开裂	—			涂膜无脱落、无开裂	—		
抗粘连性[500g,(50±2)℃/4h]		MM:A-0;MB:A-0		—		MM:A-0;MB:A-0		—	
耐磨性(750g/500r)/g ≤		0.030	—			0.030	—		
耐划伤性(100g)		未划伤		—		未划伤		—	
耐水性(24h)		无异常			—	无异常			—
耐沸水性(15min)		无异常			—	无异常			—
耐碱性(50g/L $NaHCO_3$,1h)		无异常			—	无异常			—
耐醇性(50%,1h)		无异常			—	无异常			—
耐污染性	醋(1h)	无异常			—	无异常			—
	绿茶(1h)	无异常			—	无异常			—
	汗渍③(2h)	—				通过			—
	唾沫③(2h)	—				通过			—
耐干热性[(70±2)℃,15min]/级		2			—	2			—
耐黄变性④(168h)ΔE		≤3.0				≤3.0			
防涂鸦性	黑色墨水/级	—				3			—
	蓝色白板笔/级	—				3			—
	红色水彩笔/级	—				3			—
	绿色水彩笔/级	—				3			—
	紫色水彩笔/级	—				3			—

① 用于工厂涂装且对此项无要求的产品可不做该项。
② GB/T 33394—2016 标准中指出：标称为“封闭底漆”的产品不测试该项目。
③ 该项目仅适用于色漆。
④ 该项目仅限标称具有耐黄变等类似功能的产品。

第四节　木质家具标准中对涂膜性能的要求

木用涂料生产企业除了需要关注涂料行业的标准之外，还要密切关注木制品（如木质家具，木质玩具）的行业标准。木质家具主要由木质基材、基材表面的涂膜或软、硬质覆面材料以及其他配件组成，在其标准中技术要求主要包括基材的尺寸要求、形状要求、用料要求、木工要求、涂饰要求、理化性能要求（针对漆膜涂层和软、硬质覆面）、五金配件及安装要求和力学要求。下面简单介绍几种常用的木质家具标准中对涂饰及涂膜理化性能的要求，表中“√”表示相应标准对该项目有要求，具体要求请查看相应的标准。

木质家具行业标准中对涂膜性能的要求见表 8-7。

表 8-7　木质家具行业标准中对涂膜性能的要求

项目	GB/T 3324	QB/T 2530	GB/T 14532	GB/T 15036.1	GB/T 18103	GB/T 24821	试验方法
标准实施年份	2017	2011	2017	2018	2022	2009	
标准主体	木家具	木制柜		木地板		餐桌餐椅	
漆膜外观	√	√	√	√	√	√	目测
耐液性	√	√	√	/	√	√	GB/T 4893.1
耐湿热	√	√	—	—	—	√	GB/T 4893.2
耐干热	√	√	—	—	—	√	GB/T 4893.3
附着力	√	√	√	√	√	√	GB/T 4893.4
耐冷热温差	√	√	—	—	—	√	GB/T 4893.7
耐磨性	√	√	√	√	√	√	GB/T 4893.8
耐冲击	√	√	√	—	—	√	GB/T 4893.9
耐香烟灼烧	—	√	—	—	—	√	GB/T 17657—1999 中 4.40

第五节　木用涂料有害物质限量标准

在我国绿色化学成为发展方向的今天，涂料领域发展的主要趋势是减少有机溶剂的使用、制造更高固体分的涂料和以水为主要挥发性组分的涂料。通过行业内专家的共同努力，水性涂料的品种、性能和应用范围都得到了提升，但水性涂料还不能完全取代溶剂型涂料，在涂料产业中，溶剂型涂料仍占有相当大的比例。

针对溶剂型木用涂料的环保问题，2001 年我国首次颁布了《室内装饰装修材料　溶剂型木器涂料中有害物质限量》的国家强制性标准（GB 18581），对 VOC、苯类溶剂、游离 TDI 和可溶性重金属含量作出了限制。2009 年和 2020 年又两次修订了国家强制性标准，先后增加了卤代烃含量的控制、总铅含量的控制、乙二醇醚及醚酯含量的控制、邻苯二甲酸酯总和含量的控制、多环芳烃总和含量的控制、硝基类涂料中甲醇含量的控制和聚氨酯类涂料固化剂增加了对HDI含量的控制，并将管控的产品类型在聚氨酯类、硝基类和醇酸类涂料基础上增加了不饱和聚酯类和辐射固化涂料类，并且每修订一次，都相应更加严格。

为了提高涂料生产企业将溶剂型涂料往低毒、环保方向开发的积极性，生态环境部接着又制定了相对环境行为较好的、对人体危害性相对较小的HJ/T 414—2007《环境标志产品技术要求　室内装饰装修用溶剂型木器涂料》。不仅规定了有害物质限量要求，还明确规定了禁止人为添加的有害物质类别。

针对水性木用涂料的环保问题，2009年我国首次颁布了《室内装饰装修材料　水性木器涂料中有害物质限量》的国家强制性标准（GB 24410），对VOC、苯系物含量，乙二醇醚及其酯类含量，甲醛含量和可溶性重金属含量作出了限制，2019年对该标准进行了修订，并于2020颁布实施，并将其内容与溶剂型木用涂料的有害物质限量要求合并在一份标准里，即GB 18581—2020《木器涂料中有害物质限量》，且增加了总铅含量及烷基酚聚氧乙烯醚总和含量的控制。同时，在HJ 2537—2014《环境标志产品技术要求　水性涂料》中不仅规定了更加严格的有害物质限量要求，还明确规定了禁止人为添加的有害物质类别。

在GB 18581—2020标准中首次对木用粉末涂料的有害物质限量进行了规定，控制总铅含量和可溶性重金属含量。

涂料生产企业除了要遵守针对涂料的有害物质限量标准外，还需要遵守涂料应用相关领域的有害物质限量标准，如木质家具与木质玩具等有害物质限量标准中对其使用的涂料及涂膜的有害物质限量要求。与木用涂料相关的有害物质限量的重要标准如下：

GB 18581—2020《木器涂料中有害物质限量》

HJ/T 414—2007《环境标志产品技术要求　室内装饰装修用溶剂型木器涂料》

HJ 2537—2014《环境标志产品技术要求　水性涂料》

GB 18584—2001《室内装饰装修材料　木家具中有害物质限量》

HJ 2547—2016《环境标志产品技术要求　家具》

GB 24613—2009《玩具用涂料中有害物质限量》

HJ 566—2010《环境标志产品技术要求　木制玩具》

GB 28007—2011《儿童家具通用技术条件》

HJ/T 432—2008《环境标志产品技术要求　厨柜》

一、GB 18581—2020《木器涂料中有害物质限量》

该标准于2020年3月4日发布，2020年12月1日实施，该标准规定了木器涂料中对人体和环境有害的物质容许限量所涉及的产品分类、要求、测试方法、检验规则、包装标志和标准的实施。该标准适用于除了拉色漆、架桥漆、木材着色剂、开放效果漆等特殊功能性涂料以外的现场涂装和工厂涂装用各类木器涂料，包括腻子、底漆和面漆。产品大类分为溶剂型涂料、水性涂料、粉末涂料。相应的有害物质限量要求分述如下：

1. GB 18581—2020 溶剂型涂料中有害物质限量要求

GB 18581—2020溶剂型涂料中有害物质限量要求见表8-8。

表 8-8　GB 18581—2020 溶剂型涂料中有害物质限量要求

<table>
<tr><td colspan="2" rowspan="2">项目</td><td colspan="5">限量值</td></tr>
<tr><td>聚氨酯类①</td><td>硝基类①（限工厂化涂装使用）</td><td>醇酸类①</td><td>不饱和聚酯类①</td><td>辐射固化类①</td></tr>
<tr><td rowspan="4">VOC 含量≤</td><td rowspan="3">涂料/(g/L)</td><td>面漆[光泽(60°)≥80]:550</td><td rowspan="3">700</td><td rowspan="3">450</td><td rowspan="3">420</td><td rowspan="3">420</td></tr>
<tr><td>面漆[光泽(60°)<80]:650</td></tr>
<tr><td>底漆:600</td></tr>
<tr><td>腻子/(g/L)</td><td colspan="2">400</td><td colspan="2">300</td><td>60g/kg</td></tr>
<tr><td colspan="2">总铅(Pb)含量(限色漆②、腻子和醇酸清漆)/(mg/kg)　≤</td><td colspan="5">90</td></tr>
<tr><td rowspan="3">可溶性重金属含量(限色漆②,腻子和醇酸清漆)/(mg/kg)　≤</td><td>镉(Cd)含量</td><td colspan="5">75</td></tr>
<tr><td>铬(Cr)含量</td><td colspan="5">60</td></tr>
<tr><td>汞(Hg)含量</td><td colspan="5">60</td></tr>
<tr><td colspan="2">乙二醇醚及醚酯总和含量③/(mg/kg)　≤</td><td colspan="5">300</td></tr>
<tr><td colspan="2">苯含量/%　≤</td><td colspan="5">0.1</td></tr>
<tr><td colspan="2">甲苯、二甲苯、乙苯总和含量/%　≤</td><td>20</td><td>20</td><td>5</td><td>10</td><td>5</td></tr>
<tr><td colspan="2">多环芳烃总和含量(限萘,蒽)/(mg/kg)　≤</td><td colspan="5">200</td></tr>
<tr><td colspan="2" rowspan="2">游离二异氰酸酯总和含量④[限甲苯二异氰酸酯(TDI),六亚甲基二异氰酸酯(HDI)]/%　≤</td><td>潮(湿)气固化型:0.4</td><td colspan="4" rowspan="2">—</td></tr>
<tr><td>其他:0.2</td></tr>
<tr><td colspan="2">甲醇含量/%　≤</td><td>—</td><td>0.3</td><td>—</td><td>—</td><td>0.3</td></tr>
<tr><td colspan="2">邻苯二甲酸酯总和含量⑤/%　≤</td><td>—</td><td>0.2</td><td>—</td><td>—</td><td>—</td></tr>
<tr><td colspan="2">卤代烃总和含量⑥/%　≤</td><td colspan="5">0.1</td></tr>
</table>

① 按产品明示的施工状态下的施工配比混合后测定，如多组分的某组分的使用量为某一范围时，应按照产品施工状态下的施工配比规定的最大比例混合后进行测定。

② 指含有颜料、体质颜料、染料的一类涂料。

③ 限乙二醇甲醚、乙二醇甲醚醋酸酯、乙二醇乙醚、乙二醇乙醚醋酸酯、乙二醇二甲醚、乙二醇二乙醚、二乙二醇二甲醚、三乙二醇二甲醚。

④ 如聚氨酯类涂料和腻子规定了稀释比例或由双组分或多组分组成时，应先测定固化剂（含游离二异氰酸酯预聚物）中的含量，再按产品明示的施工状态下的施工配比规定的最小稀释比例进行计算；如固化剂的使用量为某一范围时，应按照产品施工状态下的施工配比规定的最大比例进行计算。

⑤ 限邻苯二甲酸二丁酯（DBP）、邻苯二甲酸丁苄酯（BBP）、邻苯二甲酸二异辛酯（DEHP）、邻苯二甲酸二辛酯（DNOP）、邻苯二甲酸二异壬酯（DINP）、邻苯二甲酸二异癸酯（DIDP）。

⑥ 限二氯乙烷、三氯甲烷、四氯化碳、1,1-二氯乙烷、1,2-二氯乙烷、1,1,1-三氯乙烷、1,1,2-三氯乙烷、1,2-二氯丙烷、1,2,3-三氯丙烷、三氯乙烷、四氯乙烯。

2. GB 18581—2020 水性涂料中有害物质限量要求

GB 18581—2020 水性涂料中有害物质限量要求见表 8-9。

表 8-9　GB 18581—2020 水性涂料中有害物质限量要求

项目		限量值				
		水性涂料(含腻子)①			辐射固化涂料(腻子)①	
		色漆	清漆	腻子	色漆和清漆	腻子
VOC 含量　≤	涂料/(g/L)	250	300	—	250	—
	腻子/(g/kg)	—	—	60	—	60
甲醛含量/(mg/kg)　≤		100				
总铅(Pb)含量(限色漆②、腻子和醇酸清漆)/(mg/kg)　≤		90				
可溶性重金属含量(限色漆②，腻子和醇酸清漆)/(mg/kg)　≤	镉(Cd)含量	75				
	铬(Cr)含量	60				
	汞(Hg)含量	60				
乙二醇醚及醚酯总和含量③/(mg/kg)　≤		300				
苯系物总和含量(限苯、甲苯、二甲苯、乙苯)/(mg/kg)　≤		250				
烷基酚聚氧乙烯醚总和含量④/(mg/kg)　≤		1000				

① 涂料产品所有项目均不考虑水的稀释比例。膏状腻子和仅以水稀释的膏状腻子所有项目均不考虑水的稀释配比；粉状腻子（除仅以水稀释的粉状腻子外）除总铅、可溶性重金属项目直接测试粉体外，其余项目按产品明示的施工状态下的施工配比将粉体与水、胶黏剂等其他液体混合后测试。如施工状态下的施工配比为某一范围时，应按照水用量最小，胶黏剂等其他液体用量最大的配比混合后测试。

② 指含有颜料、体质颜料、染料的一类涂料。

③ 限乙二醇甲醚、乙二醇甲醚醋酸酯、乙二醇乙醚、乙二醇乙醚醋酸酯、乙二醇二甲醚、乙二醇二乙醚、二乙二醇二甲醚、三乙二醇二甲醚。

④ 限辛基酚聚氧乙烯醚［C_8H_{17}-C_6H_4-$(OC_2H_4)_nOH$，简称 OP_nEO］、壬基酚聚氧乙烯醚［C_9H_{19}-C_6H_4-$(OC_2H_4)_nOH$，简称 NP_nEO］，$n=2\sim16$。

3. GB 18581—2020 粉末涂料中有害物质限量要求

GB 18581—2020 粉末涂料中有害物质限量要求见表 8-10。

表 8-10　GB 18581—2020 粉末涂料中有害物质限量要求

项目		限量值
总铅(Pb)含量(限色漆①、腻子和醇酸清漆)/(mg/kg)　≤		90
可溶性重金属含量(限色漆①、腻子和醇酸清漆)/(mg/kg)　≤	镉(Cd)含量	75
	铬(Cr)含量	60
	汞(Hg)含量	60

① 指含有颜料、体质颜料、染料的一类涂料。

二、HJ/T 414—2007《环境标志产品技术要求　室内装饰装修用溶剂型木器涂料》

该标准于 2007 年 12 月发布，2008 年 4 月实施。该标准规定了室内装饰装修用溶剂型木器涂料环境标志产品的定义和术语、基本要求、技术内容和检验方法，它适用于室内装饰装修用的硝基类、聚氨酯类、醇酸类溶剂型面漆和底漆，不适用于辐射固化类涂料。

1. 标准中列出的禁用物质

HJ/T 414—2007 标准中禁用物质清单见表 8-11。

表 8-11 HJ/T 414—2007 标准中禁用物质清单

禁用种类	禁用物质
乙二醇醚及其酯类	乙二醇甲醚、乙二醇甲醚醋酸酯、乙二醇乙醚、乙二醇乙醚醋酸酯、二乙二醇丁醚醋酸酯
邻苯二甲酸酯类	邻苯二甲酸二正丁酯(DBP)、邻苯二甲酸二辛酯(DOP)
烷烃类	正己烷
酮类	3,5,5-三甲基-2-环己烯基-1-酮(异佛尔酮)
卤代烃类	二氯甲烷、二氯乙烷、三氯甲烷、三氯乙烷、四氯化碳
芳香烃	苯
醇类	甲醇

2. 标准中涂料有害物质限量要求

HJ/T 414—2007 标准中涂料有害物质限量要求见表 8-12。

表 8-12 HJ/T 414—2007 标准中涂料有害物质限量要求

<table>
<tr><th colspan="2" rowspan="2">项目</th><th colspan="2">硝基类溶剂型涂料</th><th colspan="3">聚氨酯类溶剂型涂料</th><th colspan="2">醇酸类溶剂型涂料</th></tr>
<tr><th>面漆</th><th>底漆</th><th>面漆</th><th>面漆</th><th>底漆</th><th>色漆</th><th>清漆</th></tr>
<tr><td colspan="2">光泽(入射角 60°)/%</td><td>—</td><td>—</td><td>≥80</td><td>≤80</td><td>—</td><td>—</td><td>—</td></tr>
<tr><td colspan="2">VOC①/(g/L) ≤</td><td colspan="2">700</td><td>550</td><td>650</td><td>600</td><td>450</td><td>500</td></tr>
<tr><td colspan="2">苯(质量分数)①/% ≤</td><td colspan="7">0.05</td></tr>
<tr><td colspan="2">甲苯+二甲苯+乙苯(质量分数)①/% ≤</td><td colspan="2">25</td><td colspan="3">25</td><td colspan="2">5</td></tr>
<tr><td rowspan="4">可溶性重金属②/(mg/kg) ≤</td><td>铅(Pb)</td><td colspan="7">90</td></tr>
<tr><td>镉(Cd)</td><td colspan="7">75</td></tr>
<tr><td>铬(Cr)</td><td colspan="7">60</td></tr>
<tr><td>汞(Hg)</td><td colspan="7">60</td></tr>
<tr><td colspan="2">固化剂中游离甲苯二异氰酸酯(TDI)(质量分数)/% ≤</td><td colspan="2">—</td><td colspan="3">0.5</td><td colspan="2">—</td></tr>
<tr><td colspan="2">甲醇①/(mg/kg) ≤</td><td colspan="2">500</td><td colspan="3">—</td><td colspan="2">—</td></tr>
</table>

① 按产品规定的配比和稀释比例混合后测定。如稀释剂的使用量为某一范围时，应按照推荐的最大稀释量稀释后进行测定。

② 可溶性重金属测试仅限于色漆。

三、HJ 2537—2014《环境标志产品技术要求 水性涂料》

该标准于 2014 年 3 月 31 日发布，2014 年 7 月 1 日实施。该标准规定了水性涂料环境标志产品的术语和定义、基本要求、技术内容和检验方法。该标准适用于水性涂料和配用腻子。该标准不适用于水性防水涂料、水性船舶漆。

1. 标准中列出的禁用物质

HJ 2537—2014 标准中列出的禁用物质见表 8-13。

表 8-13　HJ 2537—2014 标准中列出的禁用物质

中文名称	英文名称	缩写	中文名称	英文名称	缩写
烷基酚聚氧乙烯醚	alkylphenol ethoxylates	APEO	邻苯二甲酸二异癸酯	di-isodecylphthalate	DIDP
邻苯二甲酸二异壬酯	di-iso-nonylphthalate	DINP	邻苯二甲酸丁基苄基酯	butylbenzylphthalate	BBP
邻苯二甲酸二正辛酯	di-n-octylphthalate	DNOP	邻苯二甲酸二丁酯	dibutylphthalate	DBP
邻苯二甲酸二(2-乙基己基)酯	di-(2-ethylhexy)-phthalate	DEHP			

2. 标准中木用涂料有害物质限量要求

HJ 2537—2014 标准中木用涂料有害物质限量要求见表 8-14。

表 8-14　HJ 2537—2014 标准中木用涂料有害物质限量要求

项目		清漆	色漆	腻子(粉状、膏状)
挥发性有机化合物(VOC)含量	≤	80g/L	70g/L	10g/kg
甲醛含量/(mg/kg)	≤	100		
乙二醇醚及其酯类的总量(乙二醇甲醚、乙二醇甲醚醋酸酯、乙二醇乙醚、乙二醇乙醚醋酸酯、二乙二醇丁醚醋酸酯)/(mg/kg)	≤	100		
苯、甲苯、二甲苯、乙苯的总量/(mg/kg)	≤	100		
卤代烃(以二氯甲烷计)/(mg/kg)	≤	500		
可溶性铅/(mg/kg)	≤	90		
可溶性镉/(mg/kg)	≤	75		
可溶性铬/(mg/kg)	≤	60		
可溶性汞/(mg/kg)	≤	60		

第六节　有害物质限量的检测方法

一、挥发性有机化合物含量

挥发性有机化合物（VOC）是指参与大气光化学反应的有机化合物，或者根据有关规定确定的有机化合物（见 GB 18581—2020 中术语），或者说挥发性有机化合物（VOC）是指在 101.3kPa 标准大气压下，任何初沸点低于或等于 250℃的有机化合物（见 GB 24613—2009 和 HJ/T 414—2007 中术语），在不同的标准和国家中对挥发性有机化合物的定义可能会有细微的差别，选用标准时应仔细研究明白其定义。

挥发性有机化合物（VOC）含量是指在规定的条件下测得的涂料中存在的挥发性有机化合物（VOC）的质量。

挥发性有机化合物（VOC）含量的测试方法标准有 GB/T 23985—2009《色漆和清漆　挥发性有机化合物（VOC）含量的测定　差值法》，GB/T 23986—2009《色漆和清漆　挥发性有机化合物（VOC）含量的测定　气相色谱法》，GB/T 34675—2017《辐射固化涂料中挥发性有机化合物（VOC）含量的测定》，GB/T 34682—2017《含有活性稀释剂的涂料中挥发性有机化合物（VOC）含量的测定》。

以上四个 VOC 含量测定方法标准的测试原理如下：

GB/T 23985—2009：准备好样品后，先按 GB/T 1725 测定不挥发物的含量，然后按 GB/T 6283 采用卡尔费休试剂滴定法测定水分含量，如果需要，可采用 GB/T 23986 中给出的方法测定豁免化合物的含量，最后计算出样品中 VOC 的含量。

GB/T 23986—2009：准备好样品后，采用气相色谱技术分离 VOC，根据样品的类型，选择热进样或冷柱进样方式，优先选用热进样方式，化合物经定性鉴定后，用内标法以峰面积值来定量，用这种方法也可以测定水分含量，这取决于所用仪器，最后计算出样品的 VOC 含量。

GB/T 34675—2017：准备好样品后，根据试样的类型采取合适的方法在规定的条件下测定试样的不挥发物含量，如果试样中含有水分，需采用卡尔费休法或气相色谱法测定水分含量，如果需要，根据样品的类型采用合适的方法测定试样的密度，最后计算试样的挥发性有机化合物（VOC）含量。

GB/T 34682—2017：按产品明示的配比和稀释比例制备好试样，混合均匀后，先在规定的条件下采用差值法测定试样的不挥发物含量，如果试样中含有水分，需采用卡尔费休法或气相色谱法测定水分含量，如果需要，根据样品的类型采用合适的方法测定试样的密度，最后计算试样的挥发性有机化合物（VOC）含量。

GB 18581—2020《木器涂料中有害物质限量》标准中对挥发性有机化合物（VOC）含量的测定作如下规定：

1. 溶剂型涂料（聚氨酯类、硝基类、醇酸类及各自对应的腻子）中 VOC 含量

不含水的溶剂型涂料按 GB/T 23985—2009 的规定进行，不挥发物含量按 GB/T 1725—2007 的规定进行，称取试样约 1g，烘烤条件为（105±2）℃/1h，不测水分，水分含量设为零，VOC 含量的计算按 GB/T 23985—2009 中 8.3 进行；含水的溶剂型涂料按 GB/T 23985—2009 的规定进行，VOC 含量的计算按 GB/T 23985—2009 中 8.4 进行。

2. 溶剂型涂料（不饱和聚酯类及其腻子）中 VOC 含量

按 GB/T 34682—2017 的规定进行，不测水分，水分含量设为零，VOC 含量的计算按 GB/T 34682—2017 中 8.3 进行。

3. 水性涂料（含腻子）中 VOC 含量

按 GB/T 23986—2009 的规定进行，色谱柱采用中等极性色谱柱（6%氰丙苯基/94%聚二甲基硅氧烷毛细管柱），标记物为己二酸二乙酯。称取试样约 1g，校准化合物包括但不限于丙酮、乙醇、异丙醇、三乙胺、异丁醇、正丁醇、丙二醇单甲醚、二丙二醇单甲醚、乙酸正丁酯、二甲基乙醇胺、甲基异戊基酮、丙二醇正丁醚、乙二醇单丁醚、1,2-丙二醇、乙二醇、*N*-甲基吡咯烷酮、二丙二醇正丁醚、二乙二醇单丁醚、丙二醇苯醚、二乙二醇、乙二醇苯醚等。腻子样品不做水分含量和密度的测试。涂料中 VOC 含量的计算按 GB/T 23986—2009 中 10.4 进行，检出限为 2g/L；腻子中 VOC 含量的计算按 GB/T 23986—2009 中 10.2 进行，并换算成克每千克（g/kg）表示，检出限为 1g/kg。

4. 辐射固化涂料（含腻子）中 VOC 含量

按 GB/T 34675—2017 的规定进行，腻子样品不做水分含量（水分含量设为 0）和密度的测试；水性辐射固化涂料产品中 VOC 含量的计算按 GB/T 34675—2017 中 8.4 进行；

非水性辐射固化涂料中 VOC 含量的计算按 GB/T 34675—2017 中 8.3 进行，不测水分，水分含量设为 0；腻子中 VOC 含量的计算按 GB/T 34675—2017 中 8.2 进行，并换算成克每千克（g/kg）表示。

二、甲醇含量

在 GB 18581—2020 标准中对溶剂型涂料中的硝基类和辐射固化类规定了甲醇含量限量要求，甲醇含量的测试方法标准为 GB/T 23986—2009《色漆和清漆　挥发性有机化合物（VOC）含量的测定　气相色谱法》，甲醇含量的计算按 GB/T 23986—2009 中 10.2 进行。

三、乙二醇醚及醚酯总和含量

在 GB 18581—2020 标准中对溶剂型涂料、水性涂料、辐射固化涂料及相应的腻子规定了乙二醇醚及醚酯总和含量的限量要求，乙二醇醚及醚酯包括：乙二醇甲醚、乙二醇甲醚醋酸酯、乙二醇乙醚、乙二醇乙醚醋酸酯、乙二醇二甲醚、乙二醇二乙醚、二乙二醇二甲醚、三乙二醇二甲醚，其含量的测试方法标准是 GB/T 23986—2009《色漆和清漆　挥发性有机化合物（VOC）含量的测定　气相色谱法》，计算按 GB/T 23986—2009 中 10.2 进行，并换算成毫克每千克（mg/kg）表示。

四、甲醛含量

通常来说，甲醛存在于水性涂料中，来自水性涂料使用的乳液及助剂，其主要的检测方法标准有 GB/T 23993—2009《水性涂料中甲醛含量的测定　乙酰丙酮分光光度法》和 GB/T 34683—2017《水性涂料中甲醛含量的测定　高效液相色谱法》，其测试原理分别如下：

GB/T 23993—2009：采用蒸馏的方法将样品中的甲醛蒸出，在 pH＝6 的乙酸-乙酸铵缓冲溶液中，馏分中的甲醛与乙酰丙酮在加热的条件下反应生成稳定的黄色络合物，冷却后在波长 412nm 处进行吸光度测试，根据标准工作曲线，计算试样中甲醛的含量。

方法中使用的 0.25％的乙酰丙酮溶液，配制后在 2～5℃下贮存，只能稳定一个月，淀粉溶液和甲醛标准溶液需现配现用，否则直接影响测试结果。

GB/T 34683—2017：以乙腈作为萃取溶剂，用超声提取和离心分离相结合的方法萃取试样中的甲醛，萃取液与 2,4-二硝基苯肼在酸性条件下衍化形成 2,4-二硝基苯腙，采用高效液相色谱法或能满足精度要求的现行有效的方法（如液相色谱-质谱法等）进行检测，根据标准工作曲线，计算试样中甲醛的含量。

方法中用到的甲醛标准溶液需现配现用，否则直接影响测试结果。

GB/T 23993—2009 中用到的仪器设备相对 GB/T 34683—2017 来说要便宜很多，前者的采用率比后者高，现行有效的强制性国家标准和行业标准中均采用 GB/T 23993—2009 的方法测定涂料产品中的甲醛含量。

五、苯系物含量

在有害物质限量标准中苯系物含量分为苯含量、甲苯和二甲苯总和含量、苯系物总和含量，对溶剂型涂料要求为苯含量、甲苯和二甲苯总和含量；对水性涂料要求苯系物（一般包括苯、甲苯、乙苯、二甲苯）含量，测试方法标准为 GB/T 23990—2009《涂料中苯、甲苯、乙苯和二甲苯含量的测定 气相色谱法》。测试原理是：试样经稀释后，直接注入气相色谱仪中，经色谱分离技术被测化合物分离，用氢火焰离子化检测器检测，采用内标法定量。溶剂型涂料采用 GB/T 23990—2009 中的第 8 章所述进行测定，水性涂料采用 GB/T 23990—2009 中的第 9 章所述进行测定。

六、游离二异氰酸酯含量

游离二异氰酸酯一般有甲苯二异氰酸酯（TDI）、六亚甲基二异氰酸酯（HDI）、异佛尔酮二异氰酸酯（IPDI）、二苯基甲烷二异氰酸酯（MDI），主要存在于异氰酸酯树脂中，所以 GB 18581—2020 对聚氨酯类涂料规定了游离二异氰酸酯总和［限甲苯二异氰酸酯（TDI）和六亚甲基二异氰酸酯（HDI）］含量的限量要求，测试方法标准为 GB/T 18446—2009《色漆和清漆用漆基 异氰酸酯树脂中二异氰酸酯单体的测定》，测试原理是：用气相色谱法，以十四烷或对低挥发性二异氰酸酯单体用蒽作内标物，用氢火焰离子化检测器测定异氰酸酯树脂中二异氰酸酯单体的含量。

七、卤代烃含量

在 GB 18581—2020 标准中对溶剂型涂料规定了卤代烃总和含量的限量要求，并规定卤代烃仅限于：二氯甲烷、三氯甲烷、四氯化碳、1,1-二氯乙烷、1,2-二氯乙烷、1,1,1-三氯乙烷、1,1,2-三氯乙烷、1,2-二氯丙烷、1,2,3-三氯丙烷、三氯乙烯、四氯乙烯。其含量的测定方法标准为 GB/T 23992—2009《涂料中氯代烃含量的测定 气相色谱法》，测试原理是：试样经溶剂稀释后注入气相色谱仪中经毛细管色谱柱，被测化合物与其它化合物完全分离后，用电子捕获检测器检测，以内标法定量。卤代烃含量的计算按 GB/T 23992—2009 中 8.5.2 进行。

八、邻苯二甲酸酯总和含量

在 GB 18581—2020 标准中仅对溶剂型涂料中的硝基涂料规定了邻苯二甲酸酯总和含量的限量要求，并规定邻苯二甲酸酯仅限于：邻苯二甲酸二丁酯（DBP）、邻苯二甲酸丁苄酯（BBP）、邻苯二甲酸二异辛酯（DEHP）、邻苯二甲酸二辛酯（DNOP）、邻苯二甲酸二异壬酯（DINP）、邻苯二甲酸二异癸酯（DIDP）。其含量的测定方法标准为 GB/T 30646—2014《涂料中邻苯二甲酸酯含量的测定 气相色谱/质谱联用法》，测试原理是：用丁酮溶剂对试样中的邻苯二甲酸酯进行超声波提取，对提取液定容后，用气相色谱-质谱联用仪（GC-MS）测定，采用全扫描的总离子流色谱图（TIC）和质谱图（MS）进行定性，选择离子检测（SIM）和外标法进行定量。

九、多环芳烃总和含量

多环芳烃是指由两个或两个以上苯环稠合在一起的一系列烃类化合物及其衍生物，其上也可有短的烷基或环烷基取代基。在 GB 18581—2020 标准中仅限萘和蒽的多环芳烃，其测试方法标准是 GB/T 36488—2018《涂料中多环芳烃的测定》，测试原理是：以正己烷（也可选择其他经确认的合适溶剂）为提取溶剂，超声提取试样中的多环芳烃，提取液定容后，用气相色谱-质谱联用仪（GC-MS）进行检测，外标法定量。

十、烷基酚聚氧乙烯醚总和含量

烷基酚聚氧乙烯醚（APEO）可以作为水性涂料中的表面活性剂，在 GB 18581—2020 中对水性涂料规定了烷基酚聚氧乙烯醚的限量要求，受限的烷基酚聚氧乙烯醚包括：辛基酚聚氧乙烯醚和壬基酚聚氧乙烯醚，其测试方法标准有 GB/T 31414—2015《水性涂料 表面活性剂的测定 烷基酚聚氧乙烯醚》。

测试原理：用甲醇和水作为萃取溶剂，用离心分离和索氏提取相结合的方法萃取试样中的 APEO（也可选择其他经确认的回收率相当的提取方法，如高速离心分离、超声波萃取等），萃取液经浓缩处理后，采用高效液相色谱法或能满足精度要求的现行有效方法（如：液相色谱-质谱法等）进行检测，使用正相液相色谱法确定 APEO 平均乙氧基加成数和反相液相色谱法确定 APEO 含量相结合的测定方法，外标法定量。

十一、总铅含量

在 GB 18581—2020 中针对色漆、腻子和醇酸清漆提出了总铅含量的限量要求，总铅含量的测试方法标准有 GB/T 30647—2014《涂料中有害元素总含量的测定》，其测试原理是：将涂料按合适的方法干燥成膜，干燥后的涂膜，选用干灰化法、湿酸消解法或微波消解法等适宜的方法除去所有的有机物质，再经溶解、过滤、定容处理后，采用合适的分析仪器［如原子吸收光谱仪（AAS)、电感耦合等离子体发射光谱仪（ICP-OES)、电感耦合等离子体质谱仪（ICP-MS）等］测定处理后的试样溶液中待测元素的含量。

十二、可溶性 (可迁移) 有害元素含量

在 GB 18581—2020 中针对色漆、腻子和醇酸清漆提出了可溶性（可迁移）有害元素含量的限量要求，可溶性（可迁移）有害元素含量的测试方法标准有 GB/T 23991—2009《涂料中可溶性有害元素含量的测定》。其测试原理是：用 0.07mol/L 盐酸溶液处理干燥后经粉碎或剪碎的涂膜，采用检出限适当的分析仪器（如原子吸收光谱仪、电感耦合等离子体发射光谱仪等）定量测定试样溶液中可溶性元素的含量。

第七节 特殊指标和特殊检测方法

一、破坏性检验项目的非破坏性测定方法

在木质家具行业，成品漆膜理化性能的绝大部分测试项目都是破坏性测试，如直接检测成品的理化性能，将会破坏家具，导致测试成本增加，并造成浪费。为了解决这一问题，可以采用如下方式进行操作，既可以检测到家具漆膜的理化性能，又不会破坏家具。

找一块或几块尺寸合适（适合于测试要求）、材质与木质家具材质一致的板材，作为测试用试板，将该试板和家具按完全相同的施工方式并尽可能同时进行施工，也就是说按同样的方式进行底材处理，涂布底漆和面漆时将试板置于被涂实件旁边，在涂布实件的同时完成试板的涂布，然后在相同的环境条件下干燥漆膜。这样，测试用试板上漆膜的理化性能已经相当接近该家具实件表面漆膜的理化性能，然后将试板用来作破坏性检测，达到

代替实物检测的目的。

二、亚光清漆重涂性能评价方法

1. 问题提出的背景

亚光清漆在家具涂装中应用广泛，在涂布过程中如果没有很好的涂装和干燥环境，将导致漆膜表面出现颗粒或其他表观缺陷，从而影响家具的美观。目前的情况是：家具厂会对涂布了亚光清漆的家具进行涂膜表观指标的验收，把涂膜外观不符合要求的家具判为不合格并进行返工。通常的返工方式是将涂膜表面进行打磨，再重新喷涂。经过这样返工后的产品可能解决了前面出现的外观问题，但往往会导致透明度和光泽与同批次没经返工的合格品产生差异，严重影响套装产品的配套性。故客户对亚光清漆的重涂性能提出了明确的要求：要求重涂后透明度和光泽变化越小越好。

2. 重涂后透明度和光泽变化的原因

亚光清漆的透明度和光泽与涂布时涂膜的厚度有直接的关系，涂膜越厚，透明度越差，由于重涂前不能完全将旧涂膜打磨掉，返工重涂时涂膜厚度变化而导致光泽变化。对套装产品而言，这是不能接受的。另外，如果打磨不均匀，则单件产品本身的不同部位，也会出现涂膜的光泽和透明度不均匀的现象。

亚光清漆产品由于配方、批次不同，遇到上述问题而重涂后，透明度和光泽的变化程度也不同。

3. 亚光清漆重涂性的评价

亚光清漆重涂性主要评价其重涂前后光泽和透明度的变化，从而筛选出变化小、重涂性好的产品。

涂膜的光泽已经有成熟的测试方法和仪器，分别测定重涂前后的涂膜的光泽，即可计算出其光泽的变化率。但是，亚光清漆产品重涂前后透明度变化的测定就没有既定的检验方法和标准。下面所述是木质家具涂装中特有的新方法。

(1) 测试原理及评价　在相同的底材（透明聚酯膜）上涂布相同湿膜厚度的涂料，干后，用反射率测定仪测量涂膜的反射率，从而计算出对比率，对比率值越小，则透明度越好，反之亦然；在测试后的涂膜上重涂一次相同厚度的涂料，待干后，再用同样的方式测定重涂后涂膜的对比率，重涂前后对比率之差的绝对值越小，则重涂性越好。

(2) 仪器及底材

① 底材　底材采用未经处理的无色透明聚酯膜（耐溶剂性好，透明度好，批次之间基本没有透明度差别），厚度为 30～50μm，尺寸不小于 100mm×150mm。

② 湿膜制备器　间隙深度为 400μm 的漆膜涂布器。

③ 反射率测定仪　精度为 0.1%的反射率测定仪。

④ 岩田 2 号杯。

⑤ 秒表。

(3) 试验方法

① 底材的准备　在至少 6mm 厚的平玻璃板上，滴几滴 200# 溶剂汽油，将聚酯膜铺展在上面。200# 溶剂汽油的表面张力使聚酯膜紧贴在玻璃板上面。不能弄湿聚酯膜的上表面，在聚酯膜与玻璃板之间不能存留气泡。必要时可用洁净白绸布揩拭聚酯膜表面使聚

酯膜与玻璃板之间的气泡消除。

② 试板制备 将亚光清漆产品按规定的施工配比配制，并将其黏度调整到 (20±1)s (岩田 2 号杯，温度为 25℃)。配制好产品后，用 400μm 的漆膜涂布器在聚酯膜上均匀涂布一遍，得到试板，并将试板固定在平整的表面上，在水平条件下干燥。

③ 试板的干燥 试板应在温度为 (23±2)℃和相对湿度为 (65±5)%的条件下至少干燥 24h，才可进行反射率测定。

④ 首涂对比率的测定 在反射率测定仪的黑、白陶瓷板上，滴上几滴 200# 溶剂汽油，从玻璃板上取下干燥好的试板，使其紧贴在黑、白陶瓷板上，不能弄湿试板的上表面，在试板与黑、白陶瓷板之间不能存留气泡。然后分别在紧贴黑、白陶瓷板的试板的至少 6 个位置上测量试板的反射率，记为 R_B (黑板)、R_W (白板)，分别去除所录数据的最大值和最小值后，取余下四个数值的平均值，再计算每张试板的首涂对比率 R_B/R_W。

⑤ 重涂对比率的测定 按①～②的方式在测完对比率的试板上，重涂一次，再按③～④的要求进行试板的干燥和对比率的测试。

⑥ 结论 分别计算首涂和重涂的对比率，评价自身的透明度；计算首涂和重涂的对比率之差，并取绝对值，评价重涂性，并得出结论。

三、木用涂料产品中控过程中的几个特别项目

在质检中控过程中，木用涂料产品的受控指标有十几个之多，如果不能有效中控，无疑会产生大量的返工产品及不合格品，加大库存量。

下面几项中控项目是由实际总结得出的。

1. PU 亚光清漆的外观、光泽的中控

(1) 外观的中控 在质检的过程中，漆膜的外观很好，自然没有问题。但如果漆膜外观出现异常，就必须判断是涂料本身问题还是制膜过程中外来因素的影响。例如，PU 亚光清漆的测试板出现微粒时，是亚光清漆本身问题还是外来粉尘的影响，就往往难下结论。

解决办法：找一同型号产品的合格留样，与被测样同时、同条件制板并作平行测试。对比测试结果，较易得出正确结论。

结果分析：以上方法在工作量增加不太多的前提下，使人们的判断更快、更准确。

中控测试结果举例分析见表 8-15。

表 8-15 中控测试结果举例分析

试样	结果			
	A	B	C	D
留样	好	好	不好	不好
被测样	好	不好	好	不好
结论	好(合格)	不好(不合格)	好(合格)	待定
准确度/%	100	100	100	

注：1. 如出现结果 C 时，可判被测样合格，但需进一步确认留样的质量是否发生了变化。

2. 如出现结果 D 时，不能直接判定被测样的质量好坏，需重复测试一次确认留样的质量是否发生了变化。

(1) 如留样质量变坏，则判被测样不合格；

(2) 如留样质量没有变坏，则需进一步对比留样和被测样试板上微粒的严重程度，如被测样的试板上微粒更严重，则判被测样不合格，否则，判被测样合格。

PU亮光清漆、亮光色漆在同样问题上可用同样方法去解决。同时，亮光产品有一个细度项目可供佐证，亮光产品细度小，如细度合格，则漆膜的外观微粒就有很大可能由环境造成，判断就容易了。亚光漆则不然，本身细度较大，光泽较低，细度项目的佐证作用不大，因此，上述方法对亚光产品相当好。另一个要留意的问题是，留作平行样的合格留样，要确保合格并定期更新。

（2）光泽的中控　被测板的光泽，除了配方原因外，还与膜厚和漆膜干燥过程的温湿度、通风条件有关。严格控制上述过程，并在相同条件下用不同批次的产品同步制板，同步检测，使误差缩小并易于判断，利于有效中控。

2. PU亚光清漆的贮存稳定性的中控

（1）贮存稳定性数据　做配方过程的贮存稳定性数据只作参考。大生产的留样，贮存期满后一定要进行复检（尽管产品已售出）。如发现严重问题，停止大生产，返回中试或小试程序，重调配方或工艺。

（2）贮存稳定性检测　贮存稳定性的检测项目包括：防沉性、防结块、返粗情况。亚光清漆在贮存时的轻度沉淀、分层是允许的，但一定要分清哪一种情况最终会影响涂料的使用。

3. 水性木用涂料的细度和黏度的中控

刚生产出来的水性木用涂料产品，由于各种原因而导致消泡性不好时，涂料中会混入许多的小气泡，这些小气泡就会影响中控细度和黏度的测试准确性。此时可以选择合适的滤网先过滤一下产品以便减少产品中的气泡对测试的影响，有条件的可以采用真空消泡及其他消泡方式。

第八节　木用涂料检测中所需的专用仪器设备

检测仪器在促进木用涂料产品质量的提升、涂装工艺的改进及木制品涂装质量的稳定方面起着非常重要的作用。诺贝尔奖获得者 R. R. Ernst 曾说过“现代科学的进步越来越依靠尖端仪器的发展”，俄国化学家门捷列夫指出“科学是从测量开始的”。

木用涂料性能检测所用大部分仪器同其它类型涂料一样，如测试涂层硬度的摆杆硬度仪、测试表面耐磨性能所用的旋转砂轮磨耗仪等。本节主要针对木用涂料的某些特别性能，介绍所涉及的一些专用检测仪器或设备。另外，本节也对部分融合目前最新技术的仪器或检测系统的发展及应用前景做了简单的描述，如评估木用涂料的丰满度的检测仪器、提高检测效率和测试结果可靠性的自动检测系统等。

一、木用涂料有害物质检测的主要仪器设备

1. 顶空进样器

现代意义上的顶空分析技术包括以下三种：

静态顶空技术，即传统意义上的顶空分析（headspace，HS）；

动态顶空技术，即吹扫捕集分析（purge and trap，P&T）；

固相微萃取技术（solid phase micro extraction，SPME）。

在本节主要介绍第一种，静态顶空技术。

（1）顶空原理　顶空分析是应用于气相色谱（GC）法或气相色谱-质谱（GC-MS）法分析挥发性有机化合物的前处理技术。传统意义上的顶空通常是指将样品置于密闭环境（顶空瓶）中，常温下或加热样品使其中 VOC 释放出来，待达到气液或气固平衡后，取适量气体进样分析。由于在密闭环境中进行平衡，又被称为静态顶空。进样分析方法中多采用加热方式以加速平衡过程。

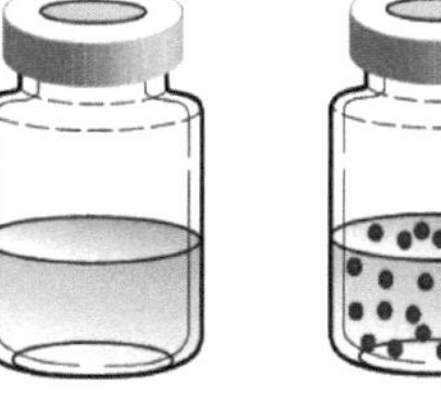

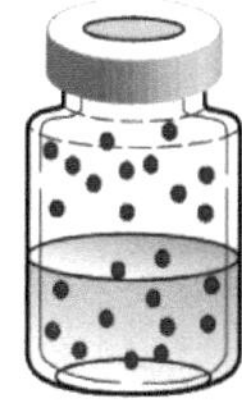

图 8-1　顶空进样器

顶空进样器见图 8-1。

当顶空瓶达到气液两相平衡后，根据质量平衡原理顶空瓶中气相中待测物的浓度如式(8-1) 所示。

$$c_O V_L = c_G V_G + c_L V_L \tag{8-1}$$

由式(8-1) 可推导出式(8-2)：

$$c_G = \frac{c_O}{K + \frac{V_G}{V_L}} = \frac{c_O}{K + \beta} \tag{8-2}$$

式中　c_G——顶空瓶中气相中待测物浓度；

c_L——液相中待测物的浓度；

c_O——待测物的初始浓度；

V_G——顶空瓶中气相体积；

V_L——样品体积，即液相体积；

K——分配系数，即平衡时液相、气相之间的浓度比 c_L/c_G；

β——V_G/V_L，为相比。

由式(8-2) 可知：对某一体系来说，相比 β 一定则结果保持一致；最小化 K 值可以提高待测物的顶空浓度；相比 β 值越小，则待测物的顶空浓度越高。顶空浓度越高意味着顶空分析方法的灵敏度越高。因此，可以通过控制 K 值和相比 β 值改善方法的灵敏度。

待测物的顶空浓度取决于诸多因素，如样品量、样品中待测物的初始浓度、顶空体积、平衡温度、顶空瓶压力等。样品量、待测物的初始浓度等因子与样品和基质有关，其他因子如顶空温度、顶空瓶压力等则由顶空进样器控制。

（2）顶空仪器的进样方式　顶空仪器的差异主要体现在样品气体的 GC（MS）进样方式，如目前市面有三种比较典型的不同的进样方式：Perkin Elmer 公司的 Turbomatrix HS 系列的压力平衡进样方式、Agilent 公司的定量环/阀进样方式和 CTC 公司 PAL3 自动进样器的气密针进样方式。

顶空仪器三种不同的进样方式见图 8-2。

以安捷伦 7697A 采用的定量环/阀进样方式为例：在对顶空瓶加热振荡平衡后，利用体积已知的定量环收集样品气，然后利用阀切换将样品导入 GC 进样口进行分析。下面以安捷伦 111 位 7697A 顶空产品为例介绍顶空的分析流程。

① 待机（standby）　7697A 顶空进样器的载气一般由 GC 进样口的电子压力控制单元 E 控制，同时瓶压气则由其内置 EPC 控制。

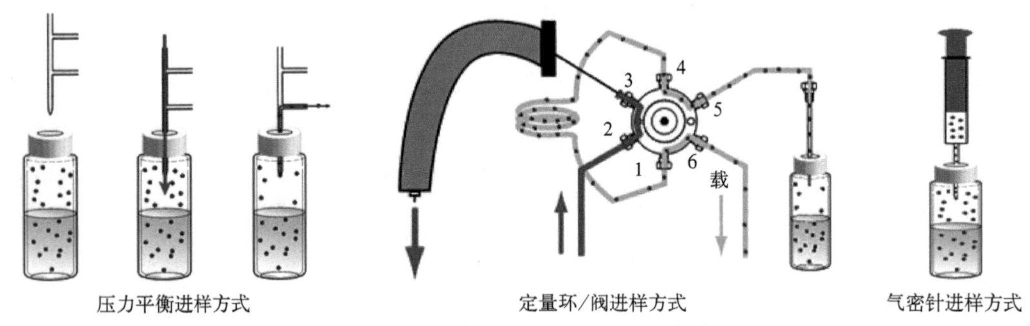

图 8-2 顶空仪器三种不同的进样方式

② 预加载顶空瓶 顶空瓶在设定温度条件下振荡一定的时间，达到平衡后，顶空进样器预加载顶空瓶。

③ 顶空瓶加压 在加热后顶空瓶内部可以产生足够的压力，为了得到更好的结果，7697A 顶空进样器的设计思路是提供额外的瓶压气以帮助实现这一目的。在针头穿透瓶垫后，内置 EPC 控制瓶压气为顶空瓶加压至某一恒定压力值，如 15psi（1psi＝6.895kPa）。

④ 动态检漏 对顶空瓶加压后，系统默认执行检漏程序。如果顶空进样器必须持续供气以维持顶空瓶压力，这表明顶空瓶漏气；反之，顶空瓶密封性好，可以继续分析过程。

⑤ 充满定量环 待顶空瓶压力稳定后，瓶压气内置 EPC 关闭、排空阀打开以提取样品。此时加压样品气充满定量环后排出，当压力降至某一设定值时排空阀立即被关闭。若完全排空至大气压力，则终压必然受到外界大气压力的变化影响，从而影响结果的稳定性。可见，7697A 顶空进样器的设计使得顶空瓶在加压阶段和充满定量环阶段的压力均得到精确控制，未受到外界大气压力变化的影响，可以显著改善分析结果的重现性。

⑥ 进样 切换六通阀后，载气携带定量环中样品气进入 GC 进样口分析，同时顶空瓶中样品气被排空。

⑦ 管路吹扫 进样结束后，再次切换六通阀至初始位置，内置 EPC 以大流量如 100mL/min 吹扫管路以除去系统中可能存在的残留污染。待所有分析过程结束后，系统回到待机状态，以进行下一步分析。

安捷伦 7697A 顶空进样器分析流程见图 8-3。

2. 热脱附仪器

热脱附技术始于二十世纪七十年代中期，最初被用于职业卫生监测，评价工人在工作场所有毒化学品暴露的健康风险。随着技术的不断进步和成熟，其逐渐在环境、材料、食品、香精香料、法医等众多领域得到广泛应用。

（1）热脱附原理 热脱附（thermal desorption，TD）是在惰性载气中加热吸附管或直接加热样品以释放挥发性甚至半挥发性有机化合物，同时将样品浓缩至较小体积，再导入 GC、GC-MS 或其他气相分析设备（如电子鼻等）进行检测的技术。

热脱附可以用于不同来源样品中的挥发性及半挥发性化合物分析。与传统的样品前处理技术（溶剂提取方式）相比，热脱附技术对痕量有机化合物的分析更加经济、灵敏，并

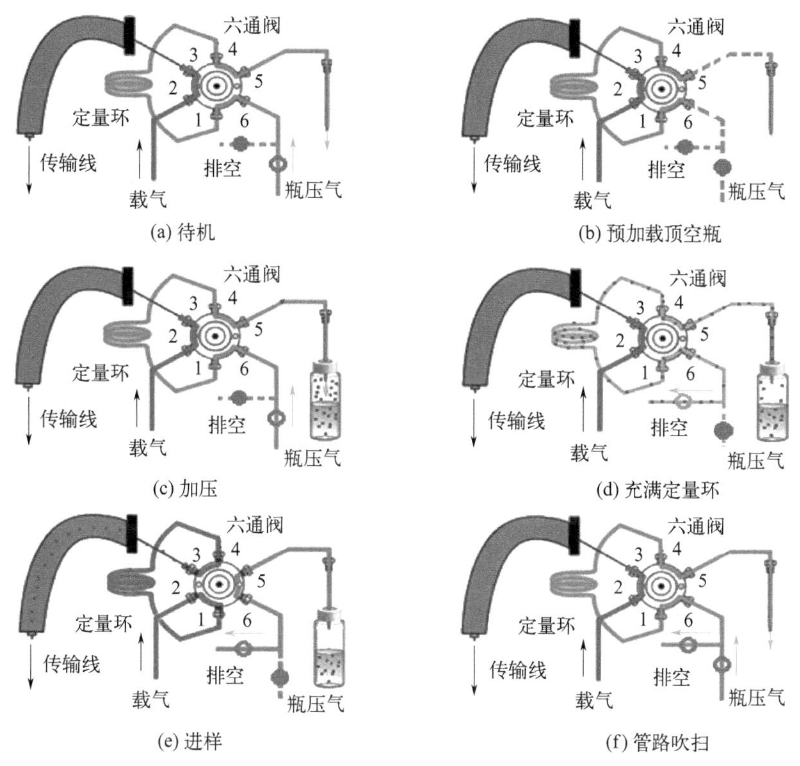

图 8-3　安捷伦 7697A 顶空进样器分析流程

具有灵敏度高、样品前处理简单或无需前处理、易于自动化、环保等优势。

（2）热脱附仪器　目前，市场上商品化的热脱附仪器多数采用二级热脱附技术（如 Markes 公司 Untiy-Xr 系列产品），即载气流携带加热采样管后释放出来的挥发性有机化合物（气体释放体积一般为 100～200mL）被低温冷阱再次富集，加热冷阱后被再次释放出来的挥发性有机化合物气体体积更小，一般为 100～200μL，从而达到提高灵敏度和改善 GC 色谱峰形的效果。

冷阱聚焦热脱附技术示意图见图 8-4。

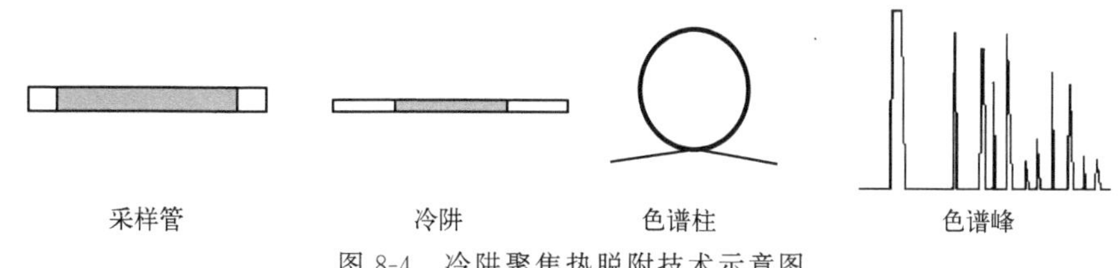

图 8-4　冷阱聚焦热脱附技术示意图

二、木用涂料涂层性能检测的特殊仪器设备

1. 涂层的丰满度

涂层丰满度是指涂层丰满、饱满的程度。丰满度是表征木用涂料外观非常重要的一个指标，高丰满度的涂层通常给人以质感丰满、饱满、圆润的感觉。

目前对于涂层丰满度的评估还未有定量的方法，一般都是通过目视进行比较和判断。影响涂层丰满度的因素有很多，宏观上有环境的光线因素，如散射、反射、折射等；微观上不同组成和结构的树脂和涂料配方对涂层丰满度影响巨大。同时，涂层的厚度影响也很大，通常涂层越厚，丰满度越好。

我们可以使用判断汽车涂层的丰满度的相关检测仪器来对木用涂料的丰满度进行评估。

（1）雾影仪　质量好的表面应该有清晰明亮的外观，而雾影（英文为 HAZE）是评估涂层清晰明亮程度的一个指标值。由于涂料中颜料分散不好而导致微结构会有乳状的外观，这种效果称为雾影。细微纹理的高光泽表面会在接近镜向反射的方向产生低强度的散射，虽然入射光的大部分都在镜向方向反射，表面看起来光泽非常好，但上面仍然存在乳状的雾影。雾影读数越低，表面质量越好。

雾影一般是高光泽表面所特有的现象，故评估涂层的雾影程度的雾影仪普遍使用 20°角的光入射，与镜像光泽度仪不同的是，它在 20°角的接收位置探头处两侧各增加了一个附加探头，用来测试漫射光的强度，并以对数形式来表示雾影值，这种方法测得的数值也称 20°角下的反射雾影值。

但 ASTM D 4039 中规定，雾影值直接用镜像光泽度仪测量到的 60 度光泽值与 20 度光泽值的差值表示。

（2）橘皮仪　高档木质家具表面涂层的颜色、光泽、雾影值和表面结构等均影响着人们的视觉感受。光泽和映像清晰度常被用来衡量涂层的外观。即使是光泽很高的涂膜，其外观也会受到表面波动度的影响，光泽的变化并不能控制波动的视觉效果，人们把这种效应称为“橘皮”，橘皮也可定义为“高光泽表面的波状结构”。涂层橘皮可使涂层表面产生斑纹、未流平的视觉外观，从而给人感觉“不丰满”。

橘皮仪使用 60°的激光作为点光源照射被测表面，在缓慢匀速推动 10cm 的距离内发射 1250 次激光照亮表面，读取 1250 个数，每个读数之间的距离为 0.08mm。在光源对面以同样角度通过狭缝滤波的方法测量反射光，由于表面存在波纹，当光照在波峰或波谷时，反射光最强，仪器检出最大信号；光照在斜坡时，由于反射角的变化，反射光偏离 60°角，仪器检出信号最小，因此测得的信号频率正好是被测表面机械轮廓频率的二倍，与人眼观察到的光学轮廓相一致。橘皮仪将结构尺寸＞0.6mm 的测量数据定为长波，将结构尺寸小于 0.6mm 的数据定为短波。

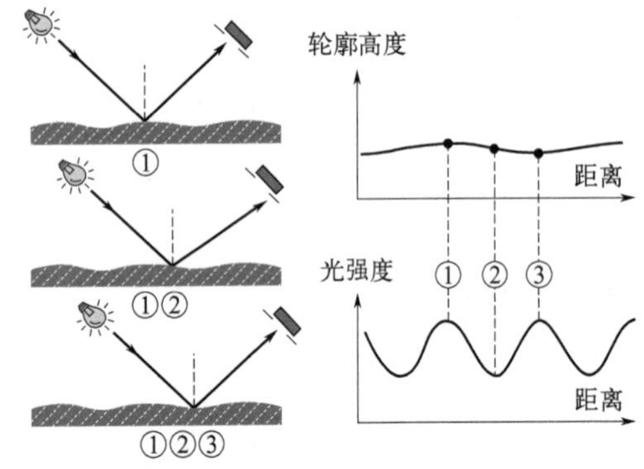

图 8-5　橘皮仪的测量原理

橘皮仪的测量原理见图 8-5。

2. 涂层的鲜映性

鲜映性是指涂层表面映射镜物（或投影）的清晰程度，以表征涂层的外观装饰性等综合试验技术特征（如：光泽、平滑度、丰满度等）。鲜映性以 DOI 值表示（distinctness of image）。其测量原理为在仪器的 E 光源照射下，标准板上的字码经过 5 次反射投影到目镜上，观察者通过能清晰看到的 DOI 值，读出被测试样的鲜映性等级，等级分为

0.1、0.2、0.3、0.4、0.5、0.6、0.7、0.8、0.9、1.0、1.2、1.5、2.0 共 13 个等级，2.0 级字号最小。

3. 涂层的耐黄变性

木用涂料的耐黄变性能是考察木制品涂层使用寿命的重要依据之一，它主要通过荧光紫外老化试验箱来完成。

荧光紫外老化试验箱整个箱体均由耐腐蚀的不锈钢材质制成，8 支 40W 的 UVA-340 荧光紫外灯管（从 365nm 到太阳光截止点 295nm 的波长范围）被分别安装在仪器工作室的两侧。仪器共有 24 个样板架，每个样板架可以安装 2 块尺寸为 150mm×70mm 的标准试板，样板架正对荧光紫外灯管。

因辐照能量是引起涂层破坏的主要因素，也是影响测试结果的关键指标，所以荧光紫外老化试验箱的核心技术是须在整个试验过程中对样板提供稳定、均匀的辐照能量。辐照能量由辐照度探头（也称辐照度传感器）监控，一共有四个，前后各两个，安装在每两支灯管的中间位置，每个传感器监控一组（两支）灯的辐照度。辐照度探头实时测量当前的紫外能量并反馈给自动控制系统，自控系统根据设定值和测量值的差值进行计算和控制并自动调节每组灯的整流器的能量，以使相应灯的辐照度达到设定值。

温度也是引起材料老化的另一个重要指标，因为它影响老化速率。荧光紫外老化试验箱是通过黑板温度传感器来精确监控箱内样品暴露温度。黑板温度传感器（black board temperature）用杆状铂金热电偶在一块涂有黑色抗老化涂层（能吸收 2500nm 内至少 90%～95%的辐射）的金属试板表面测得温度。它被安装在灯管长度的正中间位置，与试验样板处于同样的暴露条件，用于控制试验样板受曝晒的表面所获得的温度。试验时温度由黑板温度计测量，并根据设定值和测量值的差值进行计算和控制并自动调节黑板温度至设定的温度。

另外，荧光紫外老化试验箱还设计有独特的冷凝功能来模拟户外的潮湿侵蚀。试验箱的底部有一个蓄水池，在试验过程的冷凝循环中，蓄水池中的水被加热以产生热蒸汽，并充满整个测试室，热蒸汽使测试室内的相对湿度维持在 100%，并保持相对高温。试样被固定在测试室的侧壁，从而试样的测试面暴露在测试室内的环境空气中。试样向外的一面暴露在自然环境中具有冷却效果，导致试样内外表面具备温差，这一温差的出现导致试样在整个冷凝循环过程中，其测试面始终有冷凝生成的液态水。

除用冷凝水来模拟样品在户外遭受到的潮湿条件，荧光紫外老化试验箱还可以通过水喷淋方式来直接模拟雨水的影响。尤其是对于某些材料的应用而言，水喷淋能更好地模拟最终使用的环境条件，它在模拟由于温度剧变和雨水冲刷所造成的热冲击或机械侵蚀方面是非常有效的。在某些实际应用条件下，例如阳光下，聚集的热量由于突降的阵雨而迅速消散时，材料的温度就会发生急剧变化，产生热冲击，这种热冲击对于许多材料而言是一种考验。BUV 的水喷淋可以模拟热冲击和/或应力腐蚀。荧光紫外老化试验箱的水喷淋系统由 12 个喷嘴（左右各 6 个）、连接管、控制和排水部分组成。喷嘴安装在 UV 灯之间，在循环中，当灯熄灭时，水就会被喷淋到样品上。喷淋系统可运行几分钟然后关闭。这短时间的喷水可快速冷却样品，营造热冲击的条件。

耐黄变测试的荧光紫外老化试验箱结构见图 8-6。

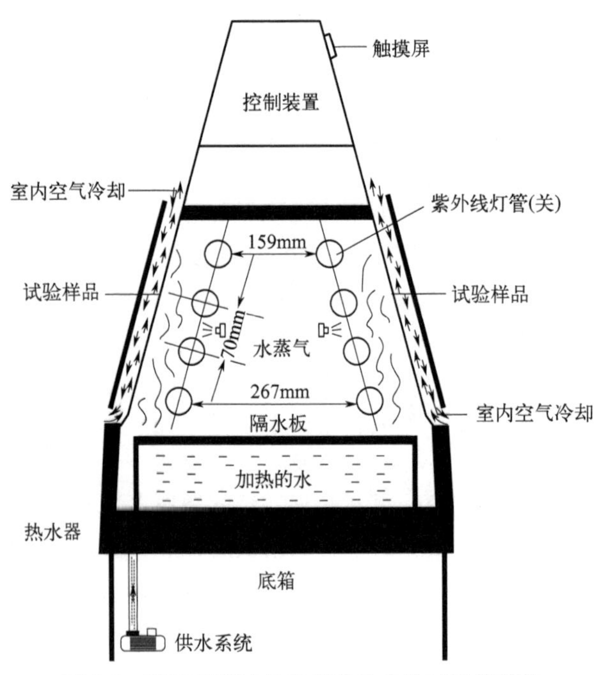

图 8-6　耐黄变测试的荧光紫外老化试验箱结构

三、木用涂料检测仪器的发展

1. 图像识别和自动检测系统

木用涂料的很多测试项目（如细度、划痕等）都需要观测者对试验后出现的现象进行主观的评估，这样无疑造成了测试结果在某些情况下受操作者主观因素的影响。如用划格法判定木用涂料与基材的附着力等级时，对漆膜的脱落面积比例很难快速准确地判断出来，从而可能出现不同试验人员对同一试验结果评定出不同的附着力等级。如果能有电脑自动识别试验结果并进行精确计算，无疑使涂料检测技术有一个很大的跨越！

图像识别技术是人工智能的一个重要领域，它是指对图像进行对象识别，以识别各种不同模式的目标和对象的技术。图像识别技术目前发展迅猛，已经被成功应用在公共安全、生物、工业、农业、交通、医疗等很多领域，涂料检测领域也开始逐步小规模引入。

图像识别技术的过程分以下几步：信息的获取、预处理、特征抽取和选择、分类器设计及分类决策。

信息的获取是指通过传感器，将光或声音等信息转化为电信息，也就是获取研究对象的基本信息并通过某种方法将其转变为机器能够认识的信息。预处理主要是指图像处理中的去噪、平滑、变换等的操作，从而加强图像的重要特征。特征抽取和选择是指在模式识别中，需要进行特征的抽取和选择。特征抽取和选择在图像识别过程中是非常关键的技术之一，所以对这一步的理解是图像识别的重点。分类器设计是指通过训练而得到一种识别规则，通过此识别规则可以得到一种特征分类，使图像识别技术能够得到高识别率。分类决策是指在特征空间中对被识别对象进行分类，从而更好地识别所研究的对象具体属于哪一类。

检测仪器如果能融合图像识别技术，不仅可以大幅度提高工作效率，而且还能大大减少人为因素的影响。

目前美国 Gardco 公司推出的附着力测试分析仪（adhension test analyzer）就是一款基于图像识别的仪器。将划格后的测试样板（或经胶带粘脱后）放在仪器平台上，仪器通过自动扫描并自动计算被粘脱的漆膜面积占整个方格区域面积的比例，然后按照 ISO 2409 或 ASTM D 3359 的评判标准自动给出附着力等级。

划格法附着力分析仪示意图见图 8-7。

2. 物联网涂料检测系统

物联网技术是指通过信息传感设备，按约定的协议，将任何物体与网络相连接，物体通过信息传播媒介进行信息交换和通信，以实现智能化识别、定位、跟踪、监管等功能。

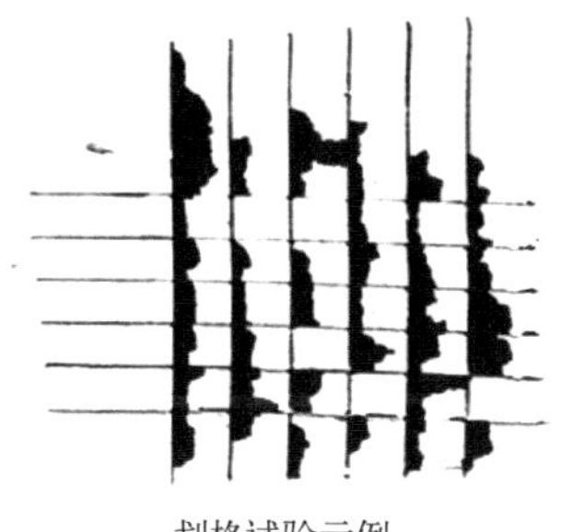

划格试验示例

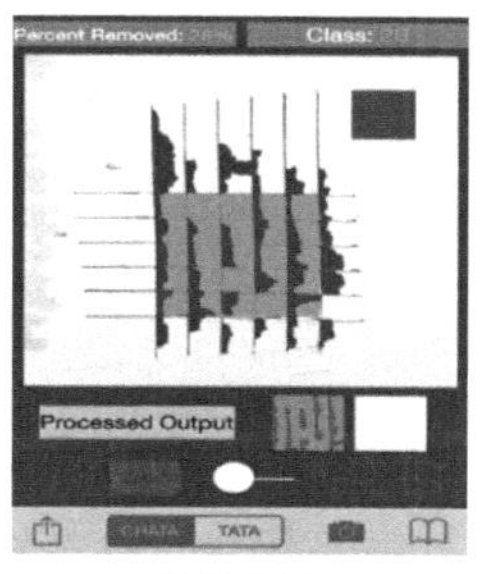

软件示例

图 8-7 划格法附着力分析仪示意图

物联网技术应用在实验室的检测设备时，具体包括在检测设备上安装网络模块，使检测设备与互联网连接，并与移动端实现双向通信。研发工程师或品管人员即可以使用移动端，不论何时何地均可以查看检测设备当前的运行状况。

此外，如木用涂料进行耐黄变测试时，对使用的荧光紫外老化试验箱，可以利用手机随时随地查看仪器运行情况（包括试验参数的变化）。当仪器出现报警或停止工作时，试验人员可以第一时间知晓；若配备了合适的图像处理软件时，试验人员甚至可以在手机查看测试样板的表面情况。另外，测试完成后可以直接通过手机向试验人员报告试验结果，并自动关机，实现无人值守。

3. 智能检测工作站

木用涂料性能的评估包括很多方面：不仅有液态涂料的基本性能测试，如黏度、密度、细度等；也有涂料固化后所展示的涂层性能，如附着力、硬度、光泽、颜色及各种耐性等；还有液态涂料施工到基材时的涂装性能测试，如涂料的流平、流挂、干燥时间等。目前，完成木用涂料的整个性能评估需要比较长的时间，且各个性能项目检测之间基本相互独立，这样对执行检测的人员来说，不仅劳动强度大、时间长、效率低，而且还极易出错。

随着人工智能技术及物联网技术的快速发展，基于工作站的智能检测系统在涂料检测的应用已经变成现实。一套完整的检测系统包括各个检测项目的工作站，且工作站之间通过快速接口方式连接固定：机械部分采用连接导轨，电气部分采用统一标准通信协议连接。单个工作站可以独立工作，完成一项或几项检测项目。这样一整套自动系统就可以完成自样品的液态性能测试、制膜干燥直至涂层性能测试。

通过特别设计的软件或手机 APP 来设定每个检测项目工作站的检测参数，检测完成后可以自动生成试验报告，从而实现对多批次样品连续、精确地自动检测，不仅大大减少了试验人员的劳动强度，提高了他们的工作效率，而且有效降低了人为因素对试验结果带来的影响。

（刘 红 王崇武）

第九章
木用涂料与涂装的发展

第一节　家具的发展

一、家具底材的发展

中纤板在家具底材中的应用一直是最多的，其重要地位不可撼动，制板技术非常成熟且时有创新。中纤板中的黏合剂释放的甲醛是应用中的老大难问题，正逐步得到改善。

实木基材在家具底材中一直占有很重的分量且逐年在增加，为了应对资源制约，实木贴皮材料在家具上大面积使用，而中纤板贴木皮、实木复合板材等底材继续发挥重要作用。另外，大量的经济速生林材料应用到了家具上，比如桦木、杨木等。松、杉、柏、桧这类软木，还有桐、枫这类软硬居中的材料，在家具底材上的应用也占据了一定的份额，尤以松木为最。传统实木包括红木主要应用在中、高端家具中，但会受资源制约。

如何通过与涂料和涂装的结合，体现各类木材的价值，把各种风格、效果充分展示出来，将是涂料行业迫切需要解决的问题。

二、家具风格的发展

中国家具经过多年的发展，目前市场上主要以新中式、轻奢、极简三种风格为主。轻奢风格家具主要是将多元材质混合应用、互相搭配，采用时尚颜色；极简风格家具以透明涂装为主，主要体现原木色、突出原木的价值，有北欧与日式两种风格；新中式家具主要沿用中式的元素，增加一些现代特点去展现中式家具的风采。

第二节　木用涂料的发展

一、木用涂料产品的发展

溶剂型硝基木用涂料溶剂挥发量大，不符合环保要求，占比持续下滑，家装市场已经逐步禁止使用，未来有可能被水性单组分木用涂料取代；不饱和聚酯漆在木用涂装领域的占比也在持续下滑，正逐步被紫外光固化涂料所取代，或将成为木用涂料中的边缘品种。

双组分溶剂型聚氨酯木用涂料已经很成熟，在未来相当长时间内仍会占据木用涂料很大的份额。但由于 UV、水性等环保友好型涂料的崛起，双组分溶剂型聚氨酯在木用涂料中的占比将逐渐下滑，未来主要以低气味、特色效果的品种为发展方向。

木蜡油不含甲醛，也不含重金属等有害物质，属于可再生资源。木蜡油施工简单，不用专业施工人员，另外它能养护木材，渗透到木材内部，持久保护木材，突出木材纹理，凸显一种自然柔和之美，将具有一定的发展前景。

辐射固化涂料中的紫外光（UV）固化涂料是木用涂料未来的主要品种，以环保、涂装效率高和综合成本低的特点在涂料、涂装领域得到了迅速的发展。其中UV的喷涂产品因为有它的实用性，应用日增。结果虽然扩大了UV涂料的使用范围，但同时也产生了溶剂挥发量大增的问题。如何降低喷涂UV涂料中的溶剂含量，向无溶剂喷涂UV涂料的方向改进，将是一个非常重要的课题，在异形家具上的涂装及其干燥技术也需完善。

近几年，水性UV涂料也得到了长足的发展，它是所有木用涂料中最环保的涂料品种。水性UV涂料既具有水性涂料的环保，又有UV涂料的优势，虽然其技术还不成熟，自动化涂装生产线投资大、能耗高，使得应用受到一定的限制，但未来仍将具有广阔的前景。

辐射固化涂料中的EB固化涂料前景喜人，良好的发展态势有目共睹。但EB固化技术对木用涂料领域而言，虽然综合能耗和材料等方面的总运营成本会比UV固化优势明显，但目前存在一次性投资成本高、设备和工艺局限性问题等，其应用市场也不可与UV应用市场的飞速发展相比。

当前水性木用涂料市场上单组分产品占比较大，但是耐性较差、硬度低，严重影响了它的应用。如何提高单组分水性木用涂料的综合性能，是涂料从业者所面临的难题。

双组分水性木用涂料近年发展迅速，它优异的物化性能、漆膜效果受到了很多家具厂商的青睐。双组分水性木用涂料的缺点是光泽、硬度、丰满度与同类溶剂型涂料相比仍有差距，干燥成膜过程对设备的要求高且投资也大。但双组分水性木用涂料将是未来几年水性木用涂料的发展方向。

水性木用涂料在近几年的发展中，带动并促使其上下游的供求关系发生了颠覆性的巨变。上游从天价进口原料难觅转变至亲民国产原料遍地开花，下游从被动观望转变为主动配合转型。水性木用涂料在原料种类、原料品质、配方研发、生产技术、涂装工艺、涂装设备、干燥控制、环保措施等方面均有突破性的发展，同时，位于产业链中后段的各种适用于水性木用涂料的涂装、干燥设备也在市场巨大的推动力下不断提升、进步，其中最典型的莫如往复式喷涂机、静电旋碟喷涂机、静电旋杯喷涂机、机械臂＋静电旋杯喷涂机等。更环保的无溶剂粉末涂料在快速进行自身调整之后，成功地用于木用涂装并展示出强大的发展潜力。

但是，水性木用涂料仍存在问题：与溶剂型同类产品比较，硬度、丰满度仍需提高；高光产品前景不错但难度不低；业界对水性木用涂料涂装中封闭的重要性认识不足，还没能真正解决封闭问题；水性木用涂料的涂装过程特别是干燥成膜过程，仍有很多问题制约着它的市场表现。水性木用涂料自身存在的对污染废水的处理、高能耗等环保问题也并未引起各方的足够重视。

但无论如何，我们看到，水性木用涂料如今已经成为木用涂料这个大门类中最快的增长点，已成为木用涂料产业链中不可或缺的重要一环。

UV与水性木用涂料将是未来市场上的主流产品，粉末木用涂料在未来市场上也一定有一席之地，传统溶剂型涂料将逐渐被边缘化，甚至一些品种将消失，但这个过程的时间将会很长。但水性木用涂料在将来并不能完全取代溶剂型涂料，还有其他的环保友好型木用涂料品种如粉末、高固体分和有特点、有特殊功能的溶剂型涂料仍会有生存空间。

国内各类木用涂料产品发展态势见表 9-1。

表 9-1 国内各类木用涂料产品发展态势

类别	NC	AC	PU	UPE	UV EB	W	粉末
生命周期现状	衰退中	衰退末	成熟末	衰退前	成长中	成长中	萌芽新兴
研发趋势	一般 个别领域关注	不予关注	重要 尤其关注与UV及水性的搭配	一般 个别领域关注	重要且紧迫	重要且紧迫	重点关注
行业资源分配	5%	0%	15%	5%	35%	30%	10%

二、木用涂料市场的发展

木用涂料市场可以分为两块，一块是家具市场，另一块是家装市场。

我们先来看家具市场。中国已经成为世界上最大的家具制造基地，也是世界上最大的木用涂料消费市场。经过多年的发展，中国也成了家具业中木用涂料的强国。我们的木用涂料的制造及应用技术，在某些领域（如 PU）已经达到或者超过了发达国家水平，处于世界领先地位。

由于环保政策越来越严苛，为符合更严格的环境法规，木器家具生产商不得不采用更环保的产品及技术，同时亦寻找更高效的生产方式。因为有着从传统的溶剂型涂料体系转向低 VOC 涂料体系的需要，中国涂料生产商已越来越多地转向水性产品的研发与生产。传统 UV 和水性 UV 技术凭借其低 VOC 优势、优异的耐性和快速的生产效率，已越来越多地应用到家具的自动化生产中。

应用于家装的涂料市场持续萎缩，家装部件的“现场现制”已几乎被“工厂预制”完全取代，家装涂料原有的市场容量已转化为工厂用量。随着国家与地方环保政策的越发严格，水性木用涂料将以其低 VOC、气味小的优势而受到家装市场的青睐，在“工厂预制”中的应用前景非常宽广。生物基涂料由于它的环保性及可再生资源的优势，也会受到广泛的关注。

三、木用涂料企业的发展

木用涂料企业的生产过程会不断向着环保、自动化方向发展。中国各级政府对环保越来越重视，地方的环保法规一个比一个严格。随着政策的影响，推广环境友好型涂料，是每一个涂料企业的发展方向。

我国木用涂料行业经过几十年的快速发展，涂料市场正面临和经历着重新洗牌的过程，行业集中度会越来越高，品牌竞争已经成为大企业间主要的竞争手段之一。由于木用涂料行业原来的集中度低，近年来木用涂料行业的并购交易不断增多，未来，随着部分优秀企业的企业规模不断扩大和实力不断增强，行业间的并购行为将日益频繁。

优胜劣汰的市场规则在这段时间里使木用涂料领域的企业经历了最大的重整过程，市场重组的结果，使得十数个中、大型企业跃升或更牢固地占据行业前列。特点大致为：市场占有率大增，产品线特点明显，在市场细分中得益，产业链向上下游有效延伸，由企业自身正规化、规模化而带来的增益非常明显。

未来的涂料企业也将以大型企业为主，小型企业将越来越难以为继。

第三节　木用涂装的发展

一、木用涂料涂装设备的发展

涂装设备的发展深受涂料发展、国家政策法规、家具本身特点等方面的影响。随着国家大力推广水性木用涂料及紫外光固化涂料，自动化涂装设备发展迅速，加速了家具制造厂向自动化涂装方向发展的步伐。智能化、自动化的流水线涂装方式，将是未来家具制造厂的发展方向。

二、木用涂料涂装工艺的发展

涂装工艺随着涂料的发展与家具风格的变化而发展，但是它也受涂装设备与政府政策的影响。自动化涂装工艺是未来的发展方向，如何解决大型家具或木制品的自动化涂装问题，使涂装工艺更符合增值、高效、节能、环保的原则，是未来的目标。

第四节　综述

中国的木用涂料，新中国成立前规模较小，新中国成立后得到发展。至二十世纪八十年代末，木用涂料产品的研发及生产已具相当水平，品种齐全、应用广泛，但总量不大。到二十世纪九十年代初，改革开放后的飞速发展的房地产业、家具业，构筑了木用涂料庞大的终端市场。民营企业、外资企业迅速进入这个新领域，短短几年，使木用涂料的方方面面产生巨变。

二十一世纪初期，木用涂料进入高速发展阶段，包括原料升级、配方研发、制造工艺、产品检验、涂装应用以及售后服务，整条产业链得到全面、快速的提升。至今，木用涂料的产销量在我国涂料行业中排第二、三位，在涂料产业构成中举足轻重。产业链整体发展水平与国际先进水平相去不远，在家具制造、家居装饰的规模化生产和优质化涂装等方面具有了世界一线的先进水平和庞大、成熟的产业队伍。

近十几年，由于市场相对稳定、产品成熟、工艺合理、服务到位、资金充足、税务正规化，整个产业链趋于成熟。因此，各企业对自身发展的定位、规划明确，不再一味追求业绩的增长，而是更多地关注企业文化、品牌建设、主攻领域、自主创新以及环保建设的发展，行业的整体发展方向明确，可持续发展战略得以实施。当前，各涂料企业重视并实抓环保，结合国家环保政策、法规，完善企业环保设施，大力发展环境友好型涂料，减少VOC的排放。

截至2022年，国内各类木用涂料产品在市场的占比如下：PU涂料约为63%、NC涂料约为5%、UPE涂料约为7%、辐射固化涂料中的UV固化涂料约为15%、水性涂料约为10%、AC类涂料可以忽略不计；PU涂料仍处于主导地位，NC和AC涂料的生产及应用逐步转向东南亚，UPE涂料处于下滑趋势，而UV固化涂料、水性涂料、PU高固体分涂料、粉末涂料和EB固化涂料这些木用涂料的生力军，将以高速发展的态势，使其市场占有率迅速提升。

2021年中国木用涂料市场大约为180亿元，在全国涂料中的占比大约为3.91%（180亿元/4600亿元），因疫情和其他因素的综合影响，2022年国内木用涂料市场与2021年同比缩减接近20%。

（刘志刚　周　巍）

参 考 文 献

[1] 杨新玮．化工产品手册：染料及有机颜料［M］.3 版．北京：化学工业出版社，1999.

[2] 张壮余．染料应用［M］. 北京：化学工业出版社，1991.

[3] 牛骥良，吴申年．颜料工艺学［M］. 北京：化学工业出版社，1989.

[4] 薛朝华．颜色科学与计算机测色配色实用技术［M］. 北京：化学工业出版社，2003.

[5] 汤顺青．色度学［M］. 北京：北京理工大学出版社，1990.

[6] 巴顿 TC. 涂料流动与颜料分散［M］. 郭隽金，王长卓，译．2 版．北京：化学工业出版社，1988.

[7] 魏杰，金养智．环保涂料丛书：光固化涂料［M］. 北京：化学工业出版社，2005.

[8] 沈开猷．不饱和聚酯树脂及其应用［M］.2 版．北京：化学工业出版社，2001.

[9] 杨建文，曾兆华，陈用烈．光固化涂料及应用［M］. 北京：化学工业出版社，2004.

[10] 涂伟萍．水性涂料（环保涂料丛书）［M］. 北京：化学工业出版社，2008.

[11] 戴信友．家具涂料与涂装技术（第 2 版）［M］. 北京：化学工业出版社，2008.

[12] 机电工业考评技师复习丛书编审委员会．油漆工［M］. 北京：机械工业出版社，1990.

[13] 机械电子工业部质量安全司．油漆检查工培训教材［M］. 北京：机械工业出版社，1992.

[14] 俞磊．油漆工入门［M］. 杭州：浙江科学技术出版社，1993.

[15] 王双科，邓背阶．家具涂料与涂饰工艺［M］. 北京：中国林业出版社，2004.

[16] 叶汉慈．木用涂料与涂装工［M］．北京：化学工业出版社，2008.

[17] 傅明源，孙酣经．聚氨酯弹性体及其应用（第二版）［M］. 北京：化学工业出版社，1999.

[18] 吴若峰．涂料树脂物理［M］. 北京：化学工业出版社，2007.

[19] 吕翔，康朱伟．EB 固化技术在印刷领域的应用前景［J］. 印刷杂志，2018（10）：33-37.

[20] 毕春燕．EB 在印刷包装市场的应用［J］. 印刷技术，2018（8）：40-40.

[21] 颜燕妮．UV/EB 双重固化技术在柔印中的应用［J］. 印刷技术，2010（18）：35-38.

[22] 杨刚．低能电子束（EB）辐射技术在高分子材料加工改性中的应用［C］//. 第八届中国辐射固化年会论文集. 2007：75-99.

[23] 毛丰奋，池航，袁妍，等．低能电子束固化［C］//. 第十九届中国辐射固化年会论文报告集．2018：223-225.

[24] 贾朝伟．低能电子束固化关键性指标与应用分析［C］//. 中国感光学会辐射固化专业委员会．第二十一届辐射固化年会论文报告．2020：25-31.

[25] 罗洪文，陈川红，梁伟扬，等．电子束固化技术在纸包装上的应用［C］//. 第十九届中国辐射固化年会论文报告集．2018：170-172＋29.

[26] 毛丰奋，袁妍，刘朋飞，等．电子束固化木器清漆的制备及性能研究［J］. 涂料工业，2020，50（02）：22-27.

[27] 刘朋飞，程琳，刘晓亚，等．电子束固化涂料技术研究进展［J］. 涂料工业，2021，51（10）：73-79＋92.

[28] 刘启强，孙进．填补国内空白　成就电子束技术“服务＋制造”模式先锋——专访中山易必固新材料科技有限公司 CEO 成立［J］. 广东科技，2019，28（04）：30-33.

[29] 聂俊，朱晓群．光固化技术与应用［M］. 北京：化学工业出版社，2020.

[30] 魏杰，金养智．光固化涂料［M］. 北京：化学工业出版社，2013.